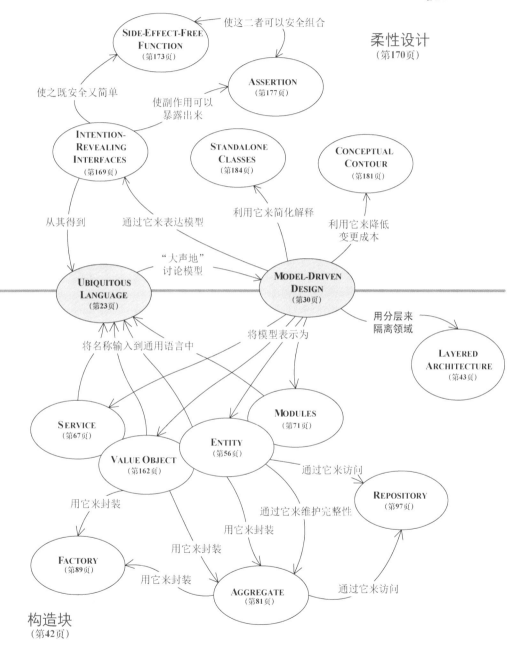

柔性设计
（第170页）

SIDE-EFFECT-FREE FUNCTION
（第173页）

使这二者可以安全组合

ASSERTION
（第177页）

使之既安全又简单

使副作用可以
暴露出来

INTENTION-REVEALING INTERFACES
（第169页）

STANDALONE CLASSES
（第184页）

CONCEPTUAL CONTOUR
（第181页）

从其得到

通过它来表达模型

利用它来简化解释

利用它来降低
变更成本

"大声地"
讨论模型

UBIQUITOUS LANGUAGE
（第23页）

MODEL-DRIVEN DESIGN
（第30页）

用分层来
隔离领域

LAYERED ARCHITECTURE
（第43页）

将名称输入到通用语言中

将模型表示为

SERVICE
（第67页）

MODULES
（第71页）

VALUE OBJECT
（第162页）

ENTITY
（第56页）

通过它来访问

REPOSITORY
（第97页）

通过它来维护完整性

用它来封装

用它来封装

FACTORY
（第89页）

用它来封装

用它来封装

AGGREGATE
（第81页）

通过它来访问

构造块
（第42页）

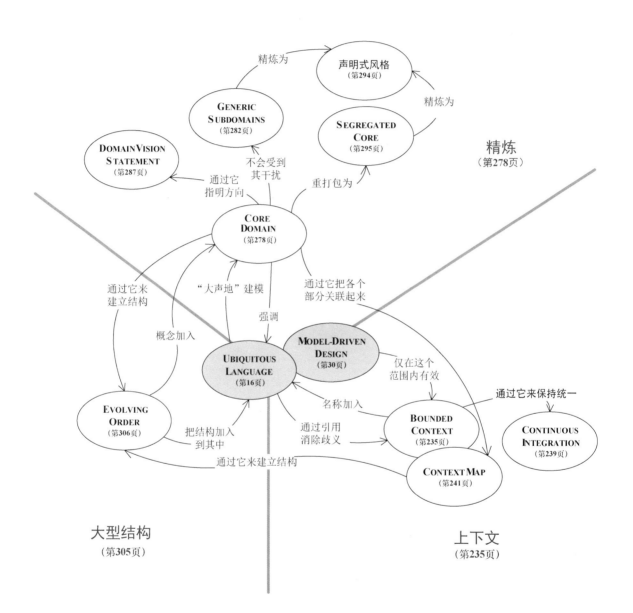

精炼
（第278页）

声明式风格
（第294页）

精炼为

GENERIC
SUBDOMAINS
（第282页）

SEGREGATED
CORE
（第295页）

精炼为

DOMAIN VISION
STATEMENT
（第287页）

不会受到
其干扰

重打包为

通过它
指明方向

CORE
DOMAIN
（第278页）

通过它来
建立结构

"大声地"建模

通过它把各个
部分关联起来

概念加入

强调

UBIQUITOUS
LANGUAGE
（第16页）

MODEL-DRIVEN
DESIGN
（第30页）

仅在这个
范围内有效

EVOLVING
ORDER
（第306页）

把结构加入
到其中

名称加入

通过它来保持统一

通过引用
消除歧义

BOUNDED
CONTEXT
（第235页）

CONTINUOUS
INTEGRATION
（第239页）

通过它来建立结构

CONTEXT MAP
（第241页）

大型结构
（第305页）

上下文
（第235页）

DOMAIN-DRIVEN DESIGN

TACKLING COMPLEXITY
IN THE HEART OF SOFTWARE

（修订版）

领域驱动设计
软件核心复杂性应对之道

[美] Eric Evans ◎ 著

赵俐 盛海艳 刘霞 等 ◎ 译

任发科 ◎ 审校

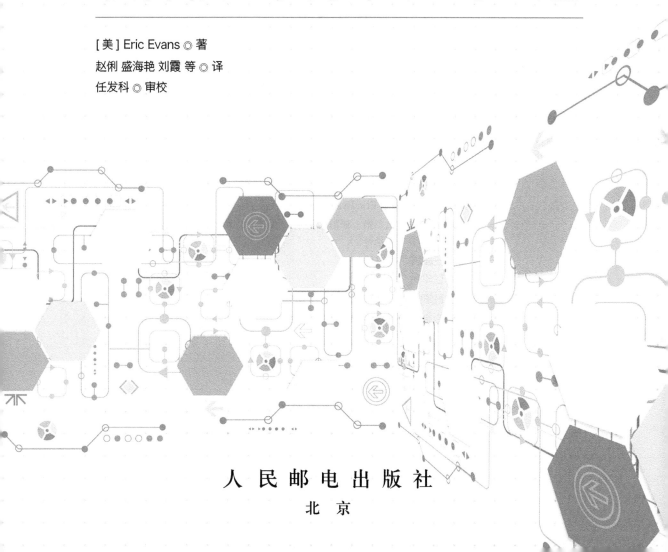

人民邮电出版社

北 京

图书在版编目（CIP）数据

领域驱动设计：软件核心复杂性应对之道 /（美）
埃文斯（Evans, E.）著；赵俐等译. —— 2版（修订本）
. —— 北京：人民邮电出版社，2016.6
书名原文：Domain-Driven Design: Tackling
Complexity in the Heart of Software
ISBN 978-7-115-37675-6

Ⅰ. ①领… Ⅱ. ①埃… ②赵… Ⅲ. ①软件设计
Ⅳ. ①TP311.5

中国版本图书馆CIP数据核字(2016)第069725号

内 容 提 要

本书是领域驱动设计方面的经典之作，修订版更是对之前出版的中文版进行了全面的修订和完善。

全书围绕着设计和开发实践，结合若干真实的项目案例，向读者阐述如何在真实的软件开发中应用领域驱动设计。书中给出了领域驱动设计的系统化方法，并将人们普遍接受的一些最佳实践综合到一起，融入了作者的见解和经验，展现了一些可扩展的设计最佳实践、已验证过的技术以及便于应对复杂领域的软件项目开发的基本原则。

本书适合各层次的面向对象软件开发人员、系统分析员阅读。

◆ 著　　　　[美] Eric Evans
　　译　　　　赵　俐　盛海艳　刘　霞　等
　　审　　校　任发科
　　责任编辑　杨海玲
　　责任印制　焦志炜

人民邮电出版社出版发行　　北京市丰台区成寿寺路 11 号
邮编　100164　　电子邮件　315@ptpress.com.cn
网址　http://www.ptpress.com.cn
固安县铭成印刷有限公司印刷

◆ 开本：800×1000　1/16
印张：24.25　　　　　　　　　2016 年 6 月第 2 版
字数：515 千字　　　　　　　　2025 年 2 月河北第 45 次印刷

著作权合同登记号　图字：01-2010-0695 号

定价：99.80 元
读者服务热线：(010)81055410　印装质量热线：(010)81055316
反盗版热线：(010)81055315

版 权 声 明

译　者　序

我最早听说Eric Evans的《领域驱动设计》是在2007年，那时我所在的项目组出于知识储备的考虑购进了一批软件设计书和相关资料。其中一篇英文的短篇技术文档与我们当时的项目非常相关，于是我们就仔细研读了一番。这篇仅有几万字的文档多次提到了Eric Evans的《领域驱动设计》，并引用了他的很多精辟观点。由于当时领域驱动设计远远没有现在这样普及，因此这些观点使我耳目一新，也给我留下了深刻的印象。随后我又经常在一些文献中看到Eric Evans的名字，更多地了解了他的领域驱动设计思想，没想到时隔几年后竟然有机会把这位大师的作品翻译出来奉献给各位读者，也算是机缘巧合了。

相信大家对这本书都不陌生，它已经成为软件设计书中的经典。在网上搜索一下，读者对它好评如潮，我再多说一句赞美的话都是多余的。而我能想到的也唯有"经典"二字，它堪称经典中的经典。

我们对"领域"这个概念都很熟悉，但有多少人真正重视过它呢？软件开发人员几乎总是专注于技术，把技术作为自己能力的展示和成功的度量。而直到Eric Evans出版了他的这部巨著之后，人们才真正开始关注领域，关注核心领域，关注领域驱动的设计，关注模型驱动的开发。相信在读完本书后，你会对软件设计有全新的认识。

我曾经和一些好友探讨过以下一些问题。项目怎样开发才能确保成功？什么样的软件才能为用户提供真正的价值？什么样的团队才算是优秀的团队？现在，在仔细研读完本书后，这些问题都找到了答案。

本书广泛适用于各种领域的软件开发项目。在每个项目的生命周期中，都会有一些重大关头或转折点。如何制定决策，如何把握项目的方向，如何处理和面对各种机会和挑战，将对项目产生决定性的影响。让我们一起跟随大师的脚步，分享他通过大量项目获得的真知灼见和开发心得吧。

最后，衷心感谢人民邮电出版社各位编辑在翻译工作中给予的帮助和宝贵意见，感谢热心读者魏海枫，他在百忙之中抽出时间对本书译稿做了修订工作，发现并修正了很多问题。由于译者水平有限，在翻译过程中难免还会留有一些错误，恳请读者批评指正。

序

有很多因素会使软件开发复杂化，但最根本的原因是问题领域本身错综复杂。如果你要为一家人员复杂的企业提高自动化程度，那么你开发的软件将无法回避这种复杂性，你所能做的只有控制这种复杂性。

控制复杂性的关键是有一个好的领域模型，这个模型不应该仅仅停留在领域的表面，而是要透过表象抓住领域的实质结构，从而为软件开发人员提供他们所需的支持。好的领域模型价值连城，但要想开发出好的模型也并非易事。精通此道的人并不多，而且这方面的知识也很难传授。

Eric Evans就是为数不多的能够创建出优秀领域模型的人。我是在与他合作时发现他的这种才能的——发现一个客户竟然比我技术更精湛，这种感觉有些奇妙。我们的合作虽然短暂，但却充满乐趣。从那之后我们一直保持联系，我也有幸见证了本书整个"孕育"过程。

本书绝对值得期待。

本书终于实现了一个宏伟抱负，即描述并建立了领域建模艺术的词汇库。它提供了一个参考框架，人们可以用它来解释相关活动，并用它来传授这门难学的技艺。本书在写作过程中，也带给我很多新想法，如果哪位概念建模方面的老手没有从阅读本书中获得大量的新思想，那我反而该惊诧莫名了。

Eric还对我们多年以来学过的知识进行了归纳总结。首先，在领域建模过程中不应将概念与实现割裂开来。高效的领域建模人员不仅应该能够在白板上与会计师进行讨论，而且还应该能与程序员一道编写Java代码。之所以要具备这些能力，一部分原因是如果不考虑实现问题就无法构建出有用的概念模型。但概念与实现密不可分的最主要原因在于，领域模型的最大价值是它提供了一种通用语言，这种语言是将领域专家和技术人员联系在一起的纽带。

我们将从本书中学到的另一个经验是领域模型并不是按照"先建模，后实现"这个次序来工作的。像很多人一样，我也反对"先设计，再构建"这种固定的思维模式。Eric的经验告诉我们，真正强大的领域模型是随着时间演进的，即使是最有经验的建模人员也往往发现他们是在系统的初始版本完成之后才有了最好的想法。

我衷心希望本书成为一本有影响力的著作，并希望本书能够将如何利用领域模型这一宝贵工具的知识传授给更多的人，从而为这个高深莫测的领域梳理出一个结构，并使它更有内聚力。领域模型对软件开发的控制有着巨大影响，不管软件开发是用什么语言或环境实现的。

　　最后，也是很重要的一点，我最敬佩Eric的一点是他敢于在本书中谈论自己的一些失败经历。很多作者都喜欢摆出一副无所不能的架势，有时着实让人不屑。但Eric清楚地表明他像我们大多数人一样，既品尝过成功的美酒，也体验过失败的沮丧。重要的是他能够从成功和失败中学习，而对我们来说更重要的是他能够将所有经验传授给我们。

Martin Fowler

2003年4月

前　言

　　至少20年前，一些顶尖的软件设计人员就已经认识到领域建模和设计的重要性，但令人惊讶的是，这么长时间以来几乎没有人写出点儿什么，告诉大家应该做哪些工作或如何去做。尽管这些工作还没有被清楚地表述出来，但一种新的思潮已经形成，它像一股暗流一样在对象社区中涌动，我把这种思潮称为领域驱动设计（domain-driven design）。

　　过去10年中，我在几个业务和技术领域开发了一些复杂的系统。我在设计和开发过程中尝试了一些最佳实践，它们都是面向对象开发高手用过的领先技术。有些项目非常成功，但有几个项目却失败了。成功的项目有一个共同的特征，那就是都有一个丰富的领域模型，这个模型在迭代设计的过程中不断演变，而且成为项目不可分割的一部分。

　　本书为作出设计决策提供了一个框架，并且为讨论领域设计提供了一个技术词汇库。本书将人们普遍接受的一些最佳实践综合到一起，并融入了我自己的见解和经验。面对复杂领域的软件开发团队可以利用这个框架来系统性地应用领域驱动设计。

三个项目的对比

　　谈到领域设计实践对开发结果的巨大影响时，我的记忆中立即就会跳出三个项目，它们就是鲜活的例子。虽然这三个项目都交付了有用的软件，但只有一个项目实现了宏伟的目标——交付了能够满足组织后续需求、可以不断演进的复杂软件。

　　我要说的第一个项目完成得很迅速，它提供了一个简单实用的Web交易系统。开发人员主要凭直觉开发，但这并没有妨碍他们，因为简单软件的编写并不需要过多地注意设计。由于最初的这次成功，人们对未来开发的期望值变得极高。我就是在这个时候被邀请开发它的第二个版本的。当我仔细研究这个项目时，发现他们没有使用领域模型，甚至在项目中没有一种公共语言，而且项目完全没有一种结构化的设计。项目领导者对我的评价并不赞同，于是我拒绝了这项工作。一年后，这个项目团队陷入困境，无法交付第二个版本。尽管他们在技术的使用方面也值得商榷，但真正挫败他们的是业务逻辑。他们的第一个版本过早地变得僵化，成为一个维护代价十分高昂的遗留系统。

　　要想克服这种复杂性，需要非常严格地使用领域逻辑设计方法。在我职业生涯的早期，我幸运地完成了一个非常重视领域设计的项目，这就是我要说的第二个项目。这个项目的领域复杂性与上面提到的那个项目相仿，它最初也小获成功，为贸易机构提供了一个简单的应用程序。但在最初交付之后紧跟着又进行了连续的加速开发。每次迭代都为上一个版本在功能的集成和完善上增加了非常好的新选项。开发团队能够按照贸易商的要求提供灵活性和扩展性。这种良性发展直接归功于深刻的领域模型，它得到了反复精化，并在代码中得以体现。当团队对该领域有了新的理解后，领域模型也随之深化。开发人员之间、开发人员与领域专家之间的沟通质量都得到改善，而且设计不但没有加重维护负担，反而变得易于修改和扩展。

遗憾的是，仅靠重视模型并不会使项目达到这样的良性循环。我要说的第三个项目就是这种情况，它开始制订的目标很高，打算基于一个领域模型建立一个全球企业系统，但在经过了几年的屡战屡败之后，不得不降格以求，最终"泯然众人矣"。团队拥有很好的工具，对业务也有较好的理解，也非常认真地进行了建模。但团队却错误地将开发人员的角色独立出来，导致建模与实现脱节，因此设计无法反映不断深化的分析。总之，详细的业务对象设计不能保证它们能够严丝合缝地被整合到复杂的应用程序中。反复的迭代并没有使代码得以改进，因为开发人员的技术水平参差不齐，他们没有认识到他们使用了非正式的风格和技术体系来创建基于模型的对象（这些对象也充当了实用的、可运行的软件）。几个月过去了，开发工作由于巨大的复杂性而陷入困境，而团队对项目也失去了一致的认识。经过几年的努力，项目确实创建了一个适当的、有用的软件，但团队已经放弃了当初的宏伟抱负，也不再重视模型。

复杂性的挑战

很多因素可能会导致项目偏离轨道，如官僚主义、目标不清、资源缺乏等。但真正决定软件复杂性的是设计方法。当复杂性失去控制时，开发人员就无法很好地理解软件，因此无法轻易、安全地更改和扩展它。而好的设计则可以为开发复杂特性创造更多机会。

一些设计因素是技术上的。软件的网络、数据库和其他技术方面的设计耗费了人们大量的精力。很多书籍都介绍过如何解决这些问题。大批开发人员很注意培养自己的技能，并紧跟每一次技术进步。

然而很多应用程序最主要的复杂性并不在技术上，而是来自领域本身、用户的活动或业务。当这种领域复杂性在设计中没有得到解决时，基础技术的构思再好也无济于事。成功的设计必须系统地考虑软件的这个核心方面。

本书有两个前提：

（1）在大多数软件项目中，主要的焦点应该是领域和领域逻辑；

（2）复杂的领域设计应该基于模型。

领域驱动设计是一种思维方式，也是一组优先任务，它旨在加速那些必须处理复杂领域的软件项目的开发。为了实现这个目标，本书给出了一整套完整的设计实践、技术和原则。

设计过程与开发过程

设计书就是讲设计，过程书只是讲过程。它们之间很少互相参考。设计和过程本身就是两个足够复杂的主题。本书是一本设计书，但我相信设计与过程这二者是密不可分的。设计思想必须被成功实现，否则它们就只是纸上谈兵。

当人们学习设计技术时，各种可能性令他们兴奋不已，然而真实项目的错综复杂又会为他们泼上一盆冷水。他们无法用所使用的技术来贯彻新的设计思想，或者不知道何时应该为了节省时间而放弃某个设计方面，何时又应该坚持不懈直至找到一个干净利落的解决方案。开发人员可以抽象地讨论设计原则的应用，而且他们也确实在进行着这样的讨论，但更自然的做法应该是讨论如何完成实际工作。因此，虽然本书是一本有关设计的书，但我会在必要的时候穿越这条人为设置的边界，进入过程的领域。这有助于将设计原则放到一个适当的语境下进行讨论。

虽然本书并不局限于某一种特定的方法，但主要还是面向"敏捷开发过程"这一新体系。特别地，本书假定项目必须遵循两个开发实践，要想应用书中所讲的方法，必须先了解这两个实践。

（1）迭代开发。人们倡导和实践迭代开发已经有几十年时间了，而且它是敏捷开发方法的基础。在敏捷开发和极限编程（XP）的文献中有很多关于迭代开发的精彩讨论，其中包括*Surviving Object-Oriented Projects* [Cockburn 1998][1]和*Extreme Programming Explained* [Beck 1999]。

（2）开发人员与领域专家具有密切的关系。领域驱动设计的实质就是消化吸收大量知识，最后产生一个反映深层次领域知识并聚焦于关键概念的模型。这是领域专家与开发人员的协作过程，领域专家精通领域知识，而开发人员知道如何构建软件。由于开发过程是迭代式的，因此这种协作必须贯穿整个项目的生命周期。

极限编程的概念是由Kent Beck、Ward Cunningham和其他人共同提出的[Beck 2000]，它是敏捷过程最重要的部分，也是我使用得最多的一种编程方法。为了使讨论更加具体，整本书都将使用XP作为基础讨论设计和过程的交互。本书论述的原则很容易应用于其他敏捷过程。

近年来，反对"精细开发方法学"（elaborate development methodology）的呼声渐起，人们认为无用的静态文档以及死板的预先规划和设计加重了项目的负担。相反，敏捷过程（如XP）强调的是应对变更和不确定性的能力。

极限编程承认设计决策的重要性，但强烈反对预先设计。相反，它将相当大的精力投入到促进沟通和提高项目快速变更能力的工作中。具有这种反应能力之后，开发人员就可以在项目的任何阶段只利用"最简单而管用的方案"，然后不断进行重构，一步一步做出小的设计改进，最终得到满足客户真正需要的设计。

这种极端的简约主义是解救那些过度追求设计的执迷者的良方。那些几乎没有价值的繁琐文

---

① 这种表述指这是本书参考文献中提到的图书。——编者注

档只会为项目带来麻烦。项目受到"分析瘫痪症"的困扰,团队成员十分担心会出现不完美的设计,这导致他们根本没法取得进展。这种状况必须得到改变。

遗憾的是,这些有关过程的思想可能会被误解。每个人对"最简单"都有不同的定义。持续重构其实是一系列小规模的重新设计,没有严格设计原则的开发人员将会创建出难以理解或修改的代码,这恰好与敏捷的精神相悖。而且,虽然对意外需求的担心常常导致过度设计,但试图避免过度设计又可能走向另一个极端——不敢做任何深入的设计思考。

实际上,XP最适合那些对设计的感觉很敏锐的开发人员。XP过程假定人们可以通过重构来改进设计,而且可以经常、快速地完成重构。但重构本身的难易程度取决于先前的设计选择。XP过程试图改善团队沟通,但模型和设计的选择有可能使沟通更明确,也有可能会使沟通不畅。

本书将设计和开发实践结合起来讨论,并阐述领域驱动设计与敏捷开发过程是如何互相增强的。在敏捷开发过程中使用成熟的领域建模方法可以加速开发。过程与领域开发之间的相互关系使得这种方法比任何"纯粹"真空式的设计更加实用。

本书的结构

本书分为4个部分。

第一部分"运用领域模型"提出领域驱动开发的基本目标,这些目标是后面几部分中所讨论的实践的驱动因素。由于软件开发方法有很多,因此第一部分还定义了一些术语,并给出了用领域模型来驱动沟通和设计的总体含义。

第二部分"模型驱动设计的构造块"将面向对象领域建模中的一些核心的最佳实践提炼为一组基本的构造块。这一部分主要是消除模型与实际运行的软件之间的鸿沟。团队一致使用这些标准模式就可以使设计井然有序,并且使团队成员更容易理解彼此的工作。使用标准模式还可以为公共语言贡献术语,使得所有团队成员可以使用这些术语来讨论模型和设计决策。

但这一部分的主旨是讨论一些能够保持模型和实现之间互相协调并提高效率的设计决策。要想达到这种协调,需要密切注意个别元素的一些细节。这种小规模的仔细设计为开发人员提供了一个稳固的基础,在此基础上就可以应用第三部分和第四部分讨论的建模方法了。

第三部分"通过重构来加深理解"讨论如何将构造块装配为实用的模型,从而实现其价值。这一部分没有直接讨论深奥的设计原则,而是着重强调一个发现过程。有价值的模型不是立即就会出现的,它们需要对领域的深入理解。这种理解是一步一步得到的,首先需要深入研究模型,然后基于最初的(可能是不成熟的)模型实现一个初始设计,再反复改进这个设计。每次团队对领域有了新的理解之后,都需要对模型进行改进,使模型反映出更丰富的知识,而且必须对代码进行重构,以便反映出更深刻的模型,并使应用程序可以充分利用模型的潜力。这种一层一层"剥洋葱"的方法有时会创造一种突破的机会,使我们得到更深刻的模型,同时快速进行一些更深入的设计修改。

探索本身是永无止境的，但这并不意味着它是随机的。第三部分深入阐述一些指引我们保持正确方向的建模原则，并提供了一些指导我们进行探索的方法。

第四部分"战略设计"讨论在复杂系统、大型组织以及与外部系统和遗留系统的交互中出现的复杂情况。这一部分探讨了作为一个整体应用于系统的3条原则：上下文、提炼和大型结构。战略设计决策通常由团队制定，或者由多个团队共同制定。战略设计可以保证在大型系统或应用程序（它们应用于不断延伸的企业级网络）上以较大规模去实现第一部分提出的目标。

本书通篇讨论使用的例子并不是一些过于简单的"玩具式"问题，而是全部选自实际项目。

本书的大部分内容实际上是作为一系列的"模式"编写的。但读者无需顾忌这一方法也应该能够理解本书，对模式的风格和格式感兴趣的读者可以参考附录。

本书面向的读者

本书主要是为面向对象软件开发人员编写的。软件项目团队的大部分成员都能够从本书的某些部分获益。本书最适合那些正在项目上尝试这些实践的人员，以及那些已经在这样的项目上积累了丰富经验的人员。

要想从本书受益，掌握一些面向对象建模知识是非常必要的，如UML图和Java代码，因此一定要具备基本读懂这些语言的能力，但不必精通细节。了解极限编程的知识有助于从这个角度来理解开发过程的讨论，但不具备这一背景知识也能读懂这些内容。

一些中级软件开发人员可能已经了解面向对象设计的一些知识，也许读过一两本软件设计的书，那么本书将填补这些读者的知识空缺，向他们展示如何在实际的软件项目上应用对象建模技术。本书将帮助这些开发人员学会用高级建模和设计技巧来解决实际问题。

高级软件开发人员或专家可能会对书中用于处理领域的综合框架感兴趣。这种系统性的设计方法将帮助技术负责人指导他们的团队保持正确的方向。此外，本书从头至尾所使用的明确术语将有助于高级开发人员与他们的同行沟通。

本书采用记叙体，读者可以从头至尾阅读，也可以从任意一章的开头开始阅读。具有不同背景知识的读者可能会有不同的阅读方式，但我推荐所有读者从第一部分的引言和第1章开始阅读。除此之外，本书的核心是第2、3、9和14章。已经掌握一定知识的读者可以采取跳跃式阅读的方式，通过阅读标题和粗体字内容即可掌握要点。一些高级读者则可以跳过前两部分，重点阅读第三部分和第四部分。

除了这些主要读者以外，分析员和相关的技术项目经理也可以从阅读本书中获益。分析员在掌握了领域与设计之间的联系之后，能够在敏捷项目中作出更卓越的贡献，也可以利用一些战略设计原则来更有重点地组织工作。

项目经理感兴趣的重点是提高团队的工作效率，并致力于设计出对业务专家和用户有用的软件。由于战略设计决策与团队组织和工作风格紧密相关，因此这些设计决策必然需要项目领导者的参与，而且对项目的路线有着重要的影响。

领域驱动团队

尽管开发人员个人能够从理解领域驱动设计中学到有价值的设计技术和观点，但最大的好处却来自团队共同应用领域驱动设计方法，并且将领域模型作为项目沟通的核心。这样，团队成员就有了一种公共语言，可以用来进行更充分的沟通，并确保围绕软件来进行沟通。他们将创建出一个与模型步调一致的清晰的实现，从而为应用程序的开发提供帮助。所有人都了解不同团队的设计工作之间的互相联系，而且他们会一致将注意力集中在那些对组织最有价值、最与众不同的特性的开发上。

领域驱动设计是一项艰巨的技术挑战，但它也会带来丰厚的回报，当大多数软件项目开始僵化而成为遗留系统时，它却为你敞开了机会的大门。

致　谢

　　本书的创作历时4年多，其间经历了诸多工作形式的变化，在这个过程中很多人为我提供了帮助和支持。

　　感谢那些阅读本书书稿并提出意见的人。没有这些人的反馈意见，本书将不可能出版。其中有几个团队和一些人员对本书的评阅给予了特别的关注。由Russ Rufer和Tracy Bialek领导的硅谷模式小组（Silicon Valley Patterns Group）花费了几周时间详细审阅了本书完整的第一稿。由Ralph Johnson领导的伊利诺伊大学的阅读小组也花费了几周时间审阅了本书的第二稿。这些小组长期、精彩的讨论对本书产生了深远的影响。Kyle Brown和Martin Fowler提供了细致入微的反馈意见和宝贵的建议，也给了我无价的精神支持（在我们坐在一起钓鱼的时候）。Ward Cunningham的意见帮助我弥补了一些重大的缺陷。Alistair Cockburn在早期给了我很多鼓励，并和Hilary Evans一起帮助我完成了整个出版过程。David Siegel和Eugene Wallingford帮助我避免了很多技术上的错误。Vibhu Mohindra和Vladimir Gitlevich不厌其烦地检查了所有代码示例。

　　Rob Mee看了我对一些素材所做的早期研究，并在我尝试表达这种设计风格的时候与我进行了头脑风暴活动，帮我产生了很多新的想法。他后来又与我一起仔细探讨了后面的书稿。

　　本书在写作过程中经历了一次重大转折，这完全归功于Josh Kerievsky。他劝说我在写作本书时借鉴"亚历山大"模式①，后来本书正是按这种方式组织的。在1999年PLoP会议临近时的忙碌时刻，Josh还帮我收集第二部分的材料，首次将它们组织为更严密的形式。这些材料成了一粒种子，本书大部分后续内容都是围绕这些内容创作的。

　　还要感谢Awad Faddoul，我有数百个小时坐在他的咖啡厅中写作。咖啡厅宁静优雅，窗外的湖面上总有片片风帆，我正是这样才坚持写下去。

　　此外还要感谢Martine Jousset、Richard Paselk和Ross Venables，他们拍摄了一些非常精美的照片，用来演示一些关键概念（参见本书后面的图片说明）。

---

　　① 克里斯托弗·亚历山大（Christopher Alexander），1936年10月4日出生于奥地利的维也纳，是一名建筑师，以其设计理论和丰富的建筑设计作品而闻名于世。亚历山大认为，建筑的使用者比建筑师更清楚他们需要什么，他创造并以实践验证了"模式语言"，建筑模式语言赋予所有人设计并建造建筑的能力。亚历山大的代表作是《建筑模式语言》，该书对计算机科学领域中的"设计模式"运动产生了巨大的影响。亚历山大创立的增量、有机和连贯的设计理念也影响了"极限编程"运动。——编者注

在构思本书之前，我必须先要形成我自己对软件开发的看法和理解。这个过程得到了一些杰出人员的无私帮助，他们是我的良师益友。David Siegel、Eric Gold和Iseult White各自从不同方面帮助我形成了对软件设计的思考方式。同时，Bruce Gordon、Richard Freyberg和Judith Segal博士也从不同角度帮助我找到了项目的成功之路。

我自己的观念就是从那时的思想体系中自然而然发展形成的。有些内容我在正文中清楚地列了出来，并且在可能的地方标明了出处。还有些可能是十分基础的知识，我甚至自己都没有意识到它们对我产生了影响。

我的硕士论文导师Bala Subramanium博士是我在数学建模方面的引路人，当时我们用数学建模来进行化学反应动力学方面的研究。虽说建模本身没什么稀奇，但那时的工作是引导我创作本书的一部分原因。

在更早之前，我的母亲Carol和父亲Gary对我思维模式的形成产生了很大影响。还有几位特别值得一提的教师激发了我的兴趣，帮助我打下坚实的基础，在此感谢Dale Currier（我的高中数学老师）、Mary Brown（我的高中英文写作老师）和Josephine McGlamery（我上6年级时的自然科学老师）。

最后，感谢我的朋友和家人，以及Fernando De Leon，感谢他们一直以来给我的鼓励。

目　　录

第一部分
运用领域模型

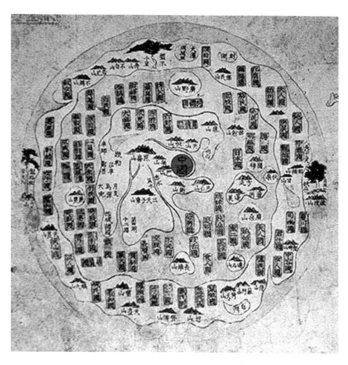

　　上面这张图是18世纪中国描绘的世界地图。图中央最大的部分是中国，其周围散布着其他国家，但这些国家只是草草地表示了一下。这是适用于当时中国社会的世界模型，它意在关注中国自身。然而，这幅地图所呈现的世界观对于处理外交事务并无助益。当然，它对现代中国也毫无用处。地图就是模型，而模型被用来描绘人们所关注的现实或想法的某个方面。模型是一种简化。它是对现实的解释——把与解决问题密切相关的方面抽象出来，而忽略无关的细节。

　　每个软件程序是为了执行用户的某项活动，或是满足用户的某种需求。这些用户应用软件的问题区域就是软件的领域。一些领域涉及物质世界，例如，机票预订程序的领域中包括飞机乘客在内。有些领域则是无形的，例如，会计程序的金融领域。软件领域一般与计算机关系不大，当然也有例外，例如，源代码控制系统的领域就是软件开发本身。

为了创建真正能为用户活动所用的软件，开发团队必须运用一整套与这些活动有关的知识体系。所需知识的广度可能令人望而生畏，庞大而复杂的信息也可能超乎想象。模型正是解决此类信息超载问题的工具。模型这种知识形式对知识进行了选择性的简化和有意的结构化。适当的模型可以使人理解信息的意义，并专注于问题。

领域模型并非某种特殊的图，而是这种图所要传达的思想。它绝不单单是领域专家头脑中的知识，而是对这类知识严格的组织且有选择的抽象。图可以表示和传达一种模型，同样，精心书写的代码或文字也能达到同样的目的。

领域建模并不是要尽可能建立一个符合"现实"的模型。即使是对具体、真实世界中的事物进行建模，所得到的模型也不过是对事物的一种模拟。它也不单单是为了实现某种目的而构造出来的软件机制。建模更像是制作电影——出于某种目的而概括地反映现实。即使是一部纪录片也不会原封不动地展现真实生活。就如同电影制片人讲述故事或阐明观点时，他们会选择素材，并以一种特殊方式将它们呈现给观众，领域建模人员也会依据模型的作用来选择具体的模型。

模型在领域驱动设计中的作用

在领域驱动的设计中，3个基本用途决定了模型的选择。

(1) 模型和设计的核心互相影响。正是模型与实现之间的紧密联系才使模型变得有用，并确保我们在模型中所进行的分析能够转化为最终产品（即一个可运行的程序）。模型与实现之间的这种紧密结合在维护和后续开发期间也会很有用，因为我们可以基于对模型的理解来解释代码。（参见第3章）

(2) 模型是团队所有成员使用的通用语言的中枢。由于模型与实现之间的关联，开发人员可以使用该语言来讨论程序。他们可以在无需翻译的情况下与领域专家进行沟通。而且，由于该语言是基于模型的，因此我们可借助自然语言对模型本身进行精化。（参见第2章）

(3) 模型是浓缩的知识。模型是团队一致认同的领域知识的组织方式和重要元素的区分方式。透过我们如何选择术语、分解概念以及将概念联系起来，模型记录了我们看待领域的方式。当开发人员和领域专家在将信息组织为模型时，这一共同的语言（模型）能够促使他们高效地协作。模型与实现之间的紧密结合使来自软件早期版本的经验可以作为反馈应用到建模过程中。（参见第1章）

接下来的3章分别考查上述3种基本用途的意义和价值，以及它们之间的关联方式。遵循这些原则使用模型可以很好地支持具有丰富功能的软件的开发，否则就需要耗费大规模投资进行专门开发。

软件的核心

软件的核心是其为用户解决领域相关的问题的能力。所有其他特性,不管有多么重要,都要服务于这个基本目的。当领域很复杂时,这是一项艰巨的任务,要求高水平技术人员的共同努力。开发人员必须钻研领域以获取业务知识。他们必须磨砺其建模技巧,并精通领域设计。

然而,在大多数软件项目中,这些问题并未引起足够的重视。大部分有才能的开发人员对学习与他们的工作领域有关的知识不感兴趣,更不会下力气去扩展自己的领域建模技巧。技术人员喜欢那些能够提高其技能的可量化问题。领域工作很繁杂,而且要求掌握很多复杂的新知识,而这些新知识看似对提高计算机科学家的能力并无裨益。

相反,技术人才更愿意从事精细的框架工作,试图用技术来解决领域问题。他们把学习领域知识和领域建模的工作留给别人去做。软件核心的复杂性需要我们直接去面对和解决,如果不这样做,则可能导致工作重点的偏离。

在一次电视访谈节目中,喜剧演员John Cleese讲述了电影《巨蟒和圣杯》(*Monty Python and the Holy Grail*)在拍摄期间发生的一个小故事。有一幕他们反复拍了很多次,但就是感觉不够滑稽。最后,他停下来,与另一位喜剧演员Michael Palin(该幕中的另一位演员)商量了一下,他们决定稍微改变一下。随后又拍了一次,终于令他们满意了,于是收工。

第二天早上,Cleese观看了剪辑人员为前一天工作所做的粗剪。到了那个令他们颇费周章的场景时,Cleese发现剪辑人员竟然使用了先前拍摄的一个镜头,影片到这里又变得不滑稽了。

他问剪辑人员为什么没有按要求使用最后拍的那个镜头,剪辑人员回答说:"那个镜头不能用,因为有人闯入了镜头。"Cleese连看了两遍,仍未发现有什么不妥。最后,剪辑人员将影片暂停,并指出在屏幕边缘有一只一闪而过的大衣袖子。

影片的剪辑人员专注于准确完成自己的工作。他担心其他看到这部电影的剪辑人员会给他挑错。在这个过程中,镜头的核心作用被忽略了("The Late Late Show with Craig Kilborn",CBS,2001年9月)。

幸运的是,该剧的导演很懂喜剧,他最终使用了那个镜头。同样,在一个团队中,反映了对领域深层次理解的模型开发有时也会在混乱中迷失方向,此时,理解领域核心的领导者能够将软件项目带回到正确的轨道上来。

本书将展示领域开发中蕴藏的巨大机会,它能够培养精湛的设计技巧。大多数混乱的软件领域其实是一项充满乐趣的技术挑战。事实上,在许多科学领域中,"复杂性"都是当前最热门的话题之一,因为研究人员都在想办法解决真实世界中的复杂性。软件开发人员在面对尚未规范的复杂领域时,也会有同样的期望。创建一个克服这些复杂性的易懂模型会带来巨大的成就感。

开发人员可以采用一些系统性的思考方法来透彻地理解领域并开发出有效的模型。还有一些设计技巧可以使毫无头绪的软件应用变得井井有条。掌握这些技能可以令开发人员的价值倍增，即使是在一个最初不熟悉的领域中也是如此。

第1章

消 化 知 识

几年前，我着手设计一个用于设计印制电路板（PCB）的专用软件工具。但有一个问题，我对电子硬件一无所知。当然，我也曾拜访过一些PCB设计师，但用不了3分钟，他们就令我晕头转向。如何才能了解足够多的知识，以便开始编写这个软件呢？当然，我并不打算在交付期限到来之前成为电子工程师。

我们试着让PCB设计师说明软件具体应该做些什么，但我们错了。虽然他们是优秀的电路设计师，但软件知识却太有限了，往往只知道如何读取一个ASCII文件、对它排序，然后添加一些注释并将它写回文件中，再生成一个报告。这些知识显然无法帮助他们大幅度提高效率。

最初的几次会面令人气馁，但我们在他们要求的报告中也看到了一丝希望。这些报告中总是涉及net这个词以及与其相关的各种细节。在这个领域中，net实质上是一种导线，它可以连接PCB上任意数量的元件，并向它连接的所有元件传递电子信号。这样，我们就得到了领域模型的第一个元素，如图1-1所示。

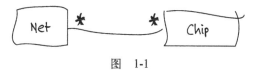

图 1-1

就这样，我们一边讨论所需的软件功能，一边开始画图。我使用一种非正式的、稍加变化的对象交互图来走查[①]各种场景，如图1-2所示。

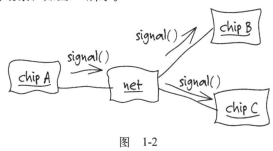

图 1-2

---

① 走查，walk through，原来是指一种非正式的代码评审活动，现在也广泛用于其他方面，一般是指一步步检查或分步讨论。——译者注

PCB专家1：元件不一定就是芯片（chip）。

开发人员（我）：那它们是不是只应该叫做"元件"？

专家1：我们将它们称作"元件实例"（component instance）。相同的元件可能有很多。

专家2：他把"net"画成和元件实例一样的框了。

专家1：他没有使用我们的符号。我猜想，他要把每一项都画成方框。

开发人员：很抱歉，是这样的。我想我最好对这个符号稍加解释。

他们不断地纠正我的错误，在这个过程中我开始学习他们的知识。我们共同消除了术语上的不一致和歧义，也消除了他们在技术观点上的分歧，在这个过程中，他们也得到了学习。他们的解释更准确和一致了，然后我们开始共同开发一个模型。

专家1：只说一个信号到达一个ref-des是不够明确的，我们必须知道信号到达了哪个引脚。

开发人员：什么是ref-des？

专家2：它就是一个元件实例。我们用的一个专门工具中用ref-des这个名称。

专家1：总之，net将一个实例的某个引脚与另一个实例的某个引脚相连。

开发人员：一个引脚是不是只属于一个元件实例，而且只与一个net相连？

专家1：对，是这样。

专家2：还有，每个net都有一个拓扑结构，也就是电路的布局，它决定了net内部各元件的连接方式。

开发人员：嗯，这样画如何（如图1-3所示）？

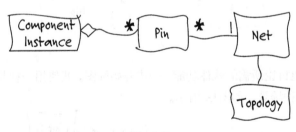

图　1-3

为了让讨论更集中，接下来的一段时间我们探讨了一个特定的功能：探针仿真（probe simulation）。探针仿真跟踪信号的传播，以便检测在设计中可能出现特定类型问题的位置。

开发人员：现在我已经明白了**Net**是如何将信号传播给它所连接的所有**Pin**的，但如何将信号传送得更远呢？这与**拓扑结构**（topology）有关系吗？

专家2：没有，是元件推送信号前进。

开发人员：我们肯定无法对芯片的内部行为建模，因为这太复杂了。

专家2：我们不必这样做。可以使用一种简化形式。只需列出通过元件可从某些**Pin**将信号推送到其他引脚即可。

开发人员：类似于这样吗？

（经过反复的尝试和修改，我们终于共同绘制出了一个草图，如图1-4所示。）

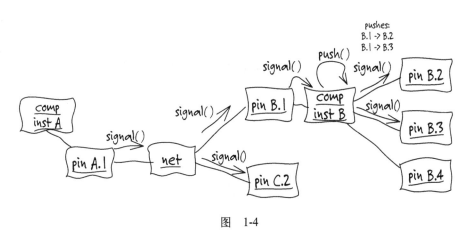

图　1-4

9

开发人员：但你想从这种计算中知道什么呢？

专家2：我们要查找较长的信号延迟，也就是说，查找超过2或3跳的信号路径。这是一条经验法则。如果路径太长，信号可能无法在时钟周期内到达。

开发人员：超过3跳……这么说我们需要计算路径长度。那么怎样算作一跳呢？

专家2：信号每通过一个**Net**，就称为1跳。

开发人员：那么我们可以沿着电路来计算跳数，每遇到一个net，跳数就加1，如图1-5所示。

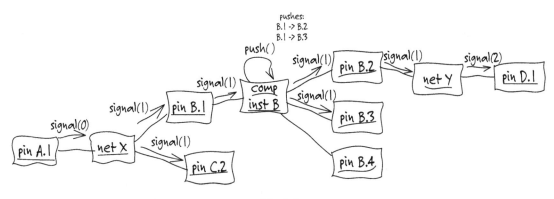

图　1-5

开发人员：现在我唯一不明白的地方是"推动"是从哪里来的。是否每个元件实例都需要存储该数据？

专家2：一个元件的所有实例的推动行为都是相同的。

开发人员：那么元件的类型决定了推动行为，而每个实例的推动行为都是相同的（如图1-6所示）？

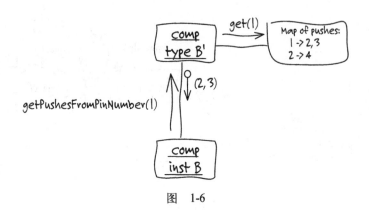

图   1-6

专家2：这个图的意思我没完全明白，但我猜想每个元件存储的推动行为就差不多是这样的吧。

开发人员：抱歉，这个地方我可能问得有点过细了。我只是想考虑得全面一些……现在，拓扑结构对它有什么影响吗？

专家1：拓扑结构不影响探针仿真。

开发人员：那么可以暂不考虑它，是吗？等用到这些特性时再回来讨论它。

就这样，我们的讨论一直进行下去（其中遇到的困难比上面显示的多得多）。我们一边进行"头脑风暴"式的讨论，一边对模型进行精化，边提问边回答。随着我对领域理解的加深，以及他们对模型在解决方案中作用的理解的加深，模型不断发展。图1-7显示了那个早期模型的类图。

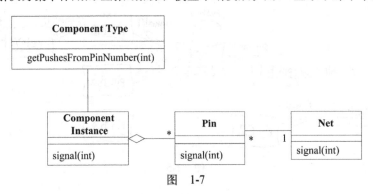

图   1-7

随后，我们又拿出一部分工作时间进行了几轮这样的讨论，我觉得自己已经理解了足够多的知识，可以试着编写一些代码了。我写了一个非常简单的原型，并用一个自动测试框架来测试它。我避开了所有的基础设施。这个原型没有持久化机制，也没有用户界面（UI）。这样我就可以专注于代码的行为。只不过几天我就能够演示简单的探针仿真了。虽然它使用的是虚拟数据，而且向控制台输出的是原始文本，但确实是使用Java对象对路径长度执行实际的计算。这些Java对象所反映的模型正是我和领域专家们一起开发出来的。

这个具体的原型使得领域专家们更清楚地理解了模型的含义，以及它与最终软件之间的联系。从那时起，我们的模型讨论越来越具有互动性了，因为他们可以看到我如何将新学到的知识融合到模型中，然后反映到软件上。他们也可以从原型得到具体的反馈，从而印证自己的想法。

模型中包含与我们要解决的问题有关的PCB领域知识，这些知识远远比我们在这里演示的复杂。模型将很多同义词和语言描写中的微小差别做了统一，并排除了数百条与问题没有直接关系的事实（虽然工程师们都理解这些事实），如元件的实际数字特性。像我这样的软件专业人员看到这张图后，几分钟内就能明白软件是做什么的。这个模型就相当于一个框架，开发人员可以借助它来组织新的信息并更快地学习，从而更准确地判断哪些部分重要，哪些部分不重要，并更好地与PCB工程师进行沟通。

当PCB工程师提出新的功能需求时，我就让他们带我走查对象交互的场景。当模型对象无法清楚地表达某个重要场景时，我们就通过头脑风暴活动创建新的模型对象或者修改原有的模型对象，并消化理解这些模型对象中的知识。在我们精化模型的过程中，代码也随之一步步演进。几个月后，PCB工程师们得到了一个远远超乎他们期望的功能丰富的工具。

1.1 有效建模的要素

以下几方面因素促使上述案例得以成功。

(1) 模型和实现的绑定。最初的原型虽然简陋，但它在模型与实现之间建立了早期链接，而且在所有后续的迭代中我们一直在维护该链接。

(2) 建立了一种基于模型的语言。最初，工程师们不得不向我解释基本的PCB问题，而我也必须向他们解释类图的含义。但随着项目的进展，双方都能够直接使用模型中的术语，并将它们组织为符合模型结构的语句，而且无需翻译即可理解互相要表达的意思。

(3) 开发一个蕴含丰富知识的模型。对象具有行为和强制性规则。模型并不仅仅是一种数据模式，它还是解决复杂问题不可或缺的部分。模型包含各种类型的知识。

(4) 提炼模型。在模型日趋完整的过程中，重要的概念不断被添加到模型中，但同样重要的是，不再使用的或不重要的概念则从模型中被移除。当一个不需要的概念与一个需要的概念有关联时，则把重要的概念提取到一个新模型中，其他那些不要的概念就可以丢弃了。

(5) 头脑风暴和实验。语言和草图，再加上头脑风暴活动，将我们的讨论变成"模型实验室"，在这些讨论中可以演示、尝试和判断上百种变化。当团队走查场景时，口头表达本身就可以作为所提议的模型的可行性测试，因为人们听到口头表达后，就能立即分辨出它是表达得清楚、简捷，还是表达得很笨拙。

正是头脑风暴和大量实验的创造力才使我们找到了一个富含知识的模型并对它进行提炼，在这个过程中，基于模型的语言提供了很大帮助，而且贯穿整个实现过程中的反馈闭环也对模型起到了"训练"作用。这种知识消化将团队的知识转化为有价值的模型。

1.2   知识消化

金融分析师要消化理解的内容是数字。他们筛选大量的详细数字，对其进行组合和重组以便寻求潜在的意义，查找可以产生重要影响的简单表示方式———一种可用作金融决策基础的理解。

高效的领域建模人员是知识的消化者。他们在大量信息中探寻有用的部分。他们不断尝试各种信息组织方式，努力寻找对大量信息有意义的简单视图。很多模型在尝试后被放弃或改造。只有找到一组适用于所有细节的抽象概念后，工作才算成功。这一精华严谨地表示了所发现的最为相关的知识。

[13]

知识消化并非一项孤立的活动，它一般是在开发人员的领导下，由开发人员与领域专家组成的团队来共同协作。他们共同收集信息，并通过消化而将它组织为有用的形式。信息的原始资料来自领域专家头脑中的知识、现有系统的用户，以及技术团队以前在相关遗留系统或同领域的其他项目中积累的经验。信息的形式也多种多样，有可能是为项目编写的文档，有可能是业务中使用的文件，也有可能来自大量的讨论。早期版本或原型将经验反馈给团队，然后团队对一些解释做出修改。

在传统的瀑布方法中，业务专家与分析员进行讨论，分析员消化理解这些知识后，对其进行抽象并将结果传递给程序员，再由程序员编写软件代码。由于这种方法完全没有反馈，因此总是失败。分析员全权负责创建模型，但他们创建的模型只是基于业务专家的意见。他们既没有向程序员学习的机会，也得不到早期软件版本的经验。知识只是朝一个方向流动，而且不会累积。

有些项目使用了迭代过程，但由于没有对知识进行抽象而无法建立起知识体系。开发人员听专家们描述某项所需的特性，然后开始构建它。他们将结果展示给专家，并询问接下来做什么。如果程序员愿意进行重构，则能够保持软件足够整洁，以便继续扩展它；但如果程序员对领域不感兴趣，则他们只会了解程序应该执行的功能，而不去了解它背后的原理。虽然这样也能开发出可用的软件，但项目永远也不会从原有特性中自然地扩展出强大的新特性。

好的程序员会自然而然地抽象并开发出一个可以完成更多工作的模型。但如果在建模时只是技术人员唱独角戏，而没有领域专家的协作，那么得到的概念将是很幼稚的。使用这些肤浅知识

[14]

开发出来的软件只能做基本工作，而无法充分反映出领域专家的思考方式。

在团队所有成员一起消化理解模型的过程中，他们之间的交互也会发生变化。领域模型的不断精化迫使开发人员学习重要的业务原理，而不是机械地进行功能开发。领域专家被迫提炼自己已知道的重要知识的过程往往也是完善其自身理解的过程，而且他们会渐渐理解软件项目所必需的概念严谨性。

所有这些因素都促使团队成员成为更合格的知识消化者。他们对知识去粗取精。他们将模型重塑为更有用的形式。由于分析员和程序员将自己的知识输入到了模型中，因此模型的组织更严密，抽象也更为整洁，从而为实现提供了更大支持。同时，由于领域专家也将他们的知识输入到了模型中，因此模型反映了业务的深层次知识，而且真正的业务原则得以抽象。

模型在不断改进的同时，也成为组织项目信息流的工具。模型聚焦于需求分析。它与编程和设计紧密交互。它通过良性循环加深团队成员对领域的理解，使他们更透彻地理解模型，并对其进一步精化。模型永远都不会是完美的，因为它是一个不断演化完善的过程。模型对理解领域必须是切实可用的。它们必须非常精确，以便使应用程序易于实现和理解。

1.3　持续学习

当开始编写软件时，其实我们所知甚少。项目知识零散地分散在很多人和文档中，其中夹杂着其他一些无关信息，因此我们甚至不知道哪些知识是真正需要的知识。看起来没什么技术难度的领域很可能是一种错觉——我们并没意识到不知道的东西究竟有多少。这种无知往往会导致我们做出错误的假设。

同时，所有项目都会丢失知识。已经学到了一些知识的人可能干别的事去了。团队可能由于重组而被拆散，这导致知识又重新分散开。被外包出去的关键子系统可能只交回了代码，而不会将知识传递回来。而且当使用典型的设计方法时，代码和文档不会以一种有用的形式表示出这些来之不易的知识，因此一旦由于某种原因人们没有口头传递知识，那么知识就丢失了。

高效率的团队需要有意识地积累知识，并持续学习[Kerievsky 2003]。对于开发人员来说，这意味着既要完善技术知识，也要培养一般的领域建模技巧（如本书中所讲的那些技巧）。但这也包括认真学习他们正在从事的特定领域的知识。

那些善于自学的团队成员会成为团队的中坚力量，涉及最关键领域的开发任务要靠他们来攻克（有关这方面的更多内容，参见第15章）。这个核心团队头脑中积累的知识使他们成为更高效的知识消化者。

读到这里，请先停一下来问自己一个问题。你是否学到了一些PCB设计知识？虽然这个示例只对该领域作了些表面处理，但当讨论领域模型时，仍会学到一些知识。我学习了大量知识，但并没有学习如何成为一名PCB工程师，因为这不是我的目的。我的目的是学会与PCB专家沟通，理解与应用有关的主要概念，并学会检查所构建的内容是否合理。

事实上，我们的团队最终发现探针仿真并不是一项重要的开发任务，因此最后彻底放弃了这个功能。连同它一起删除的还有模型中的一些部分，这些部分只是帮助我们理解如何通过元件推动信号以及如何计算跳数。这样，应用程序的核心就转移到了别处，而且模型也随之改变，将新的重点作为核心。在这个过程中，领域专家们也学到了很多东西，而且更加清楚地理解了应用程序的目标（第15章会更深入地讨论这些问题）。

尽管如此，那些早期工作还是非常重要的。关键的模型元素被保留下来，而更重要的是，早期工作启动了知识消化的过程，这使得所有后续工作更加高效：团队成员、开发人员和领域专家等都学到了知识，他们开始使用一种公共的语言，而且形成了贯穿整个实现过程的反馈闭环。这样，一个发现之旅悄然开始了。

1.4　知识丰富的设计

通过像PCB示例这样的模型获得的知识远远不只是"发现名词"。业务活动和规则如同所涉及的实体一样，都是领域的核心，任何领域都有各种类别的概念。知识消化所产生的模型能够反映出对知识的深层理解。在模型发生改变的同时，开发人员对实现进行重构，以便反映出模型的变化，这样，新知识就被合并到应用程序中了。

当我们的建模不再局限于寻找实体和值对象时，我们才能充分吸取知识，因为业务规则之间可能会存在不一致。领域专家在反复研究所有规则、解决规则之间的矛盾以及以常识来弥补规则的不足等一系列工作中，往往不会意识到他们的思考过程有多么复杂。软件是无法完成这一工作的。正是通过与软件专家紧密协作来消化知识的过程才使得规则得以澄清和充实，并消除规则之间的矛盾以及删除一些无用规则。

示例　　**提取一个隐藏的概念**

我们从一个非常简单的领域模型开始学习，基于此模型的应用程序用来预订一艘船在一次航程中要运载的货物，如图1-8所示。

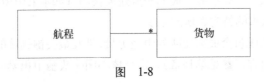

图　1-8

我们规定这个应用程序的任务是将每件货物（Cargo）与一次航程（Voyage）关联起来，记录并跟踪这种关系。现在看来一切都还算简单。应用程序代码中可能会有一个像下面这样的方法：

```
public int makeBooking(Cargo cargo, Voyage voyage) {
    int confirmation = orderConfirmationSequence.next();
    voyage.addCargo(cargo, confirmation);
```

```
    return confirmation;
}
```

由于总会有人在最后一刻取消订单，因此航运业的一般做法是接受比其运载能力多一些的货物。这称为"超订"。有时使用一个简单的容量百分比来表示，如预订110%的载货量。有时则采用复杂的规则——主要客户或特定种类的货物优先。 17

这是航运领域的一个基本策略，从事航运业的业务人员都知道它，但在软件团队中可能不是所有技术人员都知道这条规则。

需求文档中包含下面这句话：

允许10%的超订。

现在，类图就应该像图1-9这样，代码如下：

```
public int makeBooking(Cargo cargo, Voyage voyage) {
    double maxBooking = voyage.capacity() * 1.1;
    if ((voyage.bookedCargoSize() + cargo.size()) > maxBooking)
        return -1;
    int confirmation = orderConfirmationSequence.next();
    voyage.addCargo(cargo, confirmation);
    return confirmation;
}
```

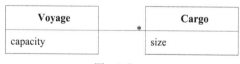

图 1-9

现在，一条重要的业务规则被隐藏在上面这段方法代码的一个卫语句[1]中。第4章将介绍 LAYERED ARCHITECTURE，它会帮助我们将超订规则转移到领域对象中，但现在我们主要考虑如何把这条规则更清楚地表达出来，并让项目中的每个人都能了解到它。这将使我们得到一个类似的解决方案。

(1) 如果业务规则如上述代码所写，不可能有业务专家会通过阅读这段代码来检验规则，即使在开发人员的帮助下也无法完成。

(2)非业务的技术人员很难将需求文本与代码联系起来。

如果规则更复杂，情况将更糟。

我们可以改变一下设计来更好地捕获这个知识。超订规则是一个策略，如图1-10所示。策略

18

---

① 卫语句，guard clause，指起保护作用的语句。——译者注

（policy）其实是STRATEGY模式[Gamma et al. 1995]的别名。我们知道，使用STRATEGY的动机一般是为了替换不同的规则，虽然在这里并不需要这么做。但我们要获取的概念的确符合策略的含义，这在领域驱动设计中是同等重要的动机（参见第12章）。

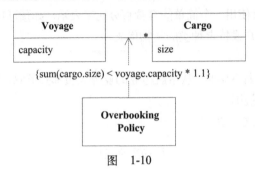

{sum(cargo.size) < voyage.capacity * 1.1}

图   1-10

修改后的代码如下：

```
public int makeBooking(Cargo cargo, Voyage voyage) {
    if (!overbookingpolicy.isallowed(cargo, voyage)) return -1;
    int confirmation = orderConfirmationSequence.next();
    voyage.addCargo(cargo, confirmation);
    return confirmation;
}
```

新的Overbooking Policy类包含以下方法：

```
public boolean isAllowed(Cargo cargo, Voyage voyage) {
    return (cargo.size() + voyage.bookedCargoSize()) <=
        (voyage.capacity() * 1.1);
}
```

现在所有人都清楚超订是一个独特的策略，而且超订规则的实现即明确又独立。

现在，我并不建议将这样的精细设计应用到领域的每个细节中。第15章将深入阐述如何关注重点以及如何隔离其他问题或使这些问题最小化。这个例子的目的是说明领域模型和相应的设计可用来保护和共享知识。更明确的设计具有以下优点：

(1) 为了实现更明确的设计，程序员和其他各位相关人员都必须理解超订的本质，明白它是一个明确且重要的业务规则，而不只是一个不起眼的计算。

(2) 程序员可以向业务专家展示技术工件，甚至是代码，但应该是领域专家（在程序员指导下）可以理解的，以便形成反馈闭环。

① STRATEGY一般是指定义一组算法，将每个算法都封装起来，并且使它们之间可以互换。策略模式的优点是软件可以由许多可替换的部分组成，各个部分之间是弱连接的关系，这样软件具有更强的可扩展性、可维护性和可重用性。作者在这里提到策略模式，是指将每个规则当成一个算法。——译者注

1

1.5　深层模型

　　有用的模型很少停留在表面。随着对领域和应用程序需求的理解逐步加深，我们往往会丢弃那些最初看起来很重要的表面元素，或者切换它们的角度。这时，一些开始时不可能发现的巧妙抽象就会渐渐浮出水面，而它们恰恰切中问题的要害。

　　前面的例子大体上是基于一个集装箱航运项目，这是本书列举的几个项目之一，本书还有几个示例会引用这个项目。本书所举的示例都很简单，即使不是航运专家也能理解它们。但在一个需要团队成员持续学习的真实项目中，要想建立实用且清晰的模型则要求团队成员既精通领域知识，也要精通建模技术。

　　在这个项目中，由于航运从预订货运开始，因此我们开发了一个能够描述货物和运货航线等事物的模型。这是必要且有用的，但领域专家却不买账。他们有自己的考虑业务的方式，这种方式是我们没有考虑到的。

　　最后，在经过几个月的知识消化后，我们知道货物的处理主要是由转包商或公司中的操作人员完成的，这包括实际的装货、卸货和运货。航运专家的观点是，各部分之间存在一系列的责任传递。法律责任和执行责任的传递由一个过程控制——从托运人传递到某个本地运输商，再从这家运输商传递到另一家运输商，最后到达收货人。通常，在一些重要的步骤中，货物停放在仓库里。在其他时间里，货物则是通过复杂的物理步骤来运输，而这些与航运公司的业务决策无关。在处理航线的物流之前，必须先确定诸如提单等法律文件以及支付流程。 <u>20</u>

　　对航运业务有了更深刻的认识后，我们并没有删除Itinerary（航线）对象，但模型发生了巨大改变。我们对航运业务的认识从"集装箱在各个地点之间的运输"转变为"运货责任在各个实体之间的传递"。处理这些责任传递的特性不再是一些附属于装货作业的次要特性，而是由一个独立的模型来提供支持，这个模型正是在理解了作业与责任之间的重要关系之后开发出来的。

　　知识消化是一种探索，它永无止境。 <u>21</u>

第2章

交流与语言的使用

领域模型可成为软件项目通用语言的核心。该模型是一组得自于项目人员头脑中的概念，以及反映了领域深层含义的术语和关系。这些术语和相互关系提供了模型语言的语义，虽然语言是为领域量身定制的，但就技术开发而言，其依然足够精确。正是这条至关重要的纽带，将模型与开发活动结合在一起，并使模型与代码紧密绑定。

这种基于模型的交流并不局限于UML（统一建模语言）图。为了最有效地使用模型，需要充分利用各种交流手段。基于模型的交流提高了书面文档的效用，也提高了敏捷过程中再度强调的非正式图表和交谈的效用。它还通过代码本身及对应的测试促进了交流。

在项目中，语言的使用很微妙，但却至关重要……

2.1　模式：UBIQUITOUS LANGUAGE

> 首先写下一个句子，
> 然后将它分成小段，
> 再将它们打乱并重新排序。
> 仿佛是巧合一样，
> 短语的顺序对意思完全没有影响。
>
> ——Lewis Carroll, "Poeta Fit, Non Nascitur"

要想创建一种灵活的、蕴含丰富知识的设计，需要一种通用的、共享的团队语言，以及对语言不断的试验——然而，软件项目上很少出现这样的试验。

* * *

虽然领域专家对软件开发的技术术语所知有限，但他们能熟练使用自己领域的术语——可能还具有各种不同的风格。另一方面，开发人员可能会用一些描述性的、功能性的术语来理解和讨论系统，而这些术语并不具备领域专家的语言所要传达的意思。或者，开发人员可能会创建一些用于支持设计的抽象，但领域专家无法理解这些抽象。负责处理问题不同部分的开发人员可能会开发出各自不同的设计概念以及描述领域的方式。

2

由于语言上存在鸿沟，领域专家们只能模糊地描述他们想要的东西。开发人员虽然努力去理解一个自己不熟悉的领域，但也只能形成模糊的认识。虽然少数团队成员会设法掌握这两种语言，但他们会变成信息流的瓶颈，并且他们的翻译也不准确。

在一个没有公共语言的项目上，开发人员不得不为领域专家做翻译。而领域专家需要充当开发人员与其他领域专家之间的翻译。甚至开发人员之间还需要互相翻译。这些翻译使模型概念变得混淆，而这会导致有害的代码重构。这种间接的沟通掩盖了分裂的形成——不同的团队成员使用不同的术语而尚不自知。由于软件的各个部分不能够浑然一体，因此这就导致无法开发出可靠的软件（参见第14章）。翻译工作导致各类促进深入理解模型的知识和想法无法结合到一起。

如果语言支离破碎，项目必将遭遇严重问题。领域专家使用他们自己的术语，而技术团队所使用的语言则经过调整，以便从设计角度讨论领域。

日常讨论所使用的术语与代码（软件项目的最重要产品）中使用的术语不一致。甚至同一个人在讲话和写东西时使用的语言也不一致，这导致的后果是，对领域的深刻表述常常稍纵即逝，根本无法记录到代码或文档中。

翻译使得沟通不畅，并削弱了知识消化。

然而任何一方的语言都不能成为公共语言，因为它们无法满足所有的需求。

所有翻译的开销，连带着误解的风险，成本实在太高了。项目需要一种公共语言，这种语言要比所有语言的最小公分母健壮得多。通过团队的一致努力，领域模型可以成为这种公共语言的核心，同时将团队沟通与软件实现紧密联系到一起。该语言将存在于团队工作中的方方面面。

UBIQUITOUS LANGUAGE（通用语言）的词汇包括类和主要操作的名称。语言中的术语，有些用来讨论模型中已经明确的规则，还有一些则来自施加于模型上的高级组织原则（如第14章和第16章要讨论的CONTEXT MAP和大型结构）。最后，团队常常应用于领域模型的模式名称也使这种语言更为丰富。

模型之间的关系成为所有语言都具有的组合规则。词和短语的意义反映了模型的语义。

开发人员应该使用基于模型的语言来描述系统中的工件、任务和功能。这个模型应该为开发人员和领域专家提供一种用于相互交流的语言，而且领域专家还应该使用这种语言来讨论需求、开发计划和特性。语言使用得越普遍，理解进行得就越顺畅。

至少，我们应该将它作为目标。但最初，模型可能不太好，因此无法很好地履行这些职责。它可能不会像领域的专业术语那样具有丰富的语义。但我们又不能直接使用那些术语，因为它们有歧义和矛盾。模型可能缺乏开发人员在代码中所创建的更为微妙和灵活的特性，这要么是因为开发人员认为模型不必具备这些特性，要么是因为编码风格是过程式的，只能隐含地表达领域概念。

尽管模型和基于模型的语言之间的次序像是循环论证，但是，能够产生更有用模型的知识消化过程依赖于团队投身于基于模型的语言。持续使用UBIQUITOUS LANGUAGE可以暴露模型中存在的缺点，这样团队就可以尝试并替换不恰当的术语或组合。当在语言中发现缺失时，新的词语将

24

25

被引入到讨论中。这些语言上的更改也会在领域模型中引起相应的更改,并促使团队更新类图并重命名代码中的类和方法,当术语的意义改变时,甚至会导致行为也发生改变。

通过在实现的过程中使用这种语言,开发人员能够指出不准确和矛盾之处,并和领域专家一起找到有效的替代方案。

当然,为了解释和给出更广泛的上下文,领域专家的语言会超出UBIQUITOUS LANGUAGE的范围。但在模型应对的范围内,他们应该使用UBIQUITOUS LANGUAGE,并在发现不合适、不完整或错误之处后要引起注意。通过大量使用基于模型的语言,并且不达流畅绝不罢休,我们可以逐步得到一个完整的、易于理解的模型,它由简单元素组成,并通过组合这些简单元素表达复杂的概念。

因此:

将模型作为语言的支柱。确保团队在内部的所有交流中以及代码中坚持使用这种语言。在画图、写东西,特别是讲话时也要使用这种语言。

通过尝试不同的表示方法(它们反映了备选模型)来消除难点。然后重构代码,重新命名类、方法和模块,以便与新模型保持一致。解决交谈中的术语混淆问题,就像我们对普通词汇形成一致的理解一样。

要认识到,UBIQUITOUS LANGUAGE的更改就是对模型的更改。

领域专家应该抵制不合适或无法充分表达领域理解的术语或结构,开发人员应该密切关注那些将会妨碍设计的有歧义和不一致的地方。

有了UBIQUITOUS LANGUAGE,模型就不仅仅是一个设计工件了。它成为开发人员和领域专家共同完成的每项工作中不可或缺的部分。语言以动态形式传递知识。使用这种语言进行讨论能够呈现图和代码背后的真实含义。

＊ ＊ ＊

我们在这里讨论的UBIQUITOUS LANGUAGE假设只有一个模型在起作用。第14章将讨论不同模型(和语言)的共存,以及如何防止模型分裂。

UBIQUITOUS LANGUAGE是那些以非代码形式呈现的设计的主要载体,这些包括把整个系统组织在一起的大尺度结构(参见第16章)、定义了不同系统和模型之间关系的限界上下文(参见第14章),以及在模型和设计中使用的其他模式。

示例   **制定货运路线**

下面这两段对话有着微妙但重要的差别。在每个对话场景中,注意观察讲话者有多少内容是谈论软件的业务功能,有多少内容是从技术上谈论软件的工作机理的。用户和开发人员用的是同一种语言吗?它的表达是否丰富,足以应对应用程序功能的讨论?

场景1：最小化的领域抽象

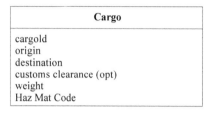
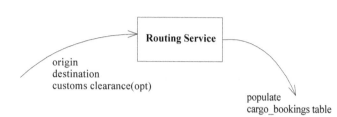

Database table: cargo_bookings

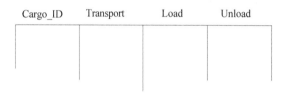

图　2-1

　　用户：那么，当更改清关（customs clearance）[①]地点时，需要重新制定整个路线计划啰。

　　开发人员：是的。我们将从货运表（shipment table）中删除所有与该货物id相关联的行，然后将出发地、目的地和新的清关地点传递给Routing Service，它会重新填充货运表。Cargo中必须设立一个布尔值，用于指示货运表中是否有数据。

　　用户：删除行？好，就按你说的做。但是，如果先前根本没有指定清关地点，也需要这么做吗？

　　开发人员：是的，无论何时更改了出发地、目的地或清关地点（或是第一次输入），都将检查是否已经有货运数据，如果有，则删除它们，然后由Routing Service重新生成数据。

　　用户：当然，如果原有的清关数据碰巧是正确的，我们就不需要这样做了。

　　开发人员：哦，没问题。但让Routing Service每次重新加载或卸载数据会更容易些。

　　用户：是的，但为新航线制定所有支持计划的工作量很大，因此，除非非改不可，我们一般不想更改航线。

　　开发人员：哦，好的，当第一次输入清关地点时，我们需要查询表格，找到以前的清关地点，然后与新的清关地点进行比较，从而判断是否需要重做。

　　用户：这个处理不必考虑出发地和目的地，因为航线在此总要变更。

　　开发人员：好的，我明白了。

---

　　① 清关即结关，习惯上又称通关，是指进口货物、出口货物和转运货物进出一国海关或国境时必须向海关申报，办理海关规定的各项手续，履行各项法规规定的义务。——译者注

▍场景2：用领域模型进行讨论 ▍

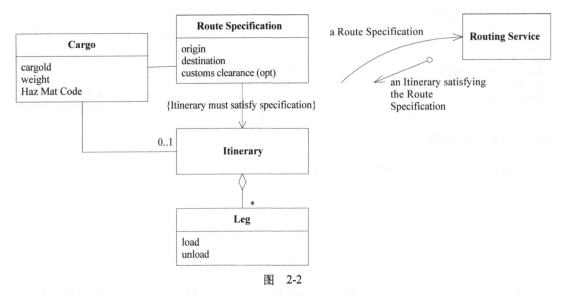

图　2-2

用户：那么，当更改清关地点时，需要重新制定整个路线计划啰。

开发人员：是的。当更改Route Specification（路线说明）的任意属性时，都将删除原有的Itinerary（航线），并要求Routing Service（路线服务）基于新的Route Specification生成一个新的Itinerary。

用户：如果先前根本没有指定清关地点，也需要这么做吗？

开发人员：是的，无论何时更改了Route Spec的任何属性，都将重新生成Itinerary。这也包括第一次输入某些属性。

用户：当然，如果原有的清关数据碰巧是正确的，我们就不需要这样做了。

开发人员：哦，没问题。但让Routing Service每次重新生成一个Itinerary会更容易些。

用户：是的，但为新航线制定所有支持计划的工作量很大，因此，除非非改不可，我们一般不想更改路线。

开发人员：哦。那么需要在Route Specification添加一些功能。这样，当更改Route Specification中的属性时，查看Itinerary是否仍满足Specification。如果不满足，则需要由Routing Service重新生成Itinerary。

用户：这一点不必考虑出发地和目的地，因为Itinerary在此总是要变更的。

开发人员：好的，但每次只做比较就简单多了。只有当不满足Route Specification时，才重新生成Itinerary。

第二段对话表达了领域专家的更多意图。在这两段对话中，用户都使用了"itinerary"这个词，但在第二段中它是一个对象，这使得双方可以更准确、具体地进行讨论。他们明确讨论了"route specification"，而不是每次都通过属性和过程来描述它。

这两段对话有意使用了相似的结构。实际上，第一段对话显得更啰嗦，对话双方需要不断对应用程序的特性和表达不清的地方进行解释。第二段对话使用了基于领域模型的术语，因此讨论更简洁。

2.2 "大声地"建模

假如将交谈从沟通方式中除去的话，那会是巨大的损失，因为人类本身颇具谈话的天赋。遗憾的是，当人们交谈时，通常并不使用领域模型的语言。

可能开始时你并不认为上述论断是正确的，而且的确有例外情况。但下次你参加需求或设计讨论时，不妨认真听一下。你将听到人们用业务术语或者各种业余术语来描述功能。还会听到人们讨论技术工件和具体的功能。当然，你还会听到来自领域模型的术语；在人们共同使用的那部分业务术语中，那些显而易见的名词在编码时通常被用作对象名称，因此这些术语经常被人们提及。但你是否也听到一些使用当前领域模型中的关系和交互来描述的措辞呢？

改善模型的最佳方式之一就是通过对话来研究，试着大声说出可能的模型变化中的各种结构。这样不完善的地方很容易被听出来。

> "如果我们向Routing Service提供出发地、目的地和到达时间，就可以查询货物的停靠地点，嗯……将它们存到数据库中。"（含糊且偏重于技术）
>
> "出发地、目的地……把它们都输入到Routing Service中，而后我们得到一个Itinerary，它包含我们所需的全部信息。"（更具体，但过于啰嗦）
>
> "Routing Service查找满足Route Specification的Itinerary。"（简洁）

使用单词和短语是极为重要的——其将我们的语言能力用于建模工作，这就如同素描对于表现视觉和空间推理十分重要一样。我们即要利用系统性分析和设计方面的分析能力，也要利用对代码的神秘"感觉"。这些思考方式互为补充，要充分利用它们来找到有用的模型和设计。在所有这些方式中，语言上的试验常常是最容易被忽视的（本书第三部分将深入探讨这种发现过程，并通过几段对话来显示它们之间的相互影响）。

事实上，我们的大脑似乎很擅长处理口语的复杂性（对于像我这样的门外汉，有本好书是Steven Pinker所著的*The Language Instinct* [Pinker 1994]）。例如，当具有不同语言背景的人凑在一起做生意时，如果没有公共语言，他们就会创造一种称为"混杂语"（pidgin）的公共语言。混杂语虽然不像讲话者的母语那样详尽，但它适合当前任务。当人们交谈时，自然会发现词语解释和意义上的差别，而后会自然而然地解决这些差别。他们会发现这种语言中的简陋晦涩之处并把它

[31] 们搞顺畅。

上大学时，我曾经修过西班牙语速成课。课堂上规定不准讲英语。起初，令人相当沮丧。这不仅感觉很别扭，而且需要很强的自制力。但最终我和同学们都达到了通过书面练习永远不可能达到的流利程度。

当我们在讨论中使用领域模型的UBIQUITOUS LANGUAGE时，特别是在开发人员和领域专家一起推敲场景和需求时，通用语言的使用会越来越流利，而且我们还可以互相指点一些细微的差别。我们自然而然地共享了我们所说的语言，而这种方式是图和文档无法做到的。

想要在软件项目上产生一种UBIQUITOUS LANGUAGE，说起来容易，做起来却难，我们必须充分利用自然赋予我们的才能来实现这个目标。正如人类的视觉和空间思维能力使我们能够快速传达和处理图形概述中的信息一样，我们也可以利用自己在基于语法的、有意义的语言方面的天赋来推动模型的开发。

因此，下面这段话可作为UBIQUITOUS LANGUAGE模式的补充：

讨论系统时要结合模型。使用模型元素及其交互来大声描述场景，并且按照模型允许的方式将各种概念结合到一起。找到更简单的表达方式来讲出你要讲的话，然后将这些新的想法应用到图和代码中。

2.3   一个团队，一种语言

技术人员通常认为业务专家最好不要接触领域模型，他们认为：

"领域模型对他们来说太抽象了。"

[32] "他们不理解对象。"

"这样我们就不得不用他们的术语来收集需求。"

上面只列举了我从一个使用两种语言的团队中听到的少数几个原因。忘掉它们吧。

当然，设计中有一些技术组件与领域专家无关，但模型的核心最好让他们参与。过于抽象？那你怎么知道抽象是否合理？你是否像他们一样深入理解领域？有时，某些特定需求是从底层用户那里收集的，他们在描述这些需求时可能会用到一小部分更具体的术语，但领域专家应该能够更深入地思考他们所从事的领域。如果连经验丰富的领域专家都不能理解模型，那么模型一定出了什么问题。

最初，当用户讨论系统尚未建模的未来功能时，他们没有模型可供使用。但当他们开始与开发人员一起仔细讨论这些新想法时，探索共享模型的过程就开始了。最初的模型可能很笨拙且不完整，但会逐渐精化。随着新语言的演进，领域专家必须付出更多努力来适应它，并更新那些仍然很重要的旧文档。

当领域专家使用这种语言互相讨论，或者与开发人员进行讨论时，很快就会发现模型中哪些地方不符合他们的需要，甚至是错误的。另一方面，模型语言的精确性也会促使领域专家（在开发人员的帮助下）发现他们想法中的矛盾和含糊之处。

开发人员和领域专家可以通过一步一步地使用模型对象来走查场景，从而对模型进行非正式的测试。每次讨论都是开发人员和专家一起使用模型的机会，在这个过程中，他们可以加深彼此的理解，并对概念进行精化。

领域专家可以使用模型语言来编写用例，甚至可以直接利用模型来具体说明验收测试。

有时，有人会反对使用模型语言来收集需求。毕竟，难道需求不应该独立于实现它们的设计吗？这种观点忽视了所有语言都要基于某种模型这一事实。词的意义是不明确。领域模型通常是从领域专家自己的术语中推导出来的，但已经经过了"清理"，以便具有更明确、更严密的定义。当然，如果这些定义与领域公认的意义有较大差别，领域专家应该反对。在敏捷过程中，需求是随着项目的前进而演变的，因为几乎不存在现成的知识可以充分说明一个应用程序。用精化后的 UBIQUITOUS LANGUAGE 来重新组织需求应该是这种演变过程的一部分。

语言的多样性通常是必要的，但领域专家与开发人员之间不应该有语言上的分歧（第12章将讨论多个模型在同一个项目上共存的情况）。

当然，开发人员的确会使用领域专家无法理解的技术术语。开发人员有其所需的大量术语来讨论系统技术。几乎可以肯定的是，用户也会用开发人员无法理解的、超出应用程序范畴的专用术语。这些都是对语言的扩展。但在这些语言扩展中，同一领域的相同词汇不应该反映不同的模型。

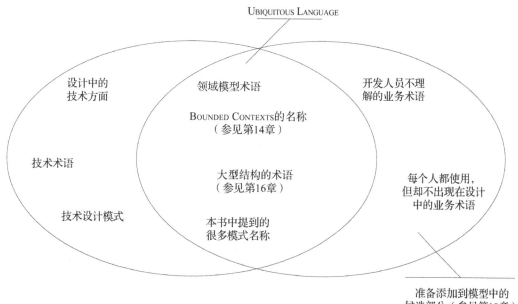

图2-3   术语的交集产生了 UBIQUITOUS LANGUAGE

有了 UBIQUITOUS LANGUAGE 之后，开发人员之间的对话、领域专家之间的讨论以及代码本身所表达的内容都基于同一种语言,都来自于一个共享的领域模型。

2.4   文档和图

每当我参加讨论软件设计的会议时,如果不在白板或画板上画图,我就很难讨论下去。我画的大部分是UML图,主要以类图和对象交互图为主。

有些人天生是视觉动物,图可以帮助人们掌握某些类型的信息。UML图在传达对象之间的关系上真是游刃有余,而且也很擅长表现交互。但它们却无法给出这些对象的概念定义。在会议中,我会一边画图一边用语言来丰富它们的意义,或者在与其他参与者讨论时进行解释。

简单、非正式的UML图能够维系整个讨论。绘制一幅包含当前问题最关键的3~5个对象的图,这样每个人都可以集中注意力。所有人就对象关系会达成一致的认识,更重要的是,他们将使用相同的对象名称。如此,口头讨论会更加高效。当人们尝试不同的想法时,图也随之改变,草图在某种程度上可以反映讨论的变化,这是讨论中真正重要的部分。毕竟,UML就是统一建模语言。

当人们必须通过UML图表示整个模型或设计时,麻烦也随之而来。很多对象模型图在某些方面过于细致,同时在某些方面又有很多遗漏。说它们过于细致是因为人们认为必须将所有要编码的对象都放到建模工具中。而细节过多的结果是"只见树木,不见森林"。

尽管存在所有这些细节,但属性和关系只是对象模型的一部分。这些对象的行为以及这些对象上的约束就不那么容易表示了。对象交互图可以阐明设计中的一些复杂之处,但却无法用这种方式来展示大量的交互,就是工作量太大了,既要制作图,还要学习这些图。而且交互图也只能暗示出模型的目的。要想把约束和断言包括进来,需要在UML图中使用文本,这些文本用括号括起来,插入到图中。

操作名称可能会暗示出对象的行为职责,对象交互图(或序列图)中也会隐含地展示出这些职责,但无法直接表述。因此,这项任务就要靠补充文本或对话来完成。换言之,UML图无法传达模型的两个最重要的方面,一个方面是模型所表示的概念的意义,另一方面是对象应该做哪些事情。但是,这并不是大问题,因为通过仔细地使用语言(英语、西班牙语或其他任何一种语言)就可以很好地完成这项任务。

UML也不是一种十分令人满意的编程语言。我从未见过有人使用建模工具的代码生成功能达到了预期目的。如果UML的能力无法满足需要,通常人们就不得不忽略模型最关键的部分,因为有些规则并不适合用线框图来表示。当然,代码生成器也无法使用上面所说的那些文本注释。如果确实能使用UML这样的绘图语言来编写可执行程序,那么UML图就会退化为程序本身的另一种视图,这样,"模型"的真正含义就丢失了。如果使用UML作为实现语言,则仍然需要利用其他手段来表达模型的确切含义。

图是一种沟通和解释手段,它们可以促进头脑风暴。简洁的小图能够很好地实现这些目标,而涵盖整个对象模型的综合性大图反而失去了沟通或解释能力，因为它们将读者淹没在大量细节之中，加之这些图也缺乏目的性。鉴于此，我们应避免使用包罗万象的对象模型图，甚至不能使用包含所有细节的UML数据存储库。相反，应使用简化的图，图中只包含对象模型的重要概念——这些部分对于理解设计至关重要。本书中的图都是我在项目中使用过比较典型的图。它们很简单，而且具有很强的解释能力，在澄清一些要点时，还使用了一些非标准的符号。它们显示了设计约束，但它们不是面面俱到的设计规范。它们只体现了思想纲要。

设计的重要细节应该在代码中体现出来。良好的实现应该是透明的，清楚地展示其背后的模型（下一章及本书其他许多章节的主题就是阐述如何做到这一点）。互为补充的图和文档能够引导人们将注意力放在核心要点上。自然语言的讨论可以填补含义上的细微差别。这就是为什么我喜欢把典型的UML使用方法颠倒过来的原因。通常的用法是以图为主，辅以文本注释；而我更愿意以文本为主，用精心挑选的简化图作为说明。

务必要记住模型不是图。图的目的是帮助表达和解释模型。代码可以充当设计细节的存储库。书写良好的Java代码与UML具有同样的表达能力。经过仔细选择和构造的图可以帮助人们集中注意力，并起到指导作用，当然前提条件是不能强制用图来表示全部模型或设计，因为这样会削弱图的清晰表达的能力。

2.4.1 书面设计文档

口头交流可以解释代码的含义，因此可作为代码精确性和细节的补充。虽然交谈对于将人们与模型联系起来是至关重要的，但书面文档也是必不可少的，任何规模的团队都需要它来提供稳定和共享的交流。但要想编写出能够帮助团队开发出好软件的书面文档却是一个不小的挑战。

一旦文档的形式变得一成不变，往往会从项目进展流程中脱离出来。它会跟不上代码或项目语言的演变。

书面文档有很多编写方法。本书第四部分将介绍几种满足特定需要的具体文档，但不会列出项目需要使用的所有文档，而是给出两条用于评估文档的总体原则。

文档应作为代码和口头交流的补充

每种敏捷过程在编写文档方面都有自己的理念。极限编程主张完全不使用（多余的）设计文档，而让代码解释自己。实际运行的代码不会说谎，而其他文档则不然。运行代码所产生的行为是明确的。

极限编程只关注对程序及可执行测试起作用的因素。由于为代码添加的注释并不影响程序的行为，因此它们往往无法与当前代码及其模型保持同步。外部文档和图也不会影响程序的行为，因此它们也无法保持同步。另一方面，口头交流和临时在白板上画的图不会长久保留而产生混淆。依赖代码作为交流媒介可以促使开发人员保持代码的整洁和透明。

然而，将代码作为设计文档也有局限性。它可能会把读代码的人淹没在细节中。尽管代码的行为是非常明确的，但这并不意味着其行为是显而易见的。而且行为背后的意义可能难以表达。

换言之，只用代码做文档与使用大而全的UML图面临着差不多相同的基本问题。当然，团队进行大量的口头交流能够为代码提供上下文和指导，但是，口头交流很短暂，而且范围很小。此外，开发人员并不是唯一需要理解模型的人。

文档不应再重复表示代码已经明确表达出的内容。代码已经含有各个细节，它本身就是一种精确的程序行为说明。

其他文档应该着重说明含义，以便使人们能够深入理解大尺度结构，并将注意力集中在核心元素上。当编程语言无法直接明了地实现概念时，文档可以澄清设计意图。我们应该把书面文档作为代码和口头讨论的补充。

文档应当鲜活并保持最新

我在为模型编写书面文档时，会仔细选择一个小的模型子集来画图，然后让文字放置在这些图周围。我用文字定义类及其职责，并且像自然语言那样把它们限定在一个语义上下文中。而图显示了在将概念形式化和简化为对象模型的过程中所做的一些选择。这些图可以随意一些，甚至是手绘的。手绘图除了节省工作量，也让人们一看就知道它们是不正式、临时的。这些优点都非常有利于交流，因为它们适用于我们的模型思想。

设计文档的最大价值在于解释模型的概念，帮助在代码的细节中指引方向，或许还可以帮助人们深入了解模型预期的使用风格。根据不同的团队理念，整个设计文档可能会十分简单，如只是贴在墙上的一组草图，也可能会非常详尽。

文档必须深入到各种项目活动中去。判断是否做到这一点的最简单方法，是观察文档与UBIQUITOUS LANGUAGE之间的交互。文档是用人们（当前）在项目上讲的语言编写的吗？它是用嵌入到代码中的语言编写的吗？

注意听UBIQUITOUS LANGUAGE，观察它是如何变化的。如果设计文档中使用的术语不再出现在讨论和代码中，那么文档就没有起到它的作用。或许是文档太大或太复杂了，或许是它没有关注足够重要的主题。人们要么不阅读文档，要么觉得它索然无味。如果文档对UBIQUITOUS LANGUAGE没有影响，那么一定是出问题了。

相反，我们会注意到UBIQUITOUS LANGUAGE随着文档渐渐过时而自然地改变。显然，要么人们不再关心文档，要么认为它不重要而不再去更新它。这时可以将它作为历史文件安全地归档，如果继续使用这样的文档可能会产生混淆并损害项目。如果文档不再担负重要的作用，那么纯粹靠意志和纪律保持其更新就是浪费精力。

UBIQUITOUS LANGUAGE可以使其他文档（如需求规格说明）更简洁和明确。当领域模型反映了与业务最相关的知识时，应用程序的需求成为该模型内部的场景，而UBIQUITOUS LANGUAGE可直接用MODEL-DRIVEN DESIGN（模型驱动设计）的方式描述此类场景（参见第3章）。结果就是规格说明的编写更简单，因为它们不必传达模型背后隐含的业务知识。

通过将文档减至最少，并且主要用它来补充代码和口头交流，就可以避免文档与项目脱节。

根据UBIQUITOUS LANGUAGE及其演变来选择那些需要保持更新并与项目活动紧密交互的文档。

2.4.2　完全依赖可执行代码的情况

现在，我们来考查一下XP社区和其他一些人为何选择几乎完全依赖可执行代码及其测试。本书主要讨论了如何通过MODEL-DRIVEN DESIGN使代码表达出设计的含义（参见第3章）。良好的代码具有很强的表达能力，但它所传递的信息不能确保是准确的。一段代码所产生的实际行为是不会改变的。但是，方法名称可能会有歧义、会产生误导或者因为已经过时而无法表示方法的本质含义。测试中的断言是严格的，但变量和代码组织方式所表达出来的意思未必严格。好的编程风格会尽力使这种联系直接化，但其仍然主要靠开发人员的自律。编码时需要一丝不苟的态度，只有这样才能编写出"言行全部正确"的代码。

消除这些差异是诸如声明式设计（参见第10章）这样的方法的最大优点，在这类方法中，程序元素用途的陈述决定了它在程序中的实际行为。从UML生成程序的部分动机就来源于此，虽然目前看来这通常不会得到好的结果。

尽管代码可能会产生误导，但它仍然比其他文档更基础。要想利用当前的标准技术使代码所传达的消息与它的行为和意图保持一致，需要纪律和思考设计的特定方式（第三部分将详细讨论这些问题）。要有效地交流，代码必须基于在编写需求时所使用的同一种语言，也就是开发人员之间、开发人员与领域专家之间进行讨论时所使用的语言。

40

2.5　解释性模型

本书的核心思想是在实现、设计和团队交流中使用同一个模型作为基础。如果各有各的模型，将会造成危害。

模型在帮助领域学习方面也具有很大价值。对设计起到推动作用的模型是领域的一个视图，但为了学习领域，还可以引入其他视图，这些视图只用作传递一般领域知识的教学工具。出于此目的，人们可以使用与软件设计无关的其他种类模型的图片或文字。

使用其他模型的一个特殊原因是范围。驱动软件开发过程的技术模型必须经过严格的精简，以便用最小化的模型来实现其功能。而解释性模型则可以包含那些提供上下文的领域方面——这些上下文用于澄清范围更窄的模型。

解释性模型提供了一定的自由度，可以专门为某个特殊主题定制一些表达力更强的风格。领域专家在一个领域中所使用的视觉隐喻通常呈现了更清晰的解释，这可以教给开发人员领域知识，同时使领域专家们的意见更一致。解释性模型还可以以一种不同的方式来呈现领域，并且各种不同角度的解释有助于人们更好地学习。

解释性模型不必是对象模型，而且最好不是。实际上在这些模型中不使用UML是有好处的，这样可以避免人们错误地认为这些模型与软件设计是一致的。尽管解释性模型与驱动设计的模型往往有对应关系，但它们并不完全类似。为了避免混淆，每个人都必须知道它们之间的区别。

航运操作和路线

考虑一个用来追踪航运公司货物的应用程序。模型包含一个详细的视图，它显示了如何将港口装卸和货轮航次组合为一次货运的操作计划（"路线"）。如图2-4所示。但对外行而言，类图可能起不到多大的说明作用。

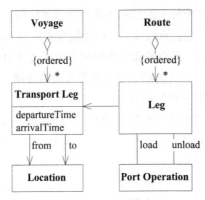

图2-4   航运路线的类图

在这种情况下，解释性模型可以帮助团队成员理解类图的实际含义。图2-5是表示相同概念的另一种方式。

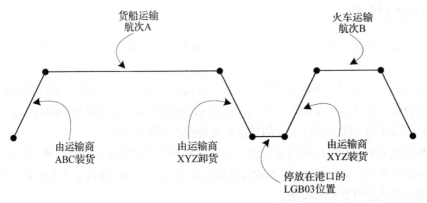

图2-5   航运路线的解释性模型

图中的每根线段都表示货物的一种状态——或者正在港口装卸（装货或卸货），或者停放在仓库里，或者正在运输途中。这个图并没有与类图中的细节一一对应，但强调了领域的要点。

这种图连同对它所表示的模型的自然语言解释，能够帮助开发人员和领域专家理解更严格的软件模型图。综合使用这两种图要比单独使用一种图更容易理解。

第3章

绑定模型和实现

当我走进办公室，首先映入眼帘的是打印在数张大纸上的完整类图，它铺满了一整面墙。这是我进入某个项目的第一天，在此之前，聪明的项目组成员花费了几个月的时间进行仔细的研究并且开发出了上面这幅详尽的领域模型。该模型中的对象一般都与3~4个其他对象有着复杂的关联，而这张关联网几乎没有边界。在这方面，分析人员忠实地反映了领域自身的性质。

尽管这张墙面大小的图让人吃不消，但是它所表现的模型确实捕获了一些知识。经过一段时间的研究，我确实从中学到了不少知识（但是这种学习很难找到头绪，更像是在随意地浏览网页）。然而对类图的研究并不能让我深入地了解该应用程序的代码和设计，这让我备感困扰。

当开发人员开始实现应用程序时，他们很快就发现，尽管分析人员说得头头是道，他们依然无法将这种错综复杂的关系转换成可存储、可检索的且具有事务完整性的单元。请注意，该项目使用的是对象数据库，也就是说开发人员根本不用考虑对象-关系表映射这种难题。从根本上说，该模型无法为应用程序的实现提供帮助。

由于模型是"正确的"，这是经过技术分析人员和业务专家大量协作才得到的结果，因此开发人员得出这样的结论：无法把基于概念的对象作为设计的基础。于是他们开始进行专门针对程序开发的设计。他们的设计确实用了一些原有模型中类和属性的名称进行数据存储，但这种设计并不是建立在任何已有模型的基础上的。

这个项目虽然建立了领域模型，但是如果模型不能直接帮助开发可运行的软件，那么这种纸上谈兵的模型又有什么意义呢？

几年后，我在一个完全不同的项目中又看到了完全相同的结果。该项目要用Java实现新设计，并用新设计替换现存的C++应用程序。老版本的程序根本没有进行对象建模，仅仅是把功能堆积在一起。老版本的设计（如果有的话）就是在已有代码的基础上一个一个地堆积新功能，完全没有任何泛化或抽象的迹象。

奇怪的是，这两种开发流程所完成的最终产品却非常相似！它们都充斥了大量功能，难于理解，难以维护。尽管有些程序实现是比较直观的，但是仅通过阅读代码依然无法深入了解该系统的目的所在。除了精心设计的数据结构之外，这两种开发流程都没有利用其开发环境中的面向对象的设计范式。

模型种类繁多，作用各有不同，即使是那些仅用于软件开发项目的模型也是如此。领域驱动设计要求模型不仅能够指导早期的分析工作，还应该成为设计的基础。这种设计方法对于代码的编写有着重要的意义。不太明显的一点就是：领域驱动设计要求一种不同的建模方法……

3.1   模式：MODEL-DRIVEN DESIGN

过去用来计算星体位置的星盘^①是天空模型的机械实现

中世纪的星象电脑

星盘是由古希腊的天文学家发明的；在中世纪，伊斯兰科学家又对它进行了改进。星盘上可旋转的铜环（又称"网环"）代表各恒星在天球上的位置。刻有当地地平坐标系的盘面是可换的，它代表的是不同纬度的星空景象。在星盘盘面上旋转网环，可以计算出全年任何时刻的天体位置。反过来，如果知道太阳或某个恒星的位置，也可以用星盘算出时间。星盘以机械化的方式实现了代表星空的面向对象模型。

严格按照基础模型来编写代码，能够使代码更好地表达设计含义，并且使模型与实际的系统相契合。

＊　＊　＊

那些压根儿就没有领域模型的项目，仅仅通过编写代码来实现一个又一个的功能，它们无法利用前两章所讨论的知识消化和沟通所带来的好处。如果涉及复杂的领域就会使项目举步维艰。

另一方面，许多复杂项目确实在尝试使用某种形式的领域模型，但是并没有把代码的编写与模型紧密联系起来。这些项目所设计的模型，在项目初期还可能用来做一些探索工作，但是随着

---

① 一种中世纪的仪器，曾用来测量太阳或其他天体的位置。——译者注

项目的进展，这些模型与项目渐行渐远，甚至还会起误导作用。所有在模型上花费的精力都无法保证程序设计的正确性，因为模型和设计是不同的。

模型和程序设计之间的联系可能在很多情况下被破坏，但是二者的这种分离往往是有意而为之的。很多设计方法都提倡使用完全脱离于程序设计的分析模型，并且通常这二者是由不同的人员开发的。之所以称其为分析模型，是因为它是对业务领域进行分析的结果，它在组织业务领域中的概念时，完全不去考虑自己在软件系统中将会起到的作用。分析模型仅仅是理解工具，人们认为把它与程序实现联系在一起无异于搅浑一池清水。随后的程序设计与分析模型之间可能仅仅保持一种松散的对应关系。在创建分析模型时并没有考虑程序设计的问题，因此分析模型很有可能无法满足程序设计的需求。

这种分析中会有一些知识消化的过程，但是在编码开始后，如果开发人员不得不重新对设计进行抽象，那么大部分的领域知识就会被丢弃。如此一来，就不能保证在新的程序设计中还能保留或者重现分析人员所获得的并且嵌入在模型中的领域知识。到了这一步，要维护程序设计和松散连接的模型之间的对应关系就很不合算了。

纯粹的分析模型甚至在实现理解领域这一主要目的方面也捉襟见肘，因为在程序设计和实现过程中总是会发现一些关键的知识点，而细节问题则会出人意料地层出不穷。前期模型可能会深入研究一些不相关的问题，反而忽略了一些重要的方面。而且它对于其他问题的描述也可能对应用程序没有任何帮助。最后的结果就是：编码工作一开始，纯粹的分析模型就被抛到一边，大部分的模型都需要重新设计。即便是重新设计，如果开发人员认为分析与程序开发毫不相关，那么建模过程就不会那么规范。而如果项目经理也这么认为，那么开发团队可能没有足够的机会与领域专家进行交流。

无论是什么原因，软件的设计如果缺乏概念，那么软件充其量不过是一种机械化的产品——只实现有用的功能却无法解释操作的原因。

如果整个程序设计或者其核心部分没有与领域模型相对应，那么这个模型就是没有价值的，软件的正确性也值得怀疑。同时，模型和设计功能之间过于复杂的对应关系也是难于理解的，在实际项目中，当设计改变时也无法维护这种关系。若分析与和设计之间产生严重分歧，那么在分析和设计活动中所获得的知识就无法彼此共享。

分析工作一定要抓住领域内的基础概念，并且用易于理解和易于表达的方式描述出来。设计工作则需要指定一套可以由项目中使用的编程工具创建的组件，使项目可以在目标部署环境中高效运行，并且能够正确解决应用程序所遇到的问题。

MODEL-DRIVEN DESIGN（模型驱动设计）不再将分析模型和程序设计分离开，而是寻求一种能够满足这两方面需求的单一模型。不考虑纯粹的技术问题，程序设计中的每个对象都反映了模型中所描述的相应概念。这就要求我们以更高的标准来选择模型，因为它必须同时满足两种完全不同的目标。

有很多方法可以对领域进行抽象，也有很多种设计可以解决应用程序的问题。因此，绑定模型和程序设计是切实可行的。但是这种绑定不能够因为技术考虑而削弱分析的功能，我们也不能接受那些只反映了领域概念却舍弃了软件设计原则的拙劣设计。模型和设计的绑定需要的是在分析和程序设计阶段都能发挥良好作用的模型。如果模型对于程序的实现来说显得不太实用时，我们必须重新设计它。而如果模型无法忠实地描述领域的关键概念，也必须重新设计它。这样，建模和程序设计就结合为一个统一的迭代开发过程。

将领域模型和程序设计紧密联系在一起绝对是必要的，这也使得在众多可选模型中选择最适用的模型时，又多了一条选择标准。它要求我们认真思考，并且通常会经过多次反复修改和重新构建的过程，但是通过这样的过程可以得到与设计关联的模型。

因此：

软件系统各个部分的设计应该忠实地反映领域模型，以便体现出这二者之间的明确对应关系。我们应该反复检查并修改模型，以便软件可以更加自然地实现模型，即使想让模型反映出更深层次的领域概念时也应如此。我们需要的模型不但应该满足这两种需求，还应该能够支持健壮的UBIQUITOUS LANGUAGE（通用语言）。

从模型中获取用于程序设计和基本职责分配的术语。让程序代码成为模型的表达，代码的改变可能会是模型的改变。而其影响势必要波及接下来相应的项目活动。

完全依赖模型的实现通常需要支持建模范式的软件开发工具和语言，比如面向对象的编程。

有时，不同的子系统会有不同的模型（参见第14章），但是从需求分析到代码编写的整个开发过程中，软件系统的每一部分只能对应一个模型。

单一模型能够减少出错的概率，因为程序设计直接来源于经过仔细考虑而创建的模型。程序设计，甚至是代码本身，都与模型密不可分。

* * *

要想创建出能够抓住主要问题并且帮助程序设计的单一模型并没有说的那么容易。我们不可能随手抓个模型就把它转化成可使用的设计。只有经过精心设计的模型才能促成切实可行的实现。想要使代码有效地描述模型就需要用到程序设计和实现的技巧（参见第二部分）。知识消化人员需要研究模型的各个选项，并将它们细化为实用的软件元素。软件开发于是就成了一个不断精化模型、设计和代码的统一的迭代过程（参见第三部分）。

3.2　建模范式和工具支持

为了使MODEL-DRIVEN DESIGN发挥作用，一定要在可控范围内严格保证模型与设计之间的一致性。要实现这种严格的一致性，必须要运用由软件工具支持的建模范式，它可以在程序中直接创建模型中的对应概念。

图 3-1

面向对象编程之所以功能强大，是因为它基于建模范式，并且为模型构造提供了实现方式。如图3-1所示。从程序员的角度来看，对象真实存在于内存中，它们与其他对象相互联系，它们被组织成类，并且通过消息传递来完成相应的行为。许多开发人员只是得益于对象的技术能力——用其组织程序代码，只有用代码表达模型概念时，对象设计的真正突破之处才彰显出来。Java和许多其他工具都允许创建直接反映概念对象模型的对象和关系。

Prolog语言并不像面向对象语言那样被广泛使用，但是它却非常适合MODEL-DRIVEN DESIGN。在MODEL-DRIVEN DESIGN中，建模范式是逻辑的，而模型则是一组逻辑规则以及这些规则所操作的事实。

像C这样的语言并不适用于MODEL-DRIVEN DESIGN，因为没有适用于纯粹过程语言的建模范式。对过程语言而言，程序员要告诉电脑一系列要执行的操作步骤。尽管程序员也会考虑到领域中的概念，但是程序本身仅仅是一组对数据进行的技术操作。最终程序可能是实用的，但是它并没有包含太多的意义。过程语言通常支持复杂的数据类型，这些数据类型一开始就能很自然地对应到领域中的概念上，但是它们也只是被组织在一起的数据，并不能描述领域的活跃方面。因此，用过程语言编写的软件具有复杂的函数，这些函数基于预先制定的执行路径连接在一起，而不是通过领域模型中的概念联系进行连接的。

在我还没听说面向对象编程的时候，我是通过Fortran程序来实现数学模型的，这也正是Fortran所擅长的领域。数学函数是这种模型中主要的概念组件，也是Fortran语言能够清晰描述的。即便如此，对于超越函数的更高层次的意义，Fortran就毫无办法了。大部分非数学领域都不适合用过程语言来进行MODEL-DRIVEN DESIGN，因为这些领域无法被抽象成数学函数或者过程中的操作步骤。

面向对象设计是目前大多数项目所使用的建模范式，也是本书中使用的主要方法。

示例 **从过程设计到MODEL-DRIVEN DESIGN**

第1章讲过，我们可以把PCB看作是连接各种电路元件引脚的导体（称为net）集合。电路板上通常都会有成千上万个net。有一种叫做PCB布线工具的专用软件，能够为所有net安排物理布线，而不会使它们相互交叉或干扰。它的实现方法就是根据设计者规定的大量限制条件来限制布线方式以及优化路径选择。尽管PCB布线工具已经非常先进了，但是它仍然有一些缺陷。

其中一个问题是这些数以千计的net都拥有各自的布线规则，而PCB工程师会根据net自身的性质将其分组，同组的net共用相同的规则。比如，有些net构成了总线。如图3-2所示。

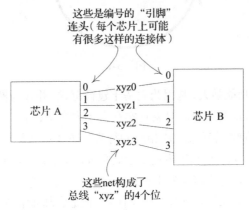

图3-2   net构成总线的示意图

工程师每次用8个、16个或者256个net组合成总线，这样布线工作就更易于管理了，不但提高了效率也减少了错误。问题是布线工具中没有类似于总线这样的概念。布线规则不得不应用于成千上万个net，一次处理一个net。

52

■ 呆板的设计 ■

走投无路的工程师只能用变通方法绕过布线工具的限制，编写脚本来分析布线工具的数据文件，然后将规则直接插入到文件中，从而一次性将规则应用于整个总线。

布线工具在net列表文件中存储每个电路连接，如下所示：

```
Net Name    Component.Pin
--------    -------------
Xyz0        A.0, B.0
Xyz1        A.1, B.1
Xyz2        A.2, B.2
. . .
```

而布线规则被存储在类似于下面格式的文件中：

```
Net Name    Rule Type       Parameters
--------    ---------       ----------
Xyz1        min_linewidth   5
Xyz1        max_delay       15
Xyz2        min_linewidth   5
```

```
Xyz2        max_delay       15
. . .
```

工程师为net制定严格的命名约定，这样将数据文件的内容按照字母排序，就可以使构成同一条总线的所有net都排列在一起。然后他们编写的脚本就可以解析该文件并且基于总线来修改每个net。用来解析、处理和写入文件的实际代码太过冗长晦涩，对解释这个例子没有什么帮助，所以我在下面只列出了这个处理过程中要执行的步骤。

(1) 按照net名称将net列表文件排序。

(2) 逐行读取文件，寻找以总线名称开头的第一行数据。

(3) 解析名称匹配的每一行，获取每行中net的名称。

(4) 将net名称和规则文本附加到规则文件的末尾。

(5) 从第(3)步起重复执行，直到没有匹配该总线名称的行。

总线规则的输入文件采用如下的格式：

```
Bus Name      Rule Type      Parameters
--------      ---------      ----------
Xyz           max_vias       3
```

经过处理后，输出的是添加了net规则的文件，如下所示：

```
Net Name      Rule Type      Parameters
--------      ---------      ----------
. . .
Xyz0          max_vias       3
Xyz1          max_vias       3
Xyz2          max_vias       3
. . .
```

我猜想第一个编写这个脚本的人只有这种简单的需求，如果情况确实如此，那么使用这样的脚本是完全合理的。但实际情况是，已经存在成堆的脚本了。当然，可以通过重构来共用排序及字符串匹配之类的函数，而且如果脚本语言支持通过函数调用来封装细节，那么这些脚本看上去会和上面给出的步骤差不多。但是，它们依然只是对文件进行操作。文件格式一有不同（确实有几种）就需要重新编写一套程序，即便是总线分组以及为其分配规则的概念是相同的。如果你想要实现更多的功能和交互，就得下血本。

脚本的编写者试图在布线工具的领域模型中补充"总线"这个概念，他们的脚本通过排序和字符串匹配来判断总线的存在，却没有明确地定义总线概念。

MODEL-DRIVEN DESIGN

前面我们已经描述了领域专家思考问题时所使用的概念。现在需要将这些概念组织成模型，作为软件开发的基础。

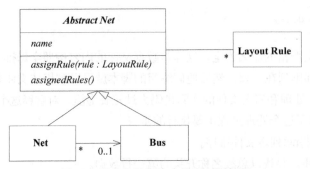

图3-3 用来高效指定布线规则的类图

用面向对象的语言实现上图的这些对象后，核心功能的实现会变得轻而易举。

方法assignRule()可以在抽象类AbstractNet中实现。而类Net中的方法assignedRules()则分配了其自身的规则以及类Bus的规则。

```
abstract class AbstractNet {
    private Set rules;

    void assignRule(LayoutRule rule) {
        rules.add(rule);
    }

    Set assignedRules() {
        return rules;
    }
}

class Net extends AbstractNet {
    private Bus bus;

    Set assignedRules() {
        Set result = new HashSet();
        result.addAll(super.assignedRules());
        result.addAll(bus.assignedRules());
        return result;
    }
}
```

当然，程序还需要大量的支持代码，但上面的代码片段已经呈现了脚本的基本功能。这个程序还需要导入/导出逻辑，我们可以将其封装成一些简单的服务。

服　务	职　责
Net List import	读取Net列表文件，为每一行数据创建Net实例
Net Rule export	已知Net集合，将所有附加规则写入规则文件

我们还需要几个工具类：

类	职　责
Net Repository	提供通过名称访问Net的接口
Inferred Bus Factory	已知Net集合，利用命名约定来推断总线，并且创建总线实例
Bus Repository	提供通过名称访问Bus（总线）的接口

现在，启动应用程序，用导入数据来初始化Net和Bus仓库。

```
Collection nets = NetListImportService.read(aFile);
NetRepository.addAll(nets);
Collection buses = InferredBusFactory.groupIntoBuses(nets);
BusRepository.addAll(buses);
```

上面提到的服务和仓库都可以进行单元测试。更重要的是还可以测试核心领域逻辑。下面是对最核心的行为进行的单元测试（采用了JUnit测试框架）：

```
public void testBusRuleAssignment() {
    Net a0 = new Net("a0");
    Net a1 = new Net("a1");
    Bus a = new Bus("a"); //Bus is not conceptually dependent
    a.addNet(a0);          //on name-based recognition, and so
    a.addNet(a1);          //its tests should not be either.

    NetRule minWidth4 = NetRule.create(MIN_WIDTH, 4);
    a.assignRule(minWidth4);

    assertTrue(a0.assignedRules().contains(minWidth4));
    assertEquals(minWidth4, a0.getRule(MIN_WIDTH));
    assertEquals(minWidth4, a1.getRule(MIN_WIDTH));
}
```

程序应该有一个交互式的用户界面，可以列出所有总线，让用户逐个指定规则；或者可以向后兼容，从规则文件中读取规则。采用外观（façade）模式可以更容易地访问这些接口，如下代码是对应于上面测试的实现代码：

```
public void assignBusRule(String busName, String ruleType,
        double parameter){
    Bus bus = BusRepository.getByName(busName);
    bus.assignRule(NetRule.create(ruleType, parameter));
}
```

最后一行代码：

```
NetRuleExport.write(aFileName, NetRepository.allNets());
```

（这项服务调用每个Net的assignedRules()方法，然后将所有规则完全写入规则文件。）

当然，如果只有一种操作（就像这个例子一样），那么基于脚本的处理方式可能也同样实用。但实际上，通常会需要20个甚至更多的操作。MODEL-DRIVEN DESIGN易于扩展，能够为规则的组合设置限制条件，还能提供其他的一些增强功能。

MODEL-DRIVEN DESIGN也为测试提供了方便。它的组件都具有定义完善的接口，可以进行单元测试。而测试脚本程序的唯一方法就是基于文件进行端到端的比较。

记住，这样的设计不是一蹴而就的。我们需要反复研究领域知识，不断重构模型，才能将领域中重要的概念提炼成简单而清晰的模型。

3.3   揭示主旨：为什么模型对用户至关重要

从理论上讲，也许你可以向用户展示任何一种系统视图，而不管底层如何实现。但实际上，系统上下层结构的不匹配轻则导致误解，重则产生bug。让我们看一个非常简单的例子——微软IE浏览器的早期版中，网站书签功能对应的模型是如何误导用户的[①]。

IE浏览器用户会认为"收藏夹"是存储网站名称的列表，网站名称在不同的会话中是保持不变的。但是系统实现却将收藏夹中的书签当作一个包含URL的文件，并将文件名存储在收藏夹列表中。这样做的问题是，如果网页标题含有Windows系统文件名不能接受的非法字符，就会出现错误。假如用户想要收藏某页面并将其命名为："Laziness: The Secret to Happiness"（懒惰：幸福的秘密），就会弹出一个错误信息："文件名不能包含下列任何字符：\ / : * ? " < > |"。用户会奇怪文件名是指什么。另一方面，如果网页标题已经包含非法字符，IE浏览器则会悄悄地把字符删除。这种数据丢失在这种情况下也许危害不大，但绝不是用户所期望的。在大多数应用中，程序悄悄地修改数据是不能接受的。

MODEL-DRIVEN DESIGN要求只使用一个模型（在任何一个上下文中都是如此，第14章会讨论这一点）。大部分的设计建议和例子都只针对将分析模型和设计模型分离的问题，但是这里的问题涉及了另外一对不同的模型：用户模型和设计/实现模型。

当然，大多数情况下，没有经过处理的领域模型视图肯定不便于用户使用。但是在用户界面中出现与领域模型不同的"影像"将会使用户产生迷惑，除非这个"影像"完美无缺。如果网站收藏夹实际上只是快捷方式文件的集合，那么应该将这一事实告诉用户，还应该删除之前那个起误导作用的模型。这样不但能使收藏夹的功能更加清晰，用户还可以利用自己所知道的文件系统的知识来对网站收藏夹进行操作。比如，用户可以用资源管理器来重新组织已收藏的文件，而不是用浏览器内置的拙劣工具。而电脑高手还能够灵活地在文件系统的任何位置存储网页快捷方式。仅仅通过删除起误导作用的多余模型就可以让应用程序的功能更加强大且清晰。如果程序员

---

① Brian Marick曾向我提及这个示例。

认为原有模型足够好，那么为什么还要让用户学习新模型呢？

此外，如果以不同的方式来存储收藏夹，比如将其存储在一个数据文件中，这样收藏文件就可以有自己的规则了。这些规则很可能是应用于网页的命名规则。这又是一个单一模型。这个模型告诉用户所有关于网站的命名规则都适用于网站收藏夹。

如果程序设计基于一个能够反映出用户和领域专家所关心的基本问题的模型，那么与其他设计方式相比，这种设计可以将其主旨更明确地展示给用户。让用户了解模型，将使他们有更多机会挖掘软件的潜能，也能使软件的行为合乎情理、前后一致。

3.4　模式：HANDS-ON MODELER

人们总是把软件开发比喻成制造业。这个比喻的一个推论是：经验丰富的工程师做设计工作，而技能水平较低的劳动力负责组装产品。这种做法使许多项目陷入困境，原因很简单——软件开发就是设计。虽然开发团队中的每个成员都有自己的职责，但是将分析、建模、设计和编程工作过度分离会对MODEL-DRIVEN DESIGN产生不良影响。

我曾经在一个项目中负责协调不同的应用程序开发团队，帮助开发可以驱动程序设计的领域模型。但是管理层认为建模人员就应该只负责建模工作，编写代码就是在浪费这种技能，于是他们不准我编写代码或者与程序员讨论细节问题。

开始项目进展的还算顺利。我和领域专家以及各团队的开发负责人共同工作，消化领域知识并提炼出了一个不错的核心模型。但是该模型却从来没有派上用场，原因有两个。

其一，模型的一些意图在其传递过程中丢失了。模型的整体效果受细节的影响很大（这将在第二部分和第三部分讨论），这些细节问题并不是总能在UML图或者一般讨论中遇到的。如果我能撸起袖子，直接与开发人员共同工作，提供一些参考代码和近距离的技术支持，那么他们也许能够理解模型中的抽象概念并据此进行开发。

第二个原因是模型与程序实现及技术互相影响，而我无法直接获得这种反馈。例如，程序实现过程中发现模型的某部分在我们的技术平台上的工作效率极低，但是经过几个月的时间，我才一点一点获得了关于这个问题的全部信息。其实只需较少的改动就能解决这个问题，但是几个月过去了，改不改已经不重要了。因为开发人员已经自行编写出了可以运行的软件——完全脱离了模型的设计，在那些还在使用模型的地方，也仅仅是把它当作纯粹的数据结构。开发人员不分好坏地把模型全盘否定，但是他们又有什么办法呢？他们再也不愿意冒险任由待在象牙塔里的架构师摆布了。

与其他项目一样，这个项目的初始环境倾向于不让建模人员参与太多的程序实现。对于该项目所使用的大部分技术，我都有着大量的实践经验。在做建模工作之前，我甚至曾经在同类项目中领导过一个小的开发团队，所以我对项目开发过程和编程环境非常熟悉。但是如果不让建模人员参与程序实现，我就是有这些经历也无法有效地工作。

如果编写代码的人员认为自己没必要对模型负责，或者不知道如何让模型为应用程序服务，那么这个模型就和程序没有任何关联。如果开发人员没有意识到改变代码就意味着改变模型，那么他们对程序的重构不但不会增强模型的作用，反而还会削弱它的效果。同样，如果建模人员不参与到程序实现的过程中，那么对程序实现的约束就没有切身的感受，即使有，也会很快忘记。MODEL-DRIVEN DESIGN的两个基本要素（即模型要支持有效的实现并抽象出关键的领域知识）已经失去了一个，最终模型将变得不再实用。最后一点，如果分工阻断了设计人员与开发人员之间的协作，使他们无法转达实现MODEL-DRIVEN DESIGN的种种细节，那么经验丰富的设计人员则不能将自己的知识和技术传递给开发人员。

HANDS-ON MODELER（亲身实践的建模者）并不意味着团队成员不能有自己的专业角色。包括极限编程在内的每一种敏捷过程都会给团队成员分配角色，其他非正式的专业角色也会自然而然地产生。但是如果把MODEL-DRIVEN DESIGN中密切相关的建模和实现这两个过程分离开，则会产生问题。

整体设计的有效性有几个非常敏感的影响因素——那就是细粒度的设计和实现决策的质量和一致性。在MODEL-DRIVEN DESIGN中，代码是模型的表达，改变某段代码就改变了相应的模型。程序员就是建模人员，无论他们是否喜欢。所以在开始项目时，应该让程序员完成出色的建模工作。

因此：

任何参与建模的技术人员，不管在项目中的主要职责是什么，都必须花时间了解代码。任何负责修改代码的人员则必须学会用代码来表达模型。每一个开发人员都必须不同程度地参与模型讨论并且与领域专家保持联系。参与不同工作的人都必须有意识地通过UBIQUITOUS LANGUAGE与接触代码的人及时交换关于模型的想法。

⁎　⁎　⁎

将建模和编程过程完全分离是行不通的，然而大型项目依然需要技术负责人来协调高层次的设计和建模，并帮助做出最困难或最关键的决策。本书的第四部分描述的就是这种决策，通过学习该部分内容可以激发灵感，找到更高效的方法来定义高级技术人员的角色和职责。

MODEL-DRIVEN DESIGN利用模型来为应用程序解决问题。项目组通过知识消化将大量杂乱无章的信息提炼成实用的模型。而MODEL-DRIVEN DESIGN将模型和程序实现过程紧密结合。UBIQUITOUS LANGUAGE则成为开发人员、领域专家和软件产品之间传递信息的渠道。

最终的软件产品能够在完全理解核心领域的基础上提供丰富的功能。

如上所述，MODEL-DRIVEN DESIGN的成功离不开详尽的设计决策。在下面几章中我们将会讲述这方面的内容。

第二部分
模型驱动设计的构造块

为了保证软件实现得简洁并且与模型保持一致，不管实际情况如何复杂，必须运用建模和设计的最佳实践。本书既不是一本介绍面向对象设计的书，也不是为了提出一些基本的设计原理。领域驱动设计改变了某些传统观念的侧重点。

某些设计决策能够使模型和程序紧密结合在一起，互相促进对方的效用。这种结合要求我们注意每个元素的细节。对细节问题的精雕细琢能够打造出一个稳定的平台，开发人员可以在这个平台上运用第三部分和第四部分中要讲到的建模方法。

本书中的软件设计风格主要遵循"职责驱动设计"的原则，这个原则是在[Wirfs-Brock et al. 1990]中提出的，并在[Wirfs-Brock 2003]中进行了更新。同时本书也大量利用了[Meyer 1988]中所提出的"契约式设计"思想。它与其他被广泛采用的面向对象设计最佳实践有着基本相同的背景，这些最佳实践在[Larman 1998]等书中给出了描述。

当项目遇到或大或小的困难时，开发人员可能会发现这些原则都无法适用于项目当前的状况。为了使领域驱动设计过程更灵活，开发人员需要理解上面这些众所周知的基本原理是如何支持MODEL-DRIVEN DESIGN的，这样才能在设计过程中做出一些折中选择，而又不脱离正确的轨道。

下面3章的内容是按照"模式语言"（参见附录A）组织的，主要说明了细微的模型差别和设计决策是如何影响领域驱动设计过程的。

下面的简图是一张导航图，它描述的是本部分所要讲解的模式以及这些模式彼此关联的方式。

共用这些标准模式可以使设计有序进行，也使项目组成员能够更方便地了解彼此的工作内容。同时，使用标准模式也使UBIQUITOUS LANGUAGE更加丰富，所有的项目组成员都可以使用UBIQUITOUS LANGUAGE来讨论模型和设计决策。

开发一个好的领域模型是一门艺术。而模型中各个元素的实际设计和实现则相对系统化。将领域设计与软件系统中的其他关注点分离会使设计与模型之间的关系非常清晰。根据不同的特征来定义模型元素则会使元素的意义更加鲜明。对每个元素使用已验证的模式有助于创建出更易于实现的模型。

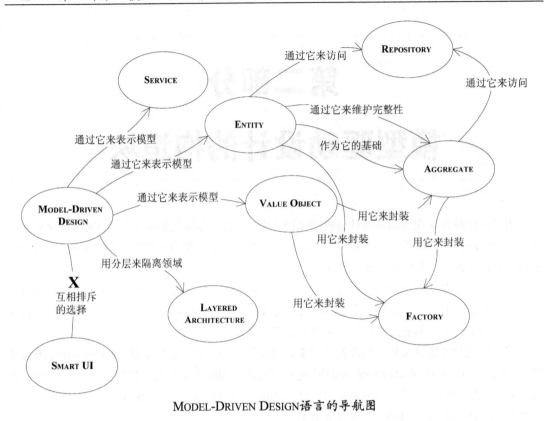

MODEL-DRIVEN DESIGN语言的导航图

只有在充分考虑这些基本原理之后，精心设计的模型才能化繁为简，创建出项目组成员可以放心地进行组合使用的详细元素。

65

第4章

分 离 领 域

在软件中，虽然专门用于解决领域问题的那部分通常只占整个软件系统的很小一部分，但其却出乎意料的重要。要想实现本书的想法，我们需要着眼于模型中的元素并且将它们视为一个系统。绝不能像在夜空中辨认星座一样，被迫从一大堆混杂的对象中将领域对象挑选出来。我们需要将领域对象与系统中的其他功能分离，这样就能够避免将领域概念和其他只与软件技术相关的概念搞混了，也不会在纷繁芜杂的系统中完全迷失了领域。

分离领域的复杂技术早已出现，而且都是我们耳熟能详的，但是它对于能否成功运用领域建模原则起着非常关键的作用，所以我们要从领域驱动的视角对它进行简要的回顾。

4.1 模式：LAYERED ARCHITECTURE

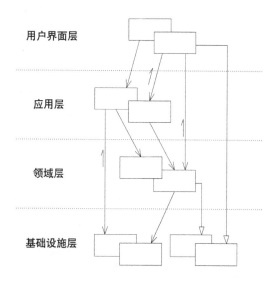

在一个运输应用程序中，要想支持从城市列表中选择运送货物目的地这样的简单用户行为，程序代码必须包括：(1) 在屏幕上绘制一个屏幕组件（widget）；(2) 查询数据库，调出所有可能的城市；(3) 解析并验证用户输入；(4) 将所选城市与货物关联；(5) 向数据库提交此次数据修改。上面所有的代码都在同一个程序中，但是只有一小部分代码与运输业务相关。

软件程序需要通过设计和编码来执行许多不同类型的任务。它们接收用户输入,执行业务逻辑,访问数据库,进行网络通信,向用户显示信息,等等。因此程序中的每个功能都可能需要大量的代码来实现。

在面向对象的程序中,常常会在业务对象中直接写入用户界面、数据库访问等支持代码。而一些业务逻辑则会被嵌入到用户界面组件和数据库脚本中。这么做是为了以最简单的方式在短期内完成开发工作。

如果与领域有关的代码分散在大量的其他代码之中,那么查看和分析领域代码就会变得异常困难。对用户界面的简单修改实际上很可能会改变业务逻辑,而要想调整业务规则也很可能需要对用户界面代码、数据库操作代码或者其他的程序元素进行仔细的筛查。这样就不太可能实现一致的、模型驱动的对象了,同时也会给自动化测试带来困难。考虑到程序中各个活动所涉及的大量逻辑和技术,程序本身必须简单明了,否则就会让人无法理解。

要想创建出能够处理复杂任务的程序,需要做到关注点分离——使设计中的每个部分都得到单独的关注。在分离的同时,也需要维持系统内部复杂的交互关系。

软件系统有各种各样的划分方式,但是根据软件行业的经验和惯例,普遍采用 LAYERED ARCHITECTURE(分层架构),特别是有几个层基本上已成了标准层。分层这种隐喻被广泛采用,大多数开发人员都对其有着直观的认识。许多文献对 LAYERED ARCHITECTURE 也进行了充分的讨论,有些是以模式的形式给出的[Buschmann et al. 1996,pp.31-51]。LAYERED ARCHITECTURE 的基本原则是层中的任何元素都仅依赖于本层的其他元素或其下层的元素。向上的通信必须通过间接的方式进行,这些将在后面讨论。

分层的价值在于每一层都只代表程序中的某一特定方面。这种限制使每个方面的设计都更具内聚性,更容易解释。当然,要分离出内聚设计中最重要的方面,选择恰当的分层方式是至关重要的。在这里,经验和惯例又一次为我们指明了方向。尽管 LAYERED ARCHITECTURE 的种类繁多,但是大多数成功的架构使用的都是下面这4个概念层的某种变体。

用户界面层(或表示层)	负责向用户显示信息和解释用户指令。这里指的用户可以是另一个计算机系统,不一定是使用用户界面的人
应用层	定义软件要完成的任务,并且指挥表达领域概念的对象来解决问题。这一层所负责的工作对业务来说意义重大,也是与其他系统的应用层进行交互的必要渠道
	应用层要尽量简单,不包含业务规则或者知识,而只为下一层中的领域对象协调任务,分配工作,使它们互相协作。它没有反映业务情况的状态,但是却可以具有另外一种状态,为用户或程序显示某个任务的进度
领域层(或模型层)	负责表达业务概念,业务状态信息以及业务规则。尽管保存业务状态的技术细节是由基础设施层实现的,但是反映业务情况的状态是由本层控制并且使用的。领域层是业务软件的核心
基础设施层	为上面各层提供通用的技术能力:为应用层传递消息,为领域层提供持久化机制,为用户界面层绘制屏幕组件,等等。基础设施层还能够通过架构框架来支持4个层次间的交互模式

有些项目没有明显划分出用户界面层和应用层，而有些项目则有多个基础设施层。但是将领域层分离出来才是实现MODEL-DRIVEN DESIGN的关键。

因此：

给复杂的应用程序划分层次。在每一层内分别进行设计，使其具有内聚性并且只依赖于它的下层。采用标准的架构模式，只与上层进行松散的耦合。将所有与领域模型相关的代码放在一个层中，并把它与用户界面层、应用层以及基础设施层的代码分开。领域对象应该将重点放在如何表达领域模型上，而不需要考虑自己的显示和存储问题，也无需管理应用任务等内容。这使得模型的含义足够丰富，结构足够清晰，可以捕捉到基本的业务知识，并有效地使用这些知识。

将领域层与基础设施层以及用户界面层分离，可以使每层的设计更加清晰。彼此独立的层更容易维护，因为它们往往以不同的速度发展并且满足不同的需求。层与层的分离也有助于在分布式系统中部署程序，不同的层可以灵活地放在不同服务器或者客户端中，这样可以减少通信开销，并优化程序性能[Fowler 1996]。

示例 **为网上银行功能分层**

该应用程序能提供维护银行账户的各种功能。其中一个功能就是转账，用户可以输入或者选择两个账户号码，填写要转的金额，然后开始转账。

为了让这个例子更容易实现，这里省略了一些主要的技术特性，特别是安全性方面的一些特性。领域设计也尽量简化。（在现实生活中，银行业务的复杂性只会增加对LAYERED ARCHITECTURE的需求。）此外，这个例子中的基础设施只是为了使程序更简单和清楚一些而已——我并不建议你使用这个设计。简化后的功能所要完成的任务将会按照图4-1来分层。

注意，负责处理基本业务规则的是领域层，而不是应用层——在这个例子中，业务规则就是"每笔贷款必须有与其数目相同的借款"。

这个应用程序没有设定转账请求的发起方。程序中假定包含了用户输入界面，界面中有账户号码和转账金额的输入字段以及一些命令按钮。但是也可以用基于XML的电汇请求来替换，这并不会影响应用层及其下面的各层。这种解耦至关重要，这并不是因为在项目中经常需要用电汇请求来代替用户界面，而是因为关注点的清晰分离可以使每一层的设计更易理解和维护。

事实上，图4-1本身也略微说明了不分离领域层会出现的问题。这张图需要包含从请求到事务控制的所有方面，所以不得不简化领域层来保证整个交互过程简单易懂。如果我们专注于研究独立领域层的设计，就可以构思并绘制出更好地表达领域规则的模型，也许模型中会包含分类账、贷款和借款对象，或者是现金交易对象。

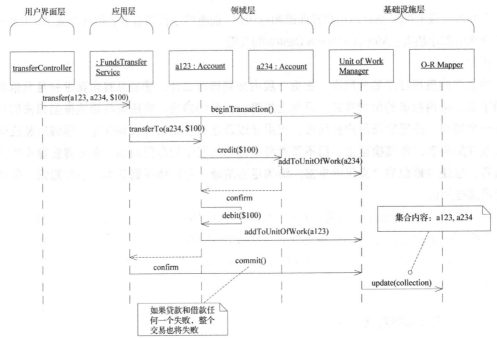

图4-1   对象所执行的任务与其所在层一致，并且与同层其他对象的联系更为紧密

4.1.1   将各层关联起来

到目前为止，我们的讨论主要集中在层次划分以及如何分层才能改进程序各个方面的设计上，特别是集中在领域层上。但是显然，各层之间也需要互相连接。在连接各层的同时不影响分离带来的好处，这是很多模式的目的所在。

各层之间是松散连接的，层与层的依赖关系只能是单向的。上层可以直接使用或操作下层元素，方法是通过调用下层元素的公共接口，保持对下层元素的引用（至少是暂时的），以及采用常规的交互手段。而如果下层元素需要与上层元素进行通信（不只是回应直接查询），则需要采用另一种通信机制，使用架构模式来连接上下层，如回调模式或OBSERVERS模式[Gamma et al. 1995]。

最早将用户界面层与应用层和领域层相连的模式是MODEL-VIEW-CONTROLLER（MVC，模型–视图–控制器）框架。它是为Smalltalk语言发明的一种设计模式，创建于20世纪70年代。随后出现的许多用户界面架构都是受到它的启发而产生的。Fowler在[Fowler 2002]中讨论了这种模式以及几个实用的变体。Larman也在MODEL-VIEW SEPARATION模式中探讨了这些问题，他提出的APPLICATION COORDINATOR（应用协调器）是连接应用层的一种方法[Larman 1998]。

还有许多其他连接用户界面层和应用层的方式。对我们而言，只要连接方式能够维持领域层的独立性，保证在设计领域对象时不需要同时考虑可能与其交互的用户界面，那么这些连接方式就都是可用的。

　　通常，基础设施层不会发起领域层中的操作，它处于领域层"之下"，不包含其所服务的领域中的知识。事实上这种技术能力最常以SERVICE的形式提供。例如，如果一个应用程序需要发送电子邮件，那么一些消息发送的接口可以放在基础设施层中，这样，应用层中的元素就可以请求发送消息了。这种解耦使程序的功能更加丰富。消息发送接口可以连接到电子邮件发送服务、传真发送服务或任何其他可用的服务。但是这种方式最主要的好处是简化了应用层，使其只专注于自己所负责的工作：知道何时该发送消息，而不用操心怎么发送。

　　应用层和领域层可以调用基础设施层所提供的SERVICE。如果SERVICE的范围选择合理，接口设计完善，那么通过把详细行为封装到服务接口中，调用程序就可以保持与SERVICE的松散连接，并且自身也会很简单。

　　然而，并不是所有的基础设施都是以可供上层调用的SERVICE的形式出现的。有些技术组件被设计成直接支持其他层的基本功能（如为所有的领域对象提供抽象基类），并且提供关联机制（如MVC及类似框架的实现）。这种"架构框架"对于程序其他部分的设计有着更大的影响。

4.1.2　架构框架

　　如果基础设施通过接口调用SERVICE的形式来实现，那么如何分层以及如何保持层与层之间的松散连接就是相当显而易见的。但是有些技术问题要求更具侵入性的基础设施。整合了大量基础设施需求的框架通常会要求其他层以某种特定的方式实现，如以框架类的子类形式或者带有结构化的方法签名。（子类在父类的上层似乎是违反常理的，但是要记住哪个类反映了另一个类的更多知识。）最好的架构框架既能解决复杂技术问题，也能让领域开发人员集中精力去表达模型，而不考虑其他问题。然而使用框架很容易为项目制造障碍：要么是设定了太多的假设，减小了领域设计的可选范围；要么是需要实现太多的东西，影响开发进度。

　　项目中一般都需要某种形式的架构框架（尽管有时项目团队选择了不太合适的框架）。当使用框架时，项目团队应该明确其使用目的：建立一种可以表达领域模型的实现并且用它来解决重要问题。项目团队必须想方设法让框架满足这些需求，即使这意味着抛弃框架中的一些功能。例如，早期的J2EE应用程序通常都会将所有的领域对象实现为"实体bean"。这种实现方式不但影响程序性能，还会减慢开发速度。现在，取而代之的最佳实践是利用J2EE框架来实现大粒度对象，而用普通Java对象来实现大部分的业务逻辑。不妄求万全之策，只要有选择性地运用框架来解决难点问题，就可以避开框架的很多不足之处。明智而审慎地选择框架中最具价值的功能能够减少程序实现和框架之间的耦合，使随后的设计决策更加灵活。更重要的是，现在许多框架的用法都极其复杂，这种简化方式有助于保持业务对象的可读性，使其更富有表达力。

　　架构框架和其他工具都在不断地发展。新框架将越来越多的应用技术问题变得自动化，或者为其提供了预先设定好的解决方案。如果框架使用得当，那么程序开发人员将可以更加专注于核心业务问题的建模工作，这会大大提高开发效率和程序质量。但与此同时，我们必须要保持克制，不要总是想着要寻找框架，因为精细的框架也可能会束缚住程序开发人员。

4.2   领域层是模型的精髓

现在，大部分软件系统都采用了 LAYERED ARCHITECTURE，只是采用的分层方案存在不同而已。许多类型的开发工作都能从分层中受益。然而，领域驱动设计只需要一个特定的层存在即可。

领域模型是一系列概念的集合。"领域层"则是领域模型以及所有与其直接相关的设计元素的表现，它由业务逻辑的设计和实现组成。在 MODEL-DRIVEN DESIGN 中，领域层的软件构造反映出了模型概念。

如果领域逻辑与程序中的其他关注点混在一起，就不可能实现这种一致性。将领域实现独立出来是领域驱动设计的前提。

4.3   模式：THE SMART UI "反模式"

上面总结了面向对象程序中广泛采用的 LAYERED ARCHITECTURE 模式。在项目中，人们经常会尝试分离用户界面、应用和领域，但是成功分离的却不多见，因此，分层模式的反面就很值得一谈。

许多软件项目都采用并且应该会继续采用一种不那么复杂的设计方法，我称其为 SMART UI（智能用户界面）。但是 SMART UI 是另一种设计方法，与领域驱动设计方法迥然不同且互不兼容。如果你选择了 SMART UI，那么本书中所讲的大部分内容都不适合你。我感兴趣的是那些不应该使用 SMART UI 的情况，这也是我半开玩笑地称其为"反模式"的原因。本节讨论 SMART UI 是为了提供一种有益的对比，其将帮助我们认清在本书后面章节中的哪些情况下需要选择相对而言更难于实现的领域驱动设计模式。

＊　＊　＊

假设一个项目只需要提供简单的功能，以数据输入和显示为主，涉及业务规则很少。项目团队也没有高级对象建模师。

如果一个经验并不丰富的项目团队要完成一个简单的项目，却决定使用 MODEL-DRIVEN DESIGN 以及 LAYERED ARCHITECTURE，那么这个项目组将会经历一个艰难的学习过程。团队成员不得不去掌握复杂的新技术，艰难地学习对象建模。（即使有这本书的帮助，这也依然是一个具有挑战性的任务！）对基础设施和各层的管理工作使得原本简单的任务却要花费很长的时间来完成。简单项目的开发周期较短，期望值也不是很高。所以，早在项目团队完成任务之前，该项目就会被取消，更谈不上去论证有关这种方法的许多种令人激动的可行性了。

即使项目有更充裕的时间，如果没有专家的帮助，团队成员也不太可能掌握这些技术。最后，假如他们确实能够克服这些困难，恐怕也只会开发出一套简单的系统。因为这个项目本来就不需要丰富的功能。

经验丰富的团队则不会做出这样的选择。身经百战的开发人员能够更容易学习，进而减少管理各层所需要的时间。领域驱动设计只有应用在大型项目上才能产生最大的收益，而这也确实需要高超的技巧。不是所有的项目都是大型项目；也不是所有的项目团队都能掌握那些技巧。

因此，当情况需要时：

在用户界面中实现所有的业务逻辑。将应用程序分成小的功能模块，分别将它们实现成用户界面，并在其中嵌入业务规则。用关系数据库作为共享的数据存储库。使用自动化程度最高的用户界面创建工具和可用的可视化编程工具。

这真是异端邪说啊！福音（所有地方，包括本书其他地方，都在倡导的原则）说应该是领域和UI彼此独立。事实上，不将领域和用户界面分离，则很难运用本书后面所要讨论的方法，因此在领域驱动设计中，可以将SMART UI看作是"反模式"。然而在其他情况下，它也是完全可行的。其实，SMART UI也有其自身的优势，在某些情况下它能发挥最佳的作用——这也是它如此普及的原因之一。在这里介绍SMART UI能够帮助我们理解为什么需要将应用程序与领域分离，而且更重要的是，还能让我们知道什么时候不需要这样做。

优点
- 效率高，能在短时间内实现简单的应用程序。
- 能力较差的开发人员可以几乎不经过培训就采用它。
- 甚至可以克服需求分析上的不足，只要把原型发布给用户，然后根据用户反馈快速修改软件产品即可。
- 程序之间彼此独立，这样，可以相对准确地安排小模块交付的日期。额外扩展简单的功能也很容易。
- 可以很顺利地使用关系数据库，能够提供数据级的整合。
- 可以使用第四代语言工具。
- 移交应用程序后，维护程序员可以迅速重写他们不明白的代码段，因为修改代码只会影响到代码所在的用户界面。

缺点
- 不通过数据库很难集成应用模块。
- 没有对行为的重用，也没有对业务问题的抽象。每当操作用到业务规则时，都必须重复这些规则。
- 快速的原型建立和迭代很快会达到其极限，因为抽象的缺乏限制了重构的选择。
- 复杂的功能很快会让你无所适从，所以程序的扩展只能是增加简单的应用模块，没有很好的办法来实现更丰富的功能。

如果项目团队有意识地应用这个模式，那么就可以避免其他方法所需要的大量开销。项目团队常犯的错误是采用了一种复杂的设计方法，却无法保证项目从头到尾始终使用它。另一种常见的也是代价高昂的错误则是为项目构建一种复杂的基础设施以及使用工业级的工具，而这样的项目根本不需要它们。

大部分灵活的编程语言（如Java）对于小型应用程序来说是大材小用了，并且使用它们的开销很大。第四代语言风格的工具就足以满足这种需要了。

记住，在项目中使用智能用户界面后，除非重写全部的应用模块，否则不能改用其他的设计方法。使用诸如Java这类的通用语言并不能让你在随后的开发过程中放弃使用SMART UI，因此，如果你选择了这条路线，就应该采用与之匹配的开发工具。不要浪费时间去同时采用多种选择。只使用灵活的编程语言并不一定会创建出灵活的软件系统，反而有可能会开发出一个维护代价十分高昂的系统。

同样道理，采用MODEL-DRIVEN DESIGN的项目团队从项目初始就应该采用模型驱动的设计。当然，即使是经验丰富的项目团队在开发大型软件系统时，也不得不从简单的功能着手，然后在整个开发过程中使用连续的迭代开发。但是最初试探性的工作也应该是由模型驱动的，而且要分离出独立的领域层，否则很有可能项目进行到最后就变成智能用户界面模式了。

[78]

＊　＊　＊

这里讨论SMART UI只是为了让你认清为什么以及何时需要采用诸如LAYERED ARCHITECTURE这样的模式来分离出领域层。

除SMART UI和LAYERED ARCHITECTURE之外，还有一些其他的设计方案。例如，Fowler在 [Fowler 2002]中描述了TRANSACTION SCRIPT（事务脚本），它将用户界面从应用中分离出来，但却并不提供对象模型。总而言之：如果一个架构能够把那些与领域相关的代码隔离出来，得到一个内聚的领域设计，同时又使领域与系统其他部分保持松散耦合，那么这种架构也许可以支持领域驱动设计。

其他的开发风格也有各自的用武之地，但是必须要考虑到各种对于复杂度和灵活性的限制。在某些条件下，将领域设计与其他部分混在一起会产生灾难性的后果。如果你要开发复杂应用软件并且决定使用MODEL-DRIVEN DESIGN，那么做好准备，咬紧牙关，雇用必不可少的专家，并且不要使用SMART UI。

4.4 其他分离方式

遗憾的是，除了基础设施和用户界面之外，还有一些其他的因素也会破坏你精心设计的领域模型。你必须要考虑那些没有完全集成到模型中的领域元素。你不得不与同一领域中使用不同模型的其他开发团队合作。还有其他的因素会让你的模型结构不再清晰，并且影响模型的使用效率。在第14章中，会讨论这方面的问题，同时会介绍其他模式，如BOUNDED CONTEXT和ANTICORRUPTION LAYER。非常复杂的领域模型本身是难以使用的，所以，第15章将会说明如何在领域层内进行进一步区分，以便从次要细节中突显出领域的核心概念。

但是，这些都是后话。接下来，我们将会讨论一些具体细节，即如何让一个有效的领域模型和一个富有表达力的实现同时演进。毕竟，把领域隔离出来的最大好处就是可以真正专注于领域设计，而不用考虑其他的方面。

[79]

第 **5** 章

软件中所表示的模型

要想在不削弱模型驱动设计能力的前提下对实现做出一些折中，需要重新组织基本元素。我们需要将模型与实现的各个细节一一联系起来。本章主要讨论这些基本模型元素并理解它们，以便为后面章节的讨论打好基础。

本章的讨论从如何设计和简化关联开始。对象之间的关联很容易想出来，也很容易画出来，但实现它们却存在很多潜在的麻烦。关联也表明了具体的实现决策在 MODEL-DRIVEN DESIGN 中的重要性。

本章的讨论将侧重于模型本身，但仍继续仔细考查具体模型选择与实现问题之间的关系，我们将着重区分用于表示模型的3种模型元素模式：ENTITY、VALUE OBJECT 和 SERVICE。

从表面上看，定义那些用来捕获领域概念的对象很容易，但要想反映其含义却很困难。这要求我们明确区分各种模型元素的含义，并与一系列设计实践结合起来，从而开发出特定类型的对象。

一个对象是用来表示某种具有连续性和标识的事物的呢（可以跟踪它所经历的不同状态，甚至可以跨不同的实现跟踪它），还是用于描述某种状态的属性呢？这是 ENTITY 与 VALUE OBJECT 之间的根本区别。明确地选择这两种模式中的一个来定义对象，有利于减少歧义，并帮助我们做出特定的选择，这样才能得到健壮的设计。

领域中还有一些方面适合用动作或操作来表示，这比用对象表示更加清楚。这些方面最好用 SERVICE 来表示，而不应把操作的责任强加到 ENTITY 或 VALUE OBJECT 上，尽管这样做稍微违背了面向对象的建模传统。SERVICE 是应客户端请求来完成某事。在软件的技术层中有很多 SERVICE。在领域中也可以使用 SERVICE，当对软件要做的某项无状态的活动进行建模时，就可以将该活动作为一项 SERVICE。

在有些情况下（例如，为了将对象存储在关系数据库中）我们不得不对对象模型做一些折中改变，虽然这会影响对象模型的纯度。本章将给出一些指导原则，以便在被迫处理这种复杂局面时保持正确的方向。

最后，MODULE 的讨论将有助于理解这样一个要点——每个设计决策都应该是在深入理解领域中的某些深层知识之后做出的。高内聚、低耦合这种思想（通常被认为是一种技术指标）可应用于概念本身。在 MODEL-DRIVEN DESIGN 中，MODULE 是模型的一部分，它们应该反映领域中的概念。

　　本章将所有这些体现软件模型的构造块组织到一起。这些都是一些传统思想，而且一些书籍中已经介绍过从中产生的建模和设计思想。但将这些思想组织到模型驱动开发的上下文中，可以帮助开发人员创建符合领域驱动设计主要原则的具体组件，从而有助于解决更大的模型和设计问题。此外，掌握这些基本原则可以帮助开发人员在被迫做出折中设计时把握好正确的方向。

5.1　关联

　　对象之间的关联使得建模与实现之间的交互更为复杂。

　　　　模型中每个可遍历的关联，软件中都要有同样属性的机制。

　　一个显示了顾客与销售代表之间关联的模型有两个含义。一方面，它把开发人员所认为的两个真实的人之间的关系抽象出来。另一方面，它相当于两个Java对象之间的对象指针，或者相当于数据库查询（或类似实现）的一种封装。

　　例如，一对多关联可以用一个集合类型的实例变量来实现。但设计无需如此直接。可能没有集合，这时可以使用一个访问方法（accessor method）来查询数据库，找到相应的记录，并用这些记录来实例化对象。这两种设计方法反映了同一个模型。设计必须指定一种具体的遍历机制，这种遍历的行为应该与模型中的关联一致。

　　现实生活中有大量"多对多"关联，其中有很多关联天生就是双向的。我们在模型开发的早期进行头脑风暴活动并探索领域时，也会得到很多这样的关联。但这些普遍的关联会使实现和维护变得很复杂。此外，它们也很少能表示出关系的本质。

　　至少有3种方法可以使得关联更易于控制。

　　(1) 规定一个遍历方向。

　　(2) 添加一个限定符，以便有效地减少多重关联。

　　(3) 消除不必要的关联。

　　尽可能地对关系进行约束是非常重要的。双向关联意味着只有将这两个对象放在一起考虑才能理解它们。当应用程序不要求双向遍历时，可以指定一个遍历方向，以便减少相互依赖，并简化设计。理解了领域之后就可以自然地确定一个方向。

　　像很多国家一样，美国有过很多位总统。这是一种双向的、一对多的关系。然而，在提到"乔治·华盛顿"这个名字时，我们很少会问"他是哪个国家的总统？"。从实用的角度讲，我们可

以将这种关系简化为从国家到总统的单向关系。如图5-1所示。这种精化实际上反映了对领域的深入理解，而且也是一个更实用的设计。它表明一个方向的关联比另一个方向的关联更有意义且更重要。也使得Person类不受非基本概念President的束缚。

通常，通过更深入的理解可以得到一个"限定的"关系。进一步研究总统的例子就可以知道，一个国家在一段时期内只能有一位总统（内战期间或许有例外）。这个限定条件把多重关系简化为一对一关系，并且在模型中植入了一条明确的规则。如图5-2所示。1790年谁是美国总统？乔治·华盛顿。

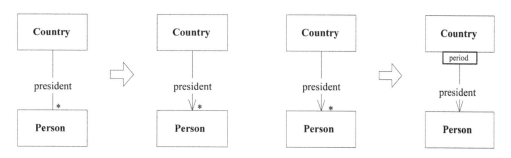

图5-1　反映了领域自然倾向的一些遍历方向　　　图5-2　被约束的关联可以传达更多知识，
　　　　　　　　　　　　　　　　　　　　　　　　　　　　　　而且是更实用的设计

限定多对多关联的遍历方向可以有效地将其实现简化为一对多关联，从而得到一个简单得多的设计。

坚持将关联限定为领域所倾向的方向，不仅可以提高这些关联的表达力并简化其实现，而且还可以突出剩下的双向关联的重要性。当双向关联是领域的一个语义特征时，或者当应用程序的功能要求双向关联时，就需要保留它，以便表达出这些需求。

当然，最终的简化是清除那些对当前工作或模型对象的基本含义来说不重要的关联。

| 示例 | Brokerage Account（经纪账户）中的关联 |

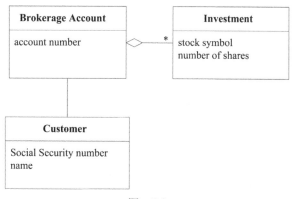

图　5-3

此模型中的Brokerage Account的一个Java实现如下：

84

```
public class BrokerageAccount {
    String accountNumber;
    Customer customer;
    Set investments;
  // Constructors, etc. omitted

  public Customer getCustomer() {
    return customer;
  }
  public Set getInvestments() {
    return investments;
  }
}
```

85　但是，如果需要从关系数据库取回数据，那么就可以使用另一种实现（它同样也符合模型）：

Table: BROKERAGE_ACCOUNT

ACCOUNT_NUMBER	CUSTOMER_SS_NUMBER

Table: CUSTOMER

SS_NUMBER	NAME

Table: INVESTMENT

ACCOUNT_NUMBER	STOCK_SYMBOL	AMOUNT

```
public class BrokerageAccount {
  String accountNumber;
  String customerSocialSecurityNumber;

  // Omit constructors, etc.

  public Customer getCustomer() {
    String sqlQuery =
      "SELECT * FROM CUSTOMER WHERE" +
      "SS_NUMBER='"+customerSocialSecurityNumber+"'";
    return QueryService.findSingleCustomerFor(sqlQuery);
  }
  public Set getInvestments() {
```

```
        String sqlQuery =
          "SELECT * FROM INVESTMENT WHERE" +
          "BROKERAGE_ACCOUNT='"+accountNumber+"'";
        return QueryService.findInvestmentsFor(sqlQuery);
      }
    }
```

（**注意**：QueryService是一个实用类，它从数据库中取回数据行（row）并创建对象，这里使用它是为了让示例简单，但这在实际项目中可不一定是个好的设计。）

下面，我们通过限定Brokerage Account（经纪账户）与Investment（投资）之间的关联来简化其多重性，从而对模型进行精化。具体的限定是：每支股票只能对应于一笔投资，如图5-4所示。

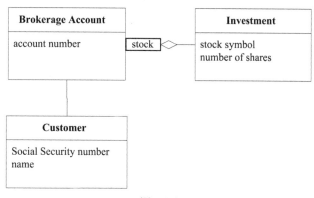

图　5-4

这种简化并不适合所有的业务情形（例如，当所有投资都要可追踪时），但不管是什么特殊规则，只要发现了关联的约束，就应该将这些约束添加到模型和实现中。它们可以使模型更精确，使实现更易于维护。

现在，Java实现变成下面这样：

```
public class BrokerageAccount {
  String accountNumber;
  Customer customer;
  Map investments;

  // Omitting constructors, etc.

  public Customer getCustomer() {
    return customer;
  }
  public Investment getInvestment(String stockSymbol) {
    return (Investment)investments.get(stockSymbol);
  }
```

```
}
```
基于SQL的实现如下：
```
public class BrokerageAccount {
  String accountNumber;
  String customerSocialSecurityNumber;

  //Omitting constructors, etc.

  public Customer getCustomer() {
    String sqlQuery = "SELECT * FROM CUSTOMER WHERE SS_NUMBER='"
      + customerSocialSecurityNumber + "'";
    return QueryService.findSingleCustomerFor(sqlQuery);
  }
  public Investment getInvestment(String stockSymbol) {
    String sqlQuery = "SELECT * FROM INVESTMENT "
      + "WHERE BROKERAGE_ACCOUNT='" + accountNumber + "'"
      + "AND STOCK_SYMBOL='" + stockSymbol +"'";
    return QueryService.findInvestmentFor(sqlQuery);

  }
}
```

87

88

　　从仔细地简化和约束模型的关联到 MODEL-DRIVEN DESIGN，还有一段漫长的探索过程。现在我们转向对象本身。仔细区分对象可以使得模型更加清晰，并得到更实用的实现。

5.2　模式：ENTITY（又称为REFERENCE OBJECT）

很多对象不是通过它们的属性定义的，而是通过连续性和标识定义的。

＊　＊　＊

一位女房东起诉了我，要求我赔偿她房屋的大部分损失。诉状上是这样写的：房间的墙上有很多小洞，地毯上满是污渍，水池里的脏物散发出的腐蚀性气体导致厨房墙皮脱落。法庭文件认定我作为承租人应该为这些损失负责，依据就是我的名字和我当时的地址。这把我完全搞糊涂了，因为我从未去过那个被损坏的房子。

过了一会儿，我意识到这一定是认错人了。我给原告打电话，告诉她这一点，但她并不相信我。几个月以来，上一位租客一直在躲避她。如何才能证明我不是那个破坏她房屋的人呢？现在电话簿里只有一个Eric Evans名字，那就是我。

还是电话簿成了我的救星。由于我在这所公寓里已经住了两年，于是我问她是否还有去年的电话簿。她找到了电话簿，发现有与我同名的人（我就在那个人下面），她意识到我不是她要起诉的那个人，于是向我道歉，并答应撤销起诉。

计算机可不会这么"足智多谋"。软件系统中的错误标识将导致数据破坏和程序错误。

这里存在一些特殊的技术挑战，我们稍后将会稍加说明，这里先来看一下基本问题。很多事物是由它们的标识定义的，而不是由任何属性定义的。我们一般会认为，一个人（继续使用非技术示例）有一个标识，这个标识会陪伴他走完一生（甚至死后）。这个人的物理属性会发生变化，最后消失。他的名字可能改变，财务关系也会发生变化，没有哪个属性是一生不变的，但标识却是永久的。我跟我5岁时是同一个人吗？这种听上去像是纯哲学的问题在探索有效的领域模型时非常重要。稍微变换一下问题的角度：应用程序的用户是否关心现在的我和5岁时的我是不是同一个人？

在一个跟踪到期应收账款的软件系统中，即便最普通的"客户"对象也可能具有丰富多彩的一面。如果按时付款的话客户信用就会提高，如果未能付款则将其移交给账单清缴机构。当销售人员将客户数据提取出来，并放到联系人管理软件中时，"客户"对象在这个系统中就开始了另一种生活。无论是哪种情况，它都会被扁平化以存储在数据库表中。当业务最终停摆的时候，客户对象就"退休"了，变成归档状态，成为先前自己的一个影子。

客户对象的这些形式都是基于不同编程语言和技术的不同实现。但当接到订单电话时，知道以下事情是很重要的：这个客户是不是那个拖欠了账务的客户？这个客户是不是那个已经与Jack（一位销售代表）保持联络达好几个星期的客户？还是说他完全是一个新客户？

在对象的多个实现、存储形式和真实世界的参与者（如打电话的人）之间，概念性标识必须是匹配的。属性可以不匹配，例如，销售代表可能已经在联系软件中更新了地址，而这个更新正在传送给到期应收账款软件。两个客户可能同名。在分布式软件中，多个用户可能从不同地点输入数据，这需要在不同的数据库中异步地协调这些更新事务，使它们传播到整个系统。

　　对象建模有可能把我们的注意力引到对象的属性上，但实体的基本概念是一种贯穿整个生命周期（甚至会经历多种形式）的抽象的连续性。

　　一些对象主要不是由它们的属性定义的。它们实际上表示了一条"标识线"（A Thread of Identity），这条线跨越时间，而且常常经历多种不同的表示。有时，这样的对象必须与另一个具有不同属性的对象相匹配。而有时一个对象必须与具有相同属性的另一个对象区分开。错误的标识可能会破坏数据。

　　主要由标识定义的对象被称作ENTITY[①]。ENTITY（实体）有特殊的建模和设计思路。它们具有生命周期，这期间它们的形式和内容可能发生根本改变，但必须保持一种内在的连续性。为了有效地跟踪这些对象，必须定义它们的标识。它们的类定义、职责、属性和关联必须由其标识来决定，而不依赖于其所具有的属性。即使对于那些不发生根本变化或者生命周期不太复杂的ENTITY，也应该在语义上把它们作为ENTITY来对待，这样可以得到更清晰的模型和更健壮的实现。

　　当然，软件系统中的大多数"ENTITY"并不是人，也不是其通常意义上所指的"实体"或"存在"。ENTITY可以是任何事物，只要满足两个条件即可，一是它在整个生命周期中具有连续性，二是它的区别并不是由那些对用户非常重要的属性决定的。ENTITY可以是一个人、一座城市、一辆汽车、一张彩票或一次银行交易。

　　另一方面，在一个模型中，并不是所有对象都是具有有意义标识的ENTITY。但是，由于面向对象语言在每个对象中都构建了一些与"标识"有关的操作（如Java中的"=="操作符），这个问题变得有点让人困惑。这些操作通过比较两个引用在内存中的位置（或通过其他机制）来确定这两个引用是否指向同一个对象。从这个角度讲，每个对象实例都有标识。比方说，当创建一个用于将远程对象缓存到本地的Java运行时环境或技术框架时，这个领域中的每个对象可能确实都是一个ENTITY。但这种标识机制在其他应用领域中却没什么意义。标识是ENTITY的一个微妙的、有意义的属性，我们是不能把它交给语言的自动特性来处理的。

　　让我们考虑一下银行应用程序中的交易。同一天、同一个账户的两笔数额相同的存款实际上是两次不同的交易，因此它们是具有各自标识的ENTITY。另一方面，这两笔交易的金额属性可能是某个货币对象的实例。这些值没有标识，因为没有必要区分它们。事实上，两个对象可能有相同的标识，但属性可能不同，在需要的情况下甚至可能不属于同一个类。当银行客户拿银行结算单与支票记录簿进行交易对账时，这项任务就是匹配具有相同标识的交易，尽管它们是由不同的人在不同的日期记录的（银行清算日期比支票上的日期晚）。支票号码就是用于对账的唯一标识符，无论这个问题是由计算机程序处理还是手工处理。存款和取款没有标识号码，因此可能更复杂，但同样的原则也是适用的——每笔交易都是一个ENTITY，至少出现在两张业务表格中。

───────────────

① 模型ENTITY与Java的"实体bean"并不是一回事。实体bean本打算成为一种用于实现ENTITY的框架，但它实际上并没有做到。大多数ENTITY都被实现为普通对象。不管它们是如何实现的，ENTITY都是领域模型中的一个根本特征。

标识的重要性并不仅仅体现在特定的软件系统中，在软件系统之外它通常也是非常重要的，银行交易和公寓租客的例子中就是如此。但有时标识只有在系统上下文中才重要，如一个计算机进程的标识。

因此：

当一个对象由其标识（而不是属性）区分时，那么在模型中应该主要通过标识来确定该对象的定义。使类定义变得简单，并集中关注生命周期的连续性和标识。定义一种区分每个对象的方式，这种方式应该与其形式和历史无关。要格外注意那些需要通过属性来匹配对象的需求。在定义标识操作时，要确保这种操作为每个对象生成唯一的结果，这可以通过附加一个保证唯一性的符号来实现。这种定义标识的方法可能来自外部，也可能是由系统创建的任意标识符，但它在模型中必须是唯一的标识。模型必须定义出"符合什么条件才算是相同的事物"。

在现实世界中，并不是每一个事物都必须有一个标识，标识重不重要，完全取决于它是否有用。实际上，现实世界中的同一个事物在领域模型中可能需要表示为ENTITY，也可能不需要表示为ENTITY。

体育场座位预订程序可能会将座位和观众当作ENTITY来处理。在分配座位时，每张票都有一个座位号，座位是ENTITY。其标识符就是座位号，它在体育场中是唯一的。座位可能还有很多其他属性，如位置、视野是否开阔、价格等，但只有座位号（或者说某一排的一个位置）才用于识别和区分座位。

另一方面，如果活动采用入场卷的方式，那么观众可以寻找任意的空座位来坐，这样就不需要对座位加以区分。在这种情况下，只有座位总数才是重要的。尽管座位上仍然印有座位号，但软件已经不需要跟踪它们。事实上，这时如果模型仍然将座位号与门票关联起来，那么它就是错误的，因为采用入场卷的活动并没有这样的约束。在这种情况下，座位不是ENTITY，因此不需要标识符。

＊　＊　＊

5.2.1　ENTITY建模

当对一个对象进行建模时，我们自然而然会考虑它的属性，而且考虑它的行为也显得非常重要。但ENTITY最基本的职责是确保连续性，以便使其行为更清楚且可预测。保持实体的简练是实现这一责任的关键。不要将注意力集中在属性或行为上，应该摆脱这些细枝末节，抓住ENTITY对象定义的最基本特征，尤其是那些用于识别、查找或匹配对象的特征。只添加那些对概念至关重要的行为和这些行为所必需的属性。此外，应该将行为和属性转移到与核心实体关联的其他对象中。这些对象中，有些可能是ENTITY，有些可能是VALUE OBJECT（这是本章接下来要讨论的模式）。除了标识问题之外，实体往往通过协调其关联对象的操作来完成自己的职责。

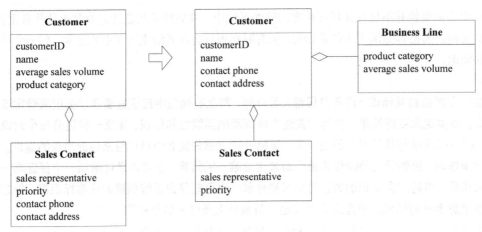

图5-5　与标识有关的属性留在ENTITY内

在图5-5中，customerID是Customer ENTITY的一个（也是唯一的）标识符，但phone number（电话号码）和address（地址）都经常用来查找或匹配一个Customer（客户）。name（姓名）没有定义一个人的标识，但它通常是确定人的方式之一。在这个示例中，phone和address属性被移到Customer中，但在实际的项目上，这种选择取决于领域中的Customer一般是如何匹配或区分的。例如，如果一个Customer有很多用于不同目的的phone number，那么phone number就与标识无关，因此应该放在Sales Contact（销售联系人）中。

5.2.2　设计标识操作

每个ENTITY都必须有一种建立标识的操作方式，以便与其他对象区分开，即使这些对象与它具有相同的描述属性。不管系统是如何定义的，都必须确保标识属性在系统中是唯一的，即使是在分布式系统中，或者对象已被归档，也必须确保标识的唯一性。

如前所述，面向对象语言有一些"标识"操作，它们通过比较对象在内存中的位置来确定两个引用是否指向同一个对象。这种标识跟踪机制过于简单，无法满足我们的目的。在大多数对象持久存储技术中，每次从数据库检索出一个对象时，都会创建一个新实例，这样原来的标识就丢失了。每次在网络上传输对象时，在目的地也会创建一个新实例，这也会导致标识的丢失。当系统中存在同一对象的多个版本时（例如，通过分布式数据库来传播更新的时候），问题将会更复杂。

尽管有一些用于简化这些技术问题的框架，但基本问题仍然存在。如何才能判定两个对象是否表示同一个概念ENTITY？标识是在模型中定义的。定义标识要求理解领域。

有时，某些数据属性或属性组合可以确保它们在系统中具有唯一性，或者在这些属性上加一些简单约束可以使其具有唯一性。这种方法为ENTITY提供了唯一键。例如，日报可以通过名称、城市和出版日期来识别。（但要注意临时增刊和名称变更！）

当对象属性没办法形成真正唯一键时，另一种经常用到的解决方案是为每个实例附加一个在类中唯一的符号（如一个数字或字符串）。一旦这个ID符号被创建并存储为ENTITY的一个属性，必须将它指定为不可变的。它必须永远不变，即使开发系统无法直接强制这条规则。例如，当对象被扁平化到数据库中或从数据库中重新创建时，ID属性应该保持不变。有时可以利用技术框架来实现此目的，但如果没有这样的框架，就需要通过工程纪律来约束。

ID通常是由系统自动生成的。生成算法必须确保ID在系统中是唯一的。在并行处理系统和分布式系统中，这可能是一个难题。生成这种ID的技术超出了本书的范围。这里的目的是指出何时需要考虑这些问题，以便使开发人员能够意识到有一个问题等待他们去解决，并知道如何将注意力集中到关键问题上。关键是要认识到标识问题取决于模型的特定方面。通常，要想找到解决标识问题的方法，必须对领域进行仔细的研究。

当自动生成ID时，用户可能永远不需要看到它。ID可能只是在内部需要，例如，在一个可以按人名查找记录的联系人管理应用程序中。这个程序需要用一种简单、明确的方式来区分两个同名联系人，这就可以通过唯一的内部ID来实现。在检索出两个不同的条目后，系统将显示这两个不同的联系人，但可能不会显示ID。用户可以通过这两个人的公司、地点等属性来区分他们。

最后，在有些情况下用户会对生成的ID感兴趣。当我委托一个包裹运送服务寄包裹时，我会得到一个跟踪号，它是由运送公司的软件生成的，我可以用这个号码来识别和跟踪我的包裹。当我预订机票或酒店时，会得到一个确认号码，它是预订交易的唯一标识符。

在某些情况下，需要确保ID在多个计算机系统之间具有唯一性。例如，如果需要在两家具有不同计算机系统的医院之间交换医疗记录，那么理想情况下每个系统对同一个病人应该使用同一个ID，但如果这两个系统各自生成自己的ID，这就很难实现。这样的系统通常使用由另外一家机构（一般是政府机构）发放的标识符。在美国，医院通常使用社会保险号码作为病人的标识符。但这样的方法也不是万无一失的，因为并不是每个人都有社会保险号码（特别是儿童和非美国居民），而且很多人会出于个人隐私原因而反对这种做法。

在一些非正式的场合（比方说，音像出租），可以使用电话号码作为标识符。但电话可能是共用的，号码也可能会更改，甚至一个旧的电话号码可能会重新分配给一个不同的人。

由于这些原因，我们一般使用特别指定的标识符（如常飞乘客[①]编号），并使用其他属性（如电话号码和社会保险号码[②]）进行匹配和验证。在任何情况下，当应用程序需要一个外部ID时，都由系统的用户负责提供唯一的ID，而系统必须为用户提供适当的工具来处理异常情况。

在这些技术问题的干扰下，人们很容易忽略基本的概念问题：两个对象是同一事物时意味着什么？我们很容易为每个对象分配一个ID，或是编写一个用于比较两个实例的操作，但如果这些

---

① 常飞乘客，frequent flier，是指经常乘飞机的人。——译者注

② 社会保险号码，Social Security Number，由美国政府对其合法公民和居民颁发。主要用于报税、申请驾照、申请账户等功能，是一种身份证明。——编者注

ID或操作没有对应领域中有意义的区别，那只会使问题更混乱。这就是分配标识的操作通常需要人工输入的原因。例如，支票簿对账软件可以提供一些有可能匹配的账目，但它们是否真的匹配则要由用户最终决定。

5.3　模式：VALUE OBJECT

很多对象没有概念上的标识，它们描述了一个事务的某种特征。

＊　＊　＊

当一个小孩画画的时候，他注意的是画笔的颜色和笔尖的粗细。但如果有两只颜色和粗细相同的画笔，他可能不会在意使用哪一支。如果有一支笔弄丢了，他可以从一套新笔中拿出一支同样颜色的笔来继续画，根本不会在意已经换了一支笔。

问问孩子冰箱上的画都是谁画的，他会很快辨认出哪些是他画的，哪些是他姐姐画的。姐弟俩有一些实用的标识来区分自己，与此类似，他们完成的作品也有。但设想一下，如果孩子必须记住哪些线条是用哪支笔画的，情况该有多么复杂？如果这样的话，画画将不再是小孩子的游戏了。

由于模型中最引人注意的对象往往是ENTITY，而且跟踪每个ENTITY的标识是极为重要的，因此我们很自然会想到为每个领域对象都分配一个标识。实际上，一些框架确实为每个对象分配了一个唯一的ID。

这样一来，系统就必须处理所有这些ID的跟踪问题，从而导致许多本来可能的性能优化不得不被放弃。此外，人们还需要付出大量的分析工作来定义有意义的标识，还需要开发出一些可靠的跟踪方式，以便在分布式系统或在数据库存储中跟踪对象。同样重要的是，盲目添加无实际意义的标识可能会产生误导。它会使模型变得混乱，并使所有对象看起来千篇一律。

跟踪ENTITY的标识是非常重要的，但为其他对象也加上标识会影响系统性能并增加分析工作，而且会使模型变得混乱，因为所有对象看起来都是相同的。

软件设计要时刻与复杂性做斗争。我们必须区别对待问题，仅在真正需要的地方进行特殊处理。

然而，如果仅仅把这类对象当作没有标识的对象，那么就忽略了它们的工具价值或术语价值。事实上，这些对象有其自己的特征，对模型也有着自己的重要意义。**这些是用来描述事物的对象。**

用于描述领域的某个方面而本身没有概念标识的对象称为VALUE OBJECT（值对象）。VALUE OBJECT被实例化之后用来表示一些设计元素，对于这些设计元素，我们只关心它们是什么，而不关心它们是谁。

"地址"是VALUE OBJECT吗？谁会问这个问题？

在一个邮购公司的软件中，需要用地址来核实信用卡并投递包裹。但如果一个人的室友也从同一家公司订购了货物，那么是否意识到他们住在同一个地方并不重要。因此地址是一个VALUE OBJECT。

在一个用于安排投递路线的邮政服务软件中，国家可能被组织为一个由地区、城市、邮政区、街区以及最终的个人地址组成的层次结构。这些地址对象可以从它们在层次结构中的父对象获取邮政编码，而且，如果邮政服务决定重新划分邮政区，那么所有地址都将随之改变。在这里，地址是一个ENTITY。

在电力运营公司的软件中，一个地址对应于公司线路和服务的一个目的地。如果几个室友各自打电话申请电力服务，公司需要知道他们其实是住在同一个地方。在这种情况下，地址是一个ENTITY。换种方式，模型可以将电力服务与"住处"关联起来，那么住处就是一个带有地址属性的ENTITY了，这时，地址就是一个VALUE OBJECT。

颜色是很多现代开发系统的基础库所提供的VALUE OBJECT的一个例子，字符串和数字也是这样的VALUE OBJECT（我们不会关心所使用的是哪一个"4"或哪一个"Q"）。这些基本的例子非常简单，但VALUE OBJECT并不都这样简单。例如，调色程序可能有一个功能丰富的模型，在这个模型中，可以把功能更强的颜色对象组合起来产生其他颜色。这些颜色可能具有很复杂的算法，通过这些算法的共同计算得到新的VALUE OBJECT。

VALUE OBJECT可以是其他对象的集合。在房屋设计软件中，可以为每种窗户样式创建一个对象。我们可以将"窗户样式"连同它的高度、宽度以及修改和组合这些属性的规则一起放到"窗户"对象中。这些窗户就是由其他VALUE OBJECT组成的复杂VALUE OBJECT。它们进而又被合并到更大的设计元素中，如"墙"对象。

VALUE OBJECT甚至可以引用ENTITY。例如，如果我请在线地图服务为我提供一个从旧金山到洛杉矶的驾车风景游路线，它可能会得出一个"路线"对象，此对象通过太平洋海岸公路连接旧金山和洛杉矶。这个"路线"对象是一个VALUE，尽管它所引用的3个对象（两座城市和一条公路）都是ENTITY。

VALUE OBJECT经常作为参数在对象之间传递消息。它们常常是临时对象，在一次操作中被创建，然后丢弃。VALUE OBJECT可以用作ENTITY（以及其他VALUE）的属性。我们可以把一个人建模为一个具有标识的ENTITY，但这个人的名字是一个VALUE。

当我们只关心一个模型元素的属性时，应把它归类为VALUE OBJECT。我们应该使这个模型元素能够表示出其属性的意义，并为它提供相关功能。VALUE OBJECT应该是不可变的。不要为它分配任何标识，而且不要把它设计成像ENTITY那么复杂。

VALUE OBJECT所包含的属性应该形成一个概念整体[①]。例如，street（街道）、city（城市）和postal code（邮政编码）不应是Person（人）对象的单独的属性。它们是整个地址的一部分，这样可以使得Person对象更简单，并使地址成为一个更一致的VALUE OBJECT，如图5-6所示。

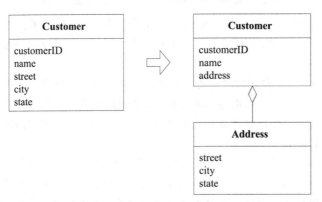

图5-6　VALUE OBJECT可以提供一个ENTITY的相关信息，它在概念上应该是一个整体

* * *

5.3.1　设计VALUE OBJECT

我们并不关心使用的是VALUE OBJECT的哪个实例。由于不受这方面的约束，设计可以获得更大的自由，因此可以简化设计或优化性能。在设计VALUE OBJECT时有多种选择，包括复制、共享或保持VALUE OBJECT不变。

两个人同名并不意味着他们是同一个人，也不意味着他们是可互换的。但表示名字的对象是可以互换的，因为它们只涉及名字的拼写。一个Name对象可以从第一个Person对象复制给第二个Person对象。

事实上，这两个Person对象可能不需要自己的名字实例，它们可以共享同一个Name对象（其

---

① WHOLE VALUE模式是由Ward Cunningham提出的。

中每个Person对象都有一个指向同一个名字实例的指针），而无需改变它们的行为或标识。如此一来，当修改其中一个人名字时就会产生问题，这时另一个人的名字也将改变！为了防止这种错误发生，以便安全地共享一个对象，必须确保Name对象是不变的——它不能改变，除非将其整个替换掉。

当一个对象将它的一个属性作为参数或返回值传递给另一个对象时，也会发生同样的问题。一个脱离了其所有者控制的"流浪"对象可能会发生任何事情。VALUE的改变可能会破坏所有者的约束条件。这个问题可以通过传递一个不变对象或传递一个副本来解决。

VALUE OBJECT为性能优化提供了更多选择，这一点可能很重要，因为VALUE OBJECT往往为数众多。房屋设计软件的示例就说明了这一点。如果每个电源插座都是一个单独的VALUE OBJECT，那么在一所房屋的一个设计版本中可能就会有上百个这种VALUE OBJECT。但如果把电源插座看成是可互换的，就只需共享一个电源插座实例，并让所有电源插座都指向这个实例（FLYWEIGHT，[Gamma et al. 1995]中的一个示例）。在大型系统中，这种效果可能会被放大数千倍，而且这样的优化可能决定一个系统是可用的，还是由于数百万个多余对象而变得异常缓慢。这只是无法应用于ENTITY的优化技巧中的一个。

复制和共享哪个更划算取决于实现环境。虽然复制有可能导致系统被大量的对象阻塞，但共享可能会减慢分布式系统的速度。当在两个机器之间传递一个副本时，只需发送一条消息，而且副本到达接收端后是独立存在的。但如果共享一个实例，那么只会传递一个引用，这要求每次交互都要向发送方返回一条消息。

100

以下几种情况最好使用共享，这样可以发挥共享的最大价值并最大限度地减少麻烦：

❑ 节省数据库空间或减少对象数量是一个关键要求时；

❑ 通信开销很低时（如在中央服务器中）；

❑ 共享的对象被严格限定为不可变时。

在有些语言和环境中，可以将属性或对象声明为不可变的，但有些却不具备这种能力。这种声明能够体现出设计决策，但它们并不是十分重要。我们在模型中所做的很多区别都无法用当前工具和编程语言在实现中显式地声明出来。例如，我们无法声明ENTITY并自动确保其具有一个标识操作。但是，编程语言没有直接支持这些概念上的区别并不说明这些区别没有用处。这只是说明我们需要更多的约束机制来确保满足一些重要的规则（这些规则只有在实现中才是隐式的）。命名规则、精心准备的文档和大量讨论都可以强化这些需求。

只要VALUE OBJECT是不可变的，变更管理就会很简单，因为除了整体替换之外没有其他的更改。不变的对象可以自由地共享，像在电源插座的例子中一样。如果垃圾回收是可靠的，那么删除操作就只是将所有指向对象的引用删除。当在设计中将一个VALUE OBJECT指定为不可变时，开发人员就可以完全根据技术需求来决定是使用复制，还是使用共享，因为他们没有后顾之忧——应用程序不依赖于对象的特殊实例。

特殊情况：何时允许可变性

保持VALUE OBJECT不变可以极大地简化实现，并确保共享和引用传递的安全性。而且这样做也符合值的意义。如果属性的值发生改变，我们应该使用一个不同的VALUE OBJECT，而不是修改现有的VALUE OBJECT。尽管如此，在有些情况下出于性能考虑，仍需要让VALUE OBJECT是可变的。这包括以下因素：

□ 如果VALUE频繁改变；

□ 如果创建或删除对象的开销很大；

□ 如果替换（而不是修改）将打乱集群（像前面示例中讨论的那样）；

□ 如果VALUE的共享不多，或者共享不会提高集群性能，或其他某种技术原因。

再次强调：如果一个VALUE的实现是可变的，那么就不能共享它。无论是否共享VALUE OBJECT，在可能的情况下都要将它们设计为不可变的。

定义VALUE OBJECT并将其指定为不可变的是一条一般规则，这样做是为了避免在模型中产生不必要的约束，从而让开发人员可以单纯地从技术上优化性能。如果开发人员能够显式地定义重要约束，那么他们就可以在对设计做出必要调整时，确保不会无意更改重要的行为。这样的设计调整往往特定于具体项目所使用的技术。

[101]

示例　**通过VALUE OBJECT来优化数据库**

数据库——在其最底层——是将数据存储到物理磁盘的一个具体位置上，或者花时间移动物理部件将数据读取出来。高级数据库则尝试将这些物理地址聚集到一起，以便可以在一次物理操作中从磁盘读取相互关联的数据。

如果一个对象被许多对象引用，其中有些对象将不会在它附近（不在同一分页上），这就需要通过额外的物理操作来获取数据。通过复制（而不是共享对同一个实例的引用），可以将这种作为很多ENTITY属性的VALUE OBJECT存储在ENTITY所在的同一分页上。这种存储相同数据的多个副本的技术称为非规范化（denormalization），当访问时间比存储空间或维护的简单性更重要时，通常使用这种技术。

在关系数据库中，我们可能想把一个具体的值放到拥有此值的ENTITY的表中，而不是将其关联到另一个单独的表。在分布式系统中，对一个位于另一台服务器上的VALUE OBJECT的引用可能导致对消息的响应十分缓慢，在这种情况下，应该将整个对象的副本传递到另一台服务器上。我们可以随意地使用副本，因为处理的是VALUE OBJECT。

5.3.2　设计包含VALUE OBJECT的关联

前面讨论的与关联有关的大部分内容也适用于ENTITY和VALUE OBJECT。模型中的关联越少越好，越简单越好。

但是，如果说ENTITY之间的双向关联很难维护，那么两个VALUE OBJECT之间的双向关联则完全没有意义。当一个VALUE OBJECT指向另一个VALUE OBJECT时，由于没有标识，说一个对象指向的对象正是那个指向它的对象并没有任何意义的。我们充其量只能说，一个对象指向的对象与那个指向它的对象是等同的，但这可能要求我们必须在某个地方实施这个固定规则。而且，尽管我们可以这样做，并设置双向指针，但很难想出这种安排有什么用处。因此，我们应尽量完全清除VALUE OBJECT之间的双向关联。如果在你的模型中看起来确实需要这种关联，那么首先应重新考虑一下将对象声明为VALUE OBJECT这个决定是否正确。或许它拥有一个标识，而你还没有注意到它。

ENTITY和VALUE OBJECT是传统对象模型的主要元素，但一些注重实效的设计人员正逐渐开始使用一种新的元素——SERVICE。

5.4　模式：SERVICE

有时，对象不是一个事物。

在某些情况下，最清楚、最实用的设计会包含一些特殊的操作，这些操作从概念上讲不属于任何对象。与其把它们强制地归于哪一类，不如顺其自然地在模型中引入一种新的元素，这就是SERVICE（服务）。

＊　＊　＊

有些重要的领域操作无法放到ENTITY或VALUE OBJECT中。这当中有些操作从本质上讲是一些活动或动作，而不是事物，但由于我们的建模范式是对象，因此要想办法将它们划归到对象这个范畴里。

现在，一个比较常见的错误是没有努力为这类行为找到一个适当的对象，而是逐渐转为过程化的编程。但是，当我们勉强将一个操作放到不符合对象定义的对象中时，这个对象就会产生概念上的混淆，而且会变得很难理解或重构。复杂的操作很容易把一个简单对象搞乱，使对象的角色变得模糊。此外，由于这些操作常常会牵扯到很多领域对象——需要协调这些对象以便使它们工作，而这会产生对所有这些对象的依赖，将那些本来可以单独理解的概念掺杂在一起。

有时，一些SERVICE看上去就像是模型对象，它们以对象的形式出现，但除了执行一些操作之外并没有其他意义。这些"实干家"（Doer）的名字通常以"Manager"之类的名字结尾。它们没有自己的状态，而且除了所承载的操作之外在领域中也没有其他意义。尽管如此，该方法至少为这些特立独行的行为找到了一个容身之所，避免它们扰乱真正的模型对象。

一些领域概念不适合被建模为对象。如果勉强把这些重要的领域功能归为ENTITY或VALUE OBJECT的职责，那么不是歪曲了基于模型的对象的定义，就是人为地增加了一些无意义的对象。

SERVICE是作为接口提供的一种操作，它在模型中是独立的，它不像ENTITY和VALUE OBJECT那样具有封装的状态。SERVICE是技术框架中的一种常见模式，但它们也可以在领域层中使用。

所谓SERVICE，它强调的是与其他对象的关系。与ENTITY和VALUE OBJECT不同，它只是定义了能够为客户做什么。SERVICE往往是以一个活动来命名，而不是以一个ENTITY来命名，也就是说，它是动词而不是名词。SERVICE也可以有抽象而有意义的定义，只是它使用了一种与对象不同的定义风格。SERVICE也应该有定义的职责，而且这种职责以及履行它的接口也应该作为领域模型的一部分来加以定义。操作名称应来自于UBIQUITOUS LANGUAGE，如果UBIQUITOUS LANGUAGE中没有这个名称，则应该将其引入到UBIQUITOUS LANGUAGE中。参数和结果应该是领域对象。

使用SERVICE时应谨慎，它们不应该替代ENTITY和VALUE OBJECT的所有行为。但是，当一个操作实际上是一个重要的领域概念时，SERVICE很自然就会成为MODEL-DRIVEN DESIGN中的一部分。将模型中的独立操作声明为一个SERVICE，而不是声明为一个不代表任何事情的虚拟对象，可以避免对任何人产生误导。

好的SERVICE有以下3个特征。

(1) 与领域概念相关的操作不是ENTITY或VALUE OBJECT的一个自然组成部分。

(2) 接口是根据领域模型的其他元素定义的。

(3) 操作是无状态的。

这里所说的无状态是指任何客户都可以使用某个SERVICE的任何实例，而不必关心该实例的历史状态。SERVICE执行时将使用可全局访问的信息，甚至会更改这些全局信息（也就是说，它可能具有副作用）。但SERVICE不保持影响其自身行为的状态，这一点与大多数领域对象不同。

当领域中的某个重要的过程或转换操作不是ENTITY或VALUE OBJECT的自然职责时，应该在模型中添加一个作为独立接口的操作，并将其声明为SERVICE。定义接口时要使用模型语言，并确保操作名称是UBIQUITOUS LANGUAGE中的术语。此外，应该使SERVICE成为无状态的。

※　※　※

5.4.1　SERVICE与孤立的领域层

　　这种模式只重视那些在领域中具有重要意义的SERVICE，但SERVICE并不只是在领域层中使用。我们需要注意区分属于领域层的SERVICE和那些属于其他层的SERVICE，并划分责任，以便将它们明确地区分开。

　　文献中所讨论的大多数SERVICE是纯技术的SERVICE，它们都属于基础设施层。领域层和应用层的SERVICE与这些基础设施层SERVICE进行协作。例如，银行可能有一个用于向客户发送电子邮件的应用程序，当客户的账户余额小于一个特定的临界值时，这个程序就向客户发送一封电子邮件。封装了电子邮件系统的接口（也可能是其他的通知方式）就是基础设施层中的SERVICE。

　　应用层SERVICE和领域层SERVICE可能很难区分。应用层负责通知的设置，而领域层负责确定是否满足临界值，尽管这项任务可能并不需要使用SERVICE，因为它可以作为"account"（账户）对象的职责中。这个银行应用程序可能还负责资金转账。如果设计一个SERVICE来处理资金转账相应的借方和贷方，那么这项功能将属于领域层。资金转账在银行领域语言中是一项有意义的操作，而且它涉及基本的业务逻辑。而纯技术的SERVICE应该没有任何业务意义。

　　很多领域或应用层SERVICE是在ENTITY和VALUE OBJECT的基础上建立起来的，它们的行为类似于将领域的一些潜在功能组织起来以执行某种任务的脚本。ENTITY和VALUE OBJECT往往由于粒度过细而无法提供对领域层功能的便捷访问。我们在这里会遇到领域层与应用层之间很微妙的分界线。例如，如果银行应用程序可以把我们的交易进行转换并导出到一个电子表格文件中，以便进行分析，那么这个导出操作就是应用层SERVICE。"文件格式"在银行领域中是没有意义的，它也不涉及业务规则。

　　另一方面，账户之间的转账功能属于领域层SERVICE，因为它包含重要的业务规则（如处理相应的借方账户和贷方账户），而且"资金转账"是一个有意义的银行术语。在这种情况下，SERVICE自己并不会做太多的事情，而只是要求两个Account对象完成大部分工作。但如果将"转账"操作强加在Account对象上会很别扭，因为这个操作涉及两个账户和一些全局规则。

　　我们可能喜欢创建一个Funds Transfer（资金转账）对象来表示两个账户，外加一些与转账有关的规则和历史记录。但在银行间的网络中进行转账时，仍然需要使用SERVICE。此外，在大多数开发系统中，在一个领域对象和外部资源之间直接建立一个接口是很别扭的。我们可以利用一个FACADE（外观）[①]将这样的外部SERVICE包装起来，这个外观可能以模型作为输入，并返回一个"Funds Transfer"对象（作为它的结果）。但无论中间涉及什么SERVICE，甚至那些超出我们掌控

106

---

　　① FACADE（外观）是一种设计模式，它将一系列复杂的类包装成一个简单的封闭接口。——译者注

范围的SERVICE，这些SERVICE都是在履行资金转账的领域职责。

将SERVICE划分到各个层中

应用层	资金转账应用服务 ❑ 获取输入（如一个XML请求） ❑ 发送消息给领域层服务，要求其执行 ❑ 监听确认消息 ❑ 决定使用基础设施SERVICE来发送通知
领域层	资金转账领域服务 ❑ 与必要的Account（账户）和Ledger（总账）对象进行交互，执行相应的借入和贷出操作 ❑ 提供结果的确认（允许转账或拒绝转账等）
基础设施层	发送通知服务 ❑ 按照应用程序的指示发送电子邮件、信件和其他信息

5.4.2   粒度

上述对SERVICE的讨论强调的是将一个概念建模为SERVICE的表现力，但SERVICE还有其他有用的功能，它可以控制领域层中的接口的粒度，并且避免客户端与ENTITY和VALUE OBJECT耦合。

在大型系统中，中等粒度的、无状态的SERVICE更容易被复用，因为它们在简单的接口背后封装了重要的功能。此外，细粒度的对象可能导致分布式系统的消息传递的效率低下。

如前所述，由于应用层负责对领域对象的行为进行协调，因此细粒度的领域对象可能会把领域层的知识泄漏到应用层中。这产生的结果是应用层不得不处理复杂的、细致的交互，从而使得领域知识蔓延到应用层或用户界面代码当中，而领域层会丢失这些知识。明智地引入领域层服务有助于在应用层和领域层之间保持一条明确的界限。

这种模式有利于保持接口的简单性，便于客户端控制并提供了多样化的功能。它提供了一种在大型或分布式系统中便于对组件进行打包的中等粒度的功能。而且，有时SERVICE是表示领域概念的最自然的方式。

5.4.3   对SERVICE的访问

像J2EE和CORBA这样的分布式系统架构提供了特殊的SERVICE发布机制，这些发布机制具有一些使用上的惯例，并且增加了发布和访问功能。但是，并非所有项目都会使用这样的框架，即使在使用了它们的时候，如果只是为了在逻辑上实现关注点的分离，那么它们也是大材小用了。

与分离特定职责的设计决策相比，提供对SERVICE的访问机制的意义并不是十分重大。一个"操作"对象可能足以作为SERVICE接口的实现。我们很容易编写一个简单的SINGLETON对象[Gamma et al. 1995]来实现对SERVICE的访问。从编码惯例可以明显看出，这些对象只是SERVICE

接口的提供机制，而不是有意义的领域对象。只有当真正需要实现分布式系统或充分利用框架功能的情况下才应该使用复杂的架构。

108

5.5　模式：MODULE（也称为PACKAGE）

MODULE是一个传统的、较成熟的设计元素。虽然使用模块有一些技术上的原因，但主要原因却是"认知超载"[①]。MODULE为人们提供了两种观察模型的方式，一是可以在MODULE中查看细节，而不会被整个模型淹没，二是观察MODULE之间的关系，而不考虑其内部细节。

领域层中的MODULE应该成为模型中有意义的部分，MODULE从更大的角度描述了领域。

5

* * *

每个人都会使用MODULE，但却很少有人把它们当作模型中的一个成熟的组成部分。代码按照各种各样的类别进行分解，有时是按照技术架构来分割的，有时是按照开发人员的任务分工来分割的。甚至那些从事大量重构工作的开发人员也倾向于使用项目早期形成的一些MODULE。

众所周知，MODULE之间应该是低耦合的，而在MODULE的内部则是高内聚的。耦合和内聚的解释使得MODULE听上去像是一种技术指标，仿佛是根据关联和交互的分布情况来机械地判断它们。然而，MODULE并不仅仅是代码的划分，而且也是概念的划分。一个人一次考虑的事情是有限的（因此才要低耦合）。不连贯的思想和"一锅粥"似的思想同样难于理解（因此才要高内聚）。

低耦合高内聚作为通用的设计原则既适用于各种对象，也适用于MODULE，但MODULE作为一种更粗粒度的建模和设计元素，采用低耦合高内聚原则显得更为重要。这些术语由来已久，早在[Larman 1998]中就从模式角度对其进行了解释。

只要两个模型元素被划分到不同的MODULE中，它们的关系就不如原来那样直接，这会使我们更难理解它们在设计中的作用。MODULE之间的低耦合可以将这种负面作用减至最小，而且在分析一个MODULE的内容时，只需很少地参考那些与之交互的其他MODULE。

109

同时，在一个好的模型中，元素之间是要协同工作的，而仔细选择的MODULE可以将那些具有紧密概念关系的模型元素集中到一起。将这些具有相关职责的对象元素聚合到一起，可以把建模和设计工作集中到单一MODULE中，这会极大地降低建模和设计的复杂性，使人们可以从容应对这些工作。

MODULE和较小的元素应该共同演变，但实际上它们并不是这样。MODULE被用来组织早期对象。在这之后，对象在变化时不脱离现有模块定义的边界。重构MODULE需要比重构类做更多工作，也具有更大的破坏性，并且可能不会特别频繁。但就像模型对象从简单具体逐渐转变为反

[①] 认知超载，cognitive overload，认知负荷理论（cognitive load theory）中的一个术语。问题解决和学习过程中的各种认知加工活动均需消耗认知资源，若所有活动所需的资源总量超过个体拥有的资源总量，就会引起资源的分配不足，从而影响个体学习或问题解决的效率，这种情况被称为认知超载。——译者注

映更深层次的本质一样，MODULE也会变得微妙和抽象。让MODULE反映出对领域理解的不断变化，可以使MODULE中的对象能够更自由地演变。

　　像领域驱动设计中的其他元素一样，MODULE是一种表达机制。MODULE的选择应该取决于被划分到模块中的对象的意义。当你将一些类放到MODULE中时，相当于告诉下一位看到你的设计的开发人员要把这些类放在一起考虑。如果说模型讲述了一个故事，那么MODULE就是这个故事的各个章节。模块的名称表达了其意义。这些名称应该被添加到UBIQUITOUS LANGUAGE中。你可能会向一位业务专家说"现在让我们讨论一下'客户'模块"，这就为你们接下来的对话设定了上下文。

　　因此：

　　选择能够描述系统的MODULE，并使之包含一个内聚的概念集合。这通常会实现MODULE之间的低耦合，但如果效果不理想，则应寻找一种更改模型的方式来消除概念之间的耦合，或者找到一个可作为MODULE基础的概念（这个概念先前可能被忽视了），基于这个概念组织的MODULE可以以一种有意义的方式将元素集中到一起。找到一种低耦合的概念组织方式，从而可以相互独立地理解和分析这些概念。对模型进行精化，直到可以根据高层领域概念对模型进行划分，同时相应的代码也不会产生耦合。

　　MODULE的名称应该是UBIQUITOUS LANGUAGE中的术语。MODULE及其名称应反映出领域的深层知识。

110

　　仅仅研究概念关系是不够的，它并不能替代技术措施。这二者是相同问题的不同层次，都是必须要完成的。但是，只有以模型为中心进行思考，才能得到更深层次的解决方案，而不是随便找一个解决方案应付了事。当必须做出一个折中选择时，务必保证概念清晰，即使这意味着MODULE之间会产生更多引用，或者更改MODULE偶尔会产生"涟漪效应"。开发人员只要理解了模型所描述的内容，就可以应付这些问题。

＊　＊　＊

5.5.1　敏捷的MODULE

　　MODULE需要与模型的其他部分一同演变。这意味着MODULE的重构必须与模型和代码一起进行。但这种重构通常不会发生。更改MODULE可能需要大范围地更新代码。这些更改可能会对团队沟通起到破坏作用，甚至会妨碍开发工具（如源代码控制系统）的使用。因此，MODULE结构和名称往往反映了模型的较早形式，而类则不是这样。

　　在MODULE选择的早期，有些错误是不可避免的，这些错误导致了高耦合，从而使MODULE很难进行重构。而缺乏重构又会导致问题变得更加严重。克服这一问题的唯一方法是接受挑战，仔细地分析问题的要害所在，并据此重新组织MODULE。

一些开发工具和编程系统会使问题变得更加严重。无论在实现中采用哪种开发技术，我们要想尽一切办法来减少重构MODULE的工作量，并最大限度地减少与其他开发人员沟通时出现的混乱情况。

示例　**Java中的包编码惯例**

在Java中，类使用import语句来声明依赖。建模人员可能认为有些包会依赖其他的包，但在 [111] Java中无法说明这一点。常见的编码惯例鼓励导入具体的类，如以下代码所示：

```
ClassA1
import packageB.ClassB1;
import packageB.ClassB2;
import packageB.ClassB3;
import packageC.ClassC1;
import packageC.ClassC2;
import packageC.ClassC3;
...
```

遗憾的是，在Java中，我们不可避免地需要在类中使用import声明依赖，但至少可以一次导入一个完整的包，这既反映出包是一种高内聚的单元，同时又减少了更改包名称的工作量。

```
ClassA1
import packageB.*;
import packageC.*;
...
```

的确，这种技术意味着把类和包混在一起（类依赖于包），但它除了表达前面一长串类的列表之外，还表达了在具体MODULE上建立一种依赖性的意图。

如果一个类确实依赖于另一个包中的某个类，而且本地MODULE对该MODULE并没有概念上的依赖关系，那么或许应该移动一个类，或者考虑重新组织MODULE。

5.5.2　通过基础设施打包时存在的隐患

技术框架对打包决策有着极大的影响，有些技术框架是有帮助的，有些则要坚决抵制。

一个非常有用的框架标准是LAYERED ARCHITECTURE，它将基础设施和用户界面代码放到两组不同的包中，并且从物理上把领域层隔离到它自己的一组包中。 [112]

但从另一个方面看，分层架构可能导致模型对象实现的分裂。一些框架的分层方法是把一个领域对象的职责分散到多个对象当中，然后把这些对象放到不同的包中。例如，当使用J2EE早期版本时，一种常见的做法是把数据和数据访问放到"实体bean"中，而把相关的业务逻辑放到"会话bean"中。这样做除了导致每个组件的实现变得更复杂以外，还破坏了对象模型的内聚性。对象的一个最基本的概念是将数据和操作这些数据的逻辑封装在一起。由于我们可以把这两个组件看作是一起组成一个单一模型元素的实现，因此这种分层实现还不算是致命的。但实体bean和会话bean通常被隔离到不同的包中，从而使情况变得更糟。在这种情况下，通过查看若干对象并把它们脑补成单一的概念ENTITY是非常困难的。我们失去了模型与设计之间的联系。最好的做法是在比ENTITY对象更大的粒度上应用EJB，从而减少分层的副作用。但细粒度的对象通常也会被分层。

例如，我就曾经在一个筹划得相当不错的项目上遇到过这些问题，这个项目的每个概念模型实际上被分为4层。每个层的划分都有很好的理由。第一层是数据持久层，负责处理映射和访问关系数据库。第二层负责处理对象在所有情况下的固有行为。第三层放置特定于应用程序的功能。第四层是一个公共接口，它隐藏了第一、二、三层的所有实现细节。这种分层方案有些复杂，但每层都有很好的定义，而且清楚地实现了关注点的分离。我们可以在大脑中将所有物理对象连接到一起，组成一个概念对象。有时，方面的分离也是有帮助的。具体来讲，把持久化代码移出来可以减少很多混乱。

但最重要的是，这个项目的框架要求将每个层放到单独的一组包中，并根据层的标识惯例来命名。这一下子就把我们所有的注意力都吸引到分层上来。结果，领域开发人员尽量避免创建太多的MODULE（每个模块都要乘以4），而且几乎不能更改模块，因为重构MODULE的工作量不允许这样做。更糟的是，由于很难跟踪定义了一个概念类的所有数据和行为（而且还要考虑分层产生的间接关系），因此开发人员没有多少精力思考模型了。这个应用最终交付使用了，但它使用了贫血领域模型，只是基本满足了应用程序的数据库访问需求，此外通过很少的几个SERVICE提供了一些行为。这个项目从MODEL-DRIVEN DESIGN获得的益处十分有限，因为代码并没有清晰地揭示模型，因此开发人员也无法充分地利用模型。

这种框架设计是在尝试解决两个合理的问题。一个问题是关注点的逻辑划分：一个对象负责数据库访问，另外一个对象负责处理业务逻辑，等等。这种划分方法使人们更容易（在技术层面上）理解每个层的功能，而且更容易切换各个层。这种设计的问题在于没有顾及应用程序的开发成本。本书不是讨论框架设计的书，因此不会给出此问题的替代解决方案，但它们确实存在。而且，即使别无选择，也值得牺牲一些分层的好处来换取更内聚的领域层。

这些打包方案的另一个动机是层的分布。如果代码实际上被部署到不同的服务器上，那么这会成为这种分层的有力论据。但通常并不是这样。应该在需要时才寻求灵活性。在一个希望充分利用MODEL-DRIVEN DESIGN的项目上，这种分层设计的牺牲太大了，除非它是为了解决一个紧迫的问题。

精巧的技术打包方案会产生如下两个代价。

- 如果框架的分层惯例把实现概念对象的元素分得很零散，那么代码将无法再清楚地表示模型。
- 人的大脑把划分后的东西还原成原样的能力是有限的，如果框架把人的这种能力都耗尽了，那么领域开发人员就无法再把模型还原成有意义的部分了。

最好把事情变简单。要极度简化技术分层规则，要么这些规则对技术环境特别重要，要么这 [114] 些规则真正有助于开发。例如，将复杂的数据持久化代码从对象的行为方面提取出来可以使重构变得更简单。

除非真正有必要将代码分布到不同的服务器上，否则就把实现单一概念对象的所有代码放在同一个模块中（如果不能放在同一个对象中的话）。

从传统的"高内聚、低耦合"标准也可以得出相同的结论。实现业务逻辑的对象与负责数据库访问的对象之间的联系非常广泛，因此它们之间的耦合度很高。

在框架设计中，或者在公司或项目的工作惯例方面，可能还有其他一些隐患，这些隐患可能会妨碍领域模型的自然内聚性，从而破坏模型驱动的设计，但所有隐患的基本问题都是相同的。种种限制（或者只是由于所需的包太多了）使我们无法使用专门根据领域模型需要量身定做的其他打包方案。

利用打包把领域层从其他代码中分离出来。否则，就尽可能让领域开发人员自由地决定领域对象的打包方式，以便支持他们的模型和设计选择。

如果代码是基于声明式设计（第10章有这方面的讨论）生成的，则是一种例外情况。在这种情况下，开发人员无需阅读代码，因此为了不碍事最好将代码放到一个单独的包中，这样就不会搞乱开发人员实际要处理的设计元素。

随着设计规模和复杂度的增加，模块化变得更加重要。本节只是介绍了一些基本的注意事项。本书第四部分主要介绍打包方法以及分解大型模型和设计的方法，并介绍如何抓住重点以帮助理解问题。

领域模型中的每个概念都应该在实现元素中反映出来。ENTITY、VALUE OBJECT、它们之间的关联、领域SERVICE以及用于组织元素的MODULE都是实现与模型直接对应的地方。实现中的对象、指针和检索机制必须直接、清楚地映射到模型元素。如果没有做到这一点，就要重写代码，或者 [115] 回头修改模型，或者同时修改代码和模型。

不要在领域对象中添加任何与领域对象所表示的概念没有紧密关系的元素。领域对象的职责是表示模型。当然，其他一些与领域有关的职责也是必须要实现的，而且为了使系统工作，也必须管理其他数据，但它们不属于领域对象。第6章将讨论一些支持对象，这些对象履行领域层的技术职责，如定义数据库搜索和封装复杂的对象创建。

本章介绍的4种模式为对象模型提供了构造块。但MODEL-DRIVEN DESIGN并不是说必须将每个元素都建模为对象。一些工具还支持其他的模型范式，如规则引擎。项目需要在它们之间做出契合实际的折中选择。这些其他的工具和技术是MODEL-DRIVEN DESIGN的补充，而不是要取而代之。

5.6 建模范式

MODEL-DRIVEN DESIGN要求使用一种与建模范式协调的实现技术。人们曾经尝试了大量的建模范式，但在实践中只有少数几种得到了广泛应用。目前，主流的范式是面向对象设计，而且现在的大部分复杂项目都开始使用对象。这种范式的流行有许多原因，包括对象本身的固有因素、一些环境因素，以及广泛使用所带来的一些优势。

5.6.1　对象范式流行的原因

　　一些团队选择对象范式并不是出于技术上的原因，甚至也不是出于对象本身的原因，而是从一开始，对象建模就在简单性和复杂性之间实现了一个很好的平衡。

　　如果一个建模范式过于深奥，那么大多数开发人员可能无法掌握它，因此也无法正确地运用它。如果团队中的非技术人员无法掌握范式的基本知识，那么他们将无法理解模型，以至于无法建立UBIQUITOUS LANGUAGE。大部分人都比较容易理解面向对象设计的基本知识。尽管一些开发人员还没有完全领悟建模的奥妙，但即使是非专业人员也可以理解对象模型图。

　　然而，虽然对象建模的概念很简单，但它的丰富功能足以捕获重要的领域知识。而且它从一开始就获得了开发工具的支持，使得模型可以在软件中表达出来。

　　现在，对象范式已经发展很成熟并得到了广泛采用，这使得它具有明显的优势。项目如果没有成熟的基础设施和工具支持，可能就要在这些方面进行研发工作，这不仅会耽误应用程序的开发，分散应用程序的开发资源，还会带来技术风险。有些技术不能与其他技术很好地协同工作，而且它们可能也无法与行业标准解决方案集成，这使团队不得不重新开发一些常用的辅助工具。但近年来，很多这样的问题已经在对象领域得以解决，而且有些问题也随着对象范式的广泛采用而变得无关紧要（现在，对象技术已经成为主流，因此集成的任务已经落到其他方法的肩上）。大多数新技术都提供了与主流的面向对象平台进行集成的方式。这使得集成更容易，甚至允许将基于其他建模范式的子系统混合在一起（本章稍后将讨论）。

　　开发者社区和设计文化的成熟也同样重要。采用新范式的项目可能很难找到精通它的开发人员，也很难找到能够使用新范式创建有效模型的人员。要想在短时间内培训开发人员使用新范式往往是行不通的，因为能够最大限度地利用新范式和技术的模式尚未形成。或许新领域的一些开拓者已经可以有效地使用新范式，但他们尚未发布可供人们学习的知识。

　　而对象范式则不同，大多数开发人员、项目经理和从事项目工作的其他专家都已经很了解它。

　　下面我讲一个10年前在一个面向对象项目中发生的小故事，它说明了在工作中使用不成熟范式所产生的风险。这个项目是在20世纪90年代早期开始的，它采用了几种当时最前沿的技术，包括大规模使用面向对象数据库。当时这让人很兴奋。团队成员骄傲地告诉访客他们正在部署迄今为止最大的面向对象数据库。当我加盟这个项目时，各个团队正在研究一些面向对象的设计，并且可以毫不费力地将对象存储在数据库中。但我们渐渐意识到，大部分数据库容量已经被耗尽了，而这仅仅只输入了测试数据而已！实际所需的数据库还要大几十倍。实际的事务量也要大上几十倍。是不是这个应用程序根本不适合使用面向对象数据库？是我们使用不当吗？我们已经力不从心了。

幸运的是，我们找到了一位精通对象数据库技术的专家来帮助我们摆脱困境。我们谈妥服务价格后，他指出了3个问题根源。首先，与数据库一起提供的基础设施没有扩展到我们所需的规模。其次，细粒度对象的存储比我们预计的代价要大得多。最后，对象模型的有些部分其内部依赖过于复杂，以至于很少的并发事务就会产生竞争问题。

在这位专家的帮助下，我们对基础设施进行了强化。现在，项目团队意识到细粒度对象的影响，并开始寻找更适合对象数据库的模型。所有人员都深刻认识到对模型中的关系进行限制的重要性，我们利用这种新的理解开始设计更好的模型——将原来那些紧密联系在一起的对象解耦。

除了前几个月浪费在错误路线上以外，项目的修复又损失了好几个月的时间。而且这并不是团队由于选择了不成熟的技术和没有相关经验而遭遇的第一个挫折。遗憾的是，这个项目最终被削减了，而且变得十分保守。直到今天，他们虽然仍会使用一些外来技术，但在应用范围上变得谨小慎微，这导致他们可能无法真正从这些技术中获益。

十年过去了，面向对象技术已经相对成熟。业内已经提供了很多现成的解决方案，它们可以满足大部分常见的基础设施需要。多数大型供应商，或者稳定的开源项目都提供了关键工具。这些基础设施本身就已经被广泛使用，因此了解它们的人很多，相关书籍也很多，等等。人们已经相当了解这些成熟技术的局限性，因此内行团队也不会过度使用它们。

其他一些令人感兴趣的建模范式并没有这么成熟。有些建模范式太难掌握了，以至于只能在很小的专业领域内使用。有些建模范式虽然有潜力，但技术基础设施仍然不够完整、可靠，而且很少有人理解为这些范式创建良好模型的诀窍。这些范式可能已经出现很长一段时间了，但仍然不适合用于大多数项目。

这就是目前大部分采用MODEL-DRIVEN DESIGN的项目很明智地使用面向对象技术作为系统核心的原因。它们不会被束缚在只有对象的系统里，因为对象已经成为内业的主流技术，人们目前使用的几乎所有的技术都有与之对应的集成工具。

然而，这并不意味着人们就应该永远只局限于对象技术。随大流具有一定的安全性，但这并非总是应该走的道路。对象模型可以解决很多实际的软件问题，但也有一些领域不适合用封装了行为的各种对象来建模。例如，涉及大量数学问题的领域或者受全局逻辑推理控制的领域就不适合使用面向对象的范式。

5.6.2　对象世界中的非对象

领域模型不一定是对象模型。例如，使用Prolog语言实现的MODEL-DRIVEN DESIGN，它的模型是由逻辑规则和事实构成的。模型范式为人们提供了思考领域的方式。这些领域的模型由范式塑造成型。结果就得到了遵守范式的模型，这样的模型可以用支持对应建模风格的工具来有效地实现。

不管在项目中使用哪种主要的模型范式，领域中都会有一些部分更容易用某种其他范式来表达。当领域中只有个别元素适合用其他范式时，开发人员可以接受一些蹩脚的对象，以使整个模型保持一致（或者，在另一种极端的情况下，如果大部分问题领域都更适合用其他范式来表达，那么可以整个改为使用那种范式，并选择一个不同的实现平台）。但是，当领域的主要部分明显属于不同的范式时，明智的做法是用适合各个部分的范式对其建模，并使用混合工具集来进行实现。当领域的各个部分之间的互相依赖性较小时，可以把用另一种范式建立的子系统封装起来，例如，只有一个对象需要调用的复杂数学计算。其他时候，不同方面之间的关系更为复杂，例如，对象的交互依赖于某些数学关系的时候。

这就是将业务规则引擎或工作流引擎这样的非对象组件集成到对象系统中的动机。混合使用不同的范式使得开发人员能够用最适当的风格对特殊概念进行建模。此外，大部分系统都必须使用一些非对象的技术基础设施，最常见的就是关系数据库。但是在使用不同的范式后，要想得到一个内聚的模型就比较难了，而且让不同的支持工具共存也较为复杂。当开发人员在软件中无法清楚地辨认出一个内聚的模型时，MODEL-DRIVEN DESIGN就会被抛诸脑后，尽管这种混合设计更需要它。

5.6.3 在混合范式中坚持使用MODEL-DRIVEN DESIGN

在面向对象的应用程序开发项目中，有时会混合使用一些其他的技术，规则引擎就是一个常见的例子。一个包含丰富知识的领域模型可能会含有一些显式的规则，然而对象范式却缺少用于表达规则和规则交互的具体语义。尽管可以将规则建模为对象（而且常常可以成功地做到），但对象封装却使得那些针对整个系统的全局规则很难应用。规则引擎技术非常有吸引力，因为它提供了一种更自然、声明式的规则定义方式，能够有效地将规则范式融合到对象范式中。逻辑范式已经得到了很好的发展并且功能强大，它是对象范式的很好补充，使其可以扬长避短。

但人们并不总是能够从规则引擎的使用中得到预期结果。有些产品并不能很好地工作。有些则缺少一种能够显示出衔接两种实现环境的模型概念相关性的无缝视图。一个常见的结果是应用程序被割裂成两部分：一个是使用了对象的静态数据存储系统，另一个是几乎完全与对象模型失去联系的某种规则处理应用程序。

重要的是在使用规则的同时要继续考虑模型。团队必须找到能够同时适用于两种实现范式的单一模型。虽然这并非易事，但还是可以办到的，条件是规则引擎支持富有表达力的实现方式。如果不这样，数据和规则就会失去联系。与领域模型中的概念规则相比，引擎中的规则更像是一些较小的程序。只有保持规则与对象之间紧密、清晰的关系，才能确保显示出这二者所表达的含义。

如果没有无缝的环境，就要完全靠开发人员提炼出一个由清晰的基本概念组成的模型，以便完全支撑整个设计。

将各个部分紧密结合在一起的最有效工具就是健壮的UBIQUITOUS LANGUAGE，它是构成整个异构模型的基础。坚持在两种环境中使用一致的名称，坚持用UBIQUITOUS LANGUAGE讨论这些名称，将有助于消除两种环境之间的鸿沟。

这个话题本身就值得写一本书了。本节的目的只是想说明（在使用其他范式时）没有必要放弃MODEL-DRIVEN DESIGN，而且坚持使用它是值得的。

虽然MODEL-DRIVEN DESIGN不一定是面向对象的，但它确实需要一种富有表达力的模型结构实现，无论是对象、规则还是工作流，都是如此。如果可用工具无法提高表达力，就要重新考虑选择工具。缺乏表达力的实现将削弱各种范式的优势。

当将非对象元素混合到以面向对象为主的系统中时，需要遵循以下4条经验规则。

- ❑ 不要和实现范式对抗。我们总是可以用别的方式来考虑领域。找到适合于范式的模型概念。

- ❑ 把通用语言作为依靠的基础。即使工具之间没有严格联系时，语言使用上的高度一致性也能防止各个设计部分分裂。

- ❑ 不要一味依赖UML。有时固定使用某种工具（如UML绘图工具）将导致人们通过歪曲模型来使它更容易画出来。例如，UML确实有一些特性很适合表达约束，但它并不是在所有情况下都适用。有时使用其他风格的图形（可能适用于其他范式）或者简单的语言描述比牵强附会地适应某种对象视图更好。

- ❑ 保持怀疑态度。工具是否真正有用武之地？不能因为存在一些规则，就必须使用规则引擎。规则也可以表示为对象，虽然可能不是特别优雅。多个范式会使问题变得非常复杂。

在决定使用混合范式之前，一定要确信主要范式中的各种可能性都已经尝试过了。尽管有些领域概念不是以明显的对象形式表现出来的，但它们通常可以用对象范式来建模。第9章将讨论如何使用对象技术对一些非常规类型的概念进行建模。

关系范式是范式混合的一个特例。作为一种最常用的非对象技术，关系数据库与对象模型的关系比其他技术与对象模型的关系更紧密，因为它作为一种数据持久存储机制，存储的就是对象。第6章将讨论用关系数据库来存储对象数据，并介绍在对象生命周期中将会遇到的诸多挑战。

第6章

领域对象的生命周期

每个对象都有生命周期，如图6-1所示。对象自创建后，可能会经历各种不同的状态，直至最终消亡——要么存档，要么删除。当然，很多对象是简单的临时对象，仅通过调用构造函数来创建，用来做一些计算，而后由垃圾收集器回收。这类对象没必要搞得那么复杂。但有些对象具有更长的生命周期，其中一部分时间不是在活动内存中度过的。它们与其他对象具有复杂的相互依赖性。它们会经历一些状态变化，在变化时要遵守一些固定规则。管理这些对象时面临诸多挑战，稍有不慎就会偏离MODEL-DRIVEN DESIGN的轨道。

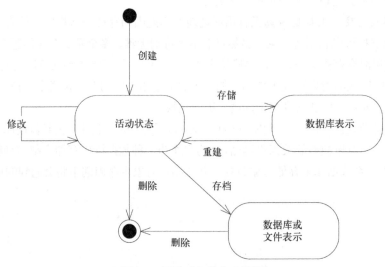

图6-1　领域对象的生命周期

主要的挑战有以下两类。

(1) 在整个生命周期中维护完整性。

(2) 防止模型陷入管理生命周期复杂性造成的困境当中。

本章将通过3种模式解决这些问题。首先是AGGREGATE（聚合），它通过定义清晰的所属关系和边界，并避免混乱、错综复杂的对象关系网来实现模型的内聚。聚合模式对于维护生命周期各个阶段的完整性具有至关重要的作用。

接下来，我们将注意力转移到生命周期的开始阶段，使用FACTORY（工厂）来创建和重建复杂对象和AGGREGATE（聚合），从而封装它们的内部结构。最后，在生命周期的中间和末尾使用REPOSITORY（存储库）来提供查找和检索持久化对象并封装庞大基础设施的手段。

尽管REPOSITORY和FACTORY本身并不是来源于领域，但它们在领域设计中扮演着重要的角色。这些结构提供了易于掌握的模型对象处理方式，使MODEL-DRIVEN DESIGN更完备。

使用AGGREGATE进行建模，并且在设计中结合使用FACTORY和REPOSITORY，这样我们就能够在模型对象的整个生命周期中，以有意义的单元、系统地操纵它们。AGGREGATE可以划分出一个范围，这个范围内的模型元素在生命周期各个阶段都应该维护其固定规则。FACTORY和REPOSITORY在AGGREGATE基础上进行操作，将特定生命周期转换的复杂性封装起来。

124

6.1　模式：AGGREGATE

6

减少设计中的关联有助于简化对象之间的遍历，并在某种程度上限制关系的急剧增多。但大多数业务领域中的对象都具有十分复杂的联系，以至于最终会形成很长、很深的对象引用路径，我们不得不在这个路径上追踪对象。在某种程度上，这种混乱状态反映了现实世界，因为现实世界中就很少有清晰的边界。但这却是软件设计中的一个重要问题。

假设我们从数据库中删除一个Person对象。这个人的姓名、出生日期和工作描述要一起被删除，但要如何处理地址呢？可能还有其他人住在同一地址。如果删除了地址，那些Person对象将会引用一个被删除的对象。如果保留地址，那么垃圾地址在数据库中会累积起来。虽然自动垃圾收集机制可以清除垃圾地址，但这也只是一种技术上的修复；就算数据库系统存在这种处理机制，一个基本的建模问题依然被忽略了。

即便是在考虑孤立的事务时，典型对象模型中的关系网也使我们难以断定一个修改会产生哪些潜在的影响。仅仅因为存在依赖就更新系统中的每个对象，这样做是不现实的。

在多个客户对相同对象进行并发访问的系统中，这个问题更加突出。当很多用户对系统中的对象进行查询和更新时，必须防止他们同时修改互相依赖的对象。范围错误将导致严重的后果。

在具有复杂关联的模型中，要想保证对象更改的一致性是很困难的。不仅互不关联的对象需要遵守一些固定规则，而且紧密关联的各组对象也要遵守一些固定规则。然而，过于谨慎的锁定机制又会导致多个用户之间毫无意义地互相干扰，从而使系统不可用。

换句话说，我们如何知道一个由其他对象组成的对象从哪里开始，又到何处结束呢？在任何具有持久化数据存储的系统中，对数据进行修改的事务必须要有范围，而且要有保持数据一致性的方式（也就是说，保持数据遵守固定规则）。数据库支持各种锁机制，而且可以编写一些测试来验证。但这些特殊的解决方案分散了人们对模型的注意力，很快人们就会回到"走一步，看一步"的老路上来。

实际上，要想找到一种兼顾各种问题的解决方案，要求对领域有深刻的理解，例如，要了解特定类实例之间的更改频率这样的深层次因素。我们需要找到一个使对象间冲突较少而固定规则联系更紧密的模型。

尽管从表面上看这个问题是数据库事务方面的一个技术难题，但它的根源却在模型，归根结底是由于模型中缺乏明确定义的边界。从模型得到的解决方案将使模型更易于理解，并且使设计更易于沟通。当模型被修改时，它将引导我们对实现做出修改。

人们已经开发出很多模式（scheme）来定义模型中的所属关系。下面这个简单但严格的系统就提炼自这些概念，其包括一组用于实现事务（这些事务用来修改对象及其所有者）的规则[①]。

首先，我们需要用一个抽象来封装模型中的引用。AGGREGATE就是一组相关对象的集合，我们把它作为数据修改的单元。每个AGGREGATE都有一个根（root）和一个边界（boundary）。边界定义了AGGREGATE的内部都有什么。根则是AGGREGATE所包含的一个特定ENTITY。对AGGREGATE而言，外部对象只可以引用根，而边界内部的对象之间则可以互相引用。除根以外的其他ENTITY都有本地标识，但这些标识只在AGGREGATE内部才需要加以区别，因为外部对象除了根ENTITY之外看不到其他对象。

汽车修配厂的软件可能会使用汽车模型。如图6-2所示。汽车是一个具有全局标识的ENTITY：我们需要将这部汽车与世界上所有其他汽车区分开（即使是一些非常相似的汽车）。我们可以使用车辆识别号来进行区分，车辆识别号是为每辆新汽车分配的唯一标识符。我们可能想通过4个轮子的位置跟踪轮胎的转动历史。我们可能想知道每个轮胎的里程数和磨损度。要想知道哪个轮胎在哪儿，必须将轮胎标识为ENTITY。当脱离这辆车的上下文后，我们很可能就不再关心这些轮

---

① David Siegel于20世纪90年代发明了这个系统，并在一些项目上使用了它，但并没有公开发表。

胎的标识了。如果更换了轮胎并将旧轮胎送到回收厂，那么软件将不再需要跟踪它们，它们会成为一堆废旧轮胎中的一部分。没有人会关心它们的转动历史。更重要的是，即使轮胎被安在汽车上，也不会有人通过系统查询特定的轮胎，然后看看这个轮胎在哪辆汽车上。人们只会在数据库中查找汽车，然后临时查看一下这部汽车的轮胎情况。因此，汽车是AGGREGATE的根ENTITY，而轮胎处于这个AGGREGATE的边界之内。另一方面，发动机组上面都刻有序列号，而且有时是独立于汽车被跟踪的。在一些应用程序中，发动机可以是自己的AGGREGATE的根。

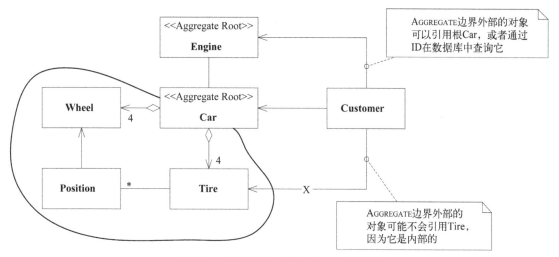

图6-2 本地标识与全局标识及对象引用

固定规则（invariant）是指在数据变化时必须保持的一致性规则，其涉及AGGREGATE成员之间的内部关系。而任何跨越AGGREGATE的规则将不要求每时每刻都保持最新状态。通过事件处理、批处理或其他更新机制，这些依赖会在一定的时间内得以解决。但在每个事务完成时，AGGREGATE内部所应用的固定规则必须得到满足，如图6-3所示。

现在，为了实现这个概念上的AGGREGATE，需要对所有事务应用一组规则。

❑ 根ENTITY具有全局标识，它最终负责检查固定规则。

❑ 根ENTITY具有全局标识。边界内的ENTITY具有本地标识，这些标识只在AGGREGATE内部才是唯一的。

❑ AGGREGATE外部的对象不能引用除根ENTITY之外的任何内部对象。根ENTITY可以把对内部ENTITY的引用传递给它们，但这些对象只能临时使用这些引用，而不能保持引用。根可以把一个VALUE OBJECT的副本传递给另一个对象，而不必关心它发生什么变化，因为它只是一个VALUE，不再与AGGREGATE有任何关联。

❑ 作为上一条规则的推论，只有AGGREGATE的根才能直接通过数据库查询获取。所有其他对象必须通过遍历关联来发现。

- ❑ AGGREGATE内部的对象可以保持对其他AGGREGATE根的引用。
- ❑ 删除操作必须一次删除AGGREGATE边界之内的所有对象。(利用垃圾收集机制,这很容易做到。由于除根以外的其他对象都没有外部引用,因此删除了根以后,其他对象均会被回收。)
- ❑ 当提交对AGGREGATE边界内部的任何对象的修改时,整个AGGREGATE的所有固定规则都必须被满足。

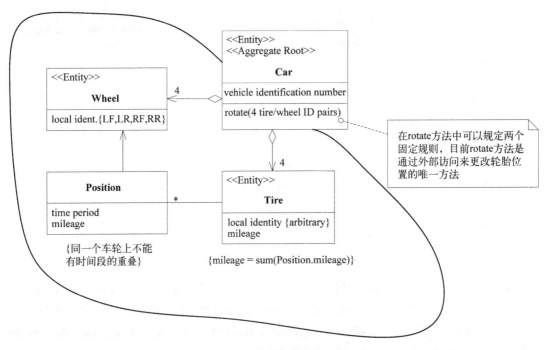

图6-3　AGGREGATE的固定规则

　　我们应该将ENTITY和VALUE OBJECT分门别类地聚集到AGGREGATE中,并定义每个AGGREGATE的边界。在每个AGGREGATE中,选择一个ENTITY作为根,并通过根来控制对边界内其他对象的所有访问。只允许外部对象保持对根的引用。对内部成员的临时引用可以被传递出去,但仅在一次操作中有效。由于根控制访问,因此不能绕过它来修改内部对象。这种设计有利于确保AGGREGATE中的对象满足所有固定规则,也可以确保在任何状态变化时AGGREGATE作为一个整体满足固定规则。

　　有一个能够声明AGGREGATE的技术框架是很有帮助的,这样就可以自动实施锁机制和其他一些功能。如果没有这样的技术框架,团队就必须靠自我约束来使用事先商定的AGGREGATE,并按照这些AGGREGATE来编写代码。

示例　**采购订单的完整性**

考虑一个简化的采购订单系统（见图6-4）可能具有的复杂性。

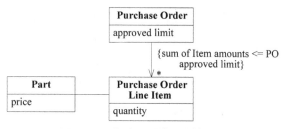

图6-4　一个采购订单系统的模型

图6-4展示了一个典型的采购订单（Purchase Order, PO）视图，它被分解为采购项（Line Item），一条固定规则是采购项的总量不能超过PO总额的限制。当前实现存在以下3个互相关联的问题。

（1）固定规则的实施。当添加新采购项时，PO检查总额，如果新增的采购项使总额超出限制，则将PO标记为无效。正如我们将要看到的那样，这种保护机制并不充分。

（2）变更管理。当PO被删除或存档时，各个采购项也将被一块处理，但模型并没有给出关系应该在何处停止。在不同时间更改部件（Part）价格所产生的影响也不明确。

（3）数据库共享。数据库会出现由于多个用户竞争使用而带来的问题。

多个用户将并发地输入和更新各个PO，因此必须防止他们互相干扰。让我们从一个非常简单的策略开始，当一个用户开始编辑任何一个对象时，锁定该对象，直到用户提交事务。这样，当George编辑采购项001时，Amanda就无法访问该项。Amanda可以编辑其他PO上的任何采购项（包括George正在编辑的PO上的其他采购项），如图6-5所示。

130

PO #0012946	Approved Limit: $1,000.00			
Item #	Quantity	Part	Price	Amount
001	3	Guitars	@ 100.00	300.00
002	2	Trombones	@ 200.00	400.00
			Total:	700.00

图6-5　数据库中存储的PO的初始情形

每个用户都将从数据库读取对象，并在自己的内存空间中实例化对象，而后在那里查看和编辑对象。只有当开始编辑时，才会请求进行数据库锁定。因此，George和Amanda可以同时工作，只要他们不同时编辑相同的采购项即可。一切正常，直到George和Amanda开始编辑同一个PO上的不同采购项，如图6-6所示。

George在他的视图中添加了两把吉他

PO #0012946		Approved Limit: $1000.00		
Item #	Quantity	Part	Price	Amount
001	**5**	Guitars	@ 100.00	**500.00**
002	2	Trombones	@ 200.00	400.00
			Total:	900.00

Amanda在她的视图中添加了一把长号

PO #0012946		Approved Limit: $1,000.00		
Item #	Quantity	Part	Price	Amount
001	3	Guitars	@ 100.00	300.00
002	**3**	Trombones	@ 200.00	**600.00**
			Total:	900.00

图6-6   在不同事务中同时进行的编辑

从这两个用户和他们各自软件的角度来看，他们的操作都没有问题，因为他们忽略了事务期间数据库其他部分所发生的变化，而且每个用户都没有修改被对方锁定的采购项。

当这两个用户保存了修改之后，数据库中就存储了一个违反领域模型固定规则的PO。一条重要的业务规则被破坏了，但并没有人知道，如图6-7所示。

显然，锁定单个行并不是一种充分的保护机制。如果一次锁定一个PO，可以防止这样的问题发生，如图6-8所示。

PO #0012946		Approved Limit: **$1,000.00**		
Item #	Quantity	Part	Price	Amount
001	5	Guitars	@100.00	500.0 0
002	3	Trombones	@200.00	600.0 0
			Total:	**1,100.00**

图6-7 最后的PO超过了批准限额（破坏了固定规则

George编辑他的视图

PO #0012946		Approved Limit: $1,000.00		
Item #	Quantity	Part	Price	Amount
001	**5**	Guitars	@ 100.00	**500.00**
002	2	Trombones	@ 200.00	400.00
			Total:	900.00

Amanda被锁定在PO #0012946之外

George已经提交更改

Amanda获得访问权，George所做的更改被显示出来

PO #0012946		Approved Limit: $1,000.00		
Item #	Quantity	Part	Price	Amount
001	5	Guitars	@ 100.00	500.00
002	**3**	Trombones	@ 200.00	**600.00**
		Limit exceeded →	Total:	1,100.00

图6-8   锁定整个PO可以确保满足固定规则

直到Amanda解决这个问题之前，程序将不允许保存这个事务，Amanda可以通过提高限额或减少一把吉他来解决此问题。这种机制防止了问题，如果大部分工作分布在多个PO上，那么这可能是个不错的解决方案。但如果是很多人同时对一个大PO的不同项进行操作时，这种锁定机制就显得很笨拙了。

即便是很多小PO，也存在其他方法破坏这条固定规则。让我们看看"Part"。如果在Amanda将长号加入订单时，有人更改了长号的价格，这不也会破坏固定规则吗?

那么，我们试着除了锁定整个PO之外，也锁定Part。图6-9展示了当George、Amanda和Sam在不同PO上工作时将会发生的情况。 132

George在编辑PO
Guitars和Trombones被锁定

PO #0012946	Approved Limit: $1,000.00			
Item #	Quantity	Part	Price	Amount
001	**2**	Guitars	@ 100.00	**200.00**
002	2	Trombones	@ 200.00	400.00
				Total: 600.00

Amanda添加长号，必须等待George完成工作Violins
被锁定

PO #0012932	Approved Limit: $1,850.00			
Item #	Quantity	Part	Price	Amount
001	3	Violins	@ 400.00	1,200.00
002	**2**	**Trombones**	**@ 200.00**	**400.00**
				Total: 1,600.00

Sam添加长号，必须等待George完成工作

PO #0013003	Approved Limit: $15,000.00			
Item #	Quantity	Part	Price	Amount
001	1	Piano	@1,000.00	1,000.00
002	**2**	**Trombones**	**@ 200.00**	**400.00**
				Total: 1,400.00

图6-9　过于谨慎的锁定会妨碍人们的工作

工作变得越来越麻烦，因为在Part上出现了很多争用的情况。这样就会发生图6-10中的结果：3个人都需要等待。

现在我们可以开始改进模型，在模型中加入以下业务知识。

(1) Part在很多PO中使用（会产生高竞争）。

(2) 对Part的修改少于对PO的修改。

(3) 对Price（价格）的修改不一定要传播到现有PO，它取决于修改价格时PO处于什么状态。

George添加小提琴，必须等待Amanda完成工作(!)

PO #0012946 Approved Limit: $1,000.00				
Item #	Quantity	Part	Price	Amount
001	**2**	Guitars	@ 100.00	**200.00**
002	2	Trombones	@ 200.00	400.00
003	**1**	**Violins**	**@ 400.00**	**400.00**
			Total:	1,000.00

133

图6-10   死锁

当考虑已经交货并存档的PO时，第三点尤为明显。它们显示的当然是填写时的价格，而不是当前价格。

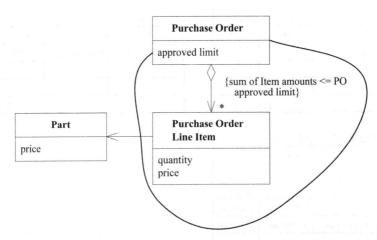

图6-11   price被复制到Line Item中，现在可以确保满足聚合的固定规则了

按照图6-11，这个模型得到的实现可以确保满足PO和采购项相关的固定规则，同时，修改部件的价格将不会立即影响引用部件的采购项。涉及面更广的规则可以通过其他方式来满足。例如，系统可以每天为用户列出价格过期的采购项，这样用户就可以决定是更新还是去掉采购项。但这并不是必须一直保持的固定规则。通过减少采购项对Part的依赖，可以避免争用，并且能够更好地反映出业务的现实情况。同时，加强PO与采购项之间的关系可以确保遵守这条重要的业务规则。

AGGREGATE强制了PO与采购项之间符合业务实际的所属关系。PO和采购项的创建及删除很自然地被联系在一起，而Part的创建和删除却是独立的。

134

※　※　※

AGGREGATE划分出一个范围，在这个范围内，生命周期的每个阶段都必须满足一些固定规则。接下来要讨论的两种模式FACTORY和REPOSITORY都是在AGGREGATE上执行操作，它们将特定生命周期转换的复杂性封装起来……

135

6.2　模式：FACTORY

当创建一个对象或创建整个AGGREGATE时，如果创建工作很复杂，或者暴露了过多的内部结构，则可以使用FACTORY进行封装。

※　※　※

对象的功能主要体现在其复杂的内部配置以及关联方面。我们应该一直对对象进行提炼，直到所有与其意义或在交互中的角色无关的内容被完全剔除为止。一个对象在它的生命周期中要承担大量职责。如果再让复杂对象负责自身的创建，那么职责过载将会导致问题。

汽车发动机是一种复杂的机械装置，它由数十个零件共同协作来履行发动机的职责——使轴转动。我们可以试着设计一种发动机组，让它自己抓取一组活塞并塞到汽缸中，火花塞也可以自己找到插孔并把自己拧进去。但这样组装的复杂机器可能没有我们常见的发动机那样可靠或高效。相反，我们用其他东西来装配发动机。或许是机械师，或者是工业机器人。无论是机器人还是人，实际上都比二者要装配的发动机复杂。装配零件的工作与使轴旋转的工作完全无关。只是在生产汽车时才需要装配工，我们驾驶时并不需要机器人或机械师。由于汽车的装配和驾驶永远

136

不会同时发生，因此将这两种功能合并到同一个机制中是毫无价值的。同理，装配复杂的复合对象的工作也最好与对象要执行的工作分开。

但将职责转交给另一个相关方——应用程序中的客户（client）对象——会产生更严重的问题。客户知道需要完成什么工作，并依靠领域对象来执行必要的计算。如果指望客户来装配它需要的领域对象，那么它必须要了解一些对象的内部结构。为了确保所有应用于领域对象各部分关系的固定规则得到满足，客户必须知道对象的一些规则。甚至调用构造函数也会使客户与所要构建的对象的具体类产生耦合。结果是，对领域对象实现所做的任何修改都要求客户做出相应修改，这使得重构变得更加困难。

当客户负责创建对象时，它会牵涉不必要的复杂性，并将其职责搞得模糊不清。这违背了领域对象及所创建的AGGREGATE的封装要求。更严重的是，如果客户是应用层的一部分，那么职责就会从领域层泄漏到应用层中。应用层与实现细节之间的这种耦合使得领域层抽象的大部分优势荡然无存，而且导致后续更改的代价变得更加高昂。

对象的创建本身可以是一个主要操作，但被创建的对象并不适合承担复杂的装配操作。将这些职责混在一起可能产生难以理解的拙劣设计。让客户直接负责创建对象又会使客户的设计陷入混乱，并且破坏被装配对象或AGGREGATE的封装，而且导致客户与被创建对象的实现之间产生过于紧密的耦合。

复杂的对象创建是领域层的职责，然而这项任务并不属于那些用于表示模型的对象。在有些情况下，对象的创建和装配对应于领域中的重要事件，如"开立银行账户"。但一般情况下，对象的创建和装配在领域中并没有什么意义，它们只不过是实现的一种需要。为了解决这一问题，我们必须在领域设计中增加一种新的构造，它不是ENTITY、VALUE OBJECT，也不是SERVICE。这与前一章的论述相违背，因此把它解释清楚很重要。我们正在向设计中添加一些新元素，但它们不对应于模型中的任何事物，而确实又承担领域层的部分职责。

每种面向对象的语言都提供了一种创建对象的机制（例如，Java和C++中的构造函数，Smalltalk中创建实例的类方法），但我们仍然需要一种更加抽象且不与其他对象发生耦合的构造机制。这就是FACTORY，它是一种负责创建其他对象的程序元素。如图6-12所示。

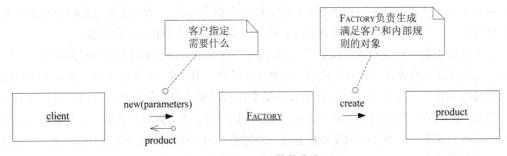

图6-12　与FACTORY的基本交互

正如对象的接口应该封装对象的实现一样（从而使客户无需知道对象的工作机理就可以使用对象的功能），FACTORY封装了创建复杂对象或AGGREGATE所需的知识。它提供了反映客户目标的接口，以及被创建对象的抽象视图。

因此：

应该将创建复杂对象的实例和AGGREGATE的职责转移给单独的对象，这个对象本身可能没有承担领域模型中的职责，但它仍是领域设计的一部分。提供一个封装所有复杂装配操作的接口，而且这个接口不需要客户引用要被实例化的对象的具体类。在创建AGGREGATE时要把它作为一个整体，并确保它满足固定规则。

✳　✳　✳

138

FACTORY有很多种设计方式。[Gamma et al. 1995]中详尽论述了几种特定目的的创建模式，包括FACTORY METHOD（工厂方法）、ABSTRACT FACTORY（抽象工厂）和BUILDER（构建器）。该书主要研究了适用于最复杂的对象构造问题的模式。本书的重点并不是深入讨论FACTORY的设计问题，而是要表明FACTORY的重要地位——它是领域设计的重要组件。正确使用FACTORY有助于保证MODEL-DRIVEN DESIGN沿正确的轨道前进。

任何好的工厂都需满足以下两个基本需求。

(1) 每个创建方法都是原子的，而且要保证被创建对象或AGGREGATE的所有固定规则。FACTORY生成的对象要处于一致的状态。在生成ENTITY时，这意味着创建满足所有固定规则的整个AGGREGATE，但在创建完成后可以向聚合添加可选元素。在创建不变的VALUE OBJECT时，这意味着所有属性必须被初始化为正确的最终状态。如果FACTORY通过其接口收到了一个创建对象的请求，而它又无法正确地创建出这个对象，那么它应该抛出一个异常，或者采用其他机制，以确保不会返回错误的值。

(2) FACTORY应该被抽象为所需的类型，而不是所要创建的具体类。[Gamma et al. 1995]中的高级FACTORY模式介绍了这一话题。

6.2.1　选择FACTORY及其应用位置

一般来说，FACTORY的作用是隐藏创建对象的细节，而且我们把FACTORY用在那些需要隐藏细节的地方。这些决定通常与AGGREGATE有关。

例如，如果需要向一个已存在的AGGREGATE添加元素，可以在AGGREGATE的根上创建一个FACTORY METHOD。这样就可以把AGGREGATE的内部实现细节隐藏起来，使任何外部客户看不到这些细节，同时使根负责确保AGGREGATE在添加元素时的完整性，如图6-13所示。

另一个示例是在一个对象上使用FACTORY METHOD，这个对象与生成另一个对象密切相关，但它并不拥有所生成的对象。当一个对象的创建主要使用另一个对象的数据（或许还有规则）时，则可以在后者的对象上创建一个FACTORY METHOD，这样就不必将后者的信息提取到其他地方来

139　创建前者。这样做还有利于表达前者与后者之间的关系。

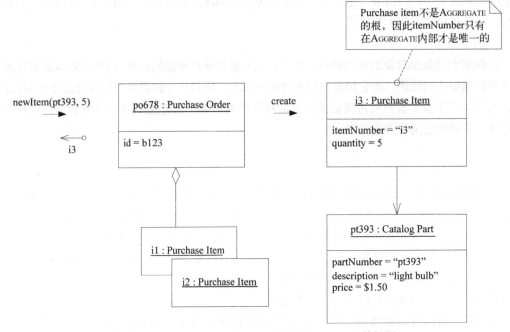

图6-13　一个FACTORY METHOD封装了AGGREGATE的扩展

在图6-14中，Trade Order不属于Brokerage Account所在的AGGREGATE，因为它从一开始就与交易执行应用程序进行交互，所以把它放在Brokerage Account中只会碍事。尽管如此，让Brokerage Account负责控制Trade Order的创建却是很自然的事情。Brokerage Account含有会被嵌入到Trade Order中的信息（从自己的标识开始），而且它还包含与交易相关的规则——这些规则控制了哪些交易是允许的。隐藏Trade Order的实现细节还会带来一些其他好处。例如，我们可以将它重构为一个层次结构，分别为Buy Order和Sell Order创建一些子类。FACTORY可以避免客户与具体类之间产生耦合。

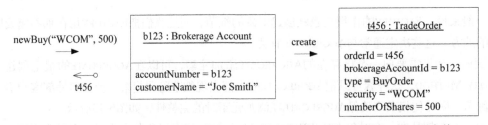

图6-14　FACTORY METHOD生成一个ENTITY，但这个ENTITY并不属于FACTORY所在的
AGGREGATE

FACTORY与被构建对象之间是紧密耦合的，因此FACTORY应该只被关联到与被构建对象有着密切联系的对象上。当有些细节需要隐藏（无论要隐藏的是具体实现还是构造的复杂性）而又找不到合适的地方来隐藏它们时，必须创建一个专用的FACTORY对象或SERVICE。整个AGGREGATE通常由一个独立的FACTORY来创建，FACTORY负责把对根的引用传递出去，并确保创建出的AGGREGATE满足固定规则。如果AGGREGATE内部的某个对象需要一个FACTORY，而这个FACTORY又不适合在AGGREGATE根上创建，那么应该构建一个独立的FACTORY。但仍应遵守规则——把访问限制在AGGREGATE内部，并确保从AGGREGATE外部只能对被构建对象进行临时引用，如图6-15所示。

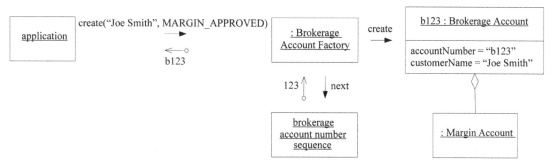

图6-15　由一个独立的FACTORY来构建AGGREGATE

6.2.2　有些情况下只需使用构造函数

我曾经在很多代码中看到所有实例都是通过直接调用类构造函数来创建的，或者是使用编程语言的最基本的实例创建方式。FACTORY的引入提供了巨大的优势，而这种优势往往并未得到充分利用。但是，在有些情况下直接使用构造函数确实是最佳选择。FACTORY实际上会使那些不具有多态性的简单对象复杂化。

在以下情况下最好使用简单的、公共的构造函数。

- 类（class）是一种类型（type）。它不是任何相关层次结构的一部分，而且也没有通过接口实现多态性。
- 客户关心的是实现，可能是将其作为选择STRATEGY的一种方式。
- 客户可以访问对象的所有属性，因此向客户公开的构造函数中没有嵌套的对象创建。
- 构造并不复杂。
- 公共构造函数必须遵守与FACTORY相同的规则：它必须是原子操作，而且要满足被创建对象的所有固定规则。

不要在构造函数中调用其他类的构造函数。构造函数应该保持绝对简单。复杂的装配，特别是AGGREGATE，需要使用FACTORY。使用FACTORY METHOD的门槛并不高。

Java类库提供了一些有趣的例子。所有集合都实现了接口，接口使得客户与具体实现之间不产生耦合。然而，它们都是通过直接调用构造函数创建的。但是，集合类本来是可以使用FACTORY

来封装集合的层次结构的。而且，客户也可以使用FACTORY的方法来请求所需的特性，然后由FACTORY来选择适当的类来实例化。这样一来，创建集合的代码就会有更强的表达力，而且新增集合类时不会破坏现有的Java程序。

但在某些场合下使用具体的构造函数更为合适。首先，在很多应用程序中，实现方式的选择对性能的影响是非常敏感的，因此应用程序需要控制选择哪种实现（尽管如此，真正智能的FACTORY仍然可以满足这些因素的要求）。不管怎样，集合类的数量并不多，因此选择并不复杂。

虽然没有使用FACTORY，但抽象集合类型仍然具有一定价值，原因就在于它们的使用模式。集合通常都是在一个地方创建，而在其他地方使用。这意味着最终使用集合（添加、删除和检索其内容）的客户仍可以与接口进行对话，从而不与实现发生耦合。集合类的选择通常由拥有该集合的对象来决定，或是由该对象的FACTORY来决定。

[142]

6.2.3　接口的设计

当设计FACTORY的方法签名时，无论是独立的FACTORY还是FACTORY METHOD，都要记住以下两点。

- ❏ 每个操作都必须是原子的。我们必须在与FACTORY的一次交互中把创建对象所需的所有信息传递给FACTORY。同时必须确定当创建失败时将执行什么操作，比如某些固定规则没有被满足。可以抛出一个异常或仅仅返回null。为了保持一致，可以考虑采用编码标准来处理所有FACTORY的失败。
- ❏ Factory将与其参数发生耦合。如果在选择输入参数时不小心，可能会产生错综复杂的依赖关系。耦合程度取决于对参数（argument）的处理。如果只是简单地将参数插入到要构建的对象中，则依赖度是适中的。如果从参数中选出一部分在构造对象时使用，耦合将更紧密。

最安全的参数是那些来自较低设计层的参数。即使在同一层中，也有一种自然的分层倾向，其中更基本的对象被更高层的对象使用（第10章将从不同方面讨论这样的分层，第16章也会论述这个问题）。

另一个好的参数选择是模型中与被构建对象密切相关的对象，这样不会增加新的依赖。在前面的Purchase Order Item示例中，FACTORY METHOD将Catalog Part作为一个参数，它是Item的一个重要的关联。这在Purchase Order类和Part之间增加了直接依赖。但这3个对象组成了一个关系密切的概念小组。不管怎样，Purchase Order的AGGREGATE已经引用了Part。因此将控制权交给AGGREGATE根，并封装AGGREGATE的内部结构是一个不错的折中选择。

使用抽象类型的参数，而不是它们的具体类。FACTORY与被构建对象的具体类发生耦合，而无需与具体的参数发生耦合。

[143]

6.2.4　固定规则的相关逻辑应放置在哪里

FACTORY负责确保它所创建的对象或AGGREGATE满足所有固定规则，然而在把应用于一个对象的规则移到该对象外部之前应三思。FACTORY可以将固定规则的检查工作委派给被创建对象，而且这通常是最佳选择。

但FACTORY与被创建对象之间存在一种特殊关系。FACTORY已经知道被创建对象的内部结构，而且创建FACTORY的目的与被创建对象的实现有着密切的联系。在某些情况下，把固定规则的相关逻辑放到FACTORY中是有好处的，这样可以让被创建对象的职责更明晰。对于AGGREGATE规则来说尤其如此（这些规则会约束很多对象）。但固定规则的相关逻辑却特别不适合放到那些与其他领域对象关联的FACTORY METHOD中。

虽然原则上在每个操作结束时都应该应用固定规则，但通常对象所允许的转换可能永远也不会用到这些规则。可能ENTITY标识属性的赋值需要满足一条固定规则。但该标识在创建后可能一直保持不变。VALUE OBJECT则是完全不变的。如果逻辑在对象的有效生命周期内永远也不被用到，那么对象就没有必要携带这个逻辑。在这种情况下，FACTORY是放置固定规则的合适地方，这样可以使FACTORY创建出的对象更简单。

6.2.5　ENTITY FACTORY与VALUE OBJECT FACTORY

ENTITY FACTORY与VALUE OBJECT FACTORY有两个方面的不同。由于VALUE OBJECT是不可变的，因此，FACTORY所生成的对象就是最终形式。因此FACTORY操作必须得到被创建对象的完整描述。而ENTITY FACTORY则只需具有构造有效AGGREGATE所需的那些属性。对于固定规则不关心的细节，可以之后再添加。

我们来看一下为ENTITY分配标识时将涉及的问题（VALUE OBJECT不会涉及这些问题）。正如第5章所指出的那样，既可以由程序自动分配一个标识符，也可以通过外部（通常是用户）提供一个标识符。如果客户的标识是通过电话号码跟踪的，那么该电话号码必须作为参数被显式地传递给FACTORY。当由程序分配标识符时，FACTORY是控制它的理想场所。尽管唯一跟踪ID实际上是由数据库"序列"或其他基础设施机制生成的，但FACTORY知道需要什么样的标识，以及将标识放到何处。

6.2.6　重建已存储的对象

到目前为止，FACTORY只是发挥了它在对象生命周期开始时的作用。到了某一时刻，大部分对象都要存储在数据库中或通过网络传输，而在当前的数据库技术中，几乎没有哪种技术能够保持对象的内容特征。大多数传输方法都要将对象转换为平面数据才能传输，这使得对象只能以非常有限的形式出现。因此，检索操作潜在地需要一个复杂的过程将各个部分重新装配成一个可用的对象。

用于重建对象的FACTORY与用于创建对象的FACTORY很类似，主要有以下两点不同。

(1)用于重建对象的ENTITY FACTORY不分配新的跟踪ID。如果重新分配ID，将丢失与先前对象的连续性。因此，在重建对象的FACTORY中，标识属性必须是输入参数的一部分。

（2）当固定规则未被满足时，重建对象的FACTORY采用不同的方式进行处理。当创建新对象时，如果未满足固定规则，FACTORY应该简单地拒绝创建对象，但在重建对象时则需要更灵活的响应。如果对象已经在系统的某个地方存在（如在数据库中），那么不能忽略这个事实。但是，同样也不能任凭规则被破坏。必须通过某种策略来修复这种不一致的情况，这使得重建对象比创建新对象更困难。

图6-16和图6-17显示了两种重建。当从数据库中重建对象时，对象映射技术就可以提供部分或全部所需服务，这是非常便利的。当从其他介质重建对象时，如果出现复杂情况，FACTORY是个很好的选择。

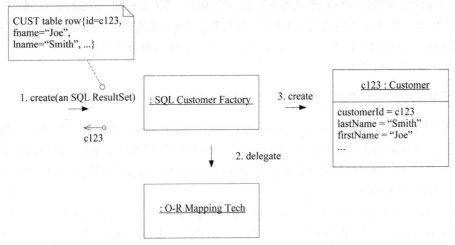

图6-16   从关系数据库中检索一个ENTITY并重建它

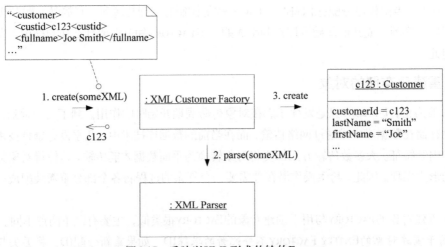

图6-17   重建以XML形式传输的ENTITY

　　总之，必须把创建实例的访问点标识出来，并显式地定义它们的范围。它们可能只是构造函数，但通常需要有一种更抽象或更复杂的实例创建机制。为了满足这种需求，需要在设计中引入新的构造——FACTORY。FACTORY通常不表示模型的任何部分，但它们是领域设计的一部分，能够使对象更明确地表示出模型。

　　FACTORY封装了对象创建和重建时的生命周期转换。还有一种转换大大增加了领域设计的技术复杂性，这是对象与存储之间的互相转换。这种转换由另一种领域设计构造来处理，它就是REPOSITORY。

145
~
146

6.3　模式：REPOSITORY

　　我们可以通过对象之间的关联来找到对象。但当它处于生命周期的中间时，必须要有一个起点，以便从这个起点遍历到一个ENTITY或VALUE。

※　※　※

　　无论要用对象执行什么操作，都需要保持一个对它的引用。那么如何获得这个引用呢？一种方法是创建对象，因为创建操作将返回对新对象的引用。第二种方法是遍历关联。我们以一个已知对象作为起点，并向它请求一个关联的对象。这样的操作在任何面向对象的程序中都会大量用到，而且对象之间的这些链接使对象模型具有更强的表达能力。但我们必须首先获得作为起点的那个对象。

实际上，我曾经遇到过一个项目，团队成员对MODEL-DRIVEN DESIGN怀有极大的热情，因而试图通过创建对象或遍历对象的方法来访问所有对象。他们的对象存储在对象数据库中，而且他们推断出已有的概念关系将提供所有必要的关联。他们只需完成充分的分析工作，以便使整个领域满足内聚的要求。这种自己强加的限制导致他们创建出的模型错综复杂，而前几章我们一直试图通过仔细地实现ENTITY和应用AGGREGATE来避免这种复杂性。这种策略并没有坚持多长时间，但团队成员也一直没有用一种更有条理的方法来取代它。他们临时拼凑了一些解决方案，并放弃了最初的宏伟抱负。

想到这种方法的人并不多，尝试它的人就更少了，因为人们将大部分对象存储在关系数据库中。这种存储技术使人们自然而然地使用第三种获取引用的方式——基于对象的属性，执行查询来找到对象；或者是找到对象的组成部分，然后重建它。

数据库搜索是全局可访问的，它使我们可以直接访问任何对象。由此，所有对象不需要相互联接起来，整个对象关系网就能够保持在可控的范围内。是提供遍历还是依靠搜索，这成为一个设计决策，需要在搜索的解耦与关联的内聚之间做出权衡。Customer对象应该保持该客户所有已订的Order吗？应该通过Customer ID字段在数据库中查找Order吗？恰当地结合搜索与关联将会得到易于理解的设计。

遗憾的是，开发人员一般不会过多地考虑这种精细的设计，因为他们满脑子都是需要用到的机制，以便很有技巧地利用它们来实现对象的存储、取回和最终删除。

现在，从技术的观点来看，检索已存储对象实际上属于创建对象的范畴，因为从数据库中检索出来的数据要被用来组装新的对象。实际上，由于需要经常编写这样的代码，我们对此形成了根深蒂固的观念。但从概念上讲，对象检索发生在ENTITY生命周期的中间。不能只是因为我们将Customer对象保存在数据库中，而后把它检索出来，这个Customer就代表了一个新客户。为了记住这个区别，我把使用已存储的数据创建实例的过程称为重建。

领域驱动设计的目标是通过关注领域模型（而不是技术）来创建更好的软件。假设开发人员构造了一个SQL查询，并将它传递给基础设施层中的某个查询服务，然后再根据得到的表行数据的结果集提取出所需信息，最后将这些信息传递给构造函数或FACTORY。开发人员执行这一连串操作的时候，早已不再把模型当作重点了。我们很自然地会把对象看作容器来放置查询出来的数据，这样整个设计就转向了数据处理风格。虽然具体的技术细节有所不同，但问题仍然存在——客户处理的是技术，而不是模型概念。诸如METADATA MAPPING LAYER[Fowler 2002]这样的基础设施可以提供很大帮助，利用它很容易将查询结果转换为对象，但开发人员考虑的仍然是技术机制，而不是领域。更糟的是，当客户代码直接使用数据库时，开发人员会试图绕过模型的功能（如AGGREGATE，甚至是对象封装），而直接获取和操作他们所需的数据。这将导致越来越多的领域规则被嵌入到查询代码中，或者干脆丢失了。虽然对象数据库消除了转换问题，但搜索机制还是很机械的，开发人员仍倾向于要什么就去拿什么。

　　客户需要一种有效的方式来获取对已存在的领域对象的引用。如果基础设施提供了这方面的便利，那么开发人员可能会增加很多可遍历的关联，这会使模型变得非常混乱。另一方面，开发人员可能使用查询从数据库中提取他们所需的数据，或是直接提取具体的对象，而不是通过 AGGREGATE 的根来得到这些对象。这样就导致领域逻辑进入查询和客户代码中，而 ENTITY 和 VALUE OBJECT 则变成单纯的数据容器。采用大多数处理数据库访问的技术复杂性很快就会使客户代码变得混乱，这将导致开发人员简化领域层，最终使模型变得无关紧要。

　　根据到目前为止所讨论的设计原则，如果我们找到一种访问方法，它能够明确地将模型作为焦点，从而应用这些原则，那么我们就可以在某种程度上缩小对象访问问题的范围，。初学者可以不必关心临时对象。临时对象（通常是 VALUE OBJECT）只存在很短的时间，在客户操作中用到它们时才创建它们，用完就删除了。我们也不需要对那些很容易通过遍历来找到的持久对象进行查询访问。例如，地址可以通过 Person 对象获取。而且最重要的是，除了通过根来遍历查找对象这种方法以外，禁止用其他方法对 AGGREGATE 内部的任何对象进行访问。

　　持久化的 VALUE OBJECT 一般可以通过遍历某个 ENTITY 来找到，在这里 ENTITY 就是把对象封装在一起的 AGGREGATE 的根。事实上，对 VALUE 的全局搜索访问常常是没有意义的，因为通过属性找到 VALUE OBJECT 相当于用这些属性创建一个新实例。但也有例外情况。例如，当我在线规划旅行线路时，有时会先保存几个中意的行程，过后再回头从中选择一个来预订。这些行程就是 VALUE（如果两个行程由相同的航班构成，那么我不会关心哪个是哪个），但它们已经与我的用户名关联到一起了，而且可以原封不动地将它们检索出来。另一个例子是"枚举"，在枚举中一个类型有一组严格限定的、预定义的可能值。但是，对 VALUE OBJECT 的全局访问比对 ENTITY 的全局访问更少见，如果确实需要在数据库中搜索一个已存在的 VALUE，那么值得考虑一下，搜索结果可能实际上是一个 ENTITY，只是尚未识别它的标识。

　　从上面的讨论显然可以看出，大多数对象都不应该通过全局搜索来访问。如果很容易就能从设计中看出那些确实需要全局搜索访问的对象，那该有多好！

　　现在可以更精确地将问题重新表述如下：

　　在所有持久化对象中，有一小部分必须通过基于对象属性的搜索来全局访问。当很难通过遍历方式来访问某些 AGGREGATE 根的时候，就需要使用这种访问方式。它们通常是 ENTITY，有时是具有复杂内部结构的 VALUE OBJECT，还可能是枚举 VALUE。而其他对象则不宜使用这种访问方式，因为这会混淆它们之间的重要区别。随意的数据库查询会破坏领域对象的封装和 AGGREGATE。技术基础设施和数据库访问机制的暴露会增加客户的复杂度，并妨碍模型驱动的设计。

　　有大量的技术可以用来解决数据库访问的技术难题，例如，将 SQL 封装到 QUERY OBJECT 中，或利用 METADATA MAPPING LAYER 进行对象和表之间的转换[Fowler 2002]。FACTORY 可以帮助重建那些已存储的对象（本章后面将会讨论）。这些技术和很多其他技术有助于控制数据库访问的复杂度。

有得必有失，我们应该注意失去了什么。我们已经不再考虑领域模型中的概念。代码也不再表达业务，而是对数据库检索技术进行操纵。REPOSITORY是一个简单的概念框架，它可用来封装这些解决方案，并将我们的注意力重新拉回到模型上。

REPOSITORY将某种类型的所有对象表示为一个概念集合（通常是模拟的）。它的行为类似于集合（collection），只是具有更复杂的查询功能。在添加或删除相应类型的对象时，REPOSITORY的后台机制负责将对象添加到数据库中，或从数据库中删除对象。这个定义将一组紧密相关的职责集中在一起，这些职责提供了对AGGREGATE根的整个生命周期的全程访问。

客户使用查询方法向REPOSITORY请求对象，这些查询方法根据客户所指定的条件（通常是特定属性的值）来挑选对象。REPOSITORY检索被请求的对象，并封装数据库查询和元数据映射机制。REPOSITORY可以根据客户所要求的各种条件来挑选对象。它们也可以返回汇总信息，如有多少个实例满足查询条件。REPOSITORY甚至能返回汇总计算，如所有匹配对象的某个数值属性的总和，如图6-18所示。

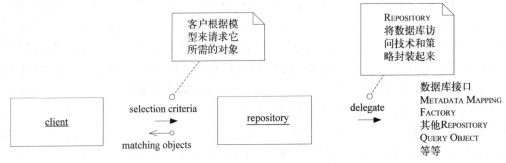

图6-18   REPOSITORY为客户执行一个搜索

REPOSITORY解除了客户的巨大负担，使客户只需与一个简单的、易于理解的接口进行对话，并根据模型向这个接口提出它的请求。要实现所有这些功能需要大量复杂的技术基础设施，但接口很简单，而且在概念层次上与领域模型紧密联系在一起。

因此：

为每种需要全局访问的对象类型创建一个对象，这个对象相当于该类型的所有对象在内存中的一个集合的"替身"。通过一个众所周知的全局接口来提供访问。提供添加和删除对象的方法，用这些方法来封装在数据存储中实际插入或删除数据的操作。提供根据具体条件来挑选对象的方法，并返回属性值满足查询条件的对象或对象集合（所返回的对象是完全实例化的），从而将实际的存储和查询技术封装起来。只为那些确实需要直接访问的AGGREGATE根提供REPOSITORY。让客户始终聚焦于模型，而将所有对象的存储和访问操作交给REPOSITORY来完成。

＊   ＊   ＊

REPOSITORY有很多优点，包括：

- □ 它们为客户提供了一个简单的模型，可用来获取持久化对象并管理它们的生命周期；
- □ 它们使应用程序和领域设计与持久化技术（多种数据库策略甚至是多个数据源）解耦；
- □ 它们体现了有关对象访问的设计决策；
- □ 可以很容易将它们替换为"哑实现"（dummy implementation），以便在测试中使用（通常使用内存中的集合）。

6.3.1　REPOSITORY的查询

所有REPOSITORY都为客户提供了根据某种条件来查询对象的方法,但如何设计这个接口却有很多选择。

最容易构建的REPOSITORY用硬编码的方式来实现一些具有特定参数的查询。这些查询可以形式各异，例如，通过标识来检索ENTITY（几乎所有REPOSITORY都提供了这种查询）、通过某个特定属性值或复杂的参数组合来请求一个对象集合、根据值域（如日期范围）来选择对象，甚至可以执行某些属于REPOSITORY一般职责范围内的计算（特别是利用那些底层数据库所支持的操作）。如图6-19所示。

尽管大多数查询都返回一个对象或对象集合，但返回某些类型的汇总计算也符合REPOSITORY的概念，如对象数目，或模型需要对某个数值属性进行求和统计。

图6-19　在简单REPOSITORY中进行的硬编码查询

在任何基础设施上，都可以构建硬编码式的查询，也不需要很大的投入，因为即使它们不做这些事，有些客户也必须要做。

在一些需要执行大量查询的项目上，可以构建一个支持更灵活查询的REPOSITORY框架。如图6-20所示。这要求开发人员熟悉必要的技术，而且一个支持性的基础设施会提供巨大的帮助。

基于SPECIFICATION（规格）的查询是将REPOSITORY通用化的好办法。客户可以使用规格来描述（也就是指定）它需要什么，而不必关心如何获得结果。在这个过程中，可以创建一个对象来实际执行筛选操作。第9章将深入讨论这种模式。

基于SPECIFICATION的查询是一种优雅且灵活的查询方法。根据所用的基础设施的不同，它可能易于实现，也可能极为复杂。Rob Mee和Edward Hieatt在[Fowler 2002]一书中探讨了设计这样的REPOSITORY时所涉及的更多技术问题。

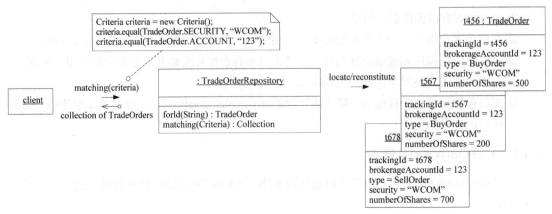

图6-20   在一个复杂的REPOSITORY中，用一种灵活的、声明式的SPECIFICATION来表述一
个搜索条件

即使一个REPOSITORY的设计采取了灵活的查询方式，也应该允许添加专门的硬编码查询。
这些查询作为便捷的方法，可以封装常用查询或不返回对象（如返回的是选中对象的汇总计
算）的查询。不支持这些特殊查询方式的框架有可能会扭曲领域设计，或是干脆被开发人员
弃之不用。

6.3.2   客户代码可以忽略REPOSITORY的实现，但开发人员不能忽略

持久化技术的封装可以使得客户变得十分简单，并且使客户与REPOSITORY的实现之间完全解
耦。但像一般的封装一样，开发人员必须知道在封装背后都发生了什么事情。在使用REPOSITORY
时，不同的使用方式或工作方式可能会对性能产生极大的影响。

Kyle Brown曾告诉过我他的一段经历，有一次他被请去解决一个基于WebSphere的制造业应
用程序的问题，当时这个程序正向生产环境部署。系统在运行几小时后会莫名其妙地耗尽内存。
Kyle在检查代码后发现了原因：在某一时刻，系统需要将工厂中每件产品的信息汇总到一起。开
发人员使用了一个名为all objects（所有对象）的查询来进行汇总，这个操作对每个对象进行实例
化，然后选择他们所需的数据。这段代码的结果是一次性将整个数据库装入内存中！这个问题在
测试中并未发现，原因是测试数据较少。

这是一个明显的禁忌，而一些更不容易注意到的疏忽可能会产生同样严重的问题。开发人员
需要理解使用封装行为的隐含问题，但这并不意味着要熟悉实现的每个细节。设计良好的组件是
有显著特征的（这是第10章的重点之一）。

正如第5章所讨论的那样，底层技术可能会限制我们的建模选择。例如，关系数据库可能对
复合对象结构的深度有实际的限制。同样，开发人员要获得REPOSITORY的使用及其查询实现之间
的双向反馈。

6.3.3　REPOSITORY的实现

根据所使用的持久化技术和基础设施不同，REPOSITORY的实现也将有很大的变化。理想的实现是向客户隐藏所有内部工作细节（尽管不向客户的开发人员隐藏这些细节），这样不管数据是存储在对象数据库中，还是存储在关系数据库中，或是简单地保持在内存中，客户代码都相同。REPOSITORY将会委托相应的基础设施服务来完成工作。将存储、检索和查询机制封装起来是REPOSITORY实现的最基本的特性，如图6-21所示。

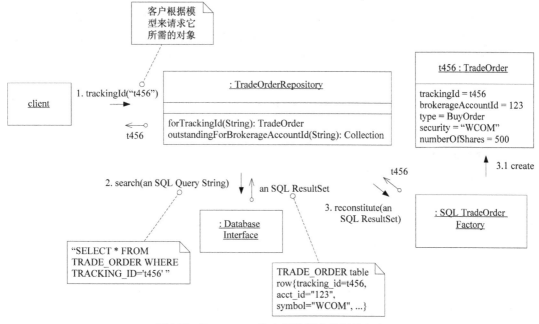

图6-21　REPOSITORY将底层数据存储封装起来

REPOSITORY概念在很多情况下都适用。可能的实现方法有很多，这里只能列出如下一些需要谨记的注意事项。

- ❑ 对类型进行抽象。REPOSITORY "含有" 特定类型的所有实例，但这并不意味着每个类都需要有一个REPOSITORY。类型可以是一个层次结构中的抽象超类（例如，TradeOrder可以是BuyOrder或SellOrder）。类型可以是一个接口——接口的实现者并没有层次结构上的关联，也可以是一个具体类。记住，由于数据库技术缺乏这样的多态性质，因此我们将面临很多约束。

- ❑ 充分利用与客户解耦的优点。我们可以很容易地更改REPOSITORY的实现，但如果客户直接调用底层机制，我们就很难修改其实现。也可以利用解耦来优化性能，因为这样就可以使用不同的查询技术，或在内存中缓存对象，可以随时自由地切换持久化策略。通过提供一个易于操纵的、内存中的（in-memory）哑实现，还能够方便客户代码和领域对象的测试。

□ 将事务的控制权留给客户。尽管REPOSITORY会执行数据库的插入和删除操作，但它通常不会提交事务。例如，保存数据后紧接着就提交似乎是很自然的事情，但想必只有客户才有上下文，从而能够正确地初始化和提交工作单元。如果REPOSITORY不插手事务控制，那么事务管理就会简单得多。

通常，项目团队会在基础设施层中添加框架，用来支持REPOSITORY的实现。REPOSITORY超类除了与较低层的基础设施组件进行协作以外，还可以实现一些基本查询，特别是要实现的灵活查询时。遗憾的是，对于类似Java这样的类型系统，这种方法会使返回的对象只能是Object类型，而让客户将它们转换为REPOSITORY含有的类型。当然，如果在Java中查询所返回的对象是集合时，客户不管怎样都要执行这样的转换。

有关实现REPOSITORY的更多指导和一些支持性技术模式（如QUERY OBJECT）可以在 [Fowler 2002] 一书中找到。

6.3.4   在框架内工作

在实现REPOSITORY这样的构造之前，需要认真思考所使用的基础设施，特别是架构框架。这些框架可能提供了一些可用来轻松创建REPOSITORY的服务，但也可能会妨碍创建REPOSITORY的工作。我们可能会发现架构框架已经定义了一种用来获取持久化对象的等效模式，也有可能定义了一种与REPOSITORY完全不同的模式。

例如，你的项目可能会使用J2EE。看看这个框架与MODEL-DRIVEN DESIGN的模式之间有哪些概念上近似的地方（记住，实体bean与ENTITY不是一回事），你可能会把实体bean和AGGREGATE根当作一对类似的概念。在J2EE框架中，负责对这些对象进行访问的构造是EJB Home。但如果把EJB Home装饰成REPOSITORY的样子可能会导致其他问题。

一般来讲，在使用框架时要顺其自然。当框架无法切合时，要想办法在大方向上保持领域驱动设计的基本原理，而一些不符的细节则不必过分苛求。寻求领域驱动设计的概念与框架中的概念之间的相似性。这里的假设是除了使用指定框架之外没有别的选择。很多J2EE项目根本不使用实体bean。如果可以自由选择，那么应该选择与你所使用的设计风格相协调的框架或框架中的一些部分。

6.3.5   REPOSITORY与FACTORY的关系

FACTORY负责处理对象生命周期的开始，而REPOSITORY帮助管理生命周期的中间和结束。当对象驻留在内存中或存储在对象数据库中时，这是很好理解的。但通常至少有一部分对象存储在关系数据库、文件或其他非面向对象的系统中。在这些情况下，检索出来的数据必须被重建为对象形式。

　　由于在这种情况下REPOSITORY基于数据来创建对象，因此很多人认为REPOSITORY就是FACTORY，而从技术角度来看的确如此。但我们最好还是从模型的角度来看待这一问题，前面讲过，重建一个已存储的对象并不是创建一个新的概念对象。从领域驱动设计的角度来看，FACTORY和REPOSITORY具有完全不同的职责。FACTORY负责制造新对象，而REPOSITORY负责查找已有对象。REPOSITORY应该让客户感觉到那些对象就好像驻留在内存中一样。对象可能必须被重建（的确，可能会创建一个新实例），但它是同一个概念对象，仍旧处于生命周期的中间。

157

　　REPOSITORY也可以委托FACTORY来创建一个对象，这种方法（虽然实际很少这样做，但在理论上是可行的）可用于从头开始创建对象，此时就没有必要区分这两种看问题的角度了，如图6-22所示。

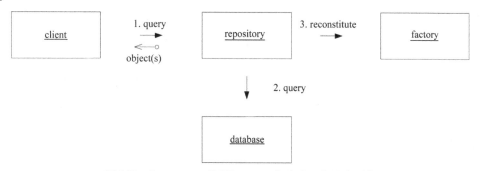

图6-22　REPOSITORY使用FACTORY来重建一个已有对象

　　这种职责上的明确区分还有助于FACTORY摆脱所有持久化职责。FACTORY的工作是用数据来实例化一个可能很复杂的对象。如果产品是一个新对象，那么客户将知道在创建完成之后应该把它添加到REPOSITORY中，由REPOSITORY来封装对象在数据库中的存储，如图6-23所示。

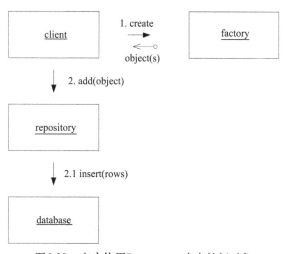

图6-23　客户使用REPOSITORY来存储新对象

另一种情况促使人们将FACTORY和REPOSITORY结合起来使用，这就是想要实现一种"查找或创建"功能，即客户描述它所需的对象，如果找不到这样的对象，则为客户新创建一个。我们最好不要追求这种功能，它不会带来多少方便。当将ENTITY和VALUE OBJECT区分开时，很多看上去有用的功能就不复存在了。需要VALUE OBJECT的客户可以直接请求FACTORY来创建一个。通常，在领域中将新对象和原有对象区分开是很重要的，而将它们组合在一起的框架实际上只会使局面变得混乱。

6.4   为关系数据库设计对象

在以面向对象技术为主的软件系统中，最常用的非对象组件就是关系数据库。这种现状产生了混合使用范式的常见问题（参见第5章）。但与大部分其他组件相比，数据库与对象模型的关系要紧密得多。数据库不仅仅与对象进行交互，而且它还把构成对象的数据存储为持久化形式。已经有大量的文献对于如何将对象映射到关系表以及如何有效存储和检索它们这样的技术挑战进行了讨论。最近的一篇讨论可参见[Fowler 2002]一书。有一些相当完善的工具可用来创建和管理它们之间的映射。除了技术上的难点以外，这种不匹配可能对对象模型产生很大的影响。

有3种常见情况：

(1) 数据库是对象的主要存储库；

(2) 数据库是为另一个系统设计的；

(3) 数据库是为这个系统设计的，但它的任务不是用于存储对象。

如果数据库模式（database schema）是专门为对象存储而设计的，那么接受模型的一些限制是值得的，这样可以让映射变得简单一点。如果在数据库模式设计上没有其他的要求，那么可以精心设计数据库结构，以便使得在更新数据时能更安全地保证聚合的完整性，并使数据更新变得更加高效。从技术上来看，关系表的设计不必反映出领域模型。映射工具已经非常完善了，足以消除二者之间的巨大差别。问题在于多个重叠的模型过于复杂了。MODEL-DRIVEN DESIGN的很多关于避免将分析和设计模型分开的观点，也同样适用于这种不匹配问题。这确实会牺牲一些对象模型的丰富性，而且有时必须在数据库设计中做出一些折中（如有些地方不能规范化）。但如果不做这些牺牲就会冒另一种风险，那就是模型与实现之间失去了紧密的耦合。这种方法并不要必须使用一种简单的、一个对象/一个表的映射。依靠映射工具的功能，可以实现一些聚合或对象的组合。但至关重要的是：映射要保持透明，并易于理解——能够通过审查代码或阅读映射工具中的条目就搞明白。

❑ 当数据库被视作对象存储时，数据模型与对象模型的差别不应太大（不管映射工具有多么强大的功能）。可以牺牲一些对象关系的丰富性，以保证它与关系模型的紧密关联。如果有助于简化对象映射的话，不妨牺牲某些正式的关系标准（如规范化）。

❑ 对象系统外部的过程不应该访问这样的对象存储。它们可能会破坏对象必须满足的固定规则。此外，它们的访问将会锁定数据模型，这样使得在重构对象时很难修改模型。

另一方面，很多情况下数据是来自遗留系统或外部系统的，而这些系统从来没打算被用作对象的存储。在这种情况下，同一个系统中就会有两个领域模型共存。第14章将深入讨论这个问题。或许与另一个系统中隐含的模型保持一致有一定的道理，也可能更好的方法是使这两个模型完全不同。

允许例外情况的另一个原因是性能。为了解决执行速度的问题，有时可能需要对设计做出一些非常规的修改。

但大多数情况下关系数据库是面向对象领域中的持久化存储形式，因此简单的对应关系才是最好的。表中的一行应该包含一个对象，也可能还包含AGGREGATE中的一些附属项。表中的外键应该转换为对另一个ENTITY对象的引用。有时我们不得不违背这种简单的对应关系，但不应该由此就全盘放弃简单映射的原则。

UBIQUITOUS LANGUAGE可能有助于将对象和关系组件联系起来，使之成为单一的模型。对象中的元素的名称和关联应该严格地对应于关系表中相应的项。尽管有些功能强大的映射工具使这看上去有些多此一举，但关系中的微小差别可能引发很多混乱。

对象世界中越来越盛行的重构实际上并没有对关系数据库设计造成多大的影响。此外，一些严重的数据迁移问题也使人们不愿意对数据库进行频繁的修改。这可能会阻碍对象模型的重构，但如果对象模型和数据库模型开始背离，那么很快就会失去透明性。

最后，有些原因使我们不得不使用与对象模型完全不同的数据库模式，即使数据库是专门为我们的系统创建的。数据库也有可能被其他一些不对对象进行实例化的软件使用。即使当对象的行为快速变化或演变的时候，数据库可能并不需要修改。让模型与数据库之间保持松散的关联是很有吸引力的。但这种结果往往是无意为之，原因是团队没有保持数据库与模型之间的同步。如果有意将两个模型分开，那么它可能会产生更整洁的数据库模式，而不是一个为了与早前的对象模型保持一致而到处都是折中处理的拙劣的数据库模式。

第 **7** 章

使用语言：一个扩展的示例

前 面三章介绍了一种模式语言，它可以对模型的细节进行精化，并可以严格遵守 MODEL-DRIVEN DESIGN。前面的示例基本上一次只应用一种模式，但在实际的项目中，必须将它们结合起来使用。本章介绍一个比较全面的示例（当然还是远远比实际项目简单）。这个示例将通过一个假想团队处理需求和实现问题，并开发出一个 MODEL-DRIVEN DESIGN，来一步步介绍模型和设计的精化过程，其间会展示所遇到的阻力，以及如何运用第二部分讨论的模式来解决它们。

7.1 货物运输系统简介

假设我们正在为一家货运公司开发新软件。最初的需求包括3项基本功能：

(1) 跟踪客户货物的主要处理；

(2) 事先预约货物；

(3) 当货物到达其处理过程中的某个位置时，自动向客户寄送发票。

在实际的项目中，需要花费一些时间，并经过多次迭代才能得到清晰的模型。本书的第三部分将深入讨论这个发现过程。这里，我们先从一个已包含所需概念并且形式合理的模型开始，我们将通过调整模型的细节来支持设计。

这个模型将领域知识组织起来，并为团队提供了一种语言。我们可以做出像下面这样的陈述。

> "一个 Cargo（货物）涉及多个 Customer（客户），每个 Customer 承担不同的角色。"
>
> "Cargo 的运送目标已指定。"
>
> "由一系列满足 Specification（规格）的 Carrier Movement（运输动作）来完成运送目标。"

图7-1显示的模型中，每个对象都有明确的意义：

Handling Event（处理事件）是对 Cargo 采取的不同操作，如将它装上船或清关。这个类可以被细化为一个由不同种类的事件（如装货、卸货或由收货人提货）构成的层次结构。

Delivery Specification（运送规格）定义了运送目标，这至少包括目的地和到达日期，但也可能更为复杂。这个类遵循规格模式（参见第9章）。

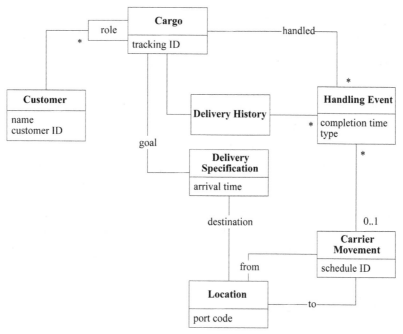

图7-1　表示货运领域模型的类图

Delivery Specification的职责本来可以由Cargo对象承担，但将Delivery Specification抽象出来至少有以下3个优点。

(1) 如果没有Delivery Specification，Cargo对象就需要负责提供用于指定运送目标的所有属性和关联。这会把Cargo对象搞乱，使它难以理解或修改。

(2) 当将模型作为一个整体来解释时，这个抽象使我们能够轻松且安全地省略掉细节。例如，Delivery Specification中可能还封装了其他标准，但就图7-1所要展示的细节而言，可以不必将其显示出来。这个图告诉读者存在运送规格，但其细节并非思考的重点（事实上，过后修改细节也很容易）。

(3) 这个模型具有更强的表达力。Delivery Specification清楚地表明：运送Cargo的具体方式没有明确规定，但它必须完成Delivery Specification中规定的目标。

Customer在运输中所承担的部分是按照角色（role）来区分的，如shipper（托运人）、receiver（收货人）、payer（付款人）等。由于一个Cargo只能由一个Customer来承担某个给定的角色，因此它们之间的关联是限定的多对一关系，而不是多对多。角色可以被简单地实现为字符串，当需要其他行为的时候，也可以将它实现为类。

Carrier Movement表示由某个Carrier（如一辆卡车或一艘船）执行的从一个Location（地点）到另一个Location的旅程。Cargo被装上Carrier后，通过Carrier的一个或多个Carrier Movement，就可以在不同地点之间转移。

Delivery History（运送历史）反映了Cargo实际上发生了什么事情，它与Delivery Specification正好相对，后者描述了目标。Delivery History对象可以通过分析最后一次装货和卸货以及对应的Carrier Movement的目的地来计算货物的当前位置。成功的运送将会得到一个满足Delivery Specification目标的 Delivery History。

用于实现上述需求的所有概念都已包含在这个模型中，并假定已经有适当的机制来保存对象、查找相关对象等。这些实现问题不在模型中处理，但它们必须在设计中加以考虑。

为了建立一个健壮的实现，这个模型需要更清晰和严密一些。

记住，一般情况下，模型的精化、设计和实现应该在迭代开发过程中同步进行。但在本章中，为了使解释更加清楚，我们从一个相对成熟的模型开始，并严格限定修改的唯一动机是保证模型与具体实现相关联，在实现时采用构造块模式。

一般来说，当为了更好地支持设计而对模型进行精化时，也应该让模型反映出对领域的新理解。但在本章中，仍然是为了使解释更加清楚，严格限定修改的动机在于保证模型与具体实现相关联，在实现时采用构造块模式。

7.2　隔离领域：引入应用层

为了防止领域的职责与系统的其他部分混杂在一起，我们应用LAYERED ARCHITECTURE把领域层划分出来。

无需深入分析，就可以识别出三个用户级别的应用程序功能，我们可以将这三个功能分配给三个应用层类。

(1) 第一个类是Tracking Query（跟踪查询），它可以访问某个 Cargo过去和现在的处理情况。

(2) 第二个类是Booking Application（预订应用），它允许注册一个新的Cargo，并使系统准备好处理它。

(3) 第三个类是Incident Logging Application（事件日志应用），它记录对Cargo的每次处理（提供通过Tracking Query查找的信息）。

这些应用层类是协调者，它们只是负责提问，而不负责回答，回答是领域层的工作。

7.3　将ENTITY和VALUE OBJECT区别开

依次考虑每个对象，看看这个对象是必须被跟踪的实体还是仅表示一个基本值。首先，我们来看一些比较明显的情况，然后考虑更含糊的情况。

Customer

我们从一个简单的对象开始。Customer对象表示一个人或一家公司，从一般意义上来讲它是一个实体。Customer对象显然有对用户来说很重要的标识，因此它在模型中是一个ENTITY。那么如何跟踪它呢？在某些情况下可以使用Tax ID（纳税号），但如果是跨国公司就无法使用了。这个问题需要咨询领域专家。我们与运输公司的业务人员讨论这个问题，发现公司已经建立了客户数据库，其中每个Customer在第一次联系销售时被分配了一个ID号。这种ID已经在整个公司中使用，因此在我们的软件中使用这种ID号就可以与那些系统保持标识的连贯性。ID号最初是手工录入的。

Cargo

两个完全相同的货箱必须要区分开，因此Cargo对象是ENTITY。在实际情况中，所有运输公司会为每件货物分配一个跟踪ID。这个ID是自动生成的、对用户可见，而且在本例中，在预订时可能还要发送给客户。

Handling Event和Carrier Movement

我们关心这些独立事件是因为通过它们可以跟踪正在发生的事情。它们反映了真实世界的事件，而这些事件一般是不能互换的，因此它们是ENTITY。每个Carrier Movement都将通过一个代码来识别，这个代码是从运输调度表得到的。

在与领域专家的另一次讨论中，我们发现Handling Event有一种唯一的识别方法，那就是使用Cargo ID、完成时间和类型的组合。例如，同一个Cargo不会在同一时间既装货又卸货。

Location

名称相同的两个地点并不是同一个位置。经纬度可以作为唯一键，但这并不是一个非常可行的方案，因为系统的大部分功能并不关心经纬度是多少，而且经纬度的使用相当复杂。Location更可能是某种地理模型的一部分，这个模型根据运输航线和其他特定于领域的关注点将地点关联起来。因此，使用自动生成的内部任意标识符就足够了。

Delivery History

这是一个比较复杂的对象。Delivery History是不可互换的，因此它是ENTITY。但Delivery History与Cargo是一对一关系，因此它实际上并没有自己的标识。它的标识来自于拥有它的Cargo。当对AGGREGATE进行建模时这个问题会变得更清楚。

Delivery Specification

尽管它表示了Cargo的目标，但这种抽象并不依赖于Cargo。它实际上表示某些Delivery History的假定状态。运送货物实际上就是让Cargo的Delivery History最后满足该Cargo的Delivery Specification。如果有两个Cargo去往同一地点，那么它们可以用同一个Delivery Specification，但它们不会共用同一个Delivery History，尽管运送历史都是从同一个状态（空）开始。因此，Delivery Specification是VALUE OBJECT。

Role和其他属性

Role表示了有关它所限定的关联的一些信息，但它没有历史或连续性。因此它是一个VALUE OBJECT，可以在不同的Cargo/Customer关联中共享它。

其他属性（如时间戳或名称）都是VALUE OBJECT。

7.4   设计运输领域中的关联

图7-1中的所有关联都没有指定遍历方向，但双向关联在设计中容易产生问题。此外，遍历方向还常常反映出对领域的洞悉，使模型得以深化。

如果Customer对它所运送的每个Cargo都有直接引用，那么这对长期、频繁托运货物的客户将会非常不便。此外，Customer这一概念并非只与Cargo相关。在大型系统中，Customer可能具有多种角色，以便与许多对象交互，因此最好不要将它限定为这种具体的职责。如果需要按照Customer来查找Cargo，那么可以通过数据库查询来完成。本章后面讨论REPOSITORY时还会回头讨论这个问题。

如果我们的应用程序要对一系列货船进行跟踪，那么从Carrier Movement遍历到Handling Event将是很重要的。但我们的业务只需跟踪Cargo，因此只需从Handling Event遍历到Carrier Movement就能满足我们的业务需求。由于舍弃了具有多重性的遍历方向，实现简化为简单的对象引用。

图7-2解释了其他设计决策背后的原因。

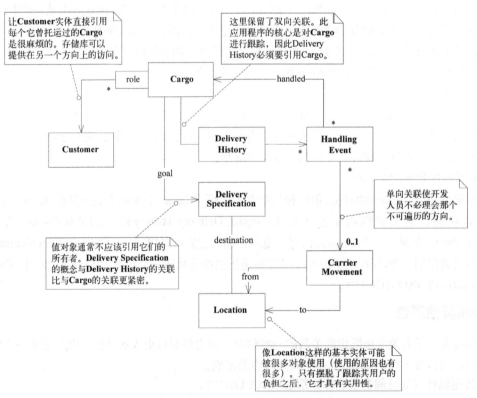

图7-2   在一些关联上对遍历方向进行了约束

模型中存在一个循环引用：Cargo知道它的Delivery History，Delivery History中保存了一系列的Handling Event，而Handling Event又反过来指向Cargo。很多领域在逻辑上都存在循环引用，而且循环引用在设计中有时是必要的，但它们维护起来很复杂。在选择实现时，应该避免把必须同步的信息保存在两个不同的地方，这样对我们的工作很有帮助。对于这个例子，我们可以在初期原型中使用一个简单但不太健壮的实现（用Java语言）——在Delivery History中提供一个List对象，并把Handling Event都放到这个List对象中。但在某些时候，我们可能不想使用集合，以便能够用Cargo作为键来执行数据库查询。在选择存储库时，我们还会讨论到这一点。如果查询历史的操作相对来说不是很多，那么这种方法可以提供很好的性能、简化维护并减少添加Handling Event的开销。如果这种查询很频繁，那么最好还是直接引用。这种设计上的折中其实就是在实现的简单性和性能之间达成一个平衡。模型还是同一个模型，它包含了循环关联和双向关联。

7.5 AGGREGATE边界

Customer、Location和Carrier Movement都有自己的标识，而且被许多Cargo共享，因此，它们在各自的AGGREGATE中必须是根，这些聚合除了包含各自的属性之外，可能还包含其他比这里讨论的细节级别更低层的对象。Cargo也是一个明显的AGGREGATE根，但把它的边界画在哪里还需要仔细思考一下。

如图7-3所示，Cargo AGGREGATE可以把一切因Cargo而存在的事物包含进来，这当中包括Delivery History、Delivery Specification和Handling Event。这很适合Delivery History，因为没人会在不知道Cargo的情况下直接去查询Delivery History。因为Delivery History不需要直接的全局访问，而且它的标识实际上只是由Cargo派生出的，因此很适合将Delivery History放在Cargo的边界之内，并且它也无需是一个AGGREGATE根。Delivery Specification是一个VALUE OBJECT，因此将它包含在Cargo AGGREGATE中也不复杂。

Handling Event就是另外一回事了。前面已经考虑了两种与其有关的数据库查询，一种是当不想使用集合时，用查找某个Delivery History的Handling Event作为一种可行的替代方法，这种查询是位于Cargo AGGREGATE内部的本地查询；另一种查询是查找装货和准备某次Carrier Movement时所进行的所有操作。在第二种情况中，处理Cargo的活动看起来是有意义的（即使是与Cargo本身分开来考虑时也是如此），因此Handling Event应该是它自己的AGGREGATE的根。

7.6 选择REPOSITORY

在我们的设计中，有5个ENTITY是AGGREGATE的根，因此在选择存储库时只需考虑这5个实体，因为其他对象都不能有REPOSITORY。

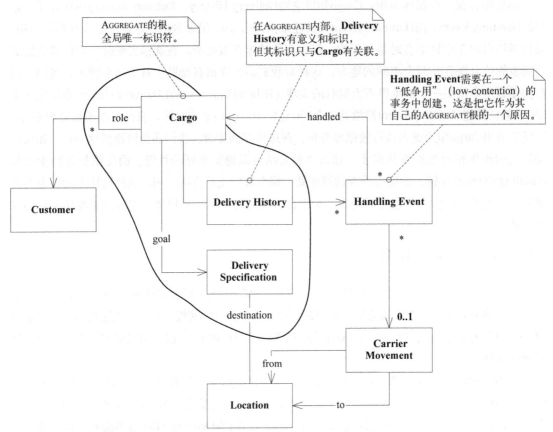

图7-3   模型中的AGGREGATE边界（注意：边界之外的ENTITY是其自己的AGGREGATE的根）

为了确定这5个实体当中哪些确实需要REPOSITORY，必须回头看一下应用程序的需求。要想通过Booking Application进行预订，用户需要选择承担不同角色（托运人、收货人等）的Customer。因此需要一个Customer Repository。在指定货物的目的地时还需要一个Location，因此还需要创建一个Location Repository。

用户需要通过Activity Logging Application来查找装货的Carrier Movement，因此需要一个Carrier Movement Repository。用户还必须告诉系统哪个Cargo已经完成了装货，因此还需要一个Cargo Repository，如图7-4所示。

172

我们没有创建Handling Event Repository，因为我们决定在第一次迭代中将它与Delivery History的关联实现为一个集合，而且应用程序并不需要查找在一次Carrier Movement中都装载了什么货物。这两个原因都有可能发生变化，如果确实改变了，可以增加一个REPOSITORY。

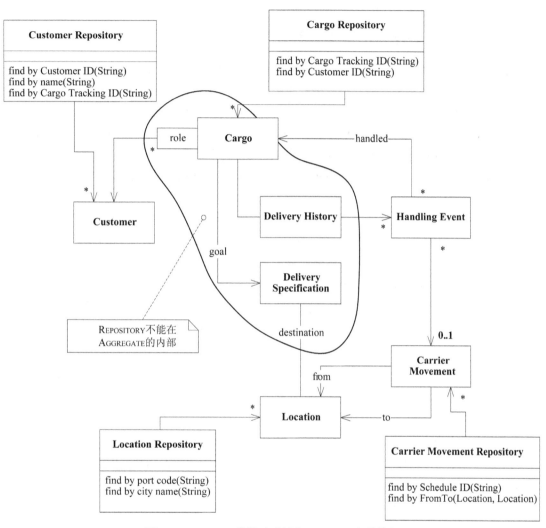

图7-4　REPOSITORY提供了对所选AGGREGATE根的访问

7.7　场景走查

为了复核这些决策，我们需要经常走查场景，以确保能够有效地解决应用问题。

7.7.1　应用程序特性举例：更改Cargo的目的地

有时Customer会打电话说："糟了！我们原来说把货物运到Hackensack，但实际上应该运往Hoboken。"既然我们提供运输服务，就一定要让系统能够进行这样的修改。

Delivery Specification是一个VALUE OBJECT，因此最简单的方法是抛弃它，再创建一个新的，然后使用Cargo上的setter方法把旧值替换成新值。

7.7.2 应用程序特性举例：重复业务

用户指出，相同Customer的重复预订往往是类似的，因此他们想要将旧Cargo作为新Cargo的原型。应用程序应该允许用户在存储库中查找一个Cargo，然后选择一条命令来基于选中的Cargo创建一个新Cargo。我们将利用PROTOTYPE模式[Gamma et al. 1995]来设计这一功能。

Cargo是一个ENTITY，而且是AGGREGATE的根。因此在复制它时要非常小心，其AGGREGATE边界内的每个对象或属性的处理都需要仔细考虑，下面逐个来看一下。

- ❑ Delivery History：应创建一个新的、空的Delivery History，因为原有Delivery History的历史并不适用。这是AGGREGATE内部的实体的常见情况。
- ❑ Customer Roles：应该复制存有Customer引用的Map（或其他集合）——这些引用通过键来标识，键也要一起复制，这些Customer在新的运输业务中可能担负相同的角色。但必须注意不要复制Customer对象本身。在复制之后，应该保证和原来的Cargo引用相同的Customer对象，因为它们是AGGREGATE边界之外的ENTITY。
- ❑ Tracking ID：我们必须提供一个新的Tracking ID，它应该来自创建新Cargo时的同一个来源。

注意，我们复制了Cargo AGGREGATE边界内部的所有对象，并对副本进行了一些修改，但这并没有对AGGREGATE边界之外的对象产生任何影响。

7.8 对象的创建

7.8.1 Cargo的FACTORY和构造函数

即使为Cargo创建了复杂而精致的FACTORY，或像"重复业务"一节那样使用另一个Cargo作为FACTORY，我们仍然需要有一个基本的构造函数。我们希望用构造函数来生成一个满足固定规则的对象，或者，就ENTITY而言，至少保持其标识不变。

考虑到这些因素，我们可以在Cargo上创建一个FACTORY方法，如下所示：

```
public Cargo copyPrototype(String newTrackingID)
```

或者可以为一个独立的FACTORY添加以下方法：

```
public Cargo newCargo(Cargo prototype, String newTrackingID)
```

独立FACTORY还可以把为新Cargo获取新（自动生成的）ID的过程封装起来，这样它就只需要一个参数：

```
public Cargo newCargo(Cargo prototype)
```

这些FACTORY返回的结果是完全相同的，都是一个Cargo，其Delivery History为空，且Delivery Specification为null。

Cargo与Delivery History之间的双向关联意味着它们必须要互相指向对方才算是完整的, 因此它们必须被一起创建出来。记住, Cargo是AGGREGATE的根, 而这个AGGREGATE包含Delivery History。因此, 我们可以用Cargo的构造函数或FACTORY来创建Delivery History。Delivery History 的构造函数将Cargo作为参数。这样就可以编写以下代码:

```
public Cargo(String id) {
    trackingID = id;
    deliveryHistory = new DeliveryHistory(this);
    customerRoles = new HashMap();
}
```

结果得到一个新的Cargo, 它带有一个指向它自己的新的Delivery History。由于Delivery History的构造函数只供其AGGREGATE根 (即Cargo) 使用, 这样Cargo的组成就被封装起来了。

7.8.2 添加Handling Event

货物在真实世界中的每次处理, 都会有人使用Incident Logging Application来输入一条 Handling Event记录。

每个类都必须有一个基本的构造函数。由于Handling Event是一个ENTITY, 所以必须把定义了其标识的所有属性传递给构造函数。如前所述, Handling Event是通过Cargo的ID、完成时间和事件类型的组合来唯一标识的。Handling Event唯一剩下的属性是与Carrier Movement的关联, 而有些类型的Handling Event甚至没有这个属性。综上, 创建一个有效的Handling Event的基本构造函数是:

```
public HandlingEvent(Cargo c, String eventType, Date timeStamp) {
    handled = c;
    type = eventType;
    completionTime = timeStamp;
}
```

就ENTITY而言, 那些非标识作用的属性通常可以过后再添加。在本例中, Handling Event的所有属性都是在初始事务中设置的, 而且过后不再改变 (纠正数据录入错误除外), 因此针对每种事件类型, 为Handling Event添加一个简单的FACTORY METHOD (并带有所有必要的参数) 是很方便的做法, 这还使得客户代码具有更强的表达力。例如, loading event (装货事件) 确实涉及一个Carrier Movement。

```
public static HandlingEvent newLoading(
    Cargo c, CarrierMovement loadedOnto, Date timeStamp) {
        HandlingEvent result =
            new HandlingEvent(c, LOADING_EVENT, timeStamp);
        result.setCarrierMovement(loadedOnto);
        return result;
}
```

　　模型中的Handling Event是一个抽象，它可以把各种具体的Handling Event类封装起来，包括装货、卸货、密封、存放以及其他与Carrier无关的活动。它们可以被实现为多个子类，或者通过复杂的初始化过程来实现，也可以将这两种方法结合起来使用。通过在基类（Handling Event）中为每个类型添加FACTORY METHOD，可以将实例创建的工作抽象出来，这样客户就不必了解实现的知识。FACTORY会知道哪个类需要被实例化，以及应该如何对它初始化。

　　遗憾的是，事情并不是这么简单。Cargo→Delivery History→History Event→Cargo这个引用循环使实例创建变得很复杂。Delivery History保存了与其Cargo有关的Handling Event集合，而且新对象必须作为事务的一部分来添加到这个集合中（见图7-5）。如果没有创建这个反向指针，那么对象间将发生不一致。

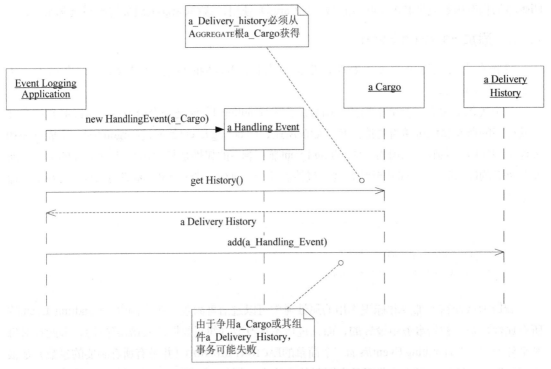

图7-5　添加Handling Event需要将它插入到Delivery History中

　　我们可以把反向指针的创建封装到FACTORY中（并将其放在领域层中——它属于领域层），但现在我们来看另一种设计，它完全消除了这种别扭的交互。

7.9　停一下，重构：Cargo AGGREGATE的另一种设计

　　建模和设计并不总是一个不断向前的过程，如果不经常进行重构，以便利用新的知识来改进模型和设计，那么建模和设计将会停滞不前。

到目前为止，我们的设计中有几个蹩脚的地方，虽然这并不影响设计发挥作用，而且设计也确实反映了模型。但设计之初看上去不太重要的问题正渐渐变得棘手。让我们借助事后的认识来解决其中一个问题，以便为以后的设计做好铺垫。

由于添加Handling Event时需要更新Delivery History，而更新Delivery History会在事务中牵涉Cargo AGGREGATE。因此，如果同一时间其他用户正在修改Cargo，那么Handling Event事务将会失败或延迟。输入Handling Event是需要迅速完成的简单操作，因此能够在不发生争用的情况下输入Handling Event是一项重要的应用程序需求。这促使我们考虑另一种不同的设计。

我们在Delivery History中可以不使用Handling Event的集合，而是用一个查询来代替它，这样在添加Handling Event时就不会在其自己的AGGREGATE之外引起任何完整性问题。如此修改之后，这些事务就不再受到干扰。如果有很多Handling Event同时被录入，而相对只有很少的查询，那么这种设计更加高效。实际上，如果使用关系数据库作为底层技术，那么我们可以设法在底层使用查询来模拟集合。使用查询来代替集合还可以减小维护Cargo和Handling Event之间循环引用一致性的难度。

为了使用查询，我们为Handling Event增加一个REPOSITORY。Handling Event Repository将用来查询与特定Cargo有关的Event。此外，REPOSITORY还可以提供优化的查询，以便更高效地回答特定的问题。例如，为了推断Cargo的当前状态，常常需要在Delivery History中查找最后一次报告的装货或卸货操作，如果这个查找操作被频繁地使用，那么就可以设计一个查询直接返回相关的Handling Event。而且，如果需要通过查询找到某次Carrier Movement装载的所有Cargo，那么很容易就可以增加这个查询。 [177]

这样一来，Delivery History就不再有持久状态了，因此实际上无需再保留它。无论何时需要用Delivery History回答某个问题时，都可以将其生成出来。我们之所以可以生成这个对象——尽管在不断地重建这个Entity，是因为这些对象关联了相同的Cargo对象，而这个Cargo对象在Delivery History的各个化身间维护了连续性。

循环引用的创建和维护也不再是问题。Cargo Factory将被简化，不再需要为新的Cargo实例创建一个空的Delivery History。数据库空间会略微减少，而且持久化对象的实际数量可能减少很多（在某些对象数据库中，能容纳的持久化对象的数量是有限的）。如果常见的使用模式是：用户在货物到达之前很少查询它的状态，那么这种设计可以避免很多不必要的工作。 [178]

另一方面，如果我们正在使用对象数据库，则通过遍历关联或显式的集合来查找对象可能会比通过REPOSITORY查询快得多。如果用户在使用系统时需要频繁地列出货物处理的全部历史，而不是偶尔查询最后一次处理，那么出于性能上的考虑，使用显式的集合比较有利。此外要记住，现在并不需要查询"这次Carrier Movement上都装载了什么"，而且这个要求可能永远也不会被提出来，因此暂时不必过多地注意该选项。

这些类型的修改和设计折中随处可见，仅仅在这个简化的小系统中，我就可以举出许多示例。但重要的一点是，这些修改和折中仅限于同一个模型内部。通过对VALUE、ENTITY以及它们的

AGGREGATE进行建模（正如我们已经做的那样），已经大大减小了这些设计修改的影响。例如，在这个示例中，所有的修改都被封装在Cargo的AGGREGATE边界之内。它还需要增加一个Handling Event Repository，但并不需要重新设计Handling Event本身（虽然根据不同的REPOSITORY框架细节，可能需要对实现进行一些修改）。

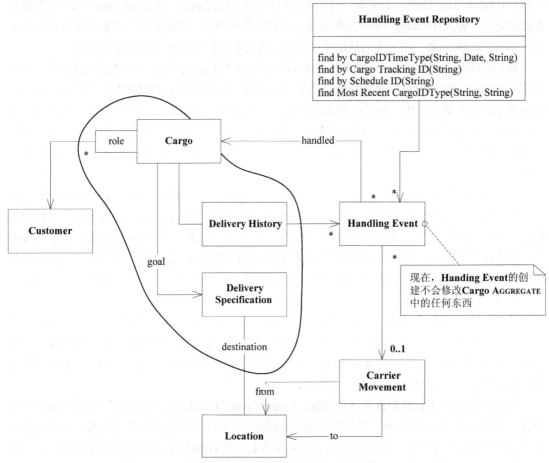

图7-6   将Delivery History中的Handling Event集合实现为一个查询，这样可以使
Handling Event的插入变得简单，而且不会与Cargo AGGREGATE发生争用

7.10   运输模型中的MODULE

到目前为止，我们只看到了很少的几个对象，因此MODULE化还不是问题。现在，我们来看看大一点的运输模型（当然，这仍然是简化的），从而了解一下MODULE的组织怎样影响模型。

图7-7展示了一个划分整齐的模型，这里假设该模型是由本书的一位热心读者划分的。这个

图是第5章中所提及的由基础设施驱动的打包问题的一个变形。在本例中，对象是根据其所遵循的模式来分组的。结果那些在概念上几乎没有关系（低内聚）的对象被分到了一起，而且所有MODULE之间的关联错综复杂（高耦合）。这种打包方式也描述了一件事情，但描述的不是运输，而是开发人员在那个时候对模型的认识。

179

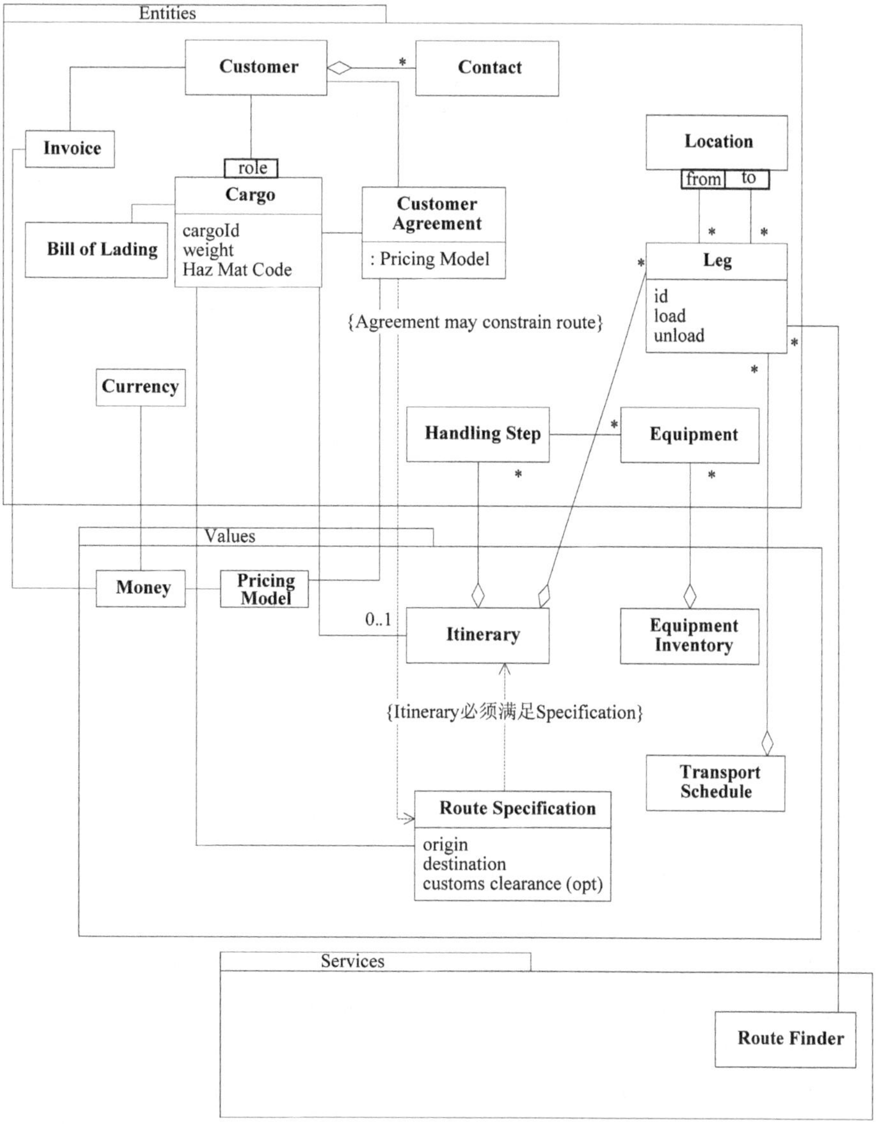

图7-7 这些MODULE并没有传达领域知识

按模式划分看起来是一个明显的错误，但按照对象是持久对象还是临时对象来划分，或者使用任何其他划分方法，而不是根据对象的意义来划分，也同样不靠谱。

相反，我们应该寻找紧密关联的概念，并弄清楚我们打算向项目中的其他人员传递什么信息。如同应对规模较小的建模决策时，总是会有多种方法可以达成目的。图7-8显示了一种直观的划分方法。

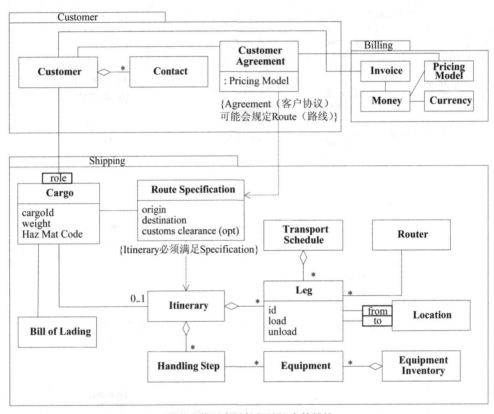

图7-8   基于宽泛的领域概念的模块

图7-8中的MODULE名称成为团队语言的一部分。我们的公司为客户（Customer）运输货物（Shipping），因此向他们收取费用（Bill），公司的销售和营销人员与Customer磋商并签署协议，操作人员负责将货物Shipping到指定目的地，后勤办公室人员负责Billing（处理账单），并根据Customer协议开具发票。这就是可以通过这组MODULE描述的业务。

当然，这种直观的分解可以通过后续迭代来完善，甚至可以被完全取代，但它现在对MODEL-DRIVEN DESIGN大有帮助，并且使UBIQUITOUS LANGUAGE更加丰富。

7.11   引入新特性：配额检查

到目前为止，我们已经实现了最初的需求和模型。现在要添加第一批重要的新功能。

在这个假想的运输公司中，销售部门使用其他软件来管理客户关系、销售计划等。其中有一项功能是效益管理（yield management），利用此功能，公司可以根据货物类型、出发地和目的地或者任何可作为分类名输入的其他因素来制定不同类型货物的运输配额。这些配额构成了各类货物的运输量目标，这样利润较低的货物就不会占满货舱而导致无法运输利润较高的货物，同时避免预订量不足（没有充分利用运输能力）或过量预订（导致频繁地发生货物碰撞，最终损害客户关系）。

现在，他们希望把这个功能集成到预订系统中。这样，当客户进行预订时，可以根据这些配额来检查是否应该接受预订。

配额检查所需的信息保存在两个地方，Booking Application必须通过查询这些信息才能确定接受或拒绝预订。图7-9给出了一个大体的信息流草图。

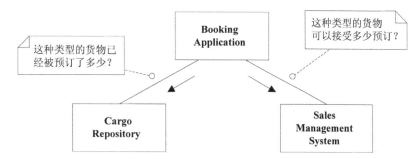

图7-9　Booking Application所使用的信息一方面来自Sales Management System（销售管理系统），一方面来自我们自己的领域REPOSITORY

7.11.1　连接两个系统

销售管理系统（Sales Management System）并不是根据这里所使用的模型编写的。如果Booking Application与它直接交互，那么我们的应用程序就必须适应另一个系统的设计，这将很难保持一个清晰的MODEL-DRIVEN DESIGN，而且会混淆UBIQUITOUS LANGUAGE。相反，我们创建一个类，让它充当我们的模型和销售管理系统的语言之间的翻译。它并不是一种通用的翻译机制，而只是对我们的应用程序所需的特性进行翻译，并根据我们的领域模型重新对这些特性进行抽象。这个类将作为一个ANTICORRUPTION LAYER（将在第14章讨论）。

这是连接销售管理系统的一个接口，因此首先就会想到将它叫做Sales Management Interface（销售管理接口）。但这样一来就失去了用对我们更有价值的语言来重新描述问题的机会。相反，让我们为每个需要从其他系统获得的配额功能定义一个SERVICE。我们用一个名为Allocation Checker（配额检查器）的类来实现这些SERVICE，这个类名反映了它在系统中的职责。

如果还需要进行其他集成（例如，使用销售管理系统的客户数据库，而不是我们自己的Customer REPOSITORY），则可以创建另一个翻译类来实现用于履行该职责的SERVICE。用一个更低层的类（如Sales Management System Interface）作为与其他程序进行对话的机制仍然是一种很有用的方法，但它并不负责翻译。此外，它将隐藏在Allocation Checker后面，因此领域设计中并不展示出来。

7.11.2　进一步完善模型：划分业务

我们已经大致描述了两个系统的交互，那么提供什么样的接口才能回答"这种类型的货物可以接受多少预订"这个问题呢？问题的复杂之处在于定义Cargo的"类型"是什么，因为我们的领域模型尚未对Cargo进行分类。在销售管理系统中，Cargo类型只是一组类别关键词，我们的类型只需与该列表一致即可。我们可以把一个字符串集合作为参数传入，但这样会错过另一个机会——重新抽象那个系统的领域。我们需要在领域模型中增加货物类别的知识，以便使模型更丰富；而且需要与领域专家一起进行头脑风暴活动，以便抽象出新的概念。

有时，分析模式可以为建模方案提供思路（第11章将会讨论到）。《分析模式》[Fowler 1996]一书介绍了一种用于解决这类问题的模式：ENTERPRISE SEGMENT（企业部门单元）。ENTERPRISE SEGMENT是一组维度，它们定义了一种对业务进行划分的方式。这些维度可能包括我们在运输业务中已经提到的所有划分方法，也包括时间维度，如月初至今（month to date）。在我们的配额模型中使用这个概念，可以增强模型的表达力，并简化接口。这样，我们的领域模型和设计中就增加了一个名为Enterprise Segment的类，它是一个VALUE OBJECT，每个Cargo都必须获得一个Enterprise Segment类。

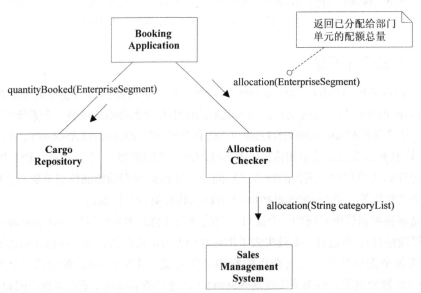

图7-10 Allocation Checker充当了一个ANTICORRUPTION LAYER，它在我们的领域模型中展现了一个到销售管理系统的可选接口

Allocation Checker将充当Enterprise Segment与外部系统的类别名称之间的翻译。Cargo Repository还必须提供一种基于Enterprise Segment的查询。在这两种情况下,我们可以利用与Enterprise Segment对象之间的协作来执行操作,而不会破坏Segment的封装,也不会导致它们自身实现的复杂化(注意,Cargo Repository的查询结果是一个数字,而不是实例的集合)。

但这种设计还存在几个问题:

(1) 我们给Booking Application分配了一个不该由它来执行的工作,那就是对如下规则的应用:"如果Enterprise Segment的配额大于已预订的数量与新Cargo数量的和,则接受该Cargo。"执行业务规则是领域层的职责,而不应在应用层中执行。

(2) 没有清楚地表明Booking Application是如何得出Enterprise Segment的。

这两个职责看起来都属于Allocation Checker。通过修改接口就可以将这两个服务分离出来,这样交互就更整洁和明显了。

184

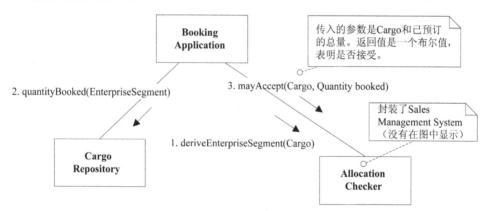

图7-11 领域职责从Booking Application转移到Allocation Checker

这种集成只有一条严格的约束,那就是有些维度是不能被Sales Management System使用的,具体来说就是那些无法用Allocation Checker转换为Enterprise Segment的维度(在不使用ENTERPRISE SEGMENT的情况下,这条约束的作用是使销售系统只能使用那些可以在Cargo Repository查询中使用的维度。虽然这种方法也行得通,但销售系统将会溢出而进入领域的其他部分中。在我们这个设计中,Cargo Repository只需处理Enterprise Segment,而且销售系统中的更改只影响到Allocation Checker,而Allocation Checker可以被看作是一个FACADE)。

7.11.3 性能优化

虽然与领域设计的其他方面有利害关系的只是Allocation Checker的接口,但当出现性能问题时,Allocation Checker的内部实现可能为解决这些问题提供机会。例如,如果Sales Management System运行在另一台服务器上(或许在另一个位置上),那么通信开销可能会很大,而且每个配额检查都需要进行两次消息交换。第二条消息需要调用Sales Management System来回答是否应该

接受货物，因此并没有其他的替代方法可用来处理这条消息。但第一条消息是得出货物的
Enterprise Segment，这条消息所基于的数据和行为与配额决策本身相比是静态的。这样，一种设
计选择就是缓存这些信息，以便Allocation Checker在需要的时候能够在自己的服务器上找到它
们，从而将消息传递的开销降低一半。但这种灵活性也是有代价的。设计会更复杂，而且被缓存
的数据必须保持最新。但如果性能在分布式系统中是至关重要的因素的话，这种灵活部署可能成
为一个重要的设计目标。

7.12　小结

　　情况就是这样了。这种集成原本可能把我们这个简单且在概念上一致的设计弄得乱七八糟，
但现在，在使用了ANTICORRUPTION LAYER、SERVICE和ENTERPRISE SEGMENT之后，我们已经干净
利落地把Sales Management System的功能集成到我们的预订系统中了，从而使领域更加丰富。

　　还有最后一个设计问题：为什么不把获取Enterprise Segment的职责交给Cargo呢？如果
Enterprise Segment的所有数据都是从Cargo中获取的，那么乍看上去把它变成Cargo的一个派生属
性是一种不错的选择。遗憾的是，事情并不是这么简单。为了用有利于业务策略的维度进行划分，
我们需要任意定义Enterprise Segment。出于不同的目的，可能需要对相同的ENTITY进行不同的划
分。出于预订配额的目的，我们需要根据特定的Cargo进行划分；但如果是出于税务会计的目的
时，可能会采取一种完全不同的Enterprise Segment划分方式。甚至当执行新的销售策略而对Sales
Management System进行重新配置时，配额的Enterprise Segment划分也可能会发生变化。如此，
Cargo就必须了解Allocation Checker，而这完全不在其概念职责范围之内。而且得出特定类型
Enterprise Segment所需使用的方法会加重Cargo的负担。因此，正确的做法是让那些知道划分规
则的对象来承担获取这个值的职责，而不是把这个职责施加给包含具体数据（那些规则就作用于
这些数据上）的对象。另一方面，这些规则可以被分离到一个独立的Strategy对象中，然后将这
个对象传递给Cargo，以便它能够得出一个Enterprise Segment。这种解决方案似乎超出了这里的
需求，但它可能是之后设计的一个选择，而且应该不会对设计造成很大的破坏。

第三部分
通过重构来加深理解

本书的第二部分为维护模型和实现之间的对应关系打下了基础。在开发过程中使用一系列成熟的基本构造块并运用一致的语言，能够使开发工作更加清晰而有条理。

当然，我们面临的真正挑战是找到深层次的模型，这个模型不但能够捕捉到领域专家的微妙的关注点，还可驱动切实可行的设计。我们的最终目的是开发出能够捕捉到领域深层含义的模型。以这种方式设计出来的软件不但更加贴近领域专家的思维方式，而且能更好地满足用户的需求。本部分将会对这个目标加以说明并详细描述其实现过程，同时也会解释某些设计原则和模式。我们应用这些原则和模式来得到满足应用程序以及开发人员自身需求的设计。

要想成功地开发出实用的模型，需要注意以下3点。

(1) 复杂巧妙的领域模型是可以实现的，也是值得我们去花费力气实现的。

(2) 这样的模型离开不断的重构是很难开发出来的，重构需要领域专家和热爱学习领域知识的开发人员密切参与进来。

(3) 要实现并有效地运用模型，需要精通设计技巧。

重构的层次

重构就是在不改变软件功能的前提下重新设计它。开发人员无需在着手开发之前做出详细的设计决策，只需要在开发过程中不断小幅调整设计即可，这不但能够保证软件原有的功能不变，还可使整个设计更加灵活易懂。自动化的单元测试套件能够保证对代码进行相对安全的试验。这个过程解放了开发人员，使他们不再需要提前考虑将来的事情。

然而，几乎所有关于重构的文献都专注于如何机械地修改代码，以使其更具可读性或在非常细节的层次上有所改进。如果开发人员能够看准时机，利用成熟的设计模式进行开发，那么"通过重构得到模式"[1]（refactoring to patterns）这种方式就可以让重构过程更上一层楼。不过，这

---

[1] Grmma等人在[Grmma et al. 1995]中简要提及了应该将模式作为重构的目标，而Joshua Kerievsky则把"通过重构得到模式"发展为更加成熟实用的形式 [Kerievsky 2003]。

依然是从技术视角来评估设计的质量。

有些重构能够极大地提高系统的可用性，它们要么源于对领域的新认知，要么能够通过代码清晰地表达出模型的含义。这些重构不能取代设计模式重构和代码细节重构，这两种重构应该持续进行。但前者添加了另一种重构层次：为实现更深层模型而进行的重构。在深入理解领域的基础上进行重构，通常需要实现一系列的代码细节重构，但这么做绝不仅仅是为了改进代码状态。相反，代码细节重构是一组操作方便的修改单元，通过这些重构可以得到更深层次的模型。其目标在于：开发人员通过重构不仅能够了解代码实现的功能，还能明白个中原因，并把它们与领域专家的交流联系起来。

《重构》[Fowler 1999]一书中所列出的重构分类涵盖了大部分常用的代码细节重构。这些重构主要是为了解决一些可以从代码中观察到的问题。相比之下，领域模型会随着新认识的出现而不断变化，由于其变化如此多样，以至于根本无法整理出一个完整的目录。

与所有的探索活动一样，建模本质上是非结构化的。要跟随学习与深入思考所指引的一切道路，然后据此重构，才能得到更深层的理解。尽管已发布的成功模型会对我们大有帮助（第11章将会提及），但是不能因此将领域建模简化为照本宣科的行为，当其是秘籍类的书籍或者工具包，依样画葫芦。建模和设计都需要你发挥创造力。接下来的6章将会给出一些改进领域模型的具体思考方式以及可实现这些领域模型的设计方法。

深层模型

对象分析的传统方法是先在需求文档中确定名词和动词，并将其作为系统的初始对象和方法。这种方式太过简单，只适用于教导初学者如何进行对象建模。事实上，初始模型通常都是基于对领域的浅显认知而构建的，既不够成熟也不够深入。

例如，我曾参与过一个运输应用系统的开发，我的初始想法是构建一个包括货轮（ship）和集装箱的对象模型。货轮将货物从一个地点运送到另一个地点。集装箱则通过装卸操作与货轮建立关联或解除关联。这确实能够准确描述一部分实际运输活动。但事实证明，它对于运输业务的软件实现并没有太多帮助。

最终，在与运输专家一起工作了几个月并进行了多次迭代后，我们得到了一个完全不同的模型。在外行人看来，它也许没那么浅显易懂，但却能贴切地反映出专家的想法。这个模型的关注点再次回到了运送货物的业务。

我们依然保留了ship，但是将其抽象为"船只航次"（vessel voyage），即货轮、火车或其他运输工具的某一调度好的航程。货轮本身不再重要，如遇维修或计划变动可临时改用其他方式，只要保证原定航次按计划执行即可。运输集装箱则完全从模型中移除了。它现在以一种完全不同的复杂形式出现在货物装卸应用程序中，而在原来的应用程序中，集装箱变成了操作细节。货物实际的位置变化已不重要，重要的是其法律责任的转移。原来一些诸如"提货单"之类不被关注的对象也出现在模型中。

　　每当有新的对象建模人员加入这个项目时，他们首先提出的建议是什么？就是添加"货轮"和"集装箱"这两个缺少的类。他们都很聪明，只不过还没有仔细揣摩运输领域的知识罢了。

　　深层模型能够穿过领域表象，清楚地表达出领域专家们的主要关注点以及最相关的知识。以上定义并没有涉及抽象。事实上，深层模型通常含有抽象元素，但在切中问题核心的关键位置也同样会出现具体元素。

　　恰当反映领域的模型通常都具有功能多样、简单易用和解释力强的特性。这种模型的共同之处在于：它们提供了一种业务专家青睐的简单语言，尽管这种语言可能也是抽象的。 190

深层模型/柔性设计

　　在不断重构的过程中，设计本身也需要支持重构所带来的变化。第10章将会探讨如何使设计更易于使用，不但方便修改还能够简单地将其与系统其他部分集成。

　　设计自身的某些特性就可以使其更易于修改和使用。这些特性并不复杂，却很有挑战性。第10章将主要讨论"柔性设计"（supple design）及其实现方法。

　　幸运的是，如果每次对模型和代码所进行的修改都能反映出对领域的新理解，那么通过不断的重构就能给系统最需要修改的地方增添灵活性，并找到简单快捷的方式来实现普通的功能。戴久了的手套在手指关节处会变得柔软；而其他部分则依然硬实，可起到保护的作用。同样道理，用这种方式来进行建模和设计时，虽然需要反复尝试、不断改正错误，但是对模型和设计的修改却因此而更容易实现，同时反复的修改也能让我们越来越接近柔性设计。

　　柔性设计除了便于修改，还有助于改进模型本身。MODEL-DRIVEN DESIGN需要以下两个方面的支持：深层模型使设计更具表现力，同时，当设计的灵活性可以让开发人员进行试验，而设计又能清晰地表达出领域含义时，那么这个设计实际上就能够将开发人员的深层理解反馈到整个模型发现的过程中。这段反馈回路是很重要的，因为我们所寻求的模型并不仅仅只是一套好想法：它还应该是构建系统的基础。

发现过程

　　要想创建出确实能够解决当前问题的设计，首先必须拥有可捕捉到领域核心概念的模型。第9章将会介绍如何主动搜寻这些概念，并将它们融入设计中。

　　由于模型和设计之间具有紧密的关系，因此如果代码难于重构，建模过程也会停滞不前。第10章将会探讨如何为软件开发者（尤其是为你自己）编写软件，以使开发人员能够高效地扩展和修改代码。这一设计过程与模型的进一步精化是密不可分的。它通常需要更高级的设计技巧以及更严格的模型定义。 191

　　你需要富有创造力，不断地尝试，不断地发现问题才能找到合适的方法为你所发现的领域概念建模，但有时你也可以借用别人已建好的模式。第11章和第12章将会讨论"分析模式"和"设计模式"的应用。这些模式并不是现成的解决方案，但是它们可以帮助我们消化领域知识并缩小研究范围。

但是，让我们以领域驱动设计中最令人兴奋的事件来开始第三部分吧，那就是突破。有时，当我们拥有了MODEL-DRIVEN DESIGN和显式概念，就能够产生突破。我们有机会使软件更富表达力、更加多样化，甚至会使它变得超乎我们的想象。这可以为软件带来新特性，或者意味着我们可以用简单灵活的方式来表达更深层次的模型，从而替换掉大段死板的代码。尽管这种突破不会时常出现，但它们非常有价值，当我们有机会进行突破时，一定要懂得识别并抓住机会。

第8章讲述了一个真实的项目，这个项目通过重构过程得到了更深层的理解，最终实现了突破。这种经历是可遇而不可求的。尽管如此，它却为我们提供了一个很好的学习背景，帮助我们思考领域重构。

192

第 **8** 章

突　破

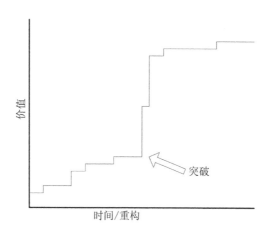

重构的投入与回报并非呈线性关系。通常，小的调整会带来小的回报，小的改进也会积少成多。小改进可防止系统退化，成为避免模型变得陈腐的第一道防线。但是，有些最重要的理解也会突然出现，给整个项目带来巨大的冲击。

可以确定的是，项目团队会积累、消化知识，并将其转化成模型。微小的重构可能每次只涉及一个对象，在这里加上一个关联，在那里转移一项职责。然而，一系列微小的重构会逐渐汇聚成深层模型。

一般来说，持续重构让事物逐步变得有序。代码和模型的每一次精化都让开发人员有了更加清晰的认识。这使得理解上的突破成为可能。之后，一系列快速的改变得到了更符合用户需要并更加切合实际的模型。其功能性及说明性急速增强，而复杂性却随之消失。

这种突破不是某种技巧，而是一个事件。它的困难之处在于你需要判断发生了什么，然后再决定如何处理。为了说明这是种什么样的经历，我将会讲述一个我几年前参与过的真实项目，以及我们是如何获得一个宝贵的深层模型的。

8.1　一个关于突破的故事

这个故事发生在纽约，经过一个冬天的漫长重构之后，我们最终得到了能够捕捉到一些领域关键知识的模型和一个确实能在应用程序中发挥作用的设计。当时我们正在给一家投资银行开发一个大型应用程序的核心部分，该程序用于管理银团贷款。

假如Intel想要建造一座价值10亿美元的工厂，就需要申请贷款，但贷款的额度太大，以至于任何一家借贷公司（lending company）都无法独立承担，于是这些公司就组成银团①，集中它们的资源，以此来支持这种巨额信贷。投资银行通常在银团里担当领导者的角色，负责协调各种交易和其他服务。我们的项目就是要开发这样一个用于跟踪和支持以上整个过程的软件。

8.1.1   华而不实的模型

当时，我们对于自己的成果感觉相当不错。4个月前，我们还身陷困境，因为之前留下的代码完全不可行，从那时开始我们就竭尽所能将其迁移到一个一致的MODEL-DRIVEN DESIGN中。

图8-1中展示的模型对常见业务进行了大幅简化。Loan Investment（贷款投资）是一个派生对象，用来表示某一投资者在Loan（贷款）中所承担的股份，它与投资者在Facility（信贷）中所持有的股份成正比。

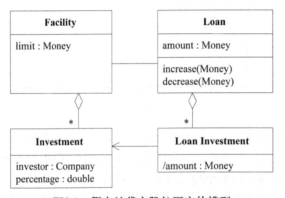

图8-1   假定放贷方股份固定的模型

Facility是什么？

Facility（信贷）在这里并不是建筑物的意思。在大部分项目中，领域专家提供的专用术语都会变成我们自己的词汇，并成为UBIQUITOUS LANGUAGE的一部分。在商业银行领域中，信贷是公司为借款而作出的承诺。信用卡就是一种信贷，卡片持有者有权在需要时借出不超过预设限制的金额，并且以预定利息还款。当你使用信用卡时，就会产生一笔未偿贷款，每笔支出都会降低你的信贷额度，并增加你的贷款金额。最后，你需要偿还贷款本金。也许还需要缴纳年费。年费是持有信用卡（信贷）所需缴纳的费用，与你的贷款无关。

---

① 借贷公司（lending company）对于借款者（borrower）而言是放贷方（lender），对于银团而言是投资者（investor）。

——编者注

但是这个模型已显露出了一些令人担忧的迹象。各种意料之外的需求一直困扰着我们,也使设计更加复杂。最突出的例子就是对Facility股份的理解不断深入,在提取(Drawdown)贷款时,信贷股份仅仅是放贷方投入金额的指导原则。当借款者(borrower)要求提取贷款时,银团领导者会通知所有成员按各自的股份进行支付。

收到通知后,投资者通常会按自己的股份来支付,但是有时他们也会与银团其他成员协商,以求少投入(或多投入)一些。于是我们在模型中添加了Loan Adjustment(贷款调整)以反映这一事实。

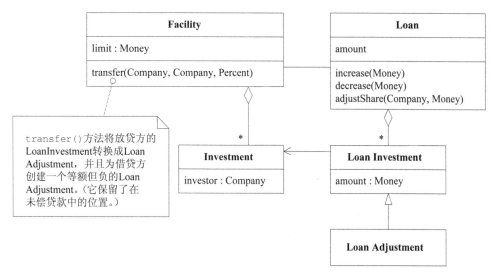

图8-2 为解决问题而逐步修改的模型。Loan Adjustment用来跟踪放贷方最初同意放贷的股份与实际放贷额之差

这种类型的精化使我们能够越来越清楚地理解各种交易规则。但同时,模型的复杂度也在不断增加,并且看起来我们无法很快从模型中提炼出真正健壮的功能。

更麻烦的是尽管算法越来越复杂,我们却无法解决舍入运算所带来的细微差别。在1亿美元的交易中,确实没有人会在意几美分的去向,但是银行家是不会信任无法精确计算到美分的软件的。我们开始怀疑我们所遇到的难题可能是因为基本设计存在问题。

194
~
195

8.1.2　突破

在项目进行过程中,我们突然领悟到了问题的所在。我们在模型中把Facility的股份和Loan的股份绑定到一起,而这种方式并不适用于实际的业务。这一发现得到了广泛的认可。业务专家点头称是,并开始热情地给予帮助(我敢说他们一定还在奇怪我们怎么花了这么长时间才明白这一点),我们迅速在白板上创建了一个新模型。虽然细节问题尚未确定,但是我们已经知道新模型的关键特征了:Loan的股份和Facility的股份可以在互不影响的前提下独立发生改变。有了这层认知，我们利用与下图类似的模型图走查了许多场景：

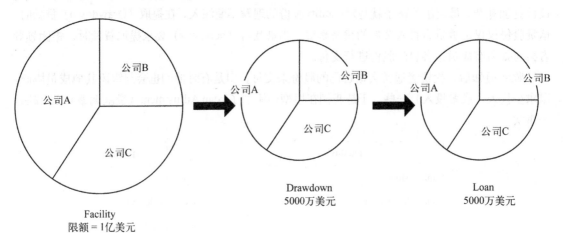

图8-3   基于Facility的股份来进行分配的提取

这张图表明Facility的总额是1亿美元，而借款者选择从中提取的第一笔Loan金额是5000万美元。3个放贷方按照各自原先承诺的Facility的股份来支付，这样5000万的Loan就被分配到了这3个放贷方头上。

随后，借款者又提取了另一笔3000万美元的货款（如图8-4所示），这样他的未偿Loan就达到了8000万美元，依然在Facility的1亿美元限额之内。这次，公司B决定不参与Loan，而由公司A来承担这部分额外的股份。各个放贷方在借款者提取贷款的过程中所支付的股份反映了它们的投资选择。当Loan的提取额不断增加时，Loan的股份份额就不再与Facility的股份成比例了。这种现象很普遍。

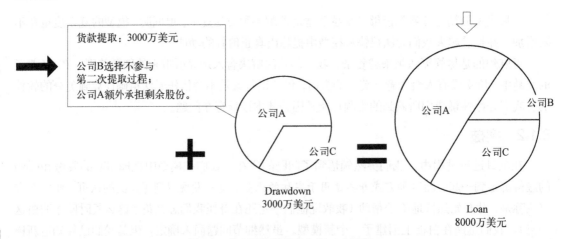

图8-4   贷方B选择不参与第二次提款

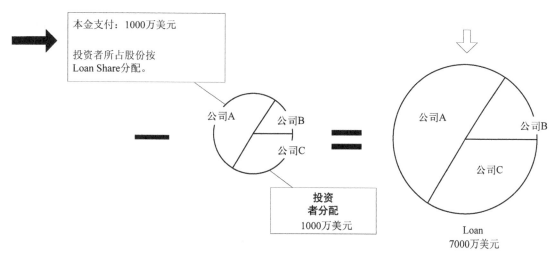

图8-5 本金支付始终按照未偿Loan的股份比例来进行分配

当借款者偿还Loan时，所偿还的金额会根据Loan的股份分配给各放贷方，而不是根据Facility的股份来划分。同样，利息支付也会按照Loan的股份进行分配。

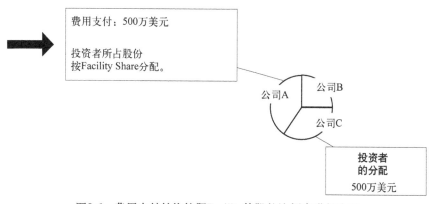

图8-6 费用支付始终按照Facility的股份比例来进行分配

另一方面，当借款者为享有Facility权而支付费用时，这笔钱是按照Facility的股份划分的，而不考虑放贷方是否借出了钱。Loan不会因费用支付而发生变化。甚至还有这种情况，放贷方单独交易费用股份，与利息股份等无关。

8.1.3 更深层模型

我们得到了两个深层理解。其一是意识到"投资"和"Loan投资"是"股份"这个常规基础概念的两种特例。信贷股份、货款股份、支付比例股份，这些都是股份，股份无处不在。任何可分配的价值都是股份。

经过几天忙碌的工作，我根据与专家讨论时所使用的语言以及我们一起研究的场景，初步搭建起了一个股份模型，如图8-7所示。

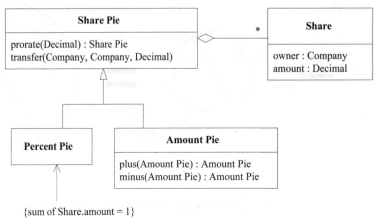

图8-7 股份的抽象模型

我同时也草绘了一个与股份模型搭配的新贷款模型。

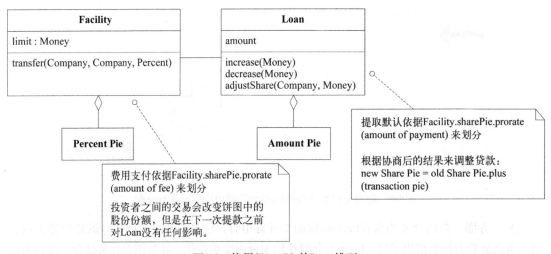

图8-8 使用Share Pie的Loan模型

现在Facility股份和Loan股份不再由专用对象来表示了。它们都被分解成了更直观的Share Pie。这种泛化引入了"股份数学"的概念，极大地简化了所有交易中的股份计算，同时也使这些计算更富有表达力、更简洁且更易于组合。

但最重要的是，新模型删除了不恰当的约束，这使得我们的问题迎刃而解。Loan的Share因而无需与Facility 的Share成比例，同时新模型仍然保留着对总额、费用分配等的有效约束。我们可以直接调整Loan的Share Pie，因此新模型也不再需要Loan Adjustment和大量处理特殊情况的逻辑了。

新模型中不再包含Loan Investment对象，我们此时才意识到"贷款投资"并不是一个银行业术语。事实上，业务专家早已多次告诉我们，他们不明白"贷款投资"是什么意思。但是他们还是尊重我们在软件方面的知识，并假定它对技术方面的设计是有所帮助的。而事实上，我们之所以创建它是因为没有完全理解领域。

这种看待领域的新方法使我们立即就可以毫不费力地处理之前遇到的所有场景，处理过程要比以往简单许多。业务专家认为我们的模型图非常合理，他们曾经指出我们之前的模型图对他们来说"技术性太强"了。即使只是在白板上画出草图，我们也能看出新模型能够彻底解决长期困扰我们的舍入计算问题，我们可以不再使用复杂的舍入代码了。

新模型的效果很好。非常非常好。

而我们都已疲惫不堪了！

8.1.4　冷静决策

你也许会认为我们在那时一定会洋洋自得。但我们没有。项目的期限很紧，而我们的进度已严重落后了。所以，那时我们最强烈的感受就是担忧。

重构的原则是始终小步前进，始终保持系统正常运转。但是要按照这个新模型来重构则需要修改大量的支持代码，在重构的过程中，系统几乎无法正常运转。我们能够看出一些力所能及的微小改进，但这些改进无法让我们实现新的领域概念。我们也知道通过一系列小改动可以实现新模型，但是在这个过程中必然会导致程序的一部分功能无法正常工作。而且在当时，自动化测试还没有广泛应用于这种项目。我们一无所有，所以肯定会出现一些让我们始料不及的破坏。

此外，重构是需要花费精力去实现的。但几个月以来，我们一直压力重重，早已筋疲力尽了。

这时，我们与项目经理开了一次会，这次会议令我终生难忘。我们的项目经理是个睿智而勇敢的人。他问了我们许多问题：

Q1：如果采用新设计，需要多久才能重新实现已有功能？

A1：大约3周。

Q2：不用新设计可以解决问题吗？

A2：有可能。但我们无法保证。

Q3：如果现在不采用新设计，可以继续进行下一个版本的开发吗？

A3：如果不做修改，开发进度会非常缓慢。而且我们的系统一旦有了客户群，再做修改就会变得更加困难。

Q4：这是不是正确的行动？

A4：我们知道目前的局面很不稳定，如果不是非做不可，我们也可以将就。而且我们都很疲惫了。但是，是的，这是个更加简单的解决方案，也更符合业务需求。从长远角度来看，它会降低风险。

他给我们开了绿灯，并告诉我们他会控制好局面。做出这种决定需要无比的勇气和信心，这使我一直对他钦佩不已。

我们全力以赴，在3个星期内完成了任务。这是个巨大的工程，但是却进展得异常顺利。

8.1.5　成果

项目需求不再有意外的、难以捉摸的改变了。舍入逻辑的实现虽然并不简单，却很稳定并且合理。我们交付了软件的第一个版本，第二个版本的开发思路也很清晰了。我的神经衰弱也多少有了好转。

在进行第二个版本的开发时，Share Pie成了整个程序的统一主题。技术人员和业务专家利用它来对系统进行讨论。市场人员使用它来向预期客户解释系统特性。这些预期客户和其他的客户都能立刻理解它，并且可以马上用它来讨论特性。由于它抓住了银团货款的核心问题，所以它真正成了UBIQUITOUS LANGUAGE的一部分。

8.2　机遇

当突破带来更深层的模型时，通常会令人感到不安。与大部分重构相比，这种变化的回报更多，风险也更高。而且突破出现的时机可能很不合时宜。

尽管我们希望进展顺利，但往往事与愿违。过渡到真正的深层模型需要从根本上调整思路，并且对设计做大幅修改。在很多项目中，建模和设计工作最重要的进展都来自于突破。

8.3　关注根本

不要试图去制造突破，那只会使项目陷入困境。通常，只有在实现了许多适度的重构后才有可能出现突破。在大部分时间里，我们都在进行微小的改进，而在这种连续的改进中模型深层含义也会逐渐显现。

要为突破做好准备，应专注于知识消化过程，同时也要逐渐建立健壮的UBIQUITOUS LANGUAGE。寻找那些重要的领域概念，并在模型中清晰地表达出来（参见第9章）。精化模型，使其更具柔性（参见第10章）。提炼模型（参见第15章）。利用这些更容易掌握的手段使模型变得更清晰，这通常会带来突破。

不要犹豫着不去做小的改进，这些改进即使脱离不开常规的概念框架，也可以逐渐加深我们对模型理解。不要因为好高骛远而使项目陷入困境。只要随时注意可能出现的机会就够了。

8.4 后记：越来越多的新理解

突破使我们走出了困境，但故事并没有就此结束。更深层次的模型为我们带来了意想不到的机会，它使应用程序的功能更加丰富，设计也更加清晰。

在Share Pie版本的程序发布几周之后，我们注意到在模型中还存在一个使设计变得复杂的地方。我们漏掉了一个重要的ENTITY，结果是本来应该由它承担的职责不得不由其他对象来完成。具体来说就是提取货款、缴纳费用等业务是由一些重要的规则控制的，而所有这些逻辑都分散在Facility和Loan中的各种方法里了。这些设计问题在Share Pie突破出现之前几乎没有引起我们的注意，但是随着我们对领域的理解日渐清晰，它们也变得明显起来。现在我们开始注意到，那些经常在讨论中出现的术语（如"交易"，代表一次金融交易）并没有体现在模型中，反而隐含在了那些复杂的方法里。

经过与之前类似的过程（但所幸的是，我们有了更加充足的时间），我们对领域的理解又向前迈进了一步，并获得了一个更深层次的模型。这个新模型不但使所有隐含的概念显现了出来，如Transaction，以及一个简化的Position（包括Facility和Loan的抽象类）。于是定义各种交易、交易规则、协商程序和审批流程就变得轻而易举了，而且实现这些概念的代码也相对来说变得更好理解了。

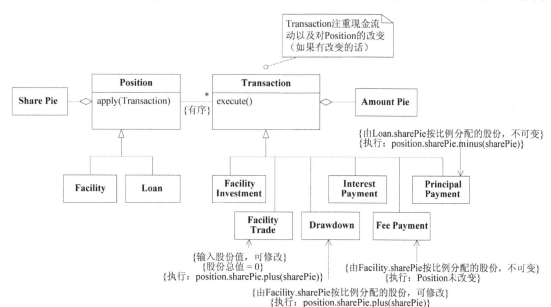

图8-9　几周之后的又一次模型突破。Transaction的约束可以被简单精确地表达出来

通常，在经过一次真正的突破并获得了深层模型之后，所获得的新设计变得更加清晰简单，新的UBIQUITOUS LANGUAGE也会增进沟通，于是又促成了下一次建模突破。

当大部分项目由于规模和复杂度的累积而举步维艰时，我们的项目却正在加速前进。

202
203

第9章

将隐式概念转变为显式概念

深层建模听起来很不错，但是我们要如何实现它呢？深层模型之所以强大是因为它包含了领域的核心概念和抽象，能够以简单灵活的方式表达出基本的用户活动、问题以及解决方案。深层建模的第一步就是要设法在模型中表达出领域的基本概念。随后，在不断消化知识和重构的过程中，实现模型的精化。但是实际上这个过程是从我们识别出某个重要概念并且在模型和设计中把它显式地表达出来的那个时刻开始的。

若开发人员识别出设计中隐含的某个概念或是在讨论中受到启发而发现一个概念时，就会对领域模型和相应的代码进行许多转换，在模型中加入一个或多个对象或关系，从而将此概念显式地表达出来。

有时，这种从隐式概念到显式概念的转换可能是一次突破，使我们得到一个深层模型。但更多的时候，突破不会马上到来，而需要我们在模型中显式表达出许多重要概念，并通过一系列重构不断地调整对象职责、改变它们与其他对象的关系、甚至多次修改对象名称，在这之后，突破才会姗姗而来。最后，所有事情都变得清晰了。但是要实现上述过程，必须首先识别出以某种形式存在的隐含概念，无论这些概念有多么原始。

9.1 概念挖掘

开发人员必须能够敏锐地捕捉到隐含概念的蛛丝马迹，但有时他们必须主动寻找线索。要挖掘出大部分的隐含概念，需要开发人员去倾听团队语言、仔细检查设计中的不足之处以及与专家观点相矛盾的地方、研究领域相关文献并且进行大量的实验。

9.1.1 倾听语言

你可能会想起这样的经历：用户总是不停地谈论报告中的某一项。该项可能来自各种对象的参数汇编，甚至还可能来自一次直接的数据库查询。同时，应用程序的另一部分也需要这个数据集来进行显示、报告或其他操作。但是，你却一直认为没有必要为此创建一个对象。也许你一直没有真正理解用户想通过某个特定术语传达的东西，也没有意识到它的重要性。

然后，你突然灵机一动。原来，报告中该项名称给出了一个重要的领域概念。你高兴地与专家谈起了这个新发现。他们可能会松一口气，因为你终于明白了。也可能会觉得很平常，因为他们一直认为这是理所当然的。不管专家们如何反应，你开始在白板上画模型图了（之前你也一直这么做）。用户会帮助你修正新模型连接方面的细节，但你明显感到讨论的质量有所提高。你和用户可以更加准确地理解对方，并且可以更加自然地用模型交互来演示特定场景。领域模型的语言也变得更加强大。然后，你可以重构代码来反映新模型，同时也会发现你的设计变得更加清晰了。

倾听领域专家使用的语言。有没有一些术语能够简洁地表达出复杂的概念？他们有没有纠正过你的用词（也许是很委婉的提醒）？当你使用某个特定词语时，他们脸上是否已经不再流露出迷惑的表情？这些都暗示了某个概念也许可以改进模型。

这不同于原来的"名词即对象"概念。听到新单词只是个开头，然后我们还要进行对话、消化知识，这样才能挖掘出清晰实用的概念。如果用户或领域专家使用了设计中没有的词汇，这就是个警告信号。而当开发人员和领域专家都在使用设计中没有的词汇时，那就是一个倍加严重的警告信号了。

或者，应该把这种警告看成一次机会。UBIQUITOUS LANGUAGE是由遍布于对话、文档、模型图甚至代码中的词汇构成的。如果出现了设计中没有的术语，就可以把它添加到通用语言中，这样也就有机会改进模型和设计了。

| 示例 | **听出运输模型中缺失的一个概念** |

团队已经开发出了可用来预订货物的有效应用程序。现在他们开始开发"作业支持"应用程序，此程序可帮助工作人员管理工作单，这些工作单用于安排起始地和目的地的货物装卸以及在不同货轮之间转运时需要的货物装卸。

预定应用程序使用一个路线引擎来安排货物行程。运输过程的每段行程都作为一行数据存储在数据库表中，其中指定了装载该货物的船名航次（某一货轮的某一航次）ID、装货地点以及卸货地点，如图9-1所示。

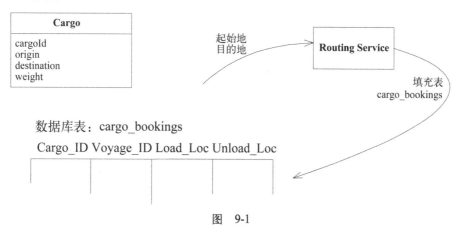

图　9-1

207 让我们来听听开发人员和运输专家之间的对话吧（对话已被高度简化）。

开发人员：我想要确认一下cargo bookings（货物预订）表中是否已包含了作业应用程序所需的全部数据。

专家：他们需要Cargo的全部航海日程（Itinerary）。现在表中有哪些信息？

开发人员：货物ID、船名航次以及每个航段的装货港口和卸货港口。

专家：那么日期呢？需要按照预计的时间来进行装卸工作。

开发人员：嗯，日期可以从船名航次安排中获得。该表的数据已经得到了规范化处理。

专家：是的，日期通常都是必需的数据。作业人员会用这类航海日程来安排后面的装卸工作。

开发人员：嗯……好的。他们肯定可以得到日期数据。作业管理应用程序可以提供全部装货和卸货信息以及每次装卸作业的日期。我猜这也就是你所说的"航海日程"。

专家：很好。航海日程是他们需要的主要数据。事实上，你知道，预订应用程序包含了一个菜单项，可以打印出航海日程或将航海日程通过电子邮件发送给顾客。你能想办法利用这个功能吗？

开发人员：我想那只是个报表。我们无法据此来开发作业应用程序。

[开发人员陷入了沉思，然后开始兴奋起来。]

开发人员：那么，航海日程实际上把预订程序和作业程序连接起来了。

专家：是的。它同时还连接了一些客户关系。

开发人员：[在白板上画出了一个草图。]那么，你觉得是这样的吗？

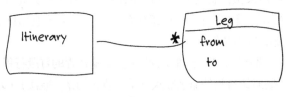

图 9-2

专家：是的，基本上是这样。在每段行程中，我们都希望看到船名航次、装货和卸货地点以208 及时间。

开发人员：所以，我们一旦创建了Leg（般段）对象，就能够从航次安排中获取时间信息。我们可以将Itinerary（航海日程）对象作为与作业应用程序联系的主要连接点。同时，还可以用这种方式重新编写航海日程报表，这样领域逻辑就重新回到领域层中了。

专家：有些地方我不太明白，但是你说对了Itinerary的两个主要用途，一是用在预订应用程序报表功能中，二是用在作业应用程序中。

开发人员：嘿！我们可以让Routing Service（路线服务）接口返回航程对象，而不用将数据写入数据库表。这样一来，路线引擎就不需要知道数据库表了。

专家：嗯？

开发人员：我是说，我可以让路线引擎只返回一个Itinerary。然后，预订应用程序在保存剩下的信息时把它一起存储到数据库中。

专家：你是说现在的程序并没有这么做吗？！

这位开发人员回去与负责路线处理的人员进行讨论。他们仔细研究了这会给模型和设计带来什么影响和变化，在必要的时候也去请教了运输专家。最后，他们得到了图9-3所示的模型。

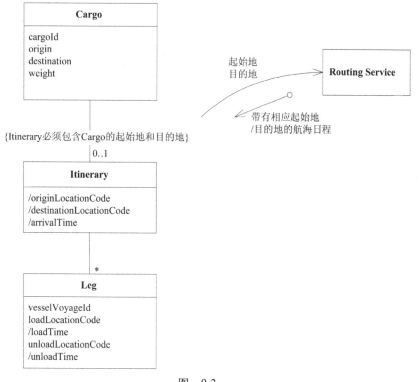

图 9-3

接下来，开发人员对代码进行了重构，以使它能反映出新的模型。在一周内，他们很快对代码作出了一系列的修改，每次修改都进行两到三次重构。但是他们还没有对预订应用程序中的航海日程报告进行简化，而简化工作将会在接下来的一周开始进行。

这位开发人员一直都在仔细倾听运输专家的见解，并注意到"航海日程"概念的重要性。事实上，所有的数据都已收集，在航海日程报告中也已隐含了操作行为，但是，把显式的Itinerary对象作为模型的一部分给他们带来了新的机会。

通过重构得到显式的Itinerary对象的益处是：

(1) 更明确地定义Routing Service接口；

(2) 将Routing Service与预订数据库表解耦——Routing Service无需关心存储逻辑；

（3）明确了预订应用程序和作业支持应用程序之间的关系（即共享Itinerary对象）；

（4）减少重复，因为Itinerary可同时为预订报表和作业支持应用程序提供装货/卸货时间；

（5）从预订报表中删除领域逻辑，并将其移至独立的领域层；

（6）扩充了UBIQUITOUS LANGUAGE，使得开发人员和领域专家之间或者开发人员内部能够更准确地讨论模型和设计。

9.1.2　检查不足之处

你所需要的概念并不总是浮在表面上，也绝不仅仅是通过对话和文档就能让它显现出来。有些概念可能需要你自己去挖掘和创造。要挖掘的地方就是设计中最不足的地方，也就是操作复杂且难于解释的地方。每当有新的需求时，似乎都会让这个地方变得更加复杂。

210 有时，你很难意识到模型中丢失了什么概念。也许你的对象能够实现所有的功能，但是有些职责的实现却很笨拙。而有时，你虽然能够意识到模型中丢失了某些东西，但是却无法找到解决方案。

这个时候，你必须积极地让领域专家参与到讨论中来。如果你足够幸运，这些专家可能会愿意一起思考各种想法，并通过模型来进行验证。如果你没那么幸运，你和你的同事就不得不自己思索出不同的想法，让领域专家对这些想法进行判断，并注意观察专家的表情是认同还是反对。

示例　**摸索利息计算模型**

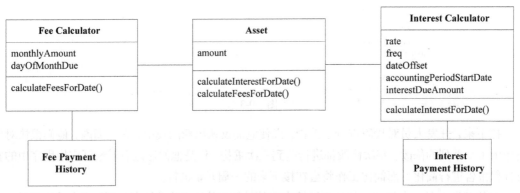

图9-4　笨拙的模型

下面的故事以一家假想的金融公司为背景，该公司经营商业贷款和其他一些生息资产。公司开发了一个用于跟踪这些投资及收益的应用程序，通过一项一项地添加功能来使它不断地发展。每天晚上，公司都会运行一个批处理脚本，用于计算当天所生成的利息和费用，并把它们相应地

211 记录到公司的财务软件中。

　　晚间批处理脚本会遍历每笔Asset（资产），并让其执行`calculateInterestForDate()`，按照当天的日期来计算利息。然后，该脚本会接收返回值（收益金额），并将它和指定分类账的名称一起发送给一个SERVICE（这个SERVICE提供了记账程序的公共接口）。再由记账软件将收入金额过账到指定的分类账中。这个脚本还会对每笔Asset当日的手续费做类似的处理，并记录到另一个不同的分类账中。

　　负责这个程序的一位开发人员一直在费力地应对日益复杂的利息计算。她开始怀疑应该能找到一个更适合完成此项任务的模型。于是，她向她熟识的领域专家寻求帮助，希望专家可以协助她深入研究这个问题。

　　开发人员：我们的Interest Calculator（利息计算器）太复杂了。

　　专家：这一部分确实很复杂。还有很多情况我们都推迟考虑了。

　　开发人员：我知道。我们可以使用另一个不同的Interest Calculator来添加新的利息类型。但现在最大的麻烦是，如果没有按时支付利息，该如何去处理由此引发的各种特殊情况。

　　专家：其实这些不算是特殊情况。人们支付利息的方式可以非常灵活。

　　开发人员：记得之前我们重构Asset，将Interest Calculator从中分离出来，这对开发工作大有帮助。我们可能还需要进一步分解Asset。

　　专家：没问题。

　　开发人员：我在想你们在讨论这种利息计算时可能有另外的方式。

　　专家：你指的是什么？

　　开发人员：举个例子，假设我们正在跟踪会计期（accounting period）内到期的未付利息。这种利息有名字吗？

　　专家：哦，实际上我们并不会这么做。利息收入和付款是完全独立的过账。

　　开发人员：所以你们不需要这个数字（到期的未付利息）？

　　专家：有时我们也许会看看，但这不是我们处理业务的方式。

　　开发人员：好吧。如果付款和利息是彼此独立的，也许我们应该这样建模。这看起来怎么样？[在白板上画出草图。]

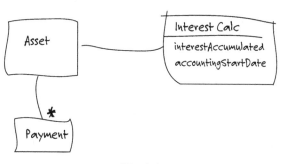

图　9-5

专家：我想这是合乎情理的。但你只是把它从一个地方移到了另一个地方。

开发人员：不过现在Interest Calculator只负责追踪利息收入了，付款的数目则是由Payment单独管理。这个模型并没有简化什么，但它是不是能够更好地反映出业务惯例呢？

专家：啊。我懂了。我们能够同时保留利息的历史记录吗？就像之前模型中的 Payment History（付款历史）一样。

开发人员：可以。这已经被作为一项新功能提出来了。但是，它本来应该在初始设计中就加进来。

专家：哦。是这样，我看到你以这种方式分离利息和Payment History，还以为你们要把利息分解并组织成类似于Payment History的结构。你对应计制会计（accrual basis accounting）有所了解吗？

开发人员：请解释一下。

专家：我们每天（或根据计划安排）都会把应计利息过账到收支总账中。而支付的过账方法则完全不同。你在这里把应计利息累加起来有点不大合适。

开发人员：你是说，如果我们保留"应计利息"列表，那么这些利息就可以根据需要来进计算总计或者……"过账"。

专家：应该是在应计日期过账，但是可以在任意时间内累加。费用的处理与此相同，当然，是要提交到另一个分类账中。

开发人员：事实上，如果只计算一天或一段时间的利息，问题就会简单得多。然后，我们就能够解决所有这些问题了。这看起来怎么样？

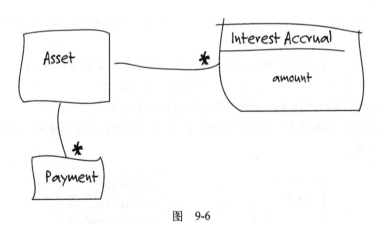

图   9-6

专家：不错。这看起来很好。我不明白为什么这对你来说会简单得多。但基本上，资产之所以有价值，就是因为通过它可以累积利息、费用等。

开发人员：你是说手续费也是一样的吗？它们……怎么说来着？……要过账到不同的分类账中？

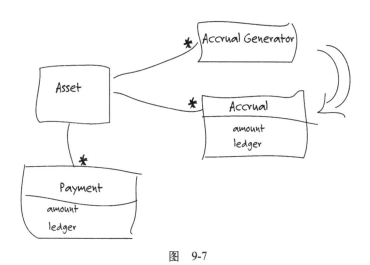

图　9-7

214

开发人员：在这个模型中，我们将Interest Calculator中的利息计算（或者说是应计费用的计算逻辑）与跟踪利息的功能分开了。直到现在我才注意到Fee Calculator与Interest Calculator有很多重复的地方。此外，现在不同类型的费用也可以轻松地添加进来了。

专家：是的。之前的计算也是正确的，但现在变得一目了然了。

由于Calculator类并没有直接与设计中的其他部分相关联，所以这其实是一个非常简单的重构。这位开发人员只需花几个小时就能够通过重写单元测试来验证新的语言，第二天新的设计就可以用了。最终，她得到了下面的模型。

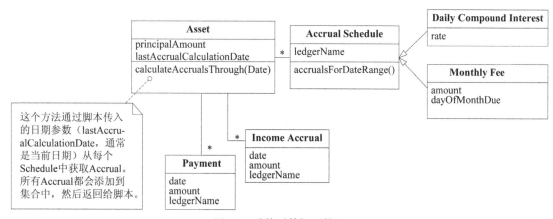

图9-8　重构后的深层模型

在重构后的应用程序中，夜间批处理脚本会通知每个Asset执行`calculateAccrualsThroughDate()`。其返回值是Accrual的集合，而其中的每笔金额都会过账到指定的分类账中。

新模型具有几个优点，包括：

(1) 术语"应计费用（accrual）"使UBIQUITOUS LANGUAGE更丰富；

(2) 将应计费用从付款中分离出来；

(3) 将领域知识（如过账到哪个分类账）从脚本中移出来，并放到领域层中；

215

(4) 将费用与利息统一，既能够符合业务逻辑，又可消除重复代码；

(5) 新形式的费用和利息可以通过Accrual Schedule直接添加到模型中。

这一次，开发人员不得不自己挖掘所需的新概念。她能够看出利息计算的不足之处，并坚持不懈地寻找更深层次的解决方案。

她很幸运地找到一位聪明且热忱的银行专家作为合作伙伴。如果合作的专家不那么主动的话，她可能会在初期犯更多的错误，而后则需要更多地依赖与其他开发人员进行头脑风暴来解决问题。这样，程序开发的进度会放慢，但还是有可能获得进展。

9.1.3   思考矛盾之处

由于经验和需求的不同，不同的领域专家对同样的事情会有不同的看法。即使是同一个人提供的信息，仔细分析后也会发现逻辑上不一致的地方。在挖掘程序需求的时候，我们会不断遇到这种令人烦恼的矛盾，但它们也为深层模型的实现提供了重要线索。有些矛盾只是术语说法上的不一致，有些则是由于误解而产生的。但还有一种情况是专家们会给出相互矛盾的两种说法。

天文学家伽利略曾提出过一个悖论。我们的感觉清楚地表明地球是静止的：人们既不会被吹走也不会被抛出去。然而哥白尼提出了一个很有说服力的观点，即地球是围绕着太阳飞速转动的。将这一矛盾统一起来可能会揭示出大自然运转的某种深奥的规律。

于是，伽利略设计了一个假想实验。如果一个骑手在奔跑的马背上丢下一个球，这个球会掉到哪里？显然，这个球会随着马一起向前移动，直到它落在马蹄旁边的地面上，就像马一直站着没动时一样。根据这个实验，伽利略推导出了惯性参考系思想的早期雏形，它可以解决前面提到的悖论并可引出更为实用的物理运动模型。

我们遇到的矛盾通常不会这么有趣，也不会具有如此深刻的意义。尽管如此，采用同样的思

216

考模式通常可以帮助我们透过问题领域的表面获得更深层的理解。

要解决所有矛盾是不太现实的，甚至是不需要的。（第14章将会深入探讨如何取舍以及如何处理结果。）然而，即使不去解决矛盾，我们也应该仔细思考对立的两种看法是如何同时应用于同一个外部现实的，这会给我们带来启示。

9.1.4   查阅书籍

在寻找模型概念时，不要忽略一些显而易见的资源。在很多领域中，你都可以找到解释基本

概念和传统思想的书籍。你依然需要与领域专家合作，提炼与你的问题相关的那部分知识，然后将其转化为适用于面向对象软件的概念。但是，查阅书籍也许能够使你一开始就形成一致且深层的认识。

示例 **借助参考书来设计利息计算模型**

让我们设想一下前面讨论的投资跟踪应用程序的另一个场景。与前面一样，这个故事的开头也是开发人员意识到设计变得越来越笨拙，特别是Interest Calculator。但是在这个场景中，领域专家主要负责其他工作，他对帮助软件开发项目并不十分感兴趣。在这里，开发人员不能指望专家与其一起进行头脑风暴，帮助她探寻隐藏于表象之下的遗漏概念。

于是，她去了书店。随意翻阅了几本书之后，她找到了一本自己比较喜欢的会计学入门书籍，并把它粗略浏览了一遍。她发现书中有一整套明确定义的概念体系。其中一段文字给了她特别大的启发：

> **应计制会计**。这种方法把所有已经产生的收入均计到收入中（即使尚未支付），所有支出也均在产生时显示出来（无论是已经支付还是以后才支付）。所有到期债务，包括税金，都列入费用。
>
> ——Suzanne Caplan的*Finance and Accounting: How to Keep Your Books and Manage Your Finances Without an MBA, a CPA or a Ph.D* [Adams Media, 2000]

开发人员再也不用自己去重新编造一个会计学出来了。在与其他开发人员进行了一些讨论之后，她设计出了一个模型，如图9-9所示。

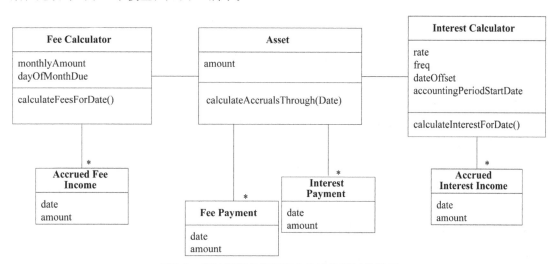

图9-9　通过阅读书籍而得来的略为深层的模型

她还没有认识到收入是由Asset产生的，所以模型中依然含有Calculator。分类账的概念还是包含在应用程序中，而不是在它本应归属的领域层中。但是，她确实将付款从应计收入中分离出来了（这曾是最大的问题）并且她将"应计费用"这个词引入到模型和UBIQUITOUS LANGUAGE中。在之后的迭代过程中，模型还会得到进一步的精化。

当这位开发人员终于有机会与领域专家讨论时，专家大吃一惊。她是专家遇到的第一个对其工作表现出些许兴趣的程序人员。由于职责分配的原因，专家从未像之前例子那样密切配合过——坐下来与她共同商讨模型问题。但是，这位开发人员从书中获取了知识，这使她能够提出很好的问题，所以自此以后，专家开始认真倾听她的见解，并尽力及时地回答她的问题。

当然，看书与咨询领域专家并不冲突。即便能够从领域专家那里得到充分的支持，花点时间从文献资料中大致了解领域理论也是值得的。虽然许多业务并不会像会计学或金融行业那样具有极其细致的模型，但大多数领域中都有一些擅于思考的人，他们已组织并抽象出了业务的一些通用的惯例。

开发人员还有另一个选择，就是阅读在此领域中有过开发经验的软件专业人员编写的资料。例如，《分析模式》[Fowler 1997]一书的第6章可能会为她提供一个完全不同的思考方向——无论这个方向会让开发变得更好还是更糟。阅读书籍并不能提供现成的解决方案，但可以为她提供一些全新的实验起点，以及在这个领域中探索过的人总结出来的经验。这样可以避免开发人员重复设计已有的概念。第11章将更深入地探讨这一主题。

9.1.5　尝试，再尝试

上面的例子并没有显示出不断尝试和出错的次数。在讨论过程中，我可能尝试六七种不同的思路，然后找到一个看起来足够清晰且实用的概念，并在模型中尝试它。后面，随着经验的积累和知识的消化，我们会有更好的想法，最终，这个概念至少会被替换一次。因此，建模人员/设计人员绝对不能固执己见。

并不是所有这些方向性的改变都毫无用处。每次改变都会把开发人员更深刻的理解添加到模型中。每次重构都使设计变得更灵活并且为那些可能需要修改的地方做好准备。

我们其实别无选择。只有不断尝试才能了解什么有效什么无效。企图避免设计上的失误将会导致开发出来的产品质量低劣，因为没有更多的经验可用来借鉴，同时也会比进行一系列快速实验更加费时。

9.2　如何为那些不太明显的概念建模

面向对象范式会引导我们去寻找和创造特定类型的概念。所有事物（即使是像"应计费用"这种非常抽象的概念）及其操作行为是大部分对象模型的主要部分。它们就是面向对象设计入门书籍所讲到的"名词和动词"。但是，其他重要类别的概念也可以在模型中显式地表现出来。

　　下面我将会描述3个这样的类别，我在开始接触对象时，对它们的认识并不够清晰。我每学会一个这样的类别，就会让设计变得更加清晰深刻。

219

9.2.1　显式的约束

　　约束是模型概念中非常重要的类别。它们通常是隐含的，将它们显式地表现出来可以极大地提高设计质量。

　　有时，约束很自然地存在于对象或方法中。Bucket（桶）对象必须满足一个固定规则——内容（contents）不能超出它的容量（capacity），如图9-10所示。

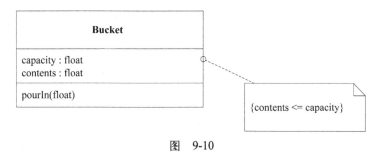

图　9-10

这样一个简单的固定规则可以在每次可改变内容的操作中使用一个逻辑判断来保证。

9

```
class Bucket {
    private float capacity;
    private float contents;

    public void pourIn(float addedVolume) {
        if (contents + addedVolume > capacity) {
            contents = capacity;
        } else {
            contents = contents + addedVolume;
        }
    }
}
```

这里的逻辑非常简单，规则也很明显。但是不难想象，在更复杂的类中这个约束可能会丢失。让我们把这个约束提取到一个单独的方法中，并用清晰直观的名称来表达它的意义。

```
class Bucket {
    private float capacity;
    private float contents;

    public void pourIn(float addedVolume) {
```

220

```
        float volumePresent = contents + addedVolume;
        contents = constrainedToCapacity(volumePresent);
    }

    private float constrainedToCapacity(float volumePlacedIn) {
        if (volumePlacedIn > capacity) return capacity;
        return volumePlacedIn;
    }
}
```

这两个版本的代码都实施了约束，但是第二个版本与模型的关系更为明显（这也是MODEL-DRIVEN DESIGN的基本需求）。这个规则十分简单，使用最初形式的代码也很容易理解，但如果要是执行的规则比较复杂的话，它们就会像所有隐式概念一样淹没掉被约束的对象或操作。将约束条件提取到其自己的方法中，这样就可以通过方法名来表达约束的含义，从而在设计中显式地表现出这条约束。现在这个约束条件就是 一个"有名有姓"的概念了，我们可以用它的名字来讨论它。这种方式也为约束的扩展提供了空间。比这更复杂的规则很容易就会产生比其调用者（在这里就是pourIn()方法）更长的方法。这样，调用者就可以简单一些，并且只专注于处理自己的任务，而约束条件则可以根据需要进行扩展。

这种独立方法为约束预留了一定的增加空间，但是在很多时候，约束条件是无法用单独的方法来轻松表达的。或者，即使方法自身能够保持其简单性，但它可能会调用一些信息，但对于对象的主要职责而言，这些信息毫无用处。这种规则可能就不适合放到现有对象中。

下面是一些警告信号，表明约束的存在正在扰乱其"宿主对象"（Host Object）的设计。

(1) 计算约束所需的数据从定义上看并不属于这个对象。

(2) 相关规则在多个对象中出现，造成了代码重复或导致不属于同一族的对象之间产生了继承关系。

(3) 很多设计和需求讨论是围绕这些约束进行的，而在代码实现中，它们却隐藏在过程代码中。

[221]

如果约束的存在掩盖了对象的基本职责，或者如果约束在领域中非常突出但在模型中却不明显，那么就可以将其提取到一个显式的对象中，甚至可以把它建模为一个对象和关系的集合。（*The Object Constraint Language: Precise Modeling with UML* [Warmer and Kleppe 1999]一书中提供了关于这个问题的半正式的深入解决方案。）

示例   **复核：超订策略**

在第1章中，我们讨论了一个常见的运输业务惯例：预订超出运输能力10%的货物。（货运公司的经验表明，这种程度的超定可以抵消因客户临时取消订单而空出来的舱位，这样货轮基本能够满载起航。）

通过加入一个新类来反映Voyage和Cargo关联中的约束，该约束不管是在图表中还是在代码中都能显式地体现出来，如图9-11所示。

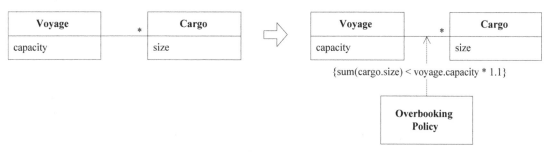

图9-11　为显式表达超订策略而重构的模型

要查看完整例子的代码和思路，请参阅1.4节示例。

9.2.2　将过程建模为领域对象

首先要说明的是，我们都不希望过程变成模型的主要部分。对象是用来封装过程的，这样我们只需考虑对象的业务目的或意图就可以了。

在这里，我们讨论的是存在于领域中的过程，我们必须在模型中把这些过程表示出来。否则当这些过程显露出来时，往往会使对象设计变得笨拙。

本章的第一个例子描述了用来安排货运路线的运输系统。安排路线的过程具有业务意义。SERVICE是显式表达这种过程的一种方式，同时它还会将异常复杂的算法封装起来。

如果过程的执行有多种方式，那么我们也可以用另一种方法来处理它，那就是将算法本身或其中的关键部分放到一个单独的对象中。这样，选择不同的过程就变成了选择不同的对象，每个对象都表示一种不同的STRATEGY。（第12章将会更详细地讨论如何在领域中使用STRATEGY。）

过程是应该被显式表达出来，还是应该被隐藏起来呢？区分的方法很简单：它是经常被领域专家提起呢，还是仅仅被当作计算机程序机制的一部分？

约束和过程是两大类模型概念，当我们用面向对象语言编程时，不会立即想到它们，然而它们一旦被我们视为模型元素，就真的可以让我们的设计更为清晰。

有些类别的概念很实用，但它们可应用的范围要窄很多。为了使本章的讨论更全面，我会探讨一个更特殊但也非常常用的概念——规格（specification）。"规格"提供了用于表达特定类型的规则的精确方式，它把这些规则从条件逻辑中提取出来，并在模型中把它们显式地表示出来。

SPECIFICATION是我与Martin Fowler[Evans and Fowler 1997]协作开发出来的。这个概念看起来很简单，但是应用和实现中起来却很微妙，因此在本节中会有大量的细节描述。在第10章中还会继续讨论SPECIFICATION，并对这种模式进行扩展。在阅读完接下来对该模式的初步解释后，你可

223 以跳过9.2.4节，等到你真正想要应用这种模式时再回来阅读也不迟。

9.2.3　模式：SPECIFICATION

在所有类型的应用程序中，都会有布尔值测试方法，实际上它们只是些小规则。只要它们很简单，就可以用测试方法（如anIterator.hasNext()或anInvoice.isOverdue()）来处理它们。在Invoice类中，isOverdue()的代码是计算一条规则的算法。例如：

```
public boolean isOverdue() {
    Date currentDate = new Date();
    return currentDate.after(dueDate);
}
```

但是并非所有规则都如此简单。在同一个Invoice（发票）类中，还有另外一个规则anInvoice.isDelinquent()，它一开始也是用来检查Invoice是否过期的，但仅仅是开始部分。根据客户账户状态的不同，可能会有宽限期政策。一些拖欠票据正准备再一次发出催款通知，而另一些则准备发给收账公司。此外，还要考虑客户的付款历史纪录、公司在不同产品线上的政策等。Invoice作为付款请求是明白无误的，但它很快就会消失在大量杂乱的规则计算代码中。Invoice还会发展出对领域类和子系统的各种依赖关系，而这些领域类和子系统与Invoice的基本含义无关。

到了这一步，为了简化Invoice类，开发人员通常会将规则计算代码重构到应用层中（在这里就是账单收集应用程序）。现在规则已经从领域层中分离出来，留下了一个纯粹的数据对象，它将不再表达本来应该在业务模型中表示的规则。这些规则需要保留在领域层中，但是把它们放到被其约束的对象（在这里是Invoice）里又不合适。此外，计算规则的方法中到处都是条件代码，这也使得规则变得复杂难懂。

那些使用逻辑编程范式的开发人员会用一种不同的方式来处理这种情况。这种规则被称为谓 224 词。谓词是指计算结果为"真"或"假"的函数，并且可以使用操作符（如AND和OR）把它们连接起来以表达更复杂的规则。通过谓词，我们可以显式地声明规则并在Invoice中使用这些规则。但前提是必须使用逻辑范式。

认识到这一点后，人们已经开始尝试以对象的形式来实现逻辑规则。在这些尝试中，有些很成熟，有些则很幼稚。有些很激进，有些则很谨慎。有些被证明很有价值，有些则被当作失败的试验丢到一边。虽然项目允许进行几次这样的尝试，但是，有一件事情是很清楚的：无论这个想法多么吸引人，完全用对象来实现逻辑可是个大工程。（毕竟，逻辑编程本身就是一套建模和设计范式。）

业务规则通常不适合作为ENTITY或VALUE OBJECT的职责，而且规则的变化和组合也会掩盖领域对象的基本含义。但是将规则移出领域层的结果会更糟糕，因为这样一来，领域代码就不再表达模型了。

逻辑编程提供了一种概念，即"谓词"这种可分离、可组合的规则对象，但是要把这种概念用对象完全实现是很麻烦的。同时，这种概念过于通用，在表达设计意图方面，它的针对性不如专门的设计那么好。

幸运的是，我们并不真正需要完全实现逻辑编程即可从中受益。大部分规则可以归类为几种特定的情况。我们可以借用谓词概念来创建可计算出布尔值的特殊对象。那些难于控制的测试方法可以巧妙地扩展出自己的对象。它们都是些小的真值测试，可以提取到单独的VALUE OBJECT中。而这个新对象则可以用来计算另一个对象，看看谓词对那个对象的计算是否为"真"。

图 9-12

换言之，这个新对象就是一个规格。SPECIFICATION（规格）中声明的是限制另一个对象状态的约束，被约束对象可以存在，也可以不存在。SPECIFICATION有多种用途，其中一种体现了最基本的概念，这种用途是：SPECIFICATION可以测试任何对象以检验它们是否满足指定的标准。

因此：

为特殊目的创建谓词形式的显式的VALUE OBJECT。SPECIFICATION就是一个谓词，可用来确定对象是否满足某些标准。

许多SPECIFICATION都是具有特殊用途的简单测试，就像在拖欠票据示例中的规格一样。当规则很复杂时，可以扩展这种概念，对简单的规格进行组合，就像用逻辑运算符把多个谓词组合起来一样。（这种技术将在下一章中讨论。）基本模式保持不变，并且提供了一种从简单模型过渡到复杂模型的途径。

拖欠票据的例子可以使用SPECIFICATION来建模，如图9-13所示。在规格中声明拖欠的含义，对任意的Invoice对象进行计算并做出判断。

SPECIFICATION将规则保留在领域层。由于规则是一个完备的对象，所以这种设计能够更加清晰地反映模型。利用工厂，可以用来自其他资源（如客户账户或者企业政策数据库）的信息对规格进行配置。之所以使用FACTORY，是为了避免Invoice直接访问这些资源，因为这样会使得Invoice与这些资源发生不正确的关联（Invoice的基本职责是请求付款，而这些资源与这一职责无关）。在这个例子中，我们将创建Delinquent Invoice Specification（拖欠发票规格）来对一些发票进行评估，这个SPECIFICATION用过之后就被丢掉，因此可以将评估日期直接放在

SPECIFICATION中，这真是一次不错的简化。我们可以用简单直接的方式为SPECIFICATION提供完成其职责所需的信息。

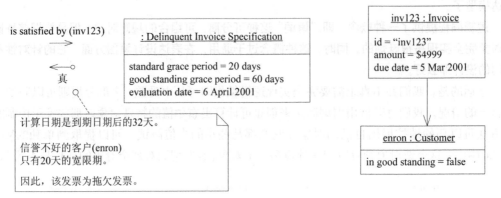

图9-13   作为SPECIFICATION被提取出来的更为详细的拖欠规则

＊   ＊   ＊

SPECIFICATION的基本概念非常简单，这能帮助我们思考领域建模问题。但是MODEL-DRIVEN DESIGN要求我们开发出一个能够把概念表达出来的有效实现。要实现这个目标，必须要更深入地挖掘应用这个模式的方法。领域模式不仅仅是UML图中好的想法，也应该可以为MODEL-DRIVEN DESIGN中的编程问题提供解决方案。

只要恰当地应用模式，就可以得出一整套如何解决领域建模问题的思路，同时也可以从这种长时间搜寻有效实现的经验中受益。下面的SPECIFICATION讨论详细介绍了功能和实现方法的多种选择。模式并不像菜谱那么死板。它可以让你以模式的经验为起点来开发自己的解决方案，并为你讨论手头工作提供了语言。

在第一次阅读时，你可以快速浏览关键概念。以后碰到具体情况时，可以再回过头来阅读并从细节讨论中获取经验。然后就可以开始设计你自己的解决方案了。

9.2.4   SPECIFICATION的应用和实现

SPECIFICATION最有价值的地方在于它可以将看起来完全不同的应用功能统一起来。出于以下3个目的中的一个或多个，我们可能需要指定对象的状态。

(1) 验证对象，检查它是否能满足某些需求或者是否已经为实现某个目标做好了准备。

(2) 从集合中选择一个对象（如上述例子中的查询过期发票）。

(3) 指定在创建新对象时必须满足某种需求。

这3种用法（验证、选择和根据要求来创建）从概念层面上来讲是相同的。如果没有诸如SPECIFICATION这样的模式，相同的规则可能会表现为不同的形式，甚至有可能是相互矛盾的形式。

这样就会丧失概念上的统一性。通过应用SPECIFICATION模式，我们可以使用一致的模型，尽管在实现时可能需要分开处理。

验证

规格的最简单用法是验证，这种用法也最能直观地展示出它的概念，如图9-14所示。

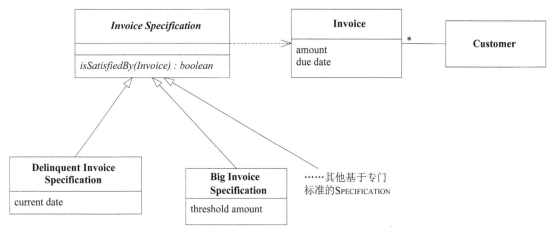

图9-14　应用SPECIFICATION进行验证的模型

```
class DelinquentInvoiceSpecification extends
        InvoiceSpecification {
    private Date currentDate;
    // An instance is used and discarded on a single date

    public DelinquentInvoiceSpecification(Date currentDate) {
        this.currentDate = currentDate;
    }

    public boolean isSatisfiedBy(Invoice candidate) {
        int gracePeriod =
            candidate.customer().getPaymentGracePeriod();
        Date firmDeadline =
            DateUtility.addDaysToDate(candidate.dueDate(),
                gracePeriod);
        return currentDate.after(firmDeadline);
    }

}
```

现在，假设当销售人员看到一个欠账客户的信息时，系统需要显示一个红旗标识。我们只需要在客户类中编写一个方法即可，类似于下面这段代码：

```
public boolean accountIsDelinquent(Customer customer) {
    Date today = new Date();
    Specification delinquentSpec =
        new DelinquentInvoiceSpecification(today);
    Iterator it = customer.getInvoices().iterator();
    while (it.hasNext()) {
        Invoice candidate = (Invoice) it.next();
        if (delinquentSpec.isSatisfiedBy(candidate)) return true;
    }
    return false;
}
```

选择（或查询）

验证是对一个独立的对象进行测试，检查它是否满足某些标准，然后客户可能根据验证的结论来采取行动。另一种常见需求是根据某些标准从对象集合中选择一个子集。SPECIFICATION概念同样可以在此应用，但是实现问题会有所不同。

假设应用程序的需求是列出所有拖欠发票的客户。那么从理论上来说，我们依然可以使用之前定义的Delinquent Invoice Specification，但实际上我们可能不得不去修改它的实现。为了证明二者的概念是相同的，让我们首先假设发票的数量很少，可能已经全部装入内存了。在这种情况下，验证功能的最直接实现方式依然可用。Invoice Repository可以用一个一般化的方法来基于SPECIFICATION选择Invoice：

```
public Set selectSatisfying(InvoiceSpecification spec) {

    Set results = new HashSet();
    Iterator it = invoices.iterator();
    while (it.hasNext()) {
        Invoice candidate = (Invoice) it.next();
        if (spec.isSatisfiedBy(candidate)) results.add(candidate);
    }

    return results;
}
```

这样，用一行代码即可获得所有拖欠发票的集合：

```
Set delinquentInvoices = invoiceRepository.selectSatisfying(
    new DelinquentInvoiceSpecification(currentDate));
```

上面这行代码建立了操作背后的概念。当然，Invoice对象可能并不在内存中。也有可能会有成千上万个Invoice对象。在典型的业务系统中，数据很可能会存储在关系数据库中。我们在前面的章节中曾经指出，在与其他技术交互使用时，很容易分散我们对模型的注意力。

关系数据库具有强大的查询能力。我们如何才能充分利用这种能力来有效解决这一问题，同时又能保留SPECIFICATION模型呢？MODEL-DRIVEN DESIGN要求模型与实现保持同步，但它同时也让我们可以自由选择能够准确捕捉模型意义的实现方式。幸运的是，SQL是用于编写SPECIFICATION的一种很自然的方式。

下面是个简单的例子，其中查询被封装在验证规则所在的类中。我们在Invoice Specification中添加了一个方法，该方法在Delinquent Invoice Specification子类中得以实现：

```
public String asSQL() {
    return
        "SELECT * FROM INVOICE, CUSTOMER" +
        "  WHERE INVOICE.CUST_ID = CUSTOMER.ID" +
        "  AND INVOICE.DUE_DATE + CUSTOMER.GRACE_PERIOD" +
        "    < " + SQLUtility.dateAsSQL(currentDate);
}
```

SPECIFICATION与REPOSITORY的搭配非常合适，REPOSITORY作为一种构造块机制，提供了对领域对象的查询访问，并且把数据库接口封装起来（参见图9-15）。

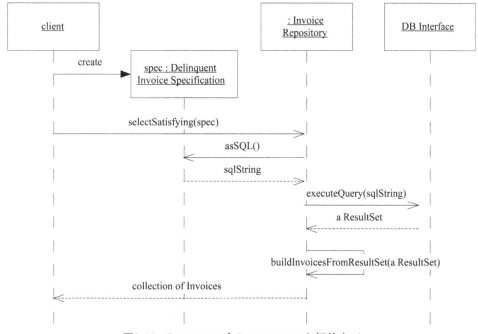

图9-15 REPOSITORY和SPECIFICATION之间的交互

现在的设计有一些问题。最重要的问题是，表结构的细节本应该被隔离到一个映射层中（这个映射层把领域对象关联到关系表），现在却泄漏到了DOMAIN LAYER中。这样一来，这些表结构信息发生了隐性的重复，因此导致对Invoice和Customer对象的修改和维护变得很麻烦，因为现在必须在多个地方跟踪它们的映射变化。但是，这个例子只是一个简单的例证，用来说明如何将规则放在一个地方。一些对象关系映射框架提供了用模型对象和属性来表达这种查询的方式，并在基础设施层中创建实际的SQL语句。这样就可以两全其美了。

　　如果无法把SQL语句创建到基础设施中，还可以重写一个专用的查询方法并把它添加到Invoice Repository中，这样就把SQL语句从领域对象中分离出来了。为了避免在REPOSITORY中嵌入规则，必须采用更为通用的方式来表达查询，这种方式不捕捉规则但是可以通过组合或放置在上下文中来表达规则（在这个例子中，使用的是双分派模式）。

```
public class InvoiceRepository {

    public Set selectWhereGracePeriodPast(Date aDate){
        //This is not a rule, just a specialized query
        String sql = whereGracePeriodPast_SQL(aDate);
        ResultSet queryResultSet =
            SQLDatabaseInterface.instance().executeQuery(sql);
        return buildInvoicesFromResultSet(queryResultSet);
    }

    public String whereGracePeriodPast_SQL(Date aDate) {
        return
            "SELECT * FROM INVOICE, CUSTOMER" +
            "  WHERE INVOICE.CUST_ID = CUSTOMER.ID" +
            "  AND INVOICE.DUE_DATE + CUSTOMER.GRACE_PERIOD" +
            "    < " + SQLUtility.dateAsSQL(aDate);
    }

    public Set selectSatisfying(InvoiceSpecification spec) {
        return spec.satisfyingElementsFrom(this);
    }
}
```

[231]

Invoice Specification中的asSql()方法被替换为satisfyingElementsFrom(Invoice-Repository)，并在Delinquent Invoice Specification中以如下的方式实现：

```
public class DelinquentInvoiceSpecification {
    // Basic DelinquentInvoiceSpecification code here

    public Set satisfyingElementsFrom(
                    InvoiceRepository repository) {
        //Delinquency rule is defined as:
        //   "grace period past as of current date"
        return repository.selectWhereGracePeriodPast(currentDate);
    }
}
```

　　这段代码将SQL置于REPOSITORY中，而应该使用哪个查询则由SPECIFICATION来控制。SPECIFICATION中并没有定义完整的规则，但规则的核心已位于其中——指明了什么条件构成了拖欠（即超过宽限期）。

现在，REPOSITORY中包含的查询非常具有针对性，可能只适用于这种情况。虽然这是可以接受的，但是根据拖欠发票在过期发票中所占数量的不同，我们可以选择一种更通用的REPOSITORY解决方案，使得性能仍然很好，同时又使SPECIFICATION的使用更易理解。

```
public class InvoiceRepository {

    public Set selectWhereDueDateIsBefore(Date aDate) {
        String sql = whereDueDateIsBefore_SQL(aDate);
        ResultSet queryResultSet =
            SQLDatabaseInterface.instance().executeQuery(sql);
        return buildInvoicesFromResultSet(queryResultSet);
    }
    public String whereDueDateIsBefore_SQL(Date aDate) {
        return
            "SELECT * FROM INVOICE" +
            "  WHERE INVOICE.DUE_DATE" +
            "     < " + SQLUtility.dateAsSQL(aDate);
    }

    public Set selectSatisfying(InvoiceSpecification spec) {
        return spec.satisfyingElementsFrom(this);
    }
}


public class DelinquentInvoiceSpecification {
    //Basic DelinquentInvoiceSpecification code here

    public Set satisfyingElementsFrom(
                        InvoiceRepository repository) {
        Collection pastDueInvoices =
            repository.selectWhereDueDateIsBefore(currentDate);

        Set delinquentInvoices = new HashSet();
        Iterator it = pastDueInvoices.iterator();
        while (it.hasNext()) {
            Invoice anInvoice = (Invoice) it.next();
            if (this.isSatisfiedBy(anInvoice))
                delinquentInvoices.add(anInvoice);
        }
        return delinquentInvoices;
    }
}
```

因为我们取出了更多Invoice并在内存中对其进行筛选，上面的代码会有性能方面的影响。这种以降低性能来实现更好的职责分离的代价是否可以接受完全取决于环境因素。SPECIFICATION和REPOSITORY之间的交互有很多种实现方式，不但能够利用开发平台的优势，还可以保证基本职责的实施。

有时，为了改善性能（或者更有可能是为了加强安全性），我们可能把查询实现为服务器上的存储过程。在这种情况下，SPECIFICATION可能只带有存储过程允许的参数。除此之外，这些不同实现之间的模型并没有什么不同。我们可以自由选择实现方式，除非模型中有特别的约束条件。这么做的代价是更加难于编写和维护查询。

上面的讨论基本上没有涉及将SPECIFICATION与数据库结合时所面临的挑战，我并不想在这里说明所有可能需要考虑的问题，而只是想简单介绍一下必须要做出的选择。Mee和Hieatt在[Fowler 2002]中讨论了用规格设计REPOSITORY时遇到的一些技术问题。

根据要求来创建（生成）

如果五角大楼需要一架新式的喷气式战斗机，政府官员们会先编写规格。在规格中可能会要求这架喷气机的速度达到2马赫，航程1800英里，并且成本不高于5000万美元，等等。无论规格有多详细，它都不是飞机的设计，更不是飞机本身。航空航天工程公司将接受这份规格并且据此创建出一个或多个设计。各个竞争公司可能会提出不同的设计，所有这些方案都需要满足原始规格。

很多计算机程序都能够生成一些工件，这些工件是需要被指定的。当你在字处理软件文档中插入图片时，文字会环绕在图片周围。你已指定了图片的位置，可能也指定了文字环绕的样式。这样，字处理软件就可以按照你指定的规格来将页面上的文字摆放到正确的位置。

尽管乍看起来并不明显，但是这种SPECIFICATION概念与应用于验证和选择的规格并无二致。都是在为尚未创建的对象指定标准。但是，SPECIFICATION的实现则会大不相同。这种SPECIFICATION与查询不同，它不用来过滤已存在对象；也与验证不同，并不用来测试已有对象。在这里，我们要创建或重新配置满足SPECIFICATION的全新对象或对象集合。

如果不使用SPECIFICATION，可以编写一个生成器，其中包含可创建所需对象的过程或指令集。这种代码隐式地定义了生成器的行为。

反过来，我们也可以使用描述性的SPECIFICATION来定义生成器的接口，这个接口就显式地约束了生成器产生的结果。这种方法具有以下几个优点。

- □ 生成器的实现与接口分离。SPECIFICATION声明了输出的需求，但没有定义如何得到输出结果。
- □ 接口把规则显式地表示出来，因此开发人员无需理解所有操作细节即可知晓生成器会产生什么结果。而如果生成器是采用过程化的方式定义的，那么要想预测它的行为，唯一的途径就是在不同的情况下运行或去研究每行代码。
- □ 接口更为灵活，或者说我们可以增强其灵活性，因为需求由客户给出，生成器唯一的职责就是实现SPECIFICATION中的要求。

❑ 最后一点也很重要。这种接口更加便于测试，因为接口显式地定义了生成器的输入，而这同时也可用来验证输出。也就是说，传入生成器接口的用于约束创建过程的同一个SPECIFICATION也可发挥其验证的作用（如果实现方式能够支持这一点的话），以保证被创建的对象是正确的。（这是ASSERTION的例子，将会在第10章中讨论。）

根据要求来创建可以是从头创建全新对象，也可以是配置已有对象来满足SPECIFICATION。

235

| 示例 | **化学品仓库打包程序** |

假设有一个仓库，里面用类似于货车车厢的大型容器存放各种化学品。有些化学品是惰性的，可以随意摆放。有些则是易挥发的，必须放于特制的通风容器中。还有一些是易爆品，必须保存于特制的防爆容器中。还有一些规则是关于如何在容器中混装化学品的。

我们的目标是编写出一个软件，用于寻找一种安全而高效地在容器中放置化学品的方式，如图9-16所示。

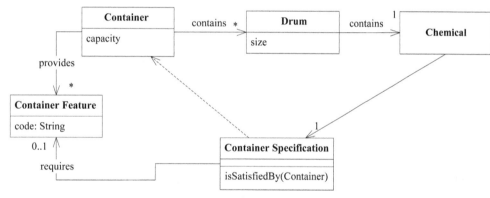

图9-16　仓库存储模型

我们可以首先从编写一个过程——取出一个化学品并将其置于一个容器中——开始，但是让我们从验证问题开始着手吧。这种方式让我们必须显式描述规则，同时也提供了一种测试最终实现的方式。

每种化学品都有一个容器SPECIFICATION。

化 学 品	容器SPECIFICATION
TNT	防爆容器
砂	
生物样本	不能与易爆品混装
氨水	通风容器

现在，如果将这些规格编写成Container Specification，就可以提出一种把化学品混装在容器

中的配置方法，并测试它是否满足这些约束条件。

容器特性	物　品	是否满足规格？
防　　爆	20 磅 TNT	✓
	500 磅砂	
	50 磅 生物样本	✓
	氨水	✗

Container Specification的isSatisfied()方法用来检查是否存在所需的ContainerFeature。例如，易爆化学品的规格会寻找"防爆"特性：

```
public class ContainerSpecification {
    private ContainerFeature requiredFeature;

    public ContainerSpecification(ContainerFeature required) {
        requiredFeature = required;
    }

    boolean isSatisfiedBy(Container aContainer){
        return aContainer.getFeatures().contains(requiredFeature);
    }
}
```

下面是设置易爆化学品的客户端示例代码：

```
tnt.setContainerSpecification(
        new ContainerSpecification(ARMORED));
```

Container对象的isSafelyPacked()方法用来保证Container具有Chemical要求的所有特性。

```
boolean isSafelyPacked(){
    Iterator it = contents.iterator();
    while (it.hasNext()) {
        Drum drum = (Drum) it.next();
        if (!drum.containerSpecification().isSatisfiedBy(this))
            return false;
    }
    return true;
}
```

到了这一步，我们就可以编写一个监控程序，用来监视库存数据库并报告不安全状况。

```
Iterator it = containers.iterator();
while (it.hasNext()) {
    Container container = (Container) it.next();
    if (!container.isSafelyPacked())
        unsafeContainers.add(container);
```

}

　　客户并没有要求我们编写这样一个软件。让业务人员知道这个程序当然很好，但客户的要求是设计一个打包程序。而现在我们得到的是打包的测试程序。这些对领域的理解和基于SPECIFICATION的模型使我们有能力为服务定义一个清晰而简单的接口，这个服务可接受Drum和Container集合并将它们按照规则进行打包。

237

```java
public interface WarehousePacker {
    public void pack(Collection containersToFill,
        Collection drumsToPack) throws NoAnswerFoundException;

        /* ASSERTION: At end of pack(), the ContainerSpecification
        of each Drum shall be satisfied by its Container.
        If no complete solution can be found, an exception shall
        be thrown. */

}
```

　　现在，为履行Packer服务的职责，我们的任务就是设计一个优化的约束求解方案。这一任务已经与程序中的其他部分分离开来，因此其他部分的实现机制不会对这个部分的设计产生影响。（详见第10章和第15章。）然而，控制打包的规则并没有从领域对象中提取出来。

9

示例　　**仓库打包程序的可工作的原型**

　　为了让仓库打包软件有效工作而编写优化逻辑，这是一项艰巨的工作。一个小组的开发人员和业务专家已经分头开始工作了，但是编码工作尚未进行。同时，另一个小组正在开发一个应用程序，该程序允许用户从数据库中获取库存并提交给Packer处理，最后分析打包结果。这个小组是面向预期的Packer进行设计的。但是他们能做的只是模拟一个用户界面，编写一些数据库集成代码。他们无法为用户显示一个具有实际行为的界面，因此无法获得良好的反馈。同样，Packer小组也在闭门造车。

　　通过仓库打包程序示例中创建的领域对象和SERVICE接口，开发应用程序的小组认识到他们可以构建一个非常简单的Packer实现代码，这有助于开发工作获得进展，同时可以与其他小组协同工作并建立起反馈循环，但这只有在端到端的系统中才可以完全发挥作用。

238

```java
public class Container {
    private double capacity;
    private Set contents; //Drums

    public boolean hasSpaceFor(Drum aDrum) {
        return remainingSpace() >= aDrum.getSize();
```

```
        }

        public double remainingSpace() {
            double totalContentSize = 0.0;
            Iterator it = contents.iterator();
            while (it.hasNext()) {
                Drum aDrum = (Drum) it.next();
                totalContentSize = totalContentSize + aDrum.getSize();
            }
            return capacity - totalContentSize;
        }

        public boolean canAccommodate(Drum aDrum) {
            return hasSpaceFor(aDrum) &&
                aDrum.getContainerSpecification().isSatisfiedBy(this);
        }

    }


public class PrototypePacker implements WarehousePacker {

    public void pack(Collection containers, Collection drums)
                                throws NoAnswerFoundException {

        /* This method fulfills the ASSERTION as written. However,
           when an exception is thrown, Containers' contents may
           have changed. Rollback must be handled at a higher
           level. */

        Iterator it = drums.iterator();
        while (it.hasNext()) {
            Drum drum = (Drum) it.next();
            Container container =
                findContainerFor(containers, drum);
            container.add(drum);
        }
    }
    public Container findContainerFor(
                Collection containers, Drum drum)
                throws NoAnswerFoundException {
        Iterator it = containers.iterator();
        while (it.hasNext()) {
            Container container = (Container) it.next();
            if (container.canAccommodate(drum))
```

239

```
        return container;
    }
    throw new NoAnswerFoundException();
}
```

```
}
```

当然，上述代码有很多不足之处。它可能会将砂打包到特制容器中，这就导致在打包危险化学品时，特制容器已经没有多余的空间了。显然，它没有对空间的利用进行优化。但是很多优化方面的问题无论怎样都无法得到完美的解决。而这段实现代码确实遵循了到目前为止已声明过的所有规则。

通过可工作的原型来摆脱开发僵局

有的团队必须要等待另一个团队编写出代码后才可以继续工作。而这两个团队都要等到代码完全整合后才可以测试组件或从用户那里获取反馈。这种僵局通常可以通过关键组件的模型驱动原型来缓解，即使原型并不满足所有需求也可以。当实现与接口分离时，只要有可以工作的实现，项目工作就可以并行地开展下去。时机成熟的时候，可以用更为高效的实现来替代原型。同时，系统中的其他部分也能在开发期间与原型进行交互。

有了这个原型，应用程序的开发人员就可以全速开展工作了，包括进行所有与外部系统的集成。在领域专家对原型进行研究并确认自己的想法后，Packer开发小组也能够得到专家的反馈，从而帮助他们自己理清需求和优先级。Packer小组决定接管这个原型并对其进行调整，以便测试他们的想法。

同时，他们还使接口与最新设计保持同步，以推动应用程序和一些领域对象的重构，从而尽早解决集成问题。

一旦完成复杂的Packer程序，集成就是轻而易举的事情了，因为它有一个描述得很清楚的接口，应用程序在与原型交互的时候也是根据相同的接口和ASSERTION编写的。

专家们花费了几个月的时间才得到了正确的优化算法。用户与原型交互时的反馈使他们受益匪浅。同时，系统中的其他部分在开发期间也能够与原型进行交互。

这里的例子演示了如何通过更巧妙的模型使"最简单却可能非常最有效的事物"成为可能。我们可以用几十行简单易懂的代码编写出复杂组件的功能原型。如果不用MODEL-DRIVEN DESIGN，系统会更难理解和升级（因为Packer与设计的其他部分更紧密地耦合在一起），在这种情况下，开发原型可能会更加耗时。

240

241

9

第 **10** 章

柔 性 设 计

软件的最终目的是为用户服务。但首先它必须为开发人员服务。在强调重构的软件开发过程中尤其如此。随着程序的演变，开发人员将重新安排并重写每个部分。他们会把原有的领域对象集成到应用程序中，也会让它们与新的领域对象进行集成。甚至几年以后，负责维护的程序员还将修改和扩充代码。人们必须要做这些工作，但他们是否愿意呢？

当具有复杂行为的软件缺乏良好的设计时，重构或元素的组合会变得很困难。一旦开发人员不能十分肯定地预知计算的全部含意，就会出现重复。当设计元素都是整块的而无法重新组合的时候，重复就是一种必然的结果。我们可以对类和方法进行分解，这样可以更好地重用它们，但这些小部分的行为又变得很难跟踪。如果软件没有一个条理分明的设计，那么开发人员不仅不愿意仔细地分析代码，他们更不愿意修改代码，因为修改代码会产生问题——要么加重了代码的混乱状态，要么由于某种未预料到的依赖而破坏了某些东西。在任何一种系统中（除非是一些非常小的系统），这种不稳定性使我们很难开发出丰富的功能，而且限制了重构和迭代式的精化。

为了使项目能够随着开发工作的进行加速前进，而不会由于它自己的老化停滞不前，设计必须要让人们乐于使用，而且易于做出修改。这就是柔性设计（supple design）。

柔性设计是对深层建模的补充。一旦我们挖掘出隐式概念，并把它们显示地表达出来之后，就有了原料。通过迭代循环，我们可以把这些原料打造成有用的形式：建立的模型能够简单而清晰地捕获主要关注点；其设计可以让客户开发人员真正使用这个模型。在设计和代码的开发过程中，我们将获得新的理解，并通过这些理解改善模型概念。我们一次又一次回到迭代循环中，通过重构得到更深刻的理解。但我们究竟要获得什么样的设计呢？在这个过程中应该进行哪些实验？这正是本章要讨论的内容。

很多过度设计（overengineering）借着灵活性的名义而得到合理的外衣。但是，过多的抽象层和间接设计常常成为项目的绊脚石。看一下真正为用户带来强大功能的软件设计，你常常会发现一些简单的东西。简单并不容易做到。为了把创建的元素装配到复杂系统中，而且在装配之后仍然能够理解它们，必须坚持模型驱动的设计方法，与此同时还要坚持适当严格的设计风格。要创建或使用这样的设计，可能需要我们掌握相对熟练的设计技巧。

开发人员扮演着两个角色，而设计必须要为这两个角色服务。同一个人可能会同时承担这两种角色，甚至在几分钟之内来回变换角色，但角色与代码之间的关系是不同的。一个角色是客户开发人员，负责将领域对象组织成应用程序代码或其他领域层代码，以便发挥设计的功能。柔性设计能够揭示深层次的底层模型，并把它潜在的部分明确地展现出来。客户开发人员可以灵活地使用一个最小化的、松散耦合的概念集合，并用这些概念来表示领域中的众多场景。设计元素非常自然地组合到一起，其结果也是健壮的，可以被清晰地刻画出来，而且也是可以预知的。

同样重要的是，设计也必须为那些修改代码的开发人员服务。为了便于修改，设计必须易于理解，必须把客户开发人员正在使用的同一个底层模型表示出来。我们必须按照领域深层模型的轮廓进行设计，以便大部分修改都可以灵活地完成。代码的结果必须是完全清晰明了的，这样才容易预见到修改的影响。

早期的设计版本通常达不到柔性设计的要求。由于项目的时间期限和预算的缘故，很多设计一直就是僵化的。我也从未见过有哪个大型程序自始至终都是柔性的。但是，当复杂性阻碍了项目的前进时，就需要仔细修改最关键、最复杂的地方，使之变成一个柔性设计，这样才能突破复杂性带给我们的限制，而不会陷入遗留代码维护的麻烦中。

设计这样的软件并没有公式，但我精选了一组模式，从我自己的经验来看，这些模式如果运用得当的话，就有可能获得柔性设计。这些模式和示例展示了一个柔性设计应该是什么样的，以及在设计中所采取的思考方式。

10.1　模式：INTENTION-REVEALING INTERFACES

在领域驱动的设计中，我们希望看到有意义的领域逻辑。如果代码只是在执行规则后得到结果，而没有把规则显式地表达出来，那么我们就不得一步一步地去思考软件的执行步骤。那些只是运行代码然后给出结果的计算——没有显式地把计算逻辑表达出来，也有同样的问题。如果不把代码与模型清晰地联系起来，我们很难理解代码的执行效果，也很难预测修改代码的影响。前一章深入探讨了对规则和计算进行显式的建模。实现这样的对象要求我们深入理解计算或规则的大量细节。对象的强大功能是它能够把所有这些细节封装起来，如此一来，客户代码就能够很简单，而且可以用高层概念来解释。

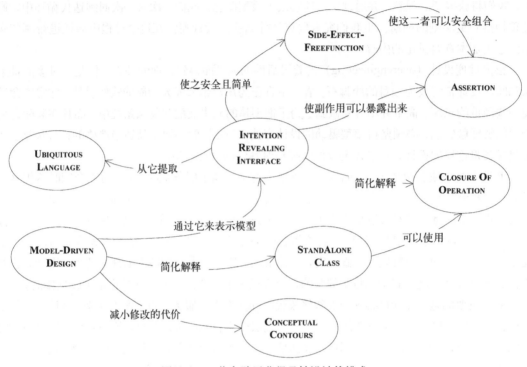

图10-1   一些有助于获得柔性设计的模式

但是，客户开发人员要想有效地使用对象，必须知道对象的一些信息，如果接口没有告诉开发人员这些信息，那么他就必须深入研究对象的内部机制，以便理解细节。阅读客户代码的人也需要做同样的事情。这样就失去了封装的大部分价值。我们需要避免出现"认识过载"的问题。如果客户开发人员必须总是思考组件工作方式的大量细节，那么就无暇理清思路来解决客户设计的复杂性。即便一个人同时扮演两种角色（既开发代码，也使用他自己的代码）的时候也是如此，因为他即使不必去了解那些细节，也不可能一次就把所有的因素都考虑全面。

如果开发人员为了使用一个组件而必须要去研究它的实现，那么就失去了封装的价值。当某个人开发的对象或操作被别人使用时，如果使用这个组件的新的开发者不得不根据其实现来推测其用途，那么他推测出来的可能并不是那个操作或类的主要用途。如果这不是那个组件的用途，虽然代码暂时可以工作，但设计的概念基础已经被误用了，两位开发人员的意图也是背道而驰。

当我们把概念显式地建模为类或方法时，为了真正从中获取价值，必须为这些程序元素赋予一个能够反映出其概念的名字。类和方法的名称为开发人员之间的沟通创造了很好的机会，也能够改善系统的抽象。

Kent Beck曾经提出通过Intention-Revealing Selector（释意命名选择器）来选择方法的名称，使名称表达出其目的[Beck 1997]。设计中的所有公共元素共同构成了接口，每个元素的名称都提供了揭示设计意图的机会。类型名称、方法名称和参数名称组合在一起，共同形成了一个Intention-Revealing Interface（释意接口）。

因此：

在命名类和操作时要描述它们的效果和目的，而不要表露它们是通过何种方式达到目的的。这样可以使客户开发人员不必去理解内部细节。这些名称应该与Ubiquitous Language保持一致，以便团队成员可以迅速推断出它们的意义。在创建一个行为之前先为它编写一个测试，这样可以促使你站在客户开发人员的角度上来思考它。

所有复杂的机制都应该封装到抽象接口的后面，接口只表明意图，而不表明方式。

在领域的公共接口中，可以把关系和规则表述出来，但不要说明规则是如何实施的；可以把事件和动作描述出来，但不要描述它们是如何执行的；可以给出方程式，但不要给出解方程式的数学方法。可以提出问题，但不要给出获取答案的方法。

示例　**重构：调漆应用程序**

一家油漆商店的程序能够为客户显示出标准调漆的结果。下面是初始的设计，它有一个简单的领域类。

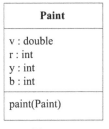

图　10-2

paint(Paint)方法的行为根本猜不出，想知道它的唯一方法就是阅读代码。

247

```
public void paint(Paint paint) {
    v = v + paint.getV(); //After mixing, volume is summed
    // Omitted many lines of complicated color mixing logic
    // ending with the assignment of new r, b, and y values.
}
```

从代码上看，这个方法是把两种油漆（Paint）混合到一起，结果是油漆的体积增加了，并变为混合颜色。

为了换个角度来看问题，我们为这个方法编写一个测试（这段代码基于JUnit测试框架）。

```
public void testPaint() {
    // Create a pure yellow paint with volume=100
    Paint yellow = new Paint(100.0, 0, 50, 0);
    // Create a pure blue paint with volume=100
    Paint blue = new Paint(100.0, 0, 0, 50);

    // Mix the blue into the yellow
    yellow.paint(blue);

    // Result should be volume of 200.0 of green paint
    assertEquals(200.0, yellow.getV(), 0.01);
    assertEquals(25, yellow.getB());
    assertEquals(25, yellow.getY());
    assertEquals(0, yellow.getR());
}
```

通过这个测试只是一个起点，这无法令我们满意，因为这段测试代码并没有告诉我们这个方法都做了什么。让我们来重新编写这个测试，看一下如果我们正在编写一个客户应用程序的话，将以何种方式来使用Paint对象。最初，这个测试会失败。实际上，它甚至不能编译。我们编写它的目的是从客户开发人员的角度来研究一下Paint对象的接口设计。

```
public void testPaint() {
    // Start with a pure yellow paint with volume=100
    Paint ourPaint = new Paint(100.0, 0, 50, 0);
    // Take a pure blue paint with volume=100
    Paint blue = new Paint(100.0, 0, 0, 50);

    // Mix the blue into the yellow
    ourPaint.mixIn(blue);

    // Result should be volume of 200.0 of green paint
    assertEquals(200.0, ourPaint.getVolume(), 0.01);
    assertEquals(25, ourPaint.getBlue());
    assertEquals(25, ourPaint.getYellow());
    assertEquals(0, ourPaint.getRed());
}
```

花时间编写这样的测试是非常必要的，因为它可以反映出我们希望以哪种方式与这些对象进行交互。在这之后，我们重构Paint类，使它通过测试，如图10-3所示。

新的方法名称可能不会告诉读者有关混合另一种油漆（Paint）的效果的所有信息（要达到这个目的需要使用断言，接下来我们就会讨论它）。但这个名称为读者提供了足够多的线索，使读者可以开始使用这个类，特别是从测试提供的示例开始。而且它还使客户代码的阅读者能够理解客户的意图。在本章接下来的几个示例中，我们将再次重构这个类，使它更清晰。

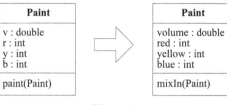

图   10-3

❋ ❋ ❋

整个子领域可以被划分到独立的模块中，并用一个表达了其用途的接口把它们封装起来。这种方法可以使我们把注意力集中在项目上，并控制大型系统的复杂性，这些内容将在第15章中的 COHESIVE MECHANISM和GENERIC SUBDOMAIN部分进行更多的讨论。

在接下来的两个模式中，我们将介绍如何令一个方法的执行结果变得易于预测。复杂的逻辑可以在SIDE-EFFECT-FREE FUNCTION中安全地执行，而改变系统状态的方法可以用ASSERTION来刻画。

10.2 模式：SIDE-EFFECT-FREE FUNCTION

我们可以宽泛地把操作分为两个大的类别：命令和查询。查询是从系统获取信息，查询的方式可能只是简单地访问变量中的数据，也可能是用这些数据执行计算。命令（也称为修改器)是修改系统的操作（举一个简单的例子，设置变量）。在标准英语中，"副作用"这个词暗示着"意外的结果"，但在计算机科学中，任何对系统状态产生的影响都叫副作用。这里为了便于讨论，我们把它的含义缩小一下，任何对未来操作产生影响的系统状态改变都可以称为副作用。

为什么人们会采用"副作用"这个词来形容那些显然是有意影响系统状态的操作呢？我推测这大概是来自于复杂系统的经验。大多数操作都会调用其他的操作，而后者又会调用另外一些操作。一旦形成这种任意深度的嵌套，就很难预测调用一个操作将要产生的所有后果。第二层和第三层操作的影响可能并不是客户开发人员有意为之的，于是它们就变成了完全意义上的副作用。在一个复杂的设计中，元素之间的交互同样也会产生无法预料的结果。副作用这个词强调了这种交互的不可避免性。

多个规则的相互作用或计算的组合所产生的结果是很难预测的。开发人员在调用一个操作时，为了预测操作的结果，必须理解它的实现以及它所调用的其他方法的实现。如果开发人员不得不"揭开接口的面纱"，那么接口的抽象作用就受到了限制。如果没有了可以安全地预见到结果的抽象，开发人员就必须限制"组合爆炸"[①]，这就限制了系统行为的丰富性。

返回结果而不产生副作用的操作称为*函数*。一个函数可以被多次调用，每次调用都返回相同的值。一个函数可以调用其他函数，而不必担心这种嵌套的深度。函数比那些有副作用的操作更易于测试。由于这些原因，使用函数可以降低风险。

250

显然，在大多数软件系统中，命令的使用都是不可避免的，但有两种方法可以减少命令产生的问题。首先，可以把命令和查询严格地放在不同的操作中。确保导致状态改变的方法不返回领域数据，并尽可能保持简单。在不引起任何可观测到的副作用的方法中执行所有查询和计算 [Meyer 1988]。

第二，总是有一些替代的模型和设计，它们不要求对现有对象做任何修改。相反，它们创建并返回一个 VALUE OBJECT，用于表示计算结果。这是一种很常见的技术，在接下来的示例中我们就会演示它的使用。VALUE OBJECT 可以在一次查询的响应中被创建和传递，然后被丢弃——不像 ENTITY，实体的生命周期是受到严格管理的。

VALUE OBJECT 是不可变的，这意味着除了在创建期间调用的初始化程序之外，它们的所有操作都是函数。像函数一样，VALUE OBJECT 使用起来很安全，测试也很简单。如果一个操作把逻辑或计算与状态改变混合在一起，那么我们就应该把这个操作重构为两个独立的操作 [Fowler 1999, p. 279]。但从定义上来看，这种把副作用隔离到简单的命令方法中的做法仅适用于 ENTITY。在完成了修改和查询的分离之后，可以考虑再进行一次重构，把复杂计算的职责转移到 VALUE OBJECT 中。通过派生出一个 VALUE OBJECT（而不是改变现有状态），或者通过把职责完全转移到一个 VALUE OBJECT 中，往往可以完全消除副作用。

因此：

尽可能把程序的逻辑放到函数中，因为函数是只返回结果而不产生明显副作用的操作。严格地把命令（引起明显的状态改变的方法）隔离到不返回领域信息的、非常简单的操作中。当发现了一个非常适合承担复杂逻辑职责的概念时，就可以把这个复杂逻辑移到 VALUE OBJECT 中，这样可以进一步控制副作用。

SIDE-EFFECT-FREE FUNCTION，特别是在不变的 VALUE OBJECT 中，允许我们安全地对多个操作进行组合。当通过 INTENTION-REVEALING INTERFACE 把一个 FUNCTION 呈现出来的时候，开发人员就可以在无需理解其实现细节的情况下使用它。

251

示例　**再次重构调漆应用程序**

一家油漆商店的程序能够为客户显示出标准调漆的结果。我们继续前面的例子，下面是上次重构后得到的领域类：

```
public void mixIn(Paint other) {
    volume = volume.plus(other.getVolume());
    // Many lines of complicated color-mixing logic
```

```
    // ending with the assignment of new red, blue,
    // and yellow values.
}
```

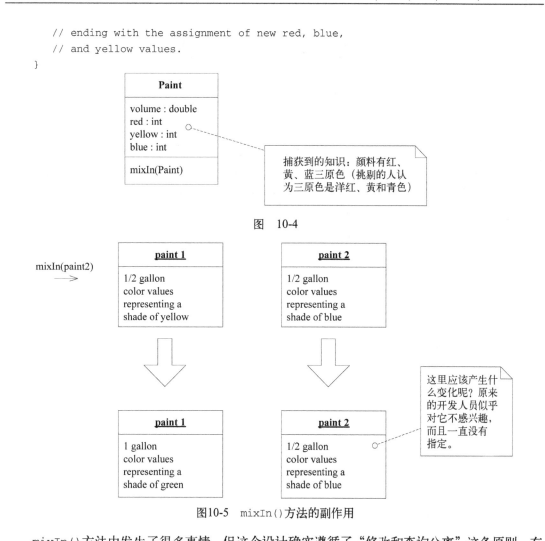

图 10-4

图10-5 mixIn()方法的副作用

　　mixIn()方法中发生了很多事情，但这个设计确实遵循了"修改和查询分离"这条原则。有一点需要注意（下面会具体讨论），这里并没有对paint 2对象（mixIn()方法的一个参数）的体积做过多的考虑。操作不改变Paint 2的体积，在这个概念模型的上下文中，这看起来并不是十分合乎逻辑。就我们所知，这在原来的开发人员看来并不是问题，因为他们对操作之后的paint 2对象不感兴趣，但我们很难预测副作用会产生什么后果。在接下来要讨论的ASSERTION中我们很快会回头再讨论这个问题。现在，我们先来看一下颜色。

　　在这个领域中，颜色是一个重要的概念。让我们试着把它变成一个显式的对象。它应该叫什么名字呢？首先想到的就是Color（颜色），但我们通过先前的知识消化已经认识到了一个重要的知识，即油漆的调色与我们所熟悉的RGB调色是不同的。名称必须反映出这一点。

252

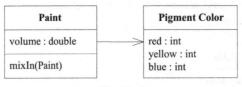

图   10-6

把Pigment Color（颜料颜色）分离出来之后，确实比先前表达了更多信息，但计算还是相同的，仍然是在mixIn()方法中进行计算。当把颜色数据移出来后，与这些数据有关的行为也应该一起移出来。但是在做这件事之前，要注意Pigment Color是一个VALUE OBJECT。因此，它应该是不可变的。当我们调漆时，Paint对象本身被改变了，它是一个具有生命周期的实体。相反，表示某个色调（如黄色）的Pigment Color则一直表示那种颜色。调漆的结果是产生一个新的Pigment Color对象，用于表示新的颜色。

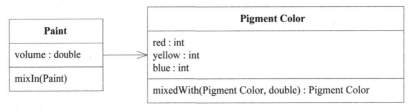

图   10-7

```java
public class PigmentColor {

    public PigmentColor mixedWith(PigmentColor other,
                                    double ratio) {
        // Many lines of complicated color-mixing logic
        // ending with the creation of a new PigmentColor object
        // with appropriate new red, blue, and yellow values.
    }
}

public class Paint {

    public void mixIn(Paint other) {
        volume = volume + other.getVolume();
        double ratio = other.getVolume() / volume;
        pigmentColor =
            pigmentColor.mixedWith(other.pigmentColor(), ratio);
    }
}
```

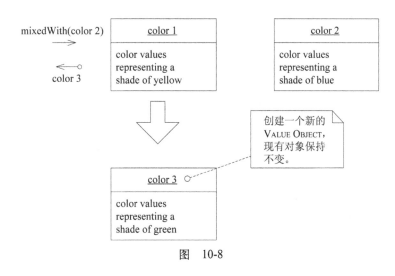

图　10-8

现在，Paint中的代码已经尽可能简单了。新的Pigment Color类捕获了知识，并显式地把这些知识表达出来，而且它还提供了一个Side-Effect-Free Function，这个函数的计算结果很容易理解，也很容易测试，因此可以安全地使用或与其他操作进行组合。由于它的安全性很高，因此复杂的调色逻辑真正被封装起来了。使用这个类的开发人员不必理解其实现。

10.3　模式：Assertion

把复杂的计算封装到Side-Effect-Free Function中可以简化问题，但实体仍然会留有一些有副作用的命令，使用这些Entity的人必须了解使用这些命令的后果。在这种情况下，使用Assertion（断言）可以把副作用明确地表示出来，使它们更易于处理。

✳　✳　✳

确实，一条不包含复杂计算的命令只需查看一下就能够理解。但是，在一个软件设计中，如果较大的部分是由较小部分构成的，那么一个命令可能会调用其他命令。开发人员在使用高层命令时，必须了解每个底层命令所产生的后果，这时封装也就没有什么价值了。而且，由于对象接口并不会限制副作用，因此实现相同接口的两个子类可能会产生不同的副作用。使用它们的开发人员需要知道哪个副作用是由哪个子类产生的，以便预测后果。这样，抽象和多态也就失去了意义。

如果操作的副作用仅仅是由它们的实现隐式定义的，那么在一个具有大量相互调用关系的系统中，起因和结果会变得一团糟。理解程序的唯一方式就是沿着分支路径来跟踪程序的执行。封装完全失去了价值。跟踪具体的执行也使抽象失去了意义。

我们需要在不深入研究内部机制的情况下理解设计元素的意义和执行操作的后果。INTENTION-REVEALING INTERFACE可以起到一部分作用，但这样的接口只能非正式地给出操作的用途，这常常是不够的。"契约式设计"（design by contract）向前推进了一步，通过给出类和方法的"断言"使开发人员知道肯定会发生的结果。[Meyer 1988]中详细讨论了这种设计风格。简言之，"后置条件"描述了一个操作的副作用，也就是调用一个方法之后必然会发生的结果。"前置条件"就像是合同条款，即为了满足后置条件而必须要满足的前置条件。类的固定规则规定了在操作结束时对象的状态。也可以把AGGREGATE作为一个整体来为它声明固定规则，这些都是严格定义的完整性规则。

所有这些断言都描述了状态，而不是过程，因此它们更易于分析。类的固定规则在描述类的意义方面起到帮助作用，并且使客户开发人员能够更准确地预测对象的行为，从而简化他们的工作。如果你确信后置条件的保证，那么就不必考虑方法是如何工作的。断言应该已经把调用其他操作的效果考虑在内了。

因此：

把操作的后置条件和类及AGGREGATE的固定规则表述清楚。如果在你的编程语言中不能直接编写ASSERTION，那么就把它们编写成自动的单元测试。还可以把它们写到文档或图中（如果符合项目开发风格的话）。

寻找在概念上内聚的模型，以便使开发人员更容易推断出预期的ASSERTION，从而加快学习过程并避免代码矛盾。

尽管很多面向对象的语言目前都不支持直接使用ASSERTION，但ASSERTION仍然不失为一种功能强大的设计方法。自动单元测试在一定程度上弥补了缺乏语言支持带来的不足。由于ASSERTION只声明状态，而不声明过程，因此很容易编写测试。测试首先设置前置条件，在执行之后，再检查后置条件是否被满足。

把固定规则、前置条件和后置条件清楚地表述出来，这样开发人员就能够理解使用一个操作或对象的后果。从理论上讲，如果一组断言之间互不矛盾，那么就可以发挥作用。但人的大脑并不会一丝不苟地把这些断言编译到一起。人们会推断和补充模型的概念，因此找到一个既易于理解又满足应用程序需求的模型是至关重要的。

示例   回到调漆应用程序

在前面的示例中，我们曾注意到：在Paint类中mixIn(Paint)操作的参数到底会发生什么变化，这还存在着一些不明之处。

接受者（即被混合的油漆）的所增加的体积就是参数的体积。根据我们对油漆的了解，这个混合过程应该使另一种油漆减少同样的体积，把它的体积减为零或完全删除。目前的实现并没有

修改这个参数，而修改参数无疑是有产生副作用的风险的。 256

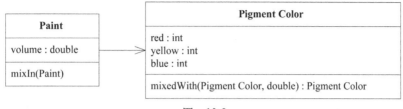

图　10-9

第一步，我们先把mixIn()方法的后置条件声明如下：

在p1.mixIn(p2)之后：
p1.volume增加p2.volume的量
p2.volume不变

问题在于开发人员将会犯错，因为这些属性与实际概念不符。简单的修改方法是让另一种油漆的体积变为零。虽然修改参数不是一种好的行为，但这里的修改简单而直观。我们可以声明一个固定规则：

混合之后油漆的总体积保持不变。

但先等一下！当开发人员考虑这种选择时，他们有了一个新发现。最初的设计人员这样设计原来是有充分理由的。程序在最后会报告被混合之前的油漆清单。毕竟，这个程序的最终目的是帮助用户弄清楚把哪几种油漆混合到一起。

因此，如果要使体积模型的逻辑保持一致，那么它就无法满足这个应用程序的需求了。这看上去是一种进退两难的境况。我们是否仍使用这个不合常理的后置条件，并为了弥补这个不足而清楚地说明这样做的理由呢？世界上并不是一切事物都是直观的，有时那就是最好的答案。但在这个例子中，这种尴尬局面似乎是由于丢失概念而造成的。让我们去寻找一个新的模型。 257

寻找更清晰的模型

我们在寻找更好的模型的时候，会比原来的设计人员更有优势，因为我们在研究的过程中消化了更多知识，而且通过重构得到了更深层的理解。例如，我们用一个VALUE OBJECT上的SIDE-EFFECT-FREE FUNCTION来计算颜色。这意味着可以在任何需要的时候重复进行这个计算。我们应该利用这种优势。

我们似乎为Paint分配了两种不同的基本职责。让我们试着把它们分开。

现在只有一个命令，即mixIn()。从对模型的直观理解可以看出，它只是把一个对象加入到一个集合中。所有其他操作都是SIDE-EFFECT-FREE FUNCTION。

下面的测试方法（使用了JUnit测试框架）用来确认图10-10中列出的一个ASSERTION是否满足：

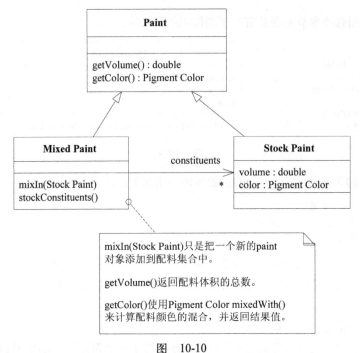

图   10-10

```
public void testMixingVolume {
    PigmentColor yellow = new PigmentColor(0, 50, 0);
    PigmentColor blue = new PigmentColor(0, 0, 50);

    StockPaint paint1 = new StockPaint(1.0, yellow);
    StockPaint paint2 = new StockPaint(1.5, blue);
    MixedPaint mix = new MixedPaint();

    mix.mixIn(paint1);
    mix.mixIn(paint2);
    assertEquals(2.5, mix.getVolume(), 0.01);
}
```

这个模型捕捉并传递了更多领域知识。固定规则和后置条件符合常识，这使得它们更易于维护和使用。

※　※　※

INTENTION-REVEALING INTERFACE清楚地表明了用途，SIDE-EFFECT-FREE FUNCTION和ASSERTION使我们能够更准确地预测结果，因此封装和抽象更加安全。

可重组元素的下一个因素是有效的分解……

10.4　模式：CONCEPTUAL CONTOUR

有时，人们会对功能进行更细的分解，以便灵活地组合它们，有时却要把功能合成大块，以便封装复杂性。有时，人们为了使所有类和操作都具有相似的规模而寻找一种一致的粒度。这些方法都过于简单了，并不能作为通用的规则。但使用这些方法的动机都来自于一系列基本的问题。

如果把模型或设计的所有元素都放在一个整体的大结构中，那么它们的功能就会发生重复。外部接口无法给出客户可能关心的全部信息。由于不同的概念被混合在一起，它们的意义变得很难理解。

而另一方面，把类和方法分解开也可能是毫无意义的，这会使客户更复杂，迫使客户对象去理解各个细微部分是如何组合在一起的。更糟的是，有的概念可能会完全丢失。铀原子的一半并不是铀。而且，粒度的大小并不是唯一要考虑的问题，我们还要考虑粒度是在哪种场合下使用的。

菜谱式的规则是没有用的。但大部分领域都深深隐含着某种逻辑一致性，否则它们就形不成领域了。这并不是说领域就是绝对一致的，而且人们讨论领域的方式肯定也不一样。但是领域中一定存在着某种十分复杂的原理，否则建模也就失去了意义。由于这种隐藏在底层的一致性，当我们找到一个模型，它与领域的某个部分特别吻合时，这个模型很可能也会与我们后续发现的这个领域的其他部分一致。有时，新的发现可能与模型不符，在这种情况下，就需要对模型进行重构，以便获取更深层的理解，并希望下一次新发现能与模型一致。

通过反复重构最终会实现柔性设计，以上就是其中的一个原因。随着代码不断适应新理解的概念或需求，CONCEPTUAL CONTOUR（概念轮廓）也就逐渐形成了。

从单个方法的设计，到类和 MODULE 的设计，再到大型结构的设计（参见第16章），高内聚低耦合这一对基本原则都起着重要的作用。这两条原则既适用于代码，也适用于概念。为了避免机械化地遵循它，我们必须经常根据我们对领域的直观认识来调整技术思路。在做每个决定时，都要问自己："这是根据当前模型和代码中的特定关系做出的权宜之计呢，还是反映了底层领域的某种轮廓？"

寻找在概念上有意义的功能单元，这样可以使得设计既灵活又易懂。例如，如果领域中对两个对象的"相加"（addition）是一个连贯的整体操作，那么就把它作为整体来实现。不要把 add() 拆分成两个步骤。不要在同一个操作中进行下一个步骤。从稍大的范围来看，每个对象都应该是一个独立的、完整的概念，也就是一个"WHOLE VALUE"（整体值）①。

出于同样的原因，在任何领域中，都有一些细节是用户不感兴趣的。前面假想的那个调漆应用程序的用户不会添加红色颜料或蓝色颜料，他们只是把已经做好的油漆拿来调，而油漆包含所有3种颜料。把那些没必要分解或重组的元素作为一个整体，这样可以避免混乱，并且使人们更

① Ward Cunningham 提出的 WHOLE VALUE 模式。

容易看到那些真正需要重组的元素。如果用户的物理设备允许加入颜料，那么领域就改变了，而且我们可能需要分别对每种颜料进行控制。专门研究油漆的化学家将需要更精细的控制，这就需要进行完全不同的分析了，有可能会产生一个比我们的调漆应用程序中的颜料颜色更精细的油漆构成模型。但是这些与我们的调漆应用程序项目中的任何人都无关。

因此：

把设计元素（操作、接口、类和Aggregate）分解为内聚的单元，在这个过程中，你对领域中一切重要划分的直观认识也要考虑在内。在连续的重构过程中观察发生变化和保证稳定的规律性，并寻找能够解释这些变化模式的底层Conceptual Contour。使模型与领域中那些一致的方面（正是这些方面使得领域成为一个有用的知识体系）相匹配。

我们的目标是得到一组可以在逻辑上组合起来的简单接口，使我们可以用Ubiquitous Language进行合理的表述，并且使那些无关的选项不会分散我们的注意力，也不增加维护负担。但这通常是通过重构才能得到的结果，很难在前期就实现。而且如果仅仅是从技术角度进行重构，可能永远也不会出现这种结果；只有通过重构得到更深层的理解，才能实现这样的目标。

设计即使是按照Conceptual Contour进行，也仍然需要修改和重构。当连续的重构往往只是做出一些局部修改（而不是对模型的概念产生大范围的影响）时，这就是模型已经与领域相吻合的信号。如果遇到了一个需求，它要求我们必须大幅度地修改对象和方法的划分，那么这就在向我们传递这样一条信息：我们对领域的理解还需要精化。它提供了一个深化模型并且使设计变得更具柔性的机会。

示例 **应计项目的Conceptual Contour**

在第9章中，基于对会计概念的更深层理解，我们对一个贷款跟踪系统进行了重构，如图10-11所示。

新模型比原来的模型只多出一个对象，但职责的划分却发生了很大的变化。

Schedule原来是在Calculator类中通过逻辑判断计算的，现在被分散到不同的类中，用于不同类型的手续费和利息计算。另一方面，手续费和利息的支付原来是分开的，现在也被合并到一起了。

由于新发现的显式概念与领域非常吻合，而且Accrual Schedule的层次结构具有内聚性，因此开发人员认为这个模型更符合领域的Conceptual Contour，如图10-12所示。

新的Accrual Schedule的加入是开发人员早就预料到的，因为有一些需求早已等待它来处理了。这样，她选择的模型除了使现有功能更清晰、简单之外，还很容易引入新的Schedule。但是，她是否找到了一个Conceptual Contour，使得领域设计可以随着应用程序和业务的演变而改变和发展呢？我们无法确定一个设计如何处理意料之外的改变，但她认为她的设计中一些不合适的地方已经有所改进了。

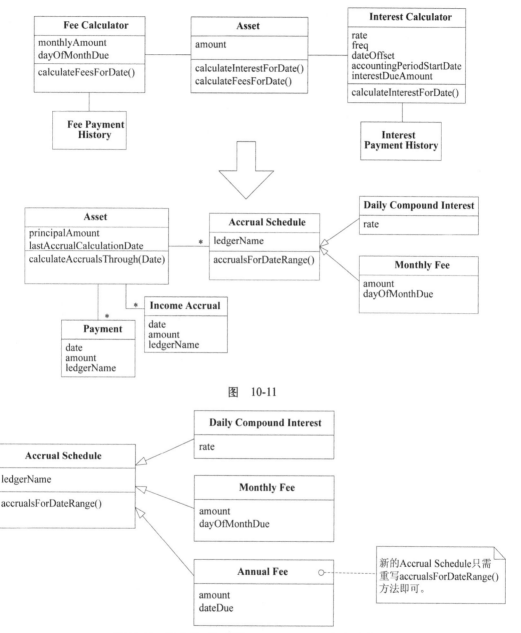

图　10-11

图10-12　这个模型把新的Accrual Schedule添加进来了

▌一个未预料到的改变▌

随着项目向前进展，又出现了一个新的需求——需要制定一些详细的规则来处理提早付款和延迟付款。这位开发人员在研究问题的时候，很高兴地发现利息付款和手续费付款实际上使用相同的规则。这意味着新的模型元素可以很自然地使用Payment类。

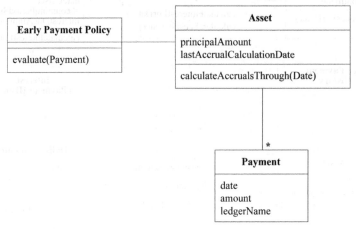

图   10-13

原有的设计导致两个Payment History类之间必然出现重复（这个难题可能使得开发人员认识到Payment类应该被共享，这样就会从另外一条途径得到类似的模型）。新元素之所以很容易就添加进来了，并不是因为她预料到了这个改变，也不是因为她的设计灵活到了足以容纳任何可能修改的程度。真正的原因是经过前面的重构，设计能够很好地与领域的基本概念相契合。

❋ ❋ ❋

INTENTION-REVEALING INTERFACE使客户能够把对象表示为有意义的单元，而不仅仅是一些机制。SIDE-EFFECT-FREE FUNCTION和ASSERTION使我们可以安全地使用这些单元，并对它们进行复杂的组合。CONCEPTUAL CONTOUR的出现使模型的各个部分变得更稳定，也使得这些单元更直观，更易于使用和组合。

然而，我们仍然会遇到"概念过载"（conceptual overload）的问题——当模型中的互相依赖过多时，我们就必须把大量问题放在一起考虑。

10.5   模式：STANDALONE CLASS

互相依赖使模型和设计变得难以理解、测试和维护。而且，互相依赖很容易越积越多。

当然，每个关联都是一种依赖，要想理解一个类，必须理解它与哪些对象有联系。与这个类有联系的其他对象还会与更多的对象发生联系，而这些联系也是必须要弄清楚的。每个方法的每个参数的类型也是一个依赖，每个返回值也都是一个依赖。

如果有一个依赖关系，我们必须同时考虑两个类以及它们之间关系的本质。如果某个类依赖另外两个类，我们就必须考虑这3个类当中的每一个、这个类与其他两个类之间的相互关系的本质，以及这3个类可能存在的其他相互关系。如果它们之间依次存在依赖关系，那么我们还必须考虑这些关系。如果一个类有3个依赖关系……问题就会像滚雪球一样越来越多。

MODULE和AGGREGATE的目的都是为了限制互相依赖的关系网。当我们识别出一个高度内聚的子领域并把它提取到一个MODULE中的时候，一组对象也随之与系统的其他部分解除了联系，这样就把互相联系的概念的数量控制在一个有限的范围之内。但是，即使把系统分成了各个MODULE，如果不严格控制MODULE内部的依赖的话，那么MODULE也一样让我们耗费很多精力去考虑依赖关系。

即使是在MODULE内部，设计也会随着依赖关系的增加而变得越来越难以理解。这加重了我们的思考负担，从而限制了开发人员能处理的设计复杂度。隐式概念比显式引用增加的负担更大。

我们可以将模型一直精炼下去，直到每个剩下的概念关系都表示出概念的基本含义为止。在一个重要的子集中，依赖关系的个数可以减小到零，这样就得到一个完全独立的类，它只有很少的几个基本类型和基础库概念。

在每种编程环境中，都有一些非常基本的概念，它们经常用到，以至于已经根植于我们的大脑中。例如，在Java开发环境中，基本类型和一些标准类库提供了数字、字符串和集合等基本概念。从实际来讲，"整数"这个概念是不会增加思考负担的。除此之外，为了理解一个对象而必须保留在大脑中的其他概念都会增加思考负担。

隐式概念，无论是否已被识别出来，都与显式引用一样会加重思考负担。虽然我们通常可以忽略像整数和字符串这样的基本类型值，但无法忽略它们所表示的意义。例如，在第一个调漆应用程序的例子中，Paint对象包含3个公共的整数，分别表示红、黄、蓝3种颜色值。Pigment Color对象的创建并没有增加所涉及的概念数量，也没有增加依赖关系。但它确实使现有概念更明晰、更易于理解了。另一方面，Collection的size()操作返回一个整数（只是一个简单的合计数），它只表示整数的基本含义，因此并不产生隐式的新概念。

我们应该对每个依赖关系提出质疑，直到证实它确实表示对象的基本概念为止。这个仔细检查依赖关系的过程从提取模型概念本身开始。然后需要注意每个独立的关联和操作。仔细选择模型和设计能够大幅减少依赖关系——常常能减少到零。

低耦合是对象设计的一个基本要素。尽一切可能保持低耦合。把其他所有无关概念提取到对象之外。这样类就变得完全独立了，这就使得我们可以单独地研究和理解它。每个这样的独立类都极大地减轻了因理解MODULE而带来的负担。

当一个类与它所在的模块中的其他类存在依赖关系时，比它与模块外部的类有依赖关系要好得多。同样，当两个对象具有自然的紧密耦合关系时，这两个对象共同涉及的多个操作实际上能够把它们的关系本质明确地表示出来。我们的目标不是消除所有依赖，而是消除所有不重要的依赖。当无法消除所有的依赖关系时，每清除一个依赖对开发人员而言都是一种解脱，使他们能够集中精力处理剩下的概念依赖关系。

尽力把最复杂的计算提取到 Standalone Class（独立的类）中，实现此目的的一种方法是从存在大量依赖的类中将 Value Object 建模出来。

从根本上讲，油漆的概念与颜色的概念紧密相关。但在考虑颜色（甚至是颜料）的时候却与不必去考虑油漆。通过把这两个概念变为显式概念并精炼它们的关系，所得到的单向关联就可以表达出重要的信息，同时我们可以对 Pigment Color 类（大部分计算复杂性都隐藏在这个类中）进行独立的分析和测试。

＊　＊　＊

低耦合是减少概念过载的最基本办法。独立的类是低耦合的极致。

消除依赖性并不是说要武断地把模型中的一切都简化为基本类型，这样只会削弱模型的表达能力。本章要讨论的最后一个模式 Closure Of Operation（闭合操作）就是一种在减小依赖性的同时保持丰富接口的技术。

10.6   模式：Closure Of Operation

> 两个实数相乘，结果仍为实数（实数是所有有理数和所有无理数的集合）。由于这一点永远成立，因此我们说实数的"乘法运算是闭合的"：乘法运算的结果永远无法脱离实数这个集合。
>
> 当我们对集合中的任意两个元素组合时，结果仍在这个集合中，这就叫做闭合操作。
>
> ——*The Math Forum, Drexel University*

当然，依赖是必然存在的，当依赖是概念的一个基本属性时，它就不是坏事。如果把接口精简到只处理一些基本类型，那么会极大地削弱接口的能力。但我们也经常为接口引入很多不必要的依赖，甚至是整个不必要的概念。

大部分引起我们兴趣的对象所产生的行为仅用基本类型是无法描述的。

另一种对设计进行精化的常见方法就是我所说的 Closure Of Operation（闭合操作）。这个名字来源于最精炼的概念体系，即数学。$1 + 1 = 2$。加法运算是实数集中的闭合运算。数学家们都极力避免去引入无关的概念，而闭合运算的性质正好为他们提供了这样一种方式，可用来定义一种不涉及其他任何概念的运算。我们都非常熟悉数学中的精炼，因此很难注意到一些小技巧会有多么强大。但是，这些技巧在软件设计中也广为应用。例如，XSLT 的基本用法是把一个 XML 文档转换为另一个 XML 文档。这种 XSLT 操作就是 XML 文档集合中的闭合操作。闭合的性质极大地简化了对操作的理解，而且闭合操作的链接或组合也很容易理解。

因此：

在适当的情况下，在定义操作时让它的返回类型与其参数的类型相同。如果实现者（implementer）的状态在计算中会被用到，那么实现者实际上就是操作的一个参数，因此参数

和返回值应该与实现者有相同的类型。这样的操作就是在该类型的实例集合中的闭合操作。闭合
操作提供了一个高层接口，同时又不会引入对其他概念的任何依赖。

这种模式更常用于VALUE OBJECT的操作。由于ENTITY的生命周期在领域中十分重要，因此
我们不能为了解决某一问题而草率创建一个ENTITY。有一些操作是ENTITY类型之下的闭合操作。
我们可以通过查询一个Employee（员工）对象来返回其主管，而返回的将是另一个Employee对
象。但是，ENTITY通常不会成为计算结果。因此，大部分闭合操作都应该到VALUE OBJECT中去
寻找。

一个操作可能是在某一抽象类型之下的闭合操作，在这种情况下，具体的参数可能是不同的
具体类型。例如，加法是实数之下的闭合运算，而实数既可以是有理数，也可以是无理数。

在尝试和寻找减少互相依赖并提高内聚的过程中，有时我们会遇到"半个闭合操作"这种情
况。参数类型与实现者的类型一致，但返回类型不同；或者返回类型与接收者（receiver）的类
型相同但参数类型不同。这些操作都不是闭合操作，但它们确实具有CLOSURE OF OPERATION的某
些优点。当没有形成闭合操作的那个多出来的类型是基本类型或基础库类时，它几乎与CLOSURE
OF OPERATION一样减轻了我们的思考负担。

在前面的示例中，Pigment Color的`mixedWith()`操作是Pigment Color之下的闭合操作，本书
中还零星地穿插着几个这样的示例。以下示例显示了即使在没有达到真正CLOSURE OF OPERATION
的时候，这种思想也发挥了强大的作用。

示例   **从集合中选择子集**

在Java中，如果想从Collection（集合）中选择一个元素子集，需要使用Iterator（迭代器）。
用迭代器遍历这些元素，测试每个元素，把匹配的元素收集到一个新的Collection中。

```
Set employees = (some Set of Employee objects);
Set lowPaidEmployees = new HashSet();
Iterator it = employees.iterator();
while (it.hasNext()) {
    Employee anEmployee = it.next();
    if (anEmployee.salary() < 40000)
    lowPaidEmployees.add(anEmployee);
}
```

从概念上讲，上段代码只是从集合中选择了一个子集。是否真的有必要使用Iterator这个额外
的概念以及它所带来的所有机制上的复杂性呢？如果是使用Smalltalk，我将在Collection上调用
"select"操作，把测试作为参数传递给它。返回值将是一个新的Collection，其中只包含通过测
试的那些元素。

```
employees := (some Set of Employee objects).
```

```
lowPaidEmployees := employees select:
        [:anEmployee | anEmployee salary < 40000].
```

Smalltalk的Collection还提供了其他一些这样的函数，它们返回新生成的Collection（可能是几种不同的具体类）。这些操作并不是闭合操作，因为它们把一个block（块）作为参数。但block在Smalltalk中是一个基础库类型，因此它们并不会增加开发人员的思考负担。由于返回值与实现者的类型相匹配，因此它们可以像一系列过滤器一样被串接在一起。读写代码都变得很容易。它们并没有引入与选择子集无关的外来概念。

※ ※ ※

本章介绍的模式演示了一个通用的设计风格和一种思考设计的方式。把软件设计得意图明显、容易预测且富有表达力，可以有效地发挥抽象和封装的作用。我们可以对模型进行分解，使得对象更易于理解和使用，同时仍具有功能丰富的、高级的接口。

运用这些技术需要掌握相当高级的设计技巧，甚至有时编写客户端代码也需要掌握高级技巧才能运用这些技术。MODEL-DRIVEN DESIGN的作用受细节设计的质量和实现决策的质量影响很大，而且只要有少数几个开发人员没有弄清楚它们，整个项目就会偏离目标。

尽管如此，团队只要愿意培养这些建模和设计技巧，那么按照这些模式的思考方式就能够开发出可以反复重构的软件，从而最终创建出非常复杂的软件。

10.7　声明式设计

270　　　　使用ASSERTION可以得到更好的设计，虽然我们只是用一些相对非正式的方式来检查这些ASSERTION。但实际上我们无法保证手写软件的正确性。举个简单例子，只要代码还有其他一些没有被ASSERTION专门排除在外的副作用，断言就失去了作用。无论我们的设计多么遵守MODEL-DRIVEN开发方法，最后仍要通过编写过程代码来实现概念交互的结果。而且我们花费了大量时间来编写样板代码，但是这些代码实际上不增加任何意义或行为。这些代码冗长乏味而且易出错，此外还掩盖了模型的意义（虽然有的编程语言会相对好一些，但都需要我们做大量繁琐的工作）。本章介绍的INTENTION-REVEALING INTERFACE和其他模式虽然有一定的帮助作用，但它们永远也不会使传统的面向对象技术达到非常严密的程度。

以上这些正是采用声明式设计的部分动机。声明式设计对于不同的人来说具有不同的意义，但通常是指一种编程方式——把程序或程序的一部分写成一种可执行的规格（specification）。使用声明式设计时，软件实际上是由一些非常精确的属性描述来控制的。声明式设计有多种实现方式，例如，可以通过反射机制来实现，或在编译时通过代码生成来实现（根据声明来自动生成传统代码）。这种方法使其他开发人员能够根据字面意义来使用声明。它是一种绝对的保证。

从模型属性的声明来生成可运行的程序是 MODEL-DRIVEN DESIGN 的理想目标，但在实践中这种方法也有自己的缺陷。例如，下面就是我多次遇到的两个具体问题：

- 声明式语言并不足以表达一切所需的东西，它把软件束缚在一个由自动部分构成的框架之内，使软件很难扩展到这个框架之外。
- 代码生成技术破坏了迭代循环——它把生成的代码合并到手写的代码中，使得代码重新生成具有巨大的破坏作用。

许多声明式设计的尝试带来了意想不到的后果，由于开发人员受到框架局限性的约束，为了交付工作只能先处理重要问题，而搁置其他一些问题，这导致模型和应用程序的质量严重下降。

基于规则的编程（带有推理引擎和规则库）是另一种有望实现的声明式设计方法。但遗憾的是，一些微妙的问题会影响它的实现。

尽管基于规则的程序原则上是声明式的，但大多数系统都有一些用于性能优化的"控制谓词"（control predicate）。这种控制代码引入了副作用，这样行为就不再完全由声明式规则来控制了。添加、删除规则或重新排序可能导致预料不到的错误结果。因此，编写逻辑的程序员必须确保代码的效果是显而易见的，就像对象程序员所做的那样。

很多声明式方法被开发人员有意或无意忽略之后会遭到破坏。当系统很难使用或限制过多时，就会发生这种情况。为了获得声明式程序的好处，每个人都必须遵守框架的规则。

据我所知，声明式设计发挥的最大价值是用一个范围非常窄的框架来自动处理设计中某个特别单调且易出错的方面，如持久化和对象关系映射。最好的声明式设计能够使开发人员不必去做那些单调乏味的工作，同时又完全不限制他们的设计自由。

领域特定语言

领域特定语言是一种有趣的方法，它有时也是一种声明式语言。采用这种编码风格时，客户代码是用一种专门为特定领域的特定模型定制的语言编写的。例如，运输系统的语言可能包括cargo（货物）和 route（路线）这样的术语，以及一些用于组合这些术语的语法。然后，程序通常会被编译成传统的面向对象语言，由一个类库为这些术语提供实现。

在这样的语言中，程序可能具有极强的表达能力，并且与 UBIQUITOUS LANGUAGE 之间形成最紧密的结合。领域特定语言是一个令人振奋的概念，但就我所见，在基于面向对象技术进行实现时，这种语言也存在自身的缺陷。

为了精化模型，开发人员需要修改语言。这可能涉及修改语法声明和其他语言解释功能，以及修改底层类库。虽然我对学习高级技术和设计概念是完全赞同的，但我们必须冷静地评估团队当前的技术水平，以及将来维护团队可能的技术水平。此外，用同一种语言实现的应用程序和模型之间是"无缝"的，这一点很有价值。另一个缺点是当模型被修改时，很难对客户代码进行重构，使之与修改之后的模型及与其相关的领域特定语言保持一致。当然，也许有人可以通过技术方法来解决重构问题。

一种完全不同的语言

有一种不同的范式能够比对象更好地实现领域特定语言。在Scheme编程语言中（它是"函数式编程"家族的一个代表），有些部分非常类似于标准的编程风格，因此既具有领域特定语言的表达能力，又不会造成系统的分裂。

这种技术也许能在非常成熟的模型中发挥出最大的作用，在这种情况下，客户代码可能是由不同的团队编写的。但一般情况下，这样的设置会产生有害的结果——团队被分成两部分，框架由那些技术水平较高的人来构建，而应用程序则由那些技术水平较差的人来构建了，但也并不是非得如此。

10.8 声明式设计风格

一旦你的设计中有了INTENTION-REVEALING INTERFACE、SIDE-EFFECT-FREE FUNCTION和ASSERTION，那么你就具备了使用声明式设计的条件。当我们有了可以组合在一起来表达意义的元素，并且使其作用具体化或明朗化，甚或是完全没有明显的副作用，我们就可以获得声明式设计的很多益处。

柔性设计使得客户代码可以使用声明式的设计风格。为了说明这一点，下一节将会把本章介绍的一些模式结合起来使用，从而使SPECIFICATION更灵活，更符合声明式设计的风格。

用声明式的风格来扩展SPECIFICATION

第9章介绍了SPECIFICATION的基本概念、它在程序中扮演的角色，以及它在实现中的意义。现在，让我们来看看几个额外的、有吸引力的技巧，它们在规则很复杂的情况下可能非常有用。

SPECIFICATION是由"谓词"（predicate）这个众所周知的形式化概念演变来的。谓词还有其他一些有用的特性，我们可以对这些特性进行有选择的利用。

使用逻辑运算对SPECIFICATION进行组合

当使用SPECIFICATION时，我们很容易就会遇到需要把它们组合起来使用的情况。正如我们刚刚提到的那样，SPECIFICATION是谓词的一个例子，而谓词可以用"AND"、"OR"和"NOT"等运算进行组合和修改。这些逻辑运算都是谓词这个类别之下的闭合操作，因此SPECIFICATION组合也是CLOSURE OF OPERATION。

随着SPECIFICATION的通用性逐渐提高，创建一个可用于各种类型的SPECIFICATION的抽象类或接口会变得很有用。这需要把参数类型定义为某种高层的抽象类。

```
public interface Specification {
    boolean isSatisfiedBy(Object candidate);
}
```

这个抽象要求在方法的开始处放置一条卫语句（guard clause），但是没有卫语句也不影响它的功能。例如，可以对Container Specification（参见图9-16以及后面的相关表格、代码等）做如下修改：

```
public class ContainerSpecification implements Specification {
    private ContainerFeature requiredFeature;

    public ContainerSpecification(ContainerFeature required) {
        requiredFeature = required;
    }

    boolean isSatisfiedBy(Object candidate){
        if (!candidate instanceof Container) return false;

        return
(Container)candidate.getFeatures().contains(requiredFeature);
    }
}
```

现在，让我们扩展Specification接口，加入3个新操作：

274

```
public interface Specification {
    boolean isSatisfiedBy(Object candidate);

    Specification and(Specification other);
    Specification or(Specification other);
    Specification not();
}
```

回忆一下，有些Container Specification需要通风性的Container（容器），而有些则需要有防爆性。如果一种化学药品既易挥发又易爆炸，那么它可能同时需要这两种规格。如果使用新的方法，这就很容易实现。

```
Specification ventilated = new ContainerSpecification(VENTILATED);
Specification armored = new ContainerSpecification(ARMORED);

Specification both = ventilated.and(armored);
```

这段声明定义了一个具有期望属性的新的Specification对象。这种组合将需要一个用于某种特殊目的的、更复杂的Container Specification。

假设我们有多种通风容器。对于有些物品来说，把它们放进哪种容器中都没问题。它们可以放在任何一种通风容器中。

```
Specification ventilatedType1 =
    new ContainerSpecification(VENTILATED_TYPE_1);
Specification ventilatedType2 =
    new ContainerSpecification(VENTILATED_TYPE_2);

Specification either = ventilatedType1.or(ventilatedType2);
```

如果我们认为把砂存放在特殊容器中是一种浪费，那么可以通过指定一种没有特殊性质的"便宜的"容器来禁止把砂存放在特殊容器中。

```
Specification cheap = (ventilated.not()).and(armored.not());
```

这个约束将阻止第9章中所讨论的仓库打包程序原型的某些不优化的行为。

从简单元素构建复杂规格的能力提高了代码的表达能力。以上组合是以声明式的风格编写的。

由于SPECIFICATION实现的方法存在不同，提供这些运算符的难易程度也不同。下面是一个非常简单的实现，在有些情况下它的效率很差，而有些情况下则很实用。举这个例子只是为了起到说明的作用。像任何模式一样，它也有很多实现方式。

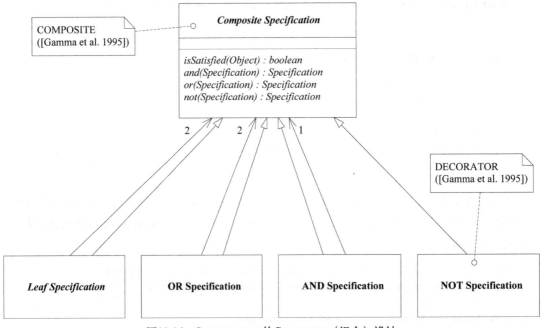

图10-14　SPECIFICATION的COMPOSITE（组合）设计

```
public abstract class AbstractSpecification implements
        Specification {
    public Specification and(Specification other) {
        return new AndSpecification(this, other);
    }
    public Specification or(Specification other) {
        return new OrSpecification(this, other);
    }
    public Specification not() {
        return new NotSpecification(this);
```

```
    }
}

public class AndSpecification extends AbstractSpecification {
    Specification one;
    Specification other;

    public AndSpecification(Specification x, Specification y) {
        one = x;
        other = y;
    }
    public boolean isSatisfiedBy(Object candidate) {
        return one.isSatisfiedBy(candidate) &&
            other.isSatisfiedBy(candidate);
    }
}

public class OrSpecification extends AbstractSpecification {
    Specification one;
    Specification other;
    public OrSpecification(Specification x, Specification y) {
        one = x;
        other = y;
    }
    public boolean isSatisfiedBy(Object candidate) {
        return one.isSatisfiedBy(candidate) ||
            other.isSatisfiedBy(candidate);
    }
}

public class NotSpecification extends AbstractSpecification {
    Specification wrapped;

    public NotSpecification(Specification x) {
        wrapped = x;
    }
    public boolean isSatisfiedBy(Object candidate) {
        return !wrapped.isSatisfiedBy(candidate);
    }
}
```

为了便于阅读，上面这段代码写得尽可能简单。如前所述，它在有些情况下是低效的。可能会有一些其他的实现选择，使得对象的数目减至最少，或极大地提高速度，或者与某个项目的特定技术兼容。重要的是模型捕捉到领域的关键概念，同时有一个忠实于该模型的实现。这就为解

[277] 决性能问题预留了很大的空间。

此外，这样完全的通用性在很多情况下并不需要。特别是AND可能比其他运算用得更多，而且它的实现的复杂程度也较小。如果你只需要AND，那么完全可以只实现它，这没有什么可担心的。

我们回顾一下第2章示例中的对话，开发人员显然没有实现他们SPECIFICATION中的"satisfied by"行为。在他们进行那段讨论的时候，SPECIFICATION只是"根据需要来构建"（building to order）。尽管如此，抽象仍然完整，而且功能添加起来也相对简单。使用模式并不意味着构建你不需要的特性。它们可以过后再添加，只要不引起概念混淆即可。

示例 **COMPOSITE SPECIFICATION的另一种实现**

有些实现环境不能使用粒度很小的对象。我曾经遇到过一个项目，它有一个对象数据库，这个数据库为每个对象分配一个ID并跟踪这个ID。每个对象都占有很大的内存空间，并且产生很大的性能开销，因此总的地址空间成为一个限制因素。我在领域设计中的一些重要地方使用了SPECIFICATION，当时我认为这是一个很好的决定。但我使用了一个过于细致的实现（像本章中描述的那样），这无疑是个错误。它产生了数百万个粒度非常小的对象，使整个系统的速度变得非常缓慢。

下面的例子给出了一种替代实现，它把组合SPECIFICATION编码为一个字符串或者数组（这个数组对逻辑表达式进行了编码），然后在运行时进行解析。

[278] （即使你没明白它的实现也不要紧，重要的是认识到用逻辑运算符来实现SPECIFICATION的方式有很多。如果最简单的方法不适用于你的情况，可以选择其他的方法。）

"Cheap Container"的SPECIFICATION栈的内容

栈顶	AndSpecificationOperator (FLY WEIGHT)
	NotSpecificationOperator (FLY WEIGHT)
	Armored
	NotSpecificationOperator
	Ventilated

当我们想测试一种候选方案时，必须解释这个结构，这可以通过把每个元素弹出来并计算它（或者是根据运算符的需要弹出下一个元素）来实现。最后将得到如下结果：

`and(not(armored), not(ventilated))`

这种设计有一些优点（+）和缺点（−）

+ 对象个数较少

+ 内存使用效率高

− 需要更高级的开发人员

你必须根据自己的实际情况做出权衡，找到一种适合你的实现。基于相同的模式和模型可以创建出完全不同的实现。

包容

最后要讲的这个包容特性并不是经常需要，而且实现起来也很难，但有时它确实能够解决很困难的问题。它还能够表达出一个SPECIFICATION的含义。

再次考虑一下前面的化学仓库打包程序的例子。每个Chemical都有一个Container Specification，而且Packer SERVICE确保当把Drum分配到Container中时，所有这些Container Specification都被满足，一切都没有问题……直到有人改变了规则。

每隔几个月都会发布一组新的规则，我们的用户希望能够生成一个列表，把那些已经有了更严格要求的化学品列出来。

当然，通过运行一个验证，用新实施的规格来检查仓库中的每个Drum，并找到所有不再满足新SPECIFICATION的化学品，这样可以把一部分化学品列出来，而且这可能也是用户需要的。这可以告诉用户现在仓库中有哪些Drum是需要转移的。

但用户要求的是把所有那些存放要求变得更严格的化学品都列出来。或许仓库里目前还没有这样的化学品，或者它们碰巧被装到了一个更严格的容器中。无论是哪种情况，刚才的那个报告都不会列出它们。

我们引入一个用于直接比较两种SPECIFICATION的新操作：

```
boolean subsumes(Specification other);
```

更严格的SPECIFICATION包容不太严格的SPECIFICATION。用更严格的SPECIFICATION来取代不严格的SPECIFICATION不会遗漏掉先前的任何需求，如图10-15所示。

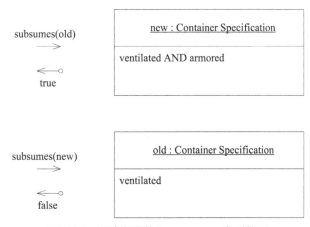

图10-15　汽油容器的SPECIFICATION变严格了

在SPECIFICATION语言中，我们说新的SPECIFICATION包容旧的SPECIFICATION，因为任何满足新SPECIFICATION的对象都将满足旧SPECIFICATION。

如果把每个SPECIFICATION看成一个谓词，那么包容就等于逻辑蕴涵（logical implication）。使用传统的符号，A→B表示声明A蕴涵声明B，因此，如果A为真，则B也为真。

让我们把这个逻辑应用于我们的容器匹配需求。当一个SPECIFICATION被修改时，我们想知道新SPECIFICATION是否满足旧SPECIFICATION的所有条件。

280

New Spec → Old Spec

也就是说，如果新规格为真，那么旧规格一定也为真。要证明一般情况下的逻辑蕴涵是很难的，但特殊情况就很容易证明。例如，参数化的SPECIFICATION可以定义它们自己的包容规则。

```
public class MinimumAgeSpecification {
    int threshold;

    public boolean isSatisfiedBy(Person candidate) {
        return candidate.getAge() >= threshold;
    }

    public boolean subsumes(MinimumAgeSpecification other) {
        return threshold >= other.getThreshold();
    }
}
```

JUnit测试可能包含以下代码：

```
drivingAge = new MinimumAgeSpecification(16);
votingAge = new MinimumAgeSpecification(18);
assertTrue(votingAge.subsumes(drivingAge));
```

还有一个有用的特例适用于解决Container Specification问题，它用SPECIFICATION接口把包容与逻辑操作AND结合起来。

```
public interface Specification {
    boolean isSatisfiedBy(Object candidate);
    Specification and(Specification other);
    boolean subsumes(Specification other);
}
```

证明只有一个AND操作符的涵盖是简单的：

$$A \text{ AND } B \to A$$

或者在更复杂的情况中，

$$A \text{ AND } B \text{ AND } C \to A \text{ AND } B$$

这样，如果Composite Specification能够把所有由"AND"连接起来的叶节点（leaf）

SPECIFICATION收集到一起，那么我们要做的事情只是检查包容规格（subsuming SPECIFICATION）是否含有被包容规格的所有叶节点（而且它可能还包含更多的叶节点）——它的叶节点集合是另一个SPECIFICATION的叶节点集合的超集。

```java
public boolean subsumes(Specification other) {
    if (other instanceof CompositeSpecification) {
        Collection otherLeaves =
            (CompositeSpecification) other.leafSpecifications();
        Iterator it = otherLeaves.iterator();
        while (it.hasNext()) {
            if (!leafSpecifications().contains(it.next()))
                return false;
        }
    } else {
        if (!leafSpecifications().contains(other))
            return false;
    }
    return true;
}
```

我们还可以增强这种交互，对仔细选择的参数化的叶节点SPECIFICATION进行比较或者进行其他一些复杂的比较。遗憾的是，当把OR和NOT也包括进来时，这些证明会变得更复杂。在大多数情况下，最好避免出现这样的复杂性：要么选择放弃一些运算符，要么不使用包容。如果这二者同时需要，那么要慎重考虑这样做的价值是否多过它所带来的麻烦。

受SPECIFICATION约束的亚里士多德

所有人都是要死的	`Specification manSpec = new ManSpecification();`
	`Specification mortalSpec = new MortalSpecification();`
	`assert manSpec.subsumes(mortalSpec);`

亚里士多德是一个人	`man aristotle = new Man();` `assert manSpec.isSatisfiedBy(aristotle);`
因此，亚里士多德会死	`assert mortalSpec.isSatisfiedBy(aristotle);`

10.9　切入问题的角度

本章展示了一系列技术，它们用于澄清代码意图，使得使用代码的影响变得显而易见，并且解除模型元素的耦合。尽管有这些技术，但要想实现这样的设计还是很难的。我们不能只是看着一个庞大的系统说："让我们把它设计得灵活点吧。"我们必须选择具体的目标。下面介绍几种主要方法，然后给出一个扩展的示例，它展示了如何把这些模式结合起来使用，并用于处理更大的设计。

10.9.1　分割子领域

我们无法一下子就能处理好整个设计，而需要一步一步地进行。我们从系统的某些方面可以看出适合用哪种方法处理，那么就把它们提取出来加以处理。如果模型的某个部分可以被看作是专门的数学，那么可以把这部分分离出来。如果应用程序实施了某些用来限制状态改变的复杂规则，那么可以把这部分提取到一个单独的模型中，或者提取到一个允许声明规则的简单框架中。随着这些步骤的进行，不仅新模型更整洁了，而且剩下的部分也更小、更清晰了。在剩下的模型中，有的部分是用声明式的风格来编写的——这些可能是根据专门数学或验证框架编写的声明，或者是子领域所采用的任何形式。

重点突击某个部分，使设计的一个部分真正变得灵活起来，这比分散精力泛泛地处理整个系统要有用得多。第15章将更深入地讨论如何选择和管理子领域。

10.9.2　尽可能利用已有的形式

我们不能把从头创建一个严密的概念框架当作一项日常的工作来做。在项目的生命周期中，我们有时会发现并精炼出这样一个框架。但更常见的情况是，可以对你的领域或其他领域中那些建立已久的概念系统加以修改和利用，其中有些系统已经被精化和提炼达几个世纪之久。例如，很多商业应用程序涉及会计学。会计学定义了一组成熟的ENTITY和规则，我们很容易对这些ENTITY和规则进行调整，得到一个深层的模型和柔性设计。

有很多这样的正式概念框架，而我个人最喜欢的框架是数学。数学的强大功能令人惊奇，它可以用基本数学概念把一些复杂的问题提取出来。很多领域都涉及数学，我们要寻找这样的部分，并把它挖掘出来。专门的数学很整齐，可以通过清晰的规则进行组合，并很容易理解。下面我要举一个例子，用它来结束本章，它来自我过去的经历——它就是"股份数学"（Shares Math）。

[283]

示例　**把各种模式结合起来使用：股份数学**

第8章讲述了在银团贷款系统项目上发生的一次模型突破的故事。现在我们将更详细地讨论这个例子，这里我们只集中讨论设计的一个特性，并与原来项目上的特性进行比较。

该应用程序的一个需求是，当借款者偿付本金时，默认是根据放贷方的股份来分配这笔钱。

最初的付款分配设计

随着我们对它进行重构，这段代码会变得越来越容易理解，因此不必过度深究这个版本。

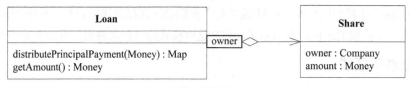

图　10-16

```
public class Loan {
    private Map shares;

    //Accessors, constructors, and very simple methods are excluded

    public Map distributePrincipalPayment(double paymentAmount) {
        Map paymentShares = new HashMap();
        Map loanShares = getShares();
        double total = getAmount();
        Iterator it = loanShares.keySet().iterator();
        while(it.hasNext()) {
            Object owner = it.next();
            double initialLoanShareAmount = getShareAmount(owner);
            double paymentShareAmount =
                initialLoanShareAmount / total * paymentAmount;
            Share paymentShare =
                new Share(owner, paymentShareAmount);
            paymentShares.put(owner, paymentShare);

            double newLoanShareAmount =
                initialLoanShareAmount - paymentShareAmount;
            Share newLoanShare =
                new Share(owner, newLoanShareAmount);
            loanShares.put(owner, newLoanShare);
        }
        return paymentShares;
    }

    public double getAmount() {
        Map loanShares = getShares();
        double total = 0.0;
        Iterator it = loanShares.keySet().iterator();
        while(it.hasNext()) {
            Share loanShare = (Share) loanShares.get(it.next());
            total = total + loanShare.getAmount();
        }
        return total;
    }
}
```

284

10

把命令和 SIDE-EFFECT-FREE FUNCTION 分开

这个设计已经有了 INTENTION-REVEALING INTERFACE。但 distributePaymentPrincipal()
方法做了一件很危险的事情。它计算要分配的股份，并且还修改了 Loan。我们通过重构把查询从修改操作中分离出来。

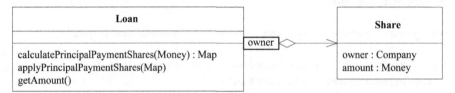

图   10-17

```
public void applyPrincipalPaymentShares(Map paymentShares) {
    Map loanShares = getShares();
    Iterator it = paymentShares.keySet().iterator();
    while(it.hasNext()) {
        Object lender = it.next();
        Share paymentShare = (Share) paymentShares.get(lender);
        Share loanShare = (Share) loanShares.get(lender);
        double newLoanShareAmount = loanShare.getAmount() -
            paymentShare.getAmount();
        Share newLoanShare = new Share(lender, newLoanShareAmount);
        loanShares.put(lender, newLoanShare);
    }
}

public Map calculatePrincipalPaymentShares(double paymentAmount) {
    Map paymentShares = new HashMap();
    Map loanShares = getShares();
    double total = getAmount();
    Iterator it = loanShares.keySet().iterator();
    while(it.hasNext()) {
        Object lender = it.next();
        Share loanShare = (Share) loanShares.get(lender);
        double paymentShareAmount =
            loanShare.getAmount() / total * paymentAmount;
        Share paymentShare = new Share(lender, paymentShareAmount);
        paymentShares.put(lender, paymentShare);
    }
    return paymentShares;
}
```

客户代码现在如下：

```
Map distribution =
    aLoan.calculatePrincipalPaymentShares(paymentAmount);
aLoan.applyPrincipalPaymentShares(distribution);
```

这段代码不算太差。方法把大量的复杂性封装在INTENTION-REVEALING INTERFACE背后。但当我们添加applyDrawdown()，calculateFeePaymentShares()等一些函数之后，代码开始大量增加。每次扩充都使代码变得更复杂，速度也不断减慢。这可能是由于粒度过大造成的。传统的解决方法是把计算方法分解为子例程。这可能是一种不错的解决办法，但我们希望最终看到底层的概念边界，并深化模型。当设计元素具有这种CONCEPT-CONTOURING的粒度时，就可以把这些元素进行组合，得到所需的变体。

把隐式概念变为显式概念

现在我们有足够的条件来探索新模型了。在这个实现中，Share对象是被动的，它们是用一些复杂、底层的方式来操纵的。这是因为大部分与股份有关的规则和计算并不适用于单独的股份，而是用于成组的股份。有一个概念被漏掉了：各个股份在构成整体时互相之间是有关联的。如果能把这个概念显式地表达出来，就能更简洁地表示这些规则和计算。 [286]

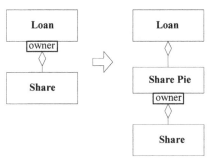

图　10-18

Share Pie表示了一个特定的Loan的总体分布。它是一个ENTITY，其标识位于Loan AGGREGATE的内部。实际的分布计算可以被委托给Share Pie。

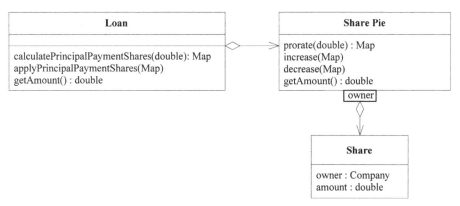

图　10-19

```
public class Loan {
    private SharePie shares;

    //Accessors, constructors, and straightforward methods
    //are omitted

    public Map calculatePrincipalPaymentDistribution(
                                double paymentAmount) {
        return getShares().prorated(paymentAmount);
    }

    public void applyPrincipalPayment(Map paymentShares) {
        shares.decrease(paymentShares);
    }
}
```

这样Loan就被简化了，而且Share计算也被集中到了一个VALUE OBJECT中（这个VALUE OBJECT只负责这个计算）。但是，这个计算并没有真正变得通用和易用。

在进一步理解之后，把Share Pie变成一个VALUE OBJECT

通常，在实现一个新设计的过程中，所获得的经验会引导我们对模型本身形成新的认识。在这个例子中，Loan和Share Pie的紧密耦合使Share Pie与Share之间的关系变得模糊不清。如果我们把Share Pie变成一个VALUE OBJECT，会产生什么变化呢？

这意味着不能再使用increase(Map)和decrease(Map)了，因为Share Pie必须是不变的。要更改Share Pie的值，必须整个替换。因此需要使用addShares(Map)这样的方法来返回一个全新的、更大的Share Pie。

让我们再进一步把它变成CLOSURE OF OPERATION。我们不采用"增加"Share Pie或向它添加Share，而只是把两个Share Pie加起来，结果是一个新的、更大的Share Pie。

我们可以先把Share Pie上的prorate()操作变成半个闭合操作，这只需要修改返回类型即可。我们把它重命名为prorated()，以便强调它没有副作用。"股份数学"开始成型了，最初它有4个操作。

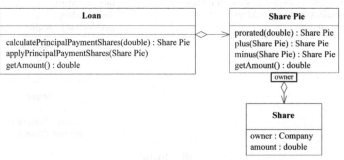

图   10-20

我们可以为新的VALUE OBJECT（Share Pie）创建一些定义明确的ASSERTION。每个方法都有各自的意义。

```
public class SharePie {
    private Map shares = new HashMap();

    //Accessors and other straightforward methods are omitted

    public double getAmount() {
        double total = 0.0;
        Iterator it = shares.keySet().iterator();
        while(it.hasNext()) {
            Share loanShare = getShare(it.next());
            total = total + loanShare.getAmount();
        }
        return total;
    }

    public SharePie minus(SharePie otherShares) {
        SharePie result = new SharePie();
        Set owners = new HashSet();
        owners.addAll(getOwners());
        owners.addAll(otherShares.getOwners());
        Iterator it = owners.iterator();
        while(it.hasNext()) {
            Object owner = it.next();
            double resultShareAmount = getShareAmount(owner) -
                otherShares.getShareAmount(owner);
            result.add(owner, resultShareAmount);
        }
        return result;
    }

    public SharePie plus(SharePie otherShares) {
        //Similar to implementation of minus()
    }

    public SharePie prorated(double amountToProrate) {
        SharePie proration = new SharePie();
        double basis = getAmount();
        Iterator it = shares.keySet().iterator();
        while(it.hasNext()) {
            Object owner = it.next();
            Share share = getShare(owner);
            double proratedShareAmount =
                share.getAmount() / basis * amountToProrate;
```

总股份等于各股份之和

两个Pie之差等于这两个股东所持股份之差

两个Pie的组合就等于把这两个股东所持股份加到一起

总额可以依照所有股东所占的股份按比例划分

10

289

```
        proration.add(owner, proratedShareAmount);
    }
    return proration;
    }
}
```

新设计的柔性

现在，最重要的Loan类中的方法已经很简单了，如下：

```
public class Loan {
    private SharePie shares;

    //Accessors, constructors, and straightforward methods
    //are omitted

    public SharePie calculatePrincipalPaymentDistribution(
                                    double paymentAmount) {
        return shares.prorated(paymentAmount);
    }

    public void applyPrincipalPayment(SharePie paymentShares) {
        setShares(shares.minus(paymentShares));
    }
```

这些简短的方法中的每一个都表达了其自己的含义。本金偿付表示从贷款中按照股份减去偿付额。对已偿付的本金进行分配是指在股份持有者之间按比例分配。Share Pie的设计使我们能够在Loan代码中使用声明式风格，所编写的代码读起来像是业务交易的概念定义，而不像是一种计算。

现在，其他交易类型（由于过于复杂没有在前面列出）也很容易声明了。例如，贷款支取是根据贷方的Facility股份来分配的。新支取的数额被加到未偿**贷款**（Loan）中。用我们的新领域语言可以描述如下：

```
public class Facility {
    private SharePie shares;
    . . .
    public SharePie calculateDrawdownDefaultDistribution(
                                    double drawdownAmount) {
        return shares.prorated(drawdownAmount);
    }
}

public class Loan {
    . . .
    public void applyDrawdown(SharePie drawdownShares) {
        setShares(shares.plus(drawdownShares));
    }
}
```

要查看每个贷方的原定贷款额与实际贷款额之差,只需计算该贷方在未偿Loan总额中的理论分配值,然后用Loan的实际股份减去这个值即可。

```
SharePie originalAgreement =
    aFacility.getShares().prorated(aLoan.getAmount());
SharePie actual = aLoan.getShares();
SharePie deviation = actual.minus(originalAgreement);
```

Share Pie设计的一些特性使这种组合变得很容易,也提高了代码的表达能力。

❑ 复杂的逻辑通过SIDE-EFFECT-FREE FUNCTION被封装到了专门的VALUE OBJECT中。大部分复杂逻辑都已经被封装到这些不变的对象中。由于Share Pie是VALUE OBJECT,因此数学运算可以创建新实例,我们可以用这些新实例来替换旧实例。

Share Pie的所有方法都不会修改任何现有对象。这使我们在中间计算中能够自由地使用plus()、minus()和pro-rated(),并通过组合它们来实现预期效果,同时又不会产生其他副作用。我们还可以根据这些方法来创建分析功能(以前,只有在执行实际计算的时候才能调用这些方法,因为在每次调用之后数据就改变了)。

❑ 修改状态的操作很简单,而且是用ASSERTION来描述的。利用"股份数学"的高层抽象,我们可以用声明式的风格来精确地编写交易的固定规则。例如,差值是实际股份减去根据Facility 的Share Pie按比例分配的Loan额。 [291]

❑ 模型概念解除了耦合,操作只涉及最少的其他类型。Share Pie上的一些方法显示出它们是CLOSURE OF OPERATION(加、减方法是Share Pie之下的闭合操作)。其他操作以简单的总额作为参数或返回值,它们虽然不是闭合操作,但只增加了极少的概念负担。Share Pie只与一个其他的类——Share有密切交互。这样,Share Pie就非常直截了当,易于理解和测试,也很容易通过组合来产生声明式的交易。这些特性都是从数学形式中继承得来的。

❑ 熟悉的形式使我们更容易掌握协议(protocol)。最初用于操作股份的协议本来也是可以用财务术语来设计的,而且从原则上讲,这样的设计也能很灵活。但它有两个缺点。首先,我们必须从头开始设计它,这是一项困难且没有把握完成的任务。其次,每个处理它的人都必须先学会它。而我们现在这种设计的好处是,看到股份数学的人会发现他们对这个早已十分熟悉了,而且由于设计与算术规则保持严格一致,因此人们不会被误导。

把与数学形式有关的那部分问题提取出来之后,我们得到了一个柔性的Share设计,这使得我们可以进一步精炼核心的Loan和Facility方法(参见第15章有关CORE DOMAIN的讨论)。

柔性设计可以极大地提升软件处理变更和复杂性的能力。正如本章的例子所示,柔性设计在很大程度上取决于详细的建模和设计决策。柔性设计的影响可能远远超越某个特定的建模和设计问题。第15章将讨论柔性设计的战略价值,我们将把它作为一种工具,用来精炼领域模型,以便使大型和复杂的项目更易于掌握。 [292]

第11章

应用分析模式

深层模型和柔性设计并非唾手可得。要想取得进展，必须学习大量领域知识并进行充分的讨论，还需要经历大量的尝试和失败。但有时我们也能从中获得一些优势。

一位经验丰富的开发人员在研究领域问题时，如果发现了他所熟悉的某种职责或某个关系网，他会想起以前这个问题是如何解决的。以前尝试过哪些模型？哪些是有效的？在实现中有哪些难题？它们是如何解决的？先前经历过的尝试和失败会突然间与新的情况联系起来。这些模式当中有一些已经记载到文献中供大家分享，这样我们就可以借鉴这些积累的经验。

与第二部分提出的基本构造块模式和第10章介绍的柔性设计原则相比，这些模式属于更高级和专用的模式，其中还涉及使用少量对象来表示某种概念。利用这些模式，可以避免一些代价高昂的尝试和失败过程，而直接从一个已经具有良好表达力和易实现的模型开始工作，并解决了一些可能难于学习的微妙的问题。我们可以从这样一个起点来重构和试验。然而，它们并不是现成的解决方案。

在《分析模式》一书中，Martin Fowler这样定义分析模式[Fowler 1997, p. 8]：

> 分析模式是一种概念集合，用来表示业务建模中的常见结构。它可能只与一个领域有关，也可能跨越多个领域。

Fowler所提出的分析模式来自于实践经验，因此只要用在合适的情形下，它们会非常实用。对于那些面对着具有挑战性领域的人们，这些模式为他们的迭代开发过程提供了一个非常有价值的起点。"分析模式"这个名字本身就强调了其概念本质。分析模式并不是技术解决方案，他们只是些参考，用来指导人们设计特定领域中的模型。

但从这个名字中我们看不出分析模式也讨论了大量实现问题，包括一些代码。Fowler知道，在不考虑实际设计的情况下进行单纯的分析是有缺陷的。下面举一个很有趣的例子，在这个例子中，Fowler用更长远的眼光审视了模型选择的意义——考虑在部署之后，模型选择对系统长期维护的影响[Fowler 1997, p. 151]。

> 当构建一个新的[会计]实务时，我们会创建一个新的过账规则（posting rule）的实例网。我们可以在完全不需要重新编译或构建系统的情况下实现它，因而不影响系统的运行。有时我们将不可避免地需要过账规则的某个新的子类型，但这种情况并不多见。

在一个成熟的项目上，模型选择往往是根据实用经验做出的。人们已经尝试了各种组件的多种实现方法。其中的一些实现已经被采用，有些甚至已经到了维护阶段。这些经验可以帮助人们避免很多问题。分析模式的最大作用是借鉴其他项目的经验，把那些项目中有关设计方向和实现结果的广泛讨论与当前模型的理解结合起来。脱离具体的上下文来讨论模型思想不但难以落地，而且还会造成分析与设计严重脱节的风险，而这一点正是 MODEL-DRIVEN DESIGN 坚决反对的。

用实际的例子比用单纯的抽象描述能够更好地解释分析模式的原则和应用。本章将给出两个示例，在这两个例子中，开发人员借鉴了[Fowler 1997]一书中提供的一个具有代表性的小范例（来自"Inventory and Accounting"一章）。本章只是为了讲解这两个例子而概述分析模式。显然，本章的目的不是对这种模式进行归纳分类，甚至对示例所使用的模式也没有做全面的解释。本章的重点是说明如何将它们集成到领域驱动的设计过程中。

294

示例　　**账户的利息计算**

第10章展示了开发人员为某种专用会计应用程序去寻找更深层模型的各种可能途径。本示例是另外一个场景，这里开发人员将深入挖掘Fowler的《分析模式》一书，从中寻找有用的思想。

来复习一下。用于跟踪贷款和其他有息资产的应用程序将计算所产生的利息和手续费，并跟踪借方的付款情况。夜间会有一个批处理操作提取这些数字，并传递给原来的会计系统，并标明每个账目应该过账到哪个分类账中。这种设计虽然能工作，但使用起来却很麻烦，修改起来也很复杂，而且不易于交流沟通。

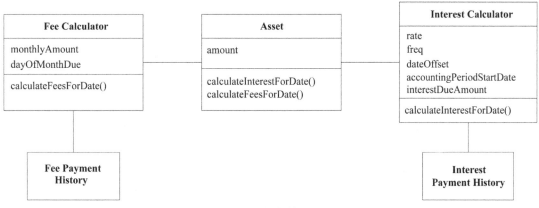

图11-1　初始的类图

开发人员决定读一下《分析模式》的第6章"Inventory and Accounting"。下面摘录了一些与之最为相关的内容。

《分析模式》中的账户模型

所有种类的业务应用程序都需要对账户进行跟踪，因为账户中保存了与数值有关的信息（通常是钱）。在很多应用程序中，仅跟踪账户总额是不够的，记录和控制账户总额的每次修改也很重要。这也是会计模型最基本的动机。

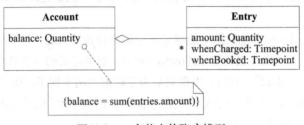

图11-2 一个基本的账户模型

通过插入一个Entry（项）可以向账户中增加数值，而插入一个负的Entry则可以从账户中减少数值。Entry永远不会被删除，因此整个历史就被保留下来。余额就是把所有Entry汇总得到的结果。这个余额可以实时计算，也可以被缓存，这是由Account接口封装的一个实现决策。

会计的一条基本原则就是账目的平恒。钱即不会无中生有，也不会凭空消失。它只能从一个账户转移到另一个账户。

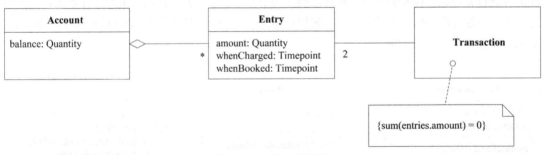

图11-3 一个交易模型

这就是众所周知的"复式记账"（double-entry book-keeping）概念。每个贷方都有与之相应的借方。当然，像其他守恒定律一样，它只适用于封闭的系统，这个系统包含了入账和出账的所有明细。但很多简单的应用程序并不需要这么严格。

Fowler在他的书中介绍了这些模型的较全面的形式，并对各种折中选择做了大量讨论。

开发人员（**开发人员1**）通过阅读这些内容获得了一些新的思路。她把这章内容介绍给她的同事（**开发人员2**）看，这位同事正在与她一起编写利息计算逻辑，而且他还编写了夜间批处理程序。他们一起对模型作了粗略的修改——在模型中加进了一些在阅读该章时看到的模型元素。

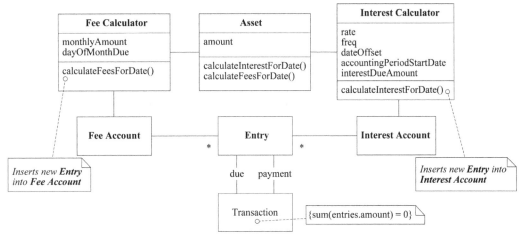

图11-4　新提出的模型

然后他们找来领域专家（以下称**专家**）一起讨论新模型的思路。

开发人员1：利用这个新模型，我们可以在Interest Account中为每笔利息收入增加一个Entry，而不是只调整interestDueAmount。然后，另一个付款的Entry会使其平账。

专家：这样是不是就可以看到所有的应计（accrual）利息和付款历史了？这正是需要的功能。

开发人员2：我不确定这里使用"Transaction"（交易）是否完全正确。定义讲的是把钱从一个Account转移到另一个Account，而不是两个Entry在同一个Account中互相平衡。

开发人员1：这个问题很好，我也有些担心，因为书上似乎强调交易是瞬间建立的，而利息的付款可以过几天再进行。

专家：那些付款不一定要推迟几天，在支付时间上可以灵活处理。

开发人员1：那么这种担心就没有必要了。我想我们或许已经发现了一些隐含的概念。让Interest Calculator来创建Entry对象似乎确实更易理解。而且Transaction似乎把计算出的利息和付款巧妙地联系在一起了。

专家：为什么要把应计项目和付款联系在一起呢？它们在会计系统中是分开过账的。Account的平账才是主要的。沿着一个一个的Entry，我们就可以查出所有的账目。

开发人员2：你的意思是说不用跟踪利息是否已经支付这一点吗？

专家：当然需要跟踪。但它并不是你们所说的"一次应计项目/一笔付款"这种简单的模式。

开发人员2：实际上，如果不用考虑那种关联，很多事情都可以简化。

开发人员1：好的，这样如何？[拿来旧类图的复印件开始把修改的地方画出来]。顺便问一下，你好几次提到"应计项目"这个词，能确切地讲一下它的意思吗？

专家：当然可以。应计项目（accrual）是指在一笔支出或收入发生的时候把它记录到账目中，而永远不管现金实际是何时过账的。因此，利息每天都会计算，但只有在（举例来说）月末才会支付。

开发人员1：是的，我们确实需要这个词。好，现在这个图怎么样？

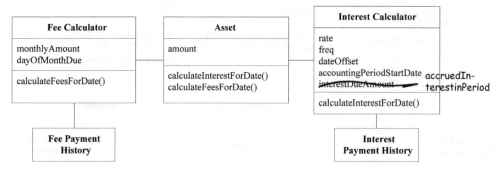

图11-5   还是原来的类图，只是把应计项目和付款分开了

开发人员1：现在，我们可以删掉与付款有关的所有复杂计算了，而且我们引入了"accrual"这个术语，它更好地表明了我们的意图。

专家：那么我们就不会有Account对象了吧？我本来还希望能够把应计项目、付款和余额等项都放到这个对象中呢。

[298]

开发人员1：是吗？！如果是那样的话，或许这么画就可以[拿起另一张图开始画起来]。

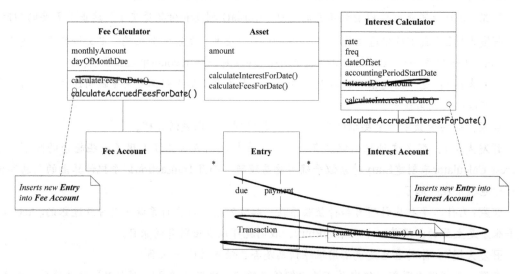

图11-6   基于账户的图，里面没有Transaction

专家：这看起来确实好极了！

开发人员2：批处理脚本也只需要简单的修改就能使用这些新对象。

开发人员1：新的Interest Calculator过几天才能使用。有好些个测试需要修改。但修改之后测试会更清楚。

两位开发人员开始基于新模型进行重构。他们在着手编写代码并加强设计时，又有了一些对模型进行精化的新想法。

通过更仔细的研究，他们决定为Entry创建两个子类——Payment和Accrual，因为他们发现这两个子类在应用程序中的职责稍有不同，而且都是非常重要的领域概念。但另一方面，无论Entry是因为手续费而产生的，还是因为利息产生的，其在概念和行为上都没有任何区别。它们只是出现在适当的Account中。

但遗憾的是，开发人员发现，出于实现方面的考虑，他们不得不放弃最后这一次抽象。数据存储在关系表中，而且项目标准要求在不运行程序的情况下也能解释清楚这些表。这意味着要把手续费项和利息项分开保存到不同的表中。根据他们所使用的对象-关系映射框架，将手续费项和利息项保存到不同表中的唯一方法就是创建具体的子类（Fee Payment、Interest Payment等）。如果换成别的基础设施，他们或许可以避免使用这些笨拙的子类。 [299]

我在这个大部分是虚构的故事中讲述这段小插曲的原因是想说明我们在现实中总是会遇到这类小的障碍。我们必须做出一些适当的折中选择然后继续前进，而不能因为这些小问题而改变MODEL-DRIVEN DESIGN的方向。

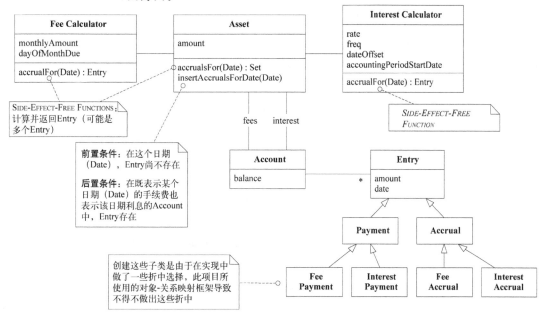

图11-7 实现之后的类图

新的设计更易于分析和测试，因为最复杂的功能已被封装到了SIDE-EFFECT-FREE FUNCTION中。剩下的命令代码很简单（因为它只需调用各种FUNCTION），并使用了ASSERTION。

有时，我们甚至想象不到，程序的一些部分也能从领域模型获益。它们可能一开始很简单，并一步步机械地演变。它们看上去就像是复杂的应用程序代码，而不是领域逻辑。分析模式在找到这些盲点方面特别有用。

在下一个例子中，一位开发人员对夜间批处理程序的内部机制产生了新的想法，以前他并没有从领域的角度来考虑这一问题。

[300]

> **示例** **对夜间批处理程序的深入理解**

几星期后，改进后的基于Account的模型基本完成了。如时常发生的那样，当新设计更加清晰之后，它就暴露出其他一些问题。开发人员（开发人员2）在修改夜间批处理程序以使之与新设计交互的时候，发现批处理程序的行为与《分析模式》一书中所讲的一些概念有联系。下面就是他发现的一些最相关的概念：

过账规则

会计系统经常提供同一个基本财务信息的多种视图。一个账户可能用于跟踪收入，而另一个账户可能用于跟踪该收入的估税。如果我们希望系统自动更新估税总额，那么这两个账户的实现将会彼此紧密关联。在有些系统中，大部分账目都是由这些规则产生的，在这样的系统中，依赖逻辑会变得一团糟。即使是在规模不大的系统中，这样的交叉过账也会很复杂。减少这种缠杂不清的依赖的第一步是通过引入一个新对象来使这些规则明朗化。

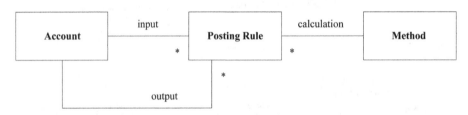

图11-8 基本过账规则的类图

当过账规则的input账目收到一个新的Entry时，这个Entry就会触发过账规则。然后过账规则会生成一个新的Entry（基于它自己的计算方法），并将这个Entry插入它的"output"账目中。在工资系统中，工资Account中的Entry可能会触发一个过账规则，此规则计算30%的估计收入所得税，并将其作为一个Entry插入扣税Account中。

[301]

执行过账规则

过账规则建立了各个Account之间概念上的依赖性，但如果对这个模式的使用仅限于此，那么它仍然很难使用。在依赖性设计中，最复杂的部分是更新的时机和控制措施。Fowler讨论了3种选择：

(1)"主动触发"（Eager firing）是最直接的方式，但通常也最不实用。每当一个Entry被插入到Account中时，它立即就触发过账规则，并立即进行所有更新。

(2)"基于Account的触发"允许推迟处理。在过后的某个时刻，向Account发送一条消息，令其触发过账规则，来处理自从上一次触发以来所插入的所有Entry。

(3) 最后，"基于过账规则的触发"由外部代理来启动，它通知过账规则触发。过账规则负责查找自从上次触发以来插入到其输入Account中的所有Entry。

尽管在一个系统中可以混合使用各种触发模式，但每组特定的规则都需要有一个明确定义的"启动点"（应该在何时启动），还要定义由谁负责查找插入到输入的Account中的Entry。将这三种触发模式添加到UBIQUITOUS LANGUAGE中对于成功使用这种模式具有至关重要的意义，这与模型对象定义本身同等重要。这样，触发的概念就不再模糊了，而且还能直接指导决策，从而获得一组明确定义的可选方案。这些触发模式揭示出了一个很容易被忽略的重点，并且丰富了我们的词汇，从而使讨论更清晰。

开发人员2需要找个人来讨论他的新思路。他找到了同事（**开发人员1**），开发人员1原来主要负责建立应计项目（accrual）的模型。

开发人员2：有的时候，夜间批处理程序成为一个隐藏问题的地方。脚本的行为中隐含了领域逻辑，而且正在变得越来越复杂。很长时间以来，我一直想用MODEL-DRIVEN DESIGN的方法来修改一下批处理，将领域层分离出来，并使脚本本身成为领域层之上的一个简单的层。但我一直没有想出这个领域模型应该是什么样的。看上去它似乎只是一些操作步骤，而把它们实现为对象没什么实际意义。但当我读完《分析模式》一书中有关Posting Rule的内容后，获得了一些思路。这个图就是我所想到的[递过来一张草图]。

[302]

11

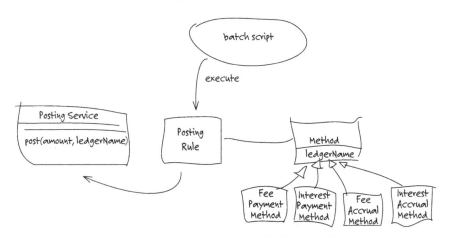

图11-9 在批处理中使用过账规则的一个思路

开发人员1：Posting Service是指什么？

开发人员2：这是个FACADE，它提供了会计应用程序的API，并且将其呈现为一个SERVICE。实际上我使用它已经有一段时间了，主要用来简化批处理代码，而且它也为我提供了一个INTENTION-REVEALING INTERFACE，可用于向老系统过账。

开发人员1：很有趣，那么你打算为这些Posting Rule（过账规则）使用哪种触发模式？

开发人员2：我还没有想那么多。

开发人员1："主动触发"可能适用于Accrual，因为批处理程序实际上通知Asset插入Accrual，但"主动触发"可能不适用于Payment，因为Payment是在白天输入的。

开发人员2：不管怎样，我认为我们都不希望把计算方法与批处理程序特别紧密地联系到一起。如果我们决定在一个不同的时间来触发利息计算，那么情况将会是一团糟。而且从概念上看，这也是不正确的。

开发人员1：这听上去有点像"基于Posting Rule的触发"。由批处理程序通知每个Posting Rule去执行，然后规则找出相应的新Entry，并完成其工作。这种思路基本上就与你画的图中表现出来的思路差不多吧。

开发人员2：这样在批处理设计中就不会产生很多依赖，而且它也易于控制了，看样子不错。

开发人员1：我没有完全明白这些对象是如何与Account和Entry交互的。

开发人员2：我也没完全明白。那本书中的示例在Account和Posting Rule之间建立了直接联系。在某种程度上这是合乎逻辑的，但我认为它并不完全适用于我们的情况。我们每次都需要用数据来实例化这些对象，因此要使用这种方法，必须知道应用哪条规则。同时，Asset对象知道每个Account的内容，因此也知道应用哪条规则。不管怎么说，这个模型的其他方面呢？

开发人员1：虽然我讨厌过分挑剔，但我确实认为Method的使用不正确。我认为在概念上Method是用于计算要过账的总额的，比方说，在收入上计算20%的扣税。但我们的情形很简单：它始终是全额过账。我想Posting Rule本身应该是知道要过账给哪个Account的，这个Account对应于我们的ledger name（分类账名称）。

开发人员2：哦，那么如果让Posting Rule负责查知正确的ledger name，我们可能就完全不需要Method了。

实际上，选择正确的ledger name这件事情变得越来越复杂了。它已经是收入类型（手续费或利息）与"Asset类别"（公司对每种Asset所使用的分类）的组合了。我希望新模型能够在解决这个复杂性上有所帮助。

开发人员1：好的，我们就把重点集中在这里。Posting Rule负责根据Account的属性来选择Ledger。现在，我们可以先用一种简单直接的方式来处理资产类型以及利息与收入之间的区分。将来，我们会有一个OBJECT MODEL，可以通过改进这个模型来处理更复杂的情形。

开发人员2：在这方面我还要多考虑一下。我会再仔细研究一番，再把模式读一遍，然后再来尝试解决这个问题。明天下午我能再次和你讨论这个问题吗？

在接下来的几天时间里，这两位开发人员设计出了一个模型，并对代码进行了重构，使得批处理程序只是简单地依次访问各个Asset，并向每个Asset发送几条非常浅显易懂的消息，然后提交数据库事务。复杂性被转移到领域层中，领域层中的对象模型使问题变得更加明确，也更抽象。

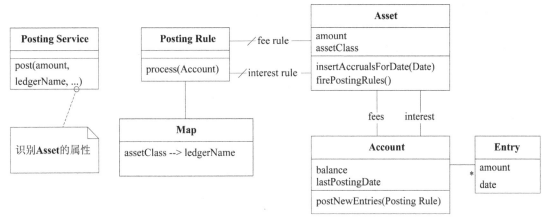

图11-10　含有过账规则的类图

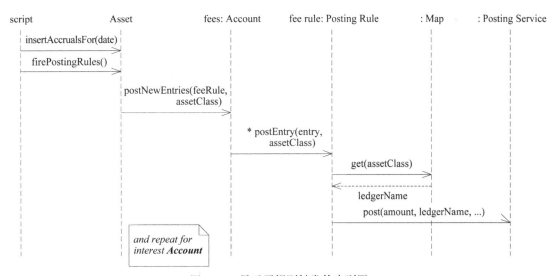

图11-11　显示了规则触发的序列图

在一些细节问题上，这两位开发人员开发的模型与《分析模式》中给出的相差甚远，但他们认为二者在概念本质上还是相同的。有一个问题令他们稍感不安，那就是在Posting Rule的选择中把Asset牵扯进来了。之所以这样做，是因为Asset知道每个Account的性质（手续费或利息），而且它也是脚本的自然访问点。如果让规则对象直接与Account 发生关联，这些对象在每次实例化时（每次运行批处理程序时）都需要与Asset对象进行协作。可他们没有这样做，而是让Asset对象通过SINGLETON访问来查找这两个相关规则，并把对应的Account传递给它们。这样一来代码就变得更直接了，因此这是一个正确的决定。

从概念上看，他们都感到更好的做法是让Posting Rule只与Account发生关联，而令Asset只负责生成Accrual。他们希望等到有了后续的重构和更深入的理解之后再回头看这个问题，并找到一种将职责分离得更清楚而又不影响代码明确性的方法。

分析模式是很有价值的知识

当你可以幸运地使用一种分析模式时，它一般并不会直接满足你的需求。但它为你的研究提供了有价值的线索，而且提供了明确抽象的词汇。它还可以指导我们的实现，从而省去很多麻烦。

我们应该把所有分析模式的知识融入知识消化和重构的过程中，从而形成更深刻的理解，并促进开发。当我们应用一种分析模式时，所得到的结果通常与该模式的文献中记载的形式非常相像，只是因具体情况不同而略有差异。但有时完全看不出这个结果与分析模式本身有关，然而这个结果仍然是受该模式思想的启发而得到的。

但有一个误区是应该避免的。当使用众所周知的分析模式中的术语时，一定要注意，不管其表面形式的变化有多大，都不要改变它所表示的基本概念。这样做有两个原因，一是模式中蕴含的基本概念将帮助我们避免问题，二是（也是更重要的原因）使用被广泛理解或至少是被明确解释的术语可以增强UBIQUITOUS LANGUAGE。如果在模型的自然演变过程中模型的定义也发生改变，那么就要修改模型名称了。

很多对象模型都有文献资料可查，其中有些对象模型专门用于某个行业中的某种应用，而有些则是通用模型。大部分对象模型都有助于开阔思路，但只有为数不多的一些模型精辟地阐述了选择这些模式的原理和使用的结果，而这些才是分析模式的精华所在。这些精化后的分析模式大部分都很有价值，有了它们，可以免去一次次的重复开发工作。尽管我们不大可能归纳出一个包罗万象的分析模式类目，但针对具体行业的类目还是能够开发出来的。而且在一些跨越多个应用的领域中适用的模式可以被广泛共享。

这种对已组织好的知识的重复利用完全不同于通过框架或组件进行的代码重用，但是二者唯一的共同点是它们都提供了一种新思路的萌芽，而这种新思路先前可能并不十分明晰。一个模型，甚至一个通用框架，都是一个完整的整体，而分析则相当于一个工具包，它被应用于模型的一些部分。分析模式专注于一些最关键和最艰难的决策，并阐明了各种替代和选择方案。它们提前预测了一些后期结果，而如果单靠我们自己去发现这些结果，可能会付出高昂的代价。

第 **12** 章

将设计模式应用于模型

到 目前为止,本书所探讨的模式都是专门用来在MODEL-DRIVEN DESIGN的上下文中解决领域模型的问题。但实际上, 大部分已发布的模式都更侧重于解决技术问题。设计模式与领域模式之间有什么区别? 《设计模式》这部经典著作的作者为初学者指出了以下事实 [Gamma et al. 1995, p. 3]:

> 立场不同会影响人们如何看待什么是模式以及什么不是模式。一个人所认为的模式在另一个人看来可能是基本构造块。本书将在一定的抽象层次上讨论模式。设计模式并不是指像链表和散列表那样可以被封装到类中并供人们直接重用的设计, 也不是用于整个应用程序或子系统的复杂的、领域特定的设计。本书中的设计模式是对一些交互的对象和类的描述, 我们通过定制这些对象和类来解决特定上下文中的一般设计问题。

在《设计模式》中, 有些(但并非所有)模式可用作领域模式, 但在这样使用的时候, 需要变换一下重点。《设计模式》中的设计模式把相关设计元素归为一类, 这些元素能够解决在各种上下文中经常遇到的问题。这些模式的动机以及模式本身都是从纯技术角度描述的。但这些元素中的一部分在更广泛的领域和设计上下文中也适用,因为这些元素所对应的基本概念在很多领域中都会出现。

除了《设计模式》中介绍的模式以外, 近年来还出现了其他很多技术设计模式。有些模式反映了在一些领域中出现的深层概念。这些模式都有很大的利用价值。为了在领域驱动设计中充分利用这些模式, 我们必须同时从两个角度看待它们: 从代码的角度来看它们是技术设计模式, 从模型的角度来看它们就是概念模式。

我们将把《设计模式》所介绍的特定模式作为样例, 来说明如何将人们所认为的设计模式应用到领域模型中, 而且这个例子还将澄清技术设计模式与领域模式之间的区别。本章还将通过COMPOSITE(组合)和STRATEGY(策略)这两种模式演示如何通过改变思考方式, 用一些经典的设计模式来解决领域问题。

12.1 模式：STRATEGY（也称为POLICY）

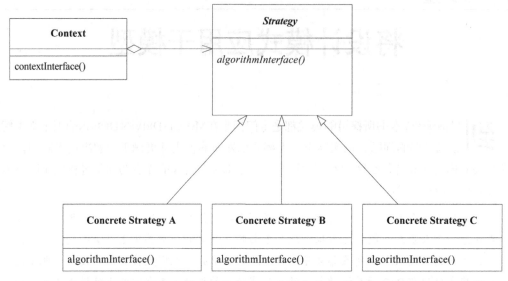

定义了一组算法，将每个算法封装起来，并使它们可以互换。STRATEGY允许算法独立于使用它的客户而变化。[Gamma et al. 1995]

领域模型包含一些并非用于解决技术问题的过程，将它们包含进来是因为它们对处理问题领域具有实际的价值。当必须从多个过程中进行选择时，选择的复杂性再加上多个过程本身的复杂性会使局面失去控制。

当对过程进行建模时，我们经常会发现过程有不止一种合理的实现方式，而如果把所有的可选项都写到过程的定义中，定义就会变得臃肿而复杂，而且可供我们选择的实际行为也会因为混杂在其他行为中而显得模糊不清。

我们希望把这些选择从过程的主体概念中分离出来，这样既能够看清主体概念，也能更清楚地看到这些选择。软件设计社区中众所周知的STRATEGY模式就是为了解决这个问题的，虽然它的侧重点在于技术方面。这里，我们把它当成模型中的一个概念来使用，并在该模型的代码实现中把它反映出来。我们同样也需要把过程中极易发生变化的部分与那些更稳定的部分分离开。

因此：

我们需要把过程中的易变部分提取到模型的一个单独的"策略"对象中。将规则与它所控制的行为区分开。按照STRATEGY设计模式来实现规则或可替换的过程。策略对象的多个版本表示了完成过程的不同方式。

通常，作为设计模式的STRATEGY侧重于替换不同算法的能力，而当其作为领域模式时，其侧重点则是表示概念的能力，这里的概念通常是指过程或策略规则。

示例　**路线查找（Route-Finding）策略**

我们把一个Route Specification（路线规格）传递给Routing Service（路线服务），Routing Service的职责是构造一个满足SPECIFICATION的详细的Itinerary。这个SERVICE是一个优化引擎，可以通过调节它来查找最快的路线或最便宜的路线。

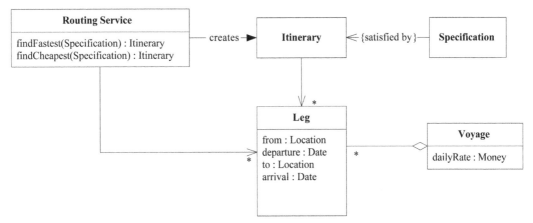

图12-1　带选项的SERVICE接口需要条件逻辑

这种设置看上去似乎没问题，但仔细观察路线代码就会发现，每个计算中都有条件判断，判断最快还是最便宜的逻辑分散在程序各处。当为了做出更精细的航线选择而把新标准添加进来时，麻烦会更多。

解决此问题的一种方法是把这些起调节作用的参数分离到STRATEGY中。这样它们就可以被明确地表示出来，并作为参数传递给Routing Service。

现在，Routing Service就可以用一种完全相同的、无需进行条件判断的方式来处理所有请求了，它按照Leg Magnitude Policy（航段规模策略）的计算，找出一系列规模较小的Leg（航段）。

这种设计具有《设计模式》中所介绍的STRATEGY模式的优点。按这种思路设计的应用程序可以提供丰富的功能，同时也很灵活，现在，可以通过安装适当的Leg Magnitude Policy来控制和扩展Routing Service的行为。图12-2中显示的只是最明显的两种STRATEGY（最快或最便宜）。可能还会有一些在速度和成本之间进行权衡考虑的组合策略。也可以加进其他的因素，例如，在预订货物时优先选择公司自己的运输系统，而不是外包给其他运输公司。不使用STRATEGY模式同样能实现这些修改，但必须将逻辑添加到Routing Service的内部（这会是一个麻烦的过程），而且这些逻辑会使接口变得臃肿。解耦确实令Routing Service更清楚且易于测试。

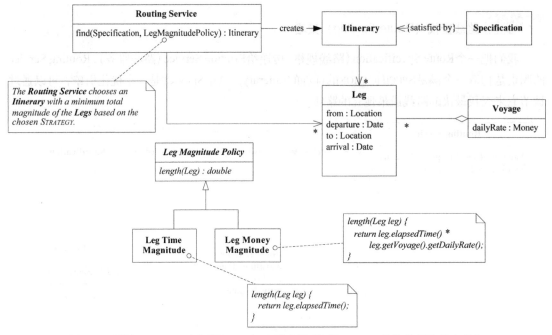

图12-2   通过STRATEGY（或者POLICY）来确定选项（STRATEGY是作为参数传入的）

现在，领域中的一个至关重要的规则明确地显示出来了，也就是在构建Itinerary时用于选择Leg的基本规则。它传达了这样一个知识：路线选择的基础是航段的一个特定属性（有可能是派生属性），这个属性最后可归结为一个数字。这样，我们就能够通过领域语言很简单地定义Routing Service的行为：Routing Service根据所选的STRATEGY来选择Leg总规模最小的Itinerary。

说明：以上讨论暗示了一件事。Routing Service在查找Itinerary时实际上会计算Leg的规模。这种方法在概念上比较直接，而且可以生成一个合理的原型实现，但它的效率可能令人无法接受。第14章会再次讨论这个应用程序，其将使用相同的接口，但采用完全不同的Routing Service实现。

＊ ＊ ＊

我们在领域层中使用技术设计模式时，必须认识到这样做的另外一种动机，也是它的另一层含义。当所使用的STRATEGY对应于某种实际的业务策略时，模式就不再仅仅是一种有用的实现技术了（但它在实现方面的价值并未改变）。

设计模式的结论也完全适用于领域层。例如，在《设计模式》一书中，Gamma等人指出客户必须知道不同的STRATEGY，这也是建模的一个关注点。如果单纯从实现上来考虑，使用策略可能会增加系统中对象的数目。如果这是个问题，可以把STRATEGY实现为无状态对象，以便在上下文中进行共享，从而减小开销。《设计模式》中对实现方法的全面讨论在这里也适用，这是因为我们仍然在使用STRATEGY，只是动机稍有不同，这会对我们的选择产生一些影响，，但设计模式中的经验仍然是可以借鉴的。

314

12.2　模式：COMPOSITE

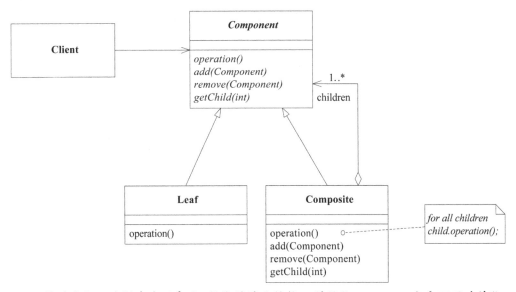

　　将对象组织为树来表示部分–整体的层次结构。利用COMPOSITE，客户可以对单独的对象和对象组合进行同样的处理。[Gamma et al. 1995]

12

在对复杂的领域进行建模时，我们经常会遇到由多个部分组成的重要对象，这些部分本身又由其他一些部分组成，依此类推，有时甚至会出现任意深度的嵌套。在一些领域中，各层嵌套在概念上是有区别的，但在另一些领域中，各个部分与它们所组成的整体是完全相同的事物，只是规模较小一些而已。

当嵌套容器的关联性没有在模型中反映出来时，公共行为必然会在层次结构的每一层重复出现，而且嵌套也变得僵化（例如，容器通常不能包含同一层中的其他容器，而且嵌套的层数也是固定的）。客户必须通过不同的接口来处理层次结构中的不同层，尽管这些层在概念上可能没有区别。通过层次结构来递归地收集信息也变得非常复杂。

当在领域中应用任何一种设计模式时，首先关注的问题应该是模式的意图是否确实适合领域概念。以递归的方式遍历一些相互关联对象确实比较方便，但它们是否真的存在整体–部分层次

315 结构？你是否发现可以通过某种抽象方式把所有部分都归到同一概念类型中？如果你确实发现了这种抽象方式，那么使用COMPOSITE可以令模型的这些部分变得更清晰，同时使你能够借助设计模式所提供的那些经过深思熟虑的设计及实现的考量。

因此：

定义一个把COMPOSITE的所有成员都包含在内的抽象类型。在容器上实现那些查询信息的方法时，这些方法返回由容器内容所汇总的信息。而"叶"节点则基于它们自己的值来实现这些方法。客户只需使用抽象类型，而无需区分"叶"和容器。

相对而言，这是一种明显的结构层面上的模式，但设计人员通常不会主动地充实它的操作方面。COMPOSITE模式在每个结构层上都提供了相同的行为，而且无论是较小的部分还是较大的部分，都可以对这些部分提出一些有意义的问题，这些问题能够透明地反映出它们的构成情况。这种严格的对称是组合模式具有强大能力的关键所在。

示例　**由Route构成的Shipment Route**

完整的货物运输路线是很复杂的。首先，必须用卡车把集装箱运输到铁路终点站，然后运送到港口，之后用货轮运输到另一个港口，中间可能还会换船，最后还要进行地面运输才能到达目的地。

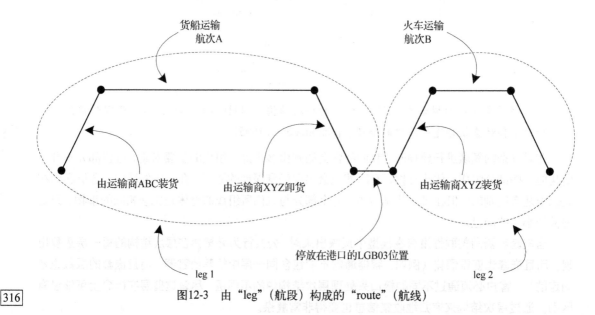

316
图12-3　由"leg"（航段）构成的"route"（航线）

一个应用开发团队创建了一个对象模型，它表示了一个航线可以由任意多个航段组成。

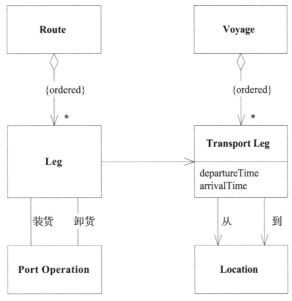

图12-4　Route的类图，其中Route由多个Leg组成

利用这个模型，开发人员可以根据预订请求来创建Route对象。他们可以把这些Leg组织为一步一步运输货物的操作计划。在这个过程中他们发现了一些问题。

开发人员原来一直认为航线是由任意多个航段组成的，而各个航段之间并没有什么区别。

图12-5　开发人员的航线概念

而事实上领域专家把航线看成是由5个逻辑段组成的序列。

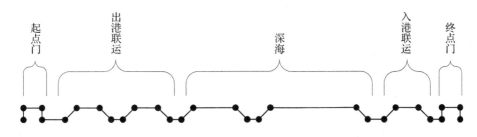

图12-6　业务专家的航线概念

其他问题先不考虑，这些小段的航线可能是由不同的人在不同时间规划的，因此必须区别对待。通过更仔细的研究可以发现，"门航段"（door leg）与其他航段大不相同，它涉及在当地雇用卡车甚至是客户运输，这与详细计划的铁路和货船运输完全不同。

反映了所有这些区别的对象模型渐渐变得复杂起来。

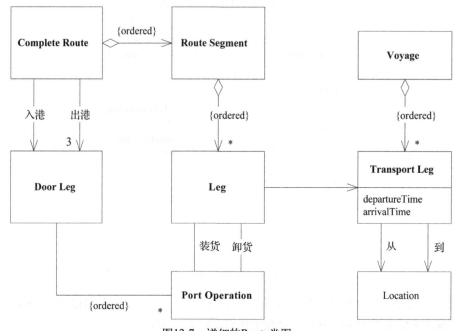

图12-7   详细的Route类图

从结构上看这个模型并不是很差,但在操作计划的处理上失去了一致性,因此代码(甚至是行为的描述)变得复杂得多。其他复杂之处也渐渐显现。任何一条航线的遍历都涉及不同类型对象的多个集合。

运用COMPOSITE模式能使特定客户在不同层上都使用这种构造进行统一的处理,因为大的航线是由小段的航线构成的。这种视图在概念上也是合理的。每一层Route都是集装箱从一个地点到另一个地点的移动,最后都归结为一个独立的航段(参见图12-8)。

与前面那个类图不同,从现在这个静态类图看不出来门航段是如何与其他航段组合在一起的。但模型并不只包含静态类图。我们将通过其他的图(参见图12-9)和代码(现在代码简单多了)来表示这些航段的组合信息。 这个模型抓住了所有这些不同类型Route的深层关联性。生成操作计划的工作再次变得简单了,而且其他路线遍历操作也变得简单了。

利用这种"由航线组成航线"的方法,我们可以把各个航线的端点连接到一起来得到从一个地点到另一个地点的航线,从而可以实现各种不同的航线。我们可以把航线的一端截去,再拼接一段新的航线,我们可以有任何细节的嵌套,而且可以充分利用一切可能有用的选项。

当然,我们现在还不需要这些选择。当不需要这些航线分段和不同的"门航段"时,不使用COMPOSITE模式也能很好地工作。设计模式应该仅仅在需要的时候才使用。

318

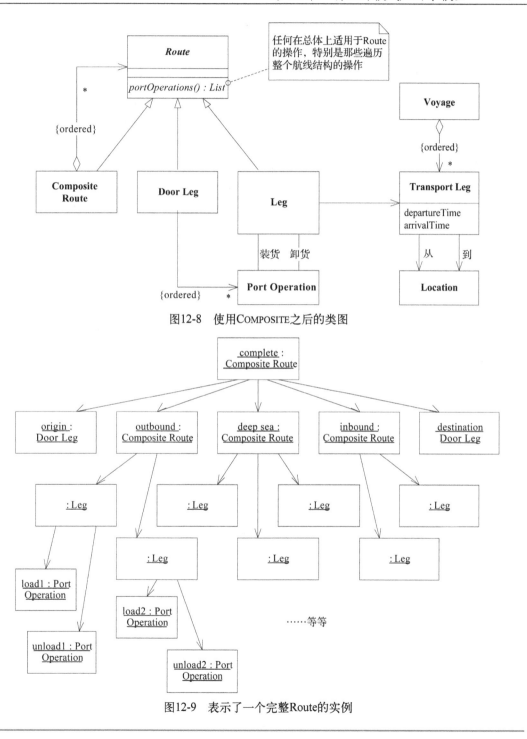

图12-8　使用COMPOSITE之后的类图

图12-9　表示了一个完整Route的实例

❋ ❋ ❋

12.3   为什么没有介绍FLYWEIGHT

由于第5章中提到过FLYWEIGHT模式，因此你可能认为它是一种适用于领域模型的模式。事实上，FLYWEIGHT虽然是设计模式的一个典型的例子，却并不适用于领域模型。

当一个VALUE OBJECT集合（其中的值对象数目有限）被多次使用的时候（如房屋规划中电源插座的例子），那么把它们实现为FLYWEIGHT可能是有意义的。这是一个适用于VALUE OBJECT（但不适用于ENTITY）的实现选择。COMPOSITE模式与它的不同之处在于，组合模式的概念对象是由其他概念对象组成的。这使得组合模式既适用于模型，也适用于实现，这是领域模式的一个基本特征。

我并不打算把那些可以当作领域模式使用的设计模式完整地列出来。虽然我想不出一个把"解释器"（interpreter）用作领域模式的例子，但我也不能断言解释器不适用于任何一种领域概念。把设计模式用作领域模式的唯一要求是这些模式能够描述关于概念领域的一些事情，而不仅仅是作为解决技术问题的技术解决方案。

320

第 **13** 章

通过重构得到更深层的理解

通过重构得到更深层的理解是一个涉及很多方面的过程。我们有必要暂停一下，把一些要点归纳到一起。有三件事情是必须要关注的：

(1) 以领域为本；

(2) 用一种不同的方式来看待事物；

(3) 始终坚持与领域专家对话。

在寻求理解领域的过程中，可以发现更广泛的重构机会。

一提到传统意义上的重构，我们头脑中就会出现这样一幅场景：一两位开发人员坐在键盘前面，发现一些代码可以改进，然后立即动手修改代码（当然还要用单元测试来验证结果）。这个过程应该一直进行下去，但它并不是重构过程的全部。

前面5章内容在传统代码重构方法的基础上呈现了一幅全面的重构视图。

13.1 开始重构

获得深层理解的重构可能出现在很多方面。一开始有可能是为了解决代码中的问题———段复杂或笨拙的代码。但开发人员并没有使用（代码重构所提供的）标准的代码转换，相反，他们认为问题的根源在于领域模型。或许是领域中缺少一个概念，或许是某个关系发生了错误。

与传统重构观点不同的是，即使在代码看上去很整洁的时候也可能需要重构，原因是模型的语言没有与领域专家保持一致，或者新需求不能被自然地添加到模型中。重构的原因也可能来自学习：当开发人员通过学习获得了更深刻的理解，从而发现了一个得到更清晰或更有用的模型的机会。

如何找到问题的病灶往往是最难和最不确定的部分。在这之后，开发人员就可以系统地找出新模型的元素。他们可以与同事和领域专家一起进行头脑风暴，也可以充分利用那些已经对知识做了系统性总结的分析模式或设计模式。

13.2 探索团队

不管问题的根源是什么，下一步都是要找到一种能够使模型表达变得更清楚和更自然的改进方案。这可能只需要做一些简单、明显的修改，只需几小时即可完成。在这种情况下，所做的修改类似于传统重构。但寻找新模型可能需要更多时间，而且需要更多人参与。

修改的发起者会挑选几位开发人员一起工作，这些开发人员应该擅长思考该类问题，了解领域，或者掌握深厚的建模技巧。如果涉及一些难以捉摸的问题，他们还要请一位领域专家加入。这个由4～5人组成的小组会到会议室或咖啡厅进行头脑风暴，时间为半小时至一个半小时。在这个过程中，他们画一些UML草图，并试着用对象来走查场景。他们必须保证主题专家（subject matter expert）能够理解模型并认为模型有用。当发现了一些令他们满意的新思路后，他们就回去编码，或者决定再多考虑几天，先回去做点别的事情。几天之后，这个小组再次碰头，重复上面的过程。这时，他们已经对前几天的想法有了更深入的理解，因此更加自信了，并且得出了一些结论。他们回到计算机前，开始对新设计进行编码。

要想保证这个过程的效率，需要注意几个关键事项。

- ❑ 自主决定。可以随时组成一个小的团队来研究某个设计问题。这个团队只工作几天，然后就可以解散了。这种团队没有长期存在的必要，也不必有复杂的组织结构。

- ❑ 注意范围和休息。在几天内召开两三次短会就应该能够产生一个值得尝试的设计。工作拖得太长并没什么好处。如果讨论毫无进展，可能是一次讨论的内容太多了。选一个较小的设计方面，集中讨论它。

- ❑ 练习使用UBIQUITOUS LANGUAGE。让其他团队成员（特别是主题专家）参与头脑风暴会议是练习和精化UBIQUITOUS LANGUAGE的好机会。这样，原来的开发人员可以得到更完善的UBIQUITOUS LANGUAGE，并反映到编码中。

本书前面几章曾介绍过开发人员和领域专家为了设计更好的模型而进行的几段对话。成熟的头脑风暴是灵活机动、不拘泥于形式的，而且具有令人难以置信的高效率。

13.3　借鉴先前的经验

我们没有必要总去做一些无谓的重复工作。用于查找缺失概念或改进模型的头脑风暴过程具有巨大的作用，通过这个过程可以收集来自各个方面的想法，并把这些想法与已有知识结合起来。随着知识消化的不断开展，就能找到当前问题的答案。

我们可以从书籍和领域自身的其他知识源获得思路。尽管相关领域的人员可能还没有创建出适合运行软件的模型，但他们可能已经把概念很好地组织到了一起，并发现了一些有用的抽象。把这些知识结合到知识消化过程中，可以更快速地得到更丰富的结果，而且这个结果也更为领域专家们所熟悉。

有时我们可以从分析模式中汲取他人的经验。这些经验对于帮助我们读懂领域起到了一定的作用，但分析模式是专门针对软件开发的，因此应该直接根据我们自己在领域中实现软件的经验来利用这些模式。分析模式可以提供精细的模型概念，并帮助我们避免很多错误。但它们并不是现成的"菜谱"。它们只是为知识消化过程提供了一些供给。

随着零散知识的归纳，必须同时处理模型关注点和设计关注点。同样，这并不意味着总是需要从头开发一切。当设计模式既符合实现需求，又符合模型概念时，通常就可以在领域层中应用这些模式。

同样，当一种常见的形式体系（如算术逻辑或谓词逻辑）与领域的某个部分非常符合时，可以把这个部分提取出来，并根据它来修改形式系统的规则。这可以产生非常简练且易于理解的模型。

13.4　针对开发人员的设计

软件不仅仅是为用户提供的，也是为开发人员提供的。开发人员必须把他们编写的代码与系统的其他部分集成到一起。在迭代过程中，开发人员反复修改代码。开发人员应该通过重构得到更深层的理解，这样既能够实现柔性设计，也能够从这样一个设计中获益。

柔性设计能够清楚地表明它的意图。这样的设计使人们很容易看出代码的运行效果，因此也很容易预计修改代码的结果。柔性设计主要通过减少依赖性和副作用来减轻人们的思考负担。这样的设计是以深层次的领域模型为基础的，在模型中，只有那些对用户最重要的部分才具有较细的粒度。在这样的模型中，那些经常需要修改的地方能够保持很高的灵活性，而其他地方则相对比较简单。

13.5　重构的时机

如果一直等到完全证明了修改的合理性之后才去修改，那么可能要等待太长时间了。项目正在承受巨大的耗支，推迟修改将使修改变得更难执行，因为要修改的代码已经变得更加复杂，并更深地嵌入到其他代码中。

持续重构渐渐被认为是一种"最佳实践"，但大部分项目团队仍然对它抱有很大的戒心。人们虽然看到了修改代码会有风险，还要花费开发时间，但却不容易看到维持一个拙劣设计也有风险，而且迁就这种设计也要付出代价。想要重构的开发人员往往被要求证明其重构的合理性。虽然这看似合理，但这使得一个本来就很难进行的工作变得几乎不可能完成，而且会限制重构的进行（或者人们只能暗地里进行）。软件开发并不是一个可以完全预料到后果的过程，人们无法准确地计算出某个修改会带来哪些好处，或者是不做某个修改会付出多大代价。

在探索领域的过程中、在培训开发人员的过程中，以及在开发人员与领域专家进行思想交流的过程中，必须始终坚持把"通过重构得到更深层理解"作为这些工作的一部分。因此，当发生以下情况时，就应该进行重构了：

- ❑ 设计没有表达出团队对领域的最新理解；
- ❑ 重要的概念被隐藏在设计中了（而且你已经发现了把它们呈现出来的方法）；

❑ 发现了一个能令某个重要的设计部分变得更灵活的机会。

我们虽然应该有这样一种积极的态度，但并不意味着可以随随便便做任何修改。在发布的前一天，就不要进行重构了。不要引入一些只顾炫耀技术能力而没有解决领域核心问题的"柔性设计"。无论一个"更深层的模型"看起来有多好，如果你不能说服领域专家们去使用它，那么就不要引入它。万事都不是绝对的，但如果某个重构对我们有利，那么不妨在这个方向上大胆前进。

13.6   危机就是机遇

在达尔文创立进化论后的一个多世纪中，人们一直认为标准的进化模型就是物种随着时间缓慢地改变（在一定程度上这种改变是稳定的）。突然之间，这个模型在20世纪70年代被"间断平衡"（punctuated equilibrium）模型取代了。它对原有进化论进行了扩展，认为长期的缓慢变化或稳定变化会被相对来说很短的、爆发性的快速变化所打断。然后事物会进入一个新的平衡。软件开发与物种进化之间的不同点是前者具有明确的方向（虽然在某些项目上可能并不明显），尽管如此软件开发仍遵循这种进化规律。

传统意义上的重构听起来是一个非常稳定的过程。但通过重构得到更深层理解往往不是这样的。在对模型进行一段时间稳定的改进后，你可能突然有所顿悟，而这会改变模型中的一切。这些突破不会每天都发生，然而很大一部分深层模型和柔性设计都来自这些突破。

这样的情况往往看起来不像是机遇，而更像危机。例如，你突然发现模型中有一些明显的缺陷，在表达方面显示出一个很大的漏洞，或存在一些没有表达清楚的关键区域。或者有些描述是完全错误的。

这些都表明团队对模型的理解已经到了一个新的水平。他们现在站在更高的层次上发现了原有模型的弱点。他们可以从这种角度构思一个更好的模型。

通过重构得到更深层理解是一个持续不断的过程。人们发现一些隐含的概念，并把它们明确地表示出来。有些设计部分变得更具有柔性，或许还采用了声明式的风格。开发工作一下子到了突破的边缘，然后开发人员跨越这条界线，得到了一个更深层的模型，接下来又重新开始了稳步的改进过程。

第四部分
战 略 设 计

　　随着系统的增长，它会变得越来越复杂，当我们无法通过分析对象来理解系统的时候，就需要掌握一些操纵和理解大模型的技术了。本书的这一部分将介绍一些原则。遵循这些原则，就可以对非常复杂的领域进行建模。大部分这样的决策都需要由团队来制定，甚至需要多个团队共同协商制定。这些决策往往是把设计和策略综合到一起的结果。

　　最负雄心的企业系统意欲实现一个涵盖所有业务、紧密集成的系统。然而在几乎所有这种规模的组织中，整体业务模型太大也太复杂了，因此难以管理，甚至很难把它作为一个整体来理解。我们必须在概念和实现上把系统分解为较小的部分。但问题在于，如何保证实现这种模块化的同时，不失去集成所具备的好处；从而使系统的不同部分能够进行互操作，以便协调各种业务操作。如果设计一个把所有概念都涵盖进来的单一领域模型，它将会非常笨拙，而且将会出现大量难以察觉的重复和矛盾。而如果用临时拼凑的接口把一组小的、各自不同的子系统集成到一起，又不具备解决企业级问题的能力，并且在每个集成点上都可能出现不一致。通过采用系统的、不断演变的设计策略，就可以避免这两种极端问题。

　　即使在这种规模的系统中采用领域驱动设计方法，也不要脱离实现去开发模型。每个决策都必须对系统开发产生直接的影响，否则它就是无关的决策。战略设计原则必须指导设计决策，以便减少各个部分之间的互相依赖，在使设计意图更为清晰的同时而又不失去关键的互操作性和协同性。战略设计原则必须把模型的重点放在捕获系统的概念核心，也就是系统的"远景"上。而且在完成这些目标的同时又不能为项目带来麻烦。为了帮助实现这些目标，这一部分探索了3个大的主题：上下文、精炼和大型结构。

　　其中上下文是最不易引起注意的原则，但实际上它却是最根本的。无论大小，成功的模型必须在逻辑上一致，不能有互相矛盾或重叠的定义。有时，企业系统会集成各种不同来源的子系统，或包含诸多完全不同的应用程序，以至于无法从同一个角度来看待领域。要把这些不同部分中隐含的模型统一起来可能是要求过高了。通过为每个模型显式地定义一个BOUNDED CONTEXT，然后在必要的情况下定义它与其他上下文的关系，建模人员就可以避免模型变得缠杂不清。

　　通过精炼可以减少混乱，并且把注意力集中到正确的地方。人们通常在领域的一些次要问题上花费了太多的精力。整体领域模型需要突出系统中最有价值和最特殊的那些方面，而且在构造领域模型时应该尽可能把注意力集中在这些部分上。虽然一些支持组件也很关键，但绝不能把它们和领域核心一视同仁。把注意力集中到正确的地方不仅有助于把精力投入到关键部分上，而且还可以使系统不会偏离预期方向。战略精炼可以使大的模型保持清晰。有了更清晰的视图后，CORE DOMAIN的设计就会发挥更大的作用。

大型结构是用来描述整个系统的。在非常复杂的模型中，人们可能会"只见树木，不见森林"。精炼确实有帮助，它使人们能够把注意力集中到核心元素上，并把其他元素表示为支持作用，但如果不贯彻某个主旨来应用一些系统级的设计元素和模式的话，关系仍然可能非常混乱。我将概要介绍几种大型结构方法，然后详细讨论其中一种模式——RESPONSIBILITY LAYER（职责层），通过这个示例来探索使用大型结构的含义。我们所讨论的特殊结构只是一些例子，它们并不是大型结构的全部。当需要的时候，应该创造新的结构，抑或修改这些结构，但均需遵循演化顺序（EVOLVING ORDER）的过程来进行。一些大型结构能够使设计保持一致性，从而加速开发，并提高集成度。

这3种原则各有各的用处，但结合起来使用将发挥更大的力量，遵守这些原则就可以创建出好的设计，即使是对一个非常庞大的没有人能够完全理解的系统也是如此。大型结构能够保持各个不同部分之间的一致性，从而有助于这些部分的集成。结构和精炼能够帮助我们理解各个部分之间的复杂关系，同时保持整体视图的清晰。BOUNDED CONTEXT使我们能够在不同的部分中进行工作，而不会破坏模型或是无意间导致模型的分裂。把这些概念加进团队的UBIQUITOUS LANGUAGE中，可以帮助开发人员找出他们自己的解决方案。

第14章

保持模型的完整性

我曾经参加过一个项目，在这个项目中几个团队同时开发一个重要的新系统。有一天，当负责"客户发票"模块的团队正准备实现一个他们称之为Charge（收费）的对象时，他们发现另一个团队已经构建了这个对象，于是决定重复使用这个现有对象。他们发现它没有expense code（费用代码）属性，因此添加了一个。对象中有一个posted amount（过账金额）属性是他们所需要的。他们本来计划把这个属性叫做amount due（到期金额），但名称不同有什么关系呢？于是他们把名称改成了"posted amount"。又添加了几个方法和关联后，他们得到了所需的对象，而且没有扰乱任何事情。虽然他们必须忽略掉一些不需要的关联，但他们的模块运行很正常。

几天之后，"账单支付"模块出现了一些奇怪的问题（Charge对象最初就是为这个模块编写的）。系统中出现了一些奇怪的Charge，没有人记得曾经输入过它们，而且它们也没有任何意义。当使用某些函数时，特别是使用当月月初至今（month-to-date）的税务报表时，程序就会崩溃。调查发现，当用于计算所有当月付款的可扣除总额的函数被调用时，程序就会崩溃。那些来历不明的记录在percent deductible（可扣除百分比）字段中没有值，尽管数据录入应用程序的验证需要这个值，甚至为它设置了一个默认值。

问题在于这两个团队使用了不同的模型，而他们并没有认识到这一点，也没有用于检测这一问题的过程。每个团队都对Charge对象的特性做了一些假设，使之能够在自己的上下文中使用（一个是向客户收费，另一个是向供应商付款）。当他们的代码被组合到一起而没有消除这些矛盾时，结果就产生了不可靠的软件。

如果他们一开始就意识到这一点，就能决定如何来解决它。他们可以共同开发出一个公共的模型，然后编写自动测试套件来防止以后出现意外。也可以双方商定开发各自的模型，而互相不干扰对方的代码。无论采用哪种方法，首先都要明确边界，各模型只在各自的边界内使用。

他们在知道了问题所在之后采取了什么措施呢？他们创建了两个不同的类：Customer Charge（客户收费）类和Supplier Charge（供应商收费）类。并根据各自的需求定义了每个类。解决了眼前这个问题之后，他们又按以前的方式开始工作了。

模型最基本的要求是它应该保持内部一致，术语总具有相同的意义，并且不包含互相矛盾的规则；虽然我们很少明确地考虑这些要求。模型的内部一致性又叫做统一（unification），这种情况下，每个术语都不会有模棱两可的意义，也不会有规则冲突。除非模型在逻辑上是一致的，否则它就没有意义。在理想世界中，我们可以得到涵盖整个企业领域的单一模型。这个模型将是统一的，没有任何相互矛盾或相互重叠的术语定义。每个有关领域的逻辑声明都是一致的。

但大型系统开发并非如此理想。在整个企业系统中保持这种水平的统一是一件得不偿失的事情。在系统的各个不同部分中开发多个模型是很有必要的，但我们必须慎重地选择系统的哪些部分可以分开，以及它们之间是什么关系。我们需要用一些方法来保持模型关键部分的高度统一。所有这些都不会自行发生，而且光有良好的意愿也是没用的。它只有通过有意识的设计决策和建立特定过程才能实现。**大型系统领域模型的完全统一既不可行，也不划算。**

332

有时人们会反对这一点。大多数人都看到了多个模型的代价：它们限制了集成，并且使沟通变得很麻烦。更重要的是，多个模型看上去似乎不够雅致。有时，对多个模型的抵触会导致"极富雄心"的尝试——将一个大型项目中的所有软件统一到单一模型中。我自己就很后悔曾经这么做过了头。但请一定要考虑下面的风险。

(1) 一次尝试对遗留系统做过多的替换。

(2) 大项目可能会陷入困境，因为协调的开销太大，超出了这些项目的能力范围。

(3) 具有特殊需求的应用程序可能不得不使用无法充分满足需求的模型，而只能将这些无法满足的行为放到其他地方。

(4) 另一方面，试图用一个模型来满足所有人的需求可能会导致模型中包含过于复杂的选择，因而很难使用。

此外，除了技术上的因素以外，权力上的划分和管理级别的不同也可能要求把模型分开。而且不同模型的出现也可能是团队组织和开发过程导致的结果。因此，即使完全的集成没有来自技术方面的阻力，项目也可能会面临多个模型。

既然无法维护一个涵盖整个企业的统一模型，那就不要再受到这种思路的限制。通过预先决定什么应该统一，并实际认识到什么不能统一，我们就能够创建一个清晰的、共同的视图。确定了这些之后，就可以着手开始工作，以保证那些需要统一的部分保持一致，不需要统一的部分不会引起混乱或破坏模型。

我们需要用一种方式来标记出不同模型之间的边界和关系。我们需要有意识地选择一种策略，并一致地遵守它。

本章将介绍一些用于识别、沟通和选择模型边界及关系的技术。讨论首先从描绘项目当前的范围开始。BOUNDED CONTEXT（限界上下文）定义了每个模型的应用范围，而CONTEXT MAP（上下文图）则给出了项目上下文以及它们之间关系的总体视图。这些降低模糊性的技术能够使项目更好地进行，但仅仅有它们还是不够的。一旦确立了CONTEXT的边界之后，仍需要持续集成这种过程，它能够使模型保持统一。

其后，在这个稳定的基础之上，我们就可以开始实施那些在界定和关联CONTEXT方面更有效的策略了——从通过共享内核（SHARED KERNEL）来紧密关联上下文，到那些各行其道

333

（SEPARATE WAYS）地进行松散耦合的模型。

图14-1 模型完整性模式的导航图

14.1 模式：BOUNDED CONTEXT

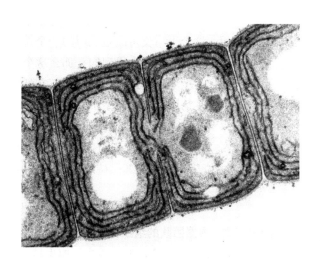

细胞之所以能够存在，是因为细胞膜限定了什么在细胞内，什么在细胞外，
并且确定了什么物质可以通过细胞膜

14

大型项目上会有多个模型共存，在很多情况下这没什么问题。不同的模型应用于不同的上下文中。例如，你可能必须将你的新软件与一个外部系统集成，而你的团队对这个外部系统没有控制权。在这种情况下，任何人都明白这个外部系统是一种完全不同的上下文，不适用他们正在开发的模型，但还有很多情况是比较含糊和混乱的。在本章开篇所讲的那个故事中，两个团队为同一个新系统开发不同的功能。那么他们使用的是同一个模型吗？他们的意图是至少共享其所做的一部分工作，但却没有界限告诉他们共享了什么、没有共享什么。而且他们也没有一个过程来维持共享模型，或快速检测模型是否有分歧。他们只是在系统行为突然变得不可预测时才意识到他们之间产生了分歧。

即使在同一个团队中，也可能会出现多个模型。团队的沟通可能会不畅，导致对模型的理解产生难以捉摸的冲突。原先的代码往往反映的是早先的模型概念，而这些概念与当前模型有着微妙的差别。

每个人都知道两个系统的数据格式是不同的，因此需要进行数据转换，但这只是问题的表面。问题的根本在于两个系统所使用的模型不同。当这种差异不是来自外部系统，而是发生在同一个系统中时，它将更难发现。然而，所有大型团队项目都会发生这种情况。

任何大型项目都会存在多个模型。而当基于不同模型的代码被组合到一起后，软件就会出现bug、变得不可靠和难以理解。团队成员之间的沟通变得混乱。人们往往弄不清楚一个模型不应该在哪个上下文中使用。

模型混乱的问题最终会在代码不能正常运行时暴露出来，但问题的根源却在于团队的组织方式和成员的交流方法。因此，为了澄清模型的上下文，我们既要注意项目，也要注意它的最终产品（代码、数据库模式等）。

一个模型只在一个上下文中使用。这个上下文可以是代码的一个特定部分，也可以是某个特定团队的工作。如果模型是在一次头脑风暴会议中得到的，那么这个模型的上下文可能仅限于那次讨论。就拿本书中的例子来说，示例中所使用的模型的上下文就是那个示例所在的小节以及任何相关的后续讨论。模型上下文是为了保证该模型中的术语具有特定意义而必须要应用的一组条件。

为了解决多个模型的问题，我们需要明确地定义模型的范围——模型的范围是软件系统中一个有界的部分，这部分只应用一个模型，并尽可能使其保持统一。团队组织中必须一致遵守这个定义。

因此：

明确地定义模型所应用的上下文。根据团队的组织、软件系统的各个部分的用法以及物理表现（代码和数据库模式等）来设置模型的边界。在这些边界中严格保持模型的一致性，而不要受到边界之外问题的干扰和混淆。

BOUNDED CONTEXT明确地限定了模型的应用范围，以便让团队成员对什么应该保持一致以及上下文之间如何关联有一个明确和共同的理解。在CONTEXT中，要保证模型在逻辑上统一，而不用考虑它是不是适用于边界之外的情况。在其他CONTEXT中，会使用其他模型，这些模型具有不同的术语、概念、规则和UBIQUITOUS LANGUAGE的技术行话。通过划定明确的边界，可以使模型保持纯粹，因而在它所适用的CONTEXT中更有效。同时，也避免了将注意力切换到其他CONTEXT时引起的混淆。跨边界的集成必然需要进行一些转换，但我们可以清楚地分析这些转换。

BOUNDED CONTEXT不是MODULE

有时这两个概念易引起混淆，但它们是具有不同动机的不同模式。确实，当两组对象组成两个不同模型时，人们几乎总是把它们放在不同的MODULE中。这样做的确提供了不同的命名空间（对不同的CONTEXT很重要）和一些划分方法。

但人们也会在一个模型中用MODULE来组织元素，它们不一定要表达划分CONTEXT的意图。MODULE在BOUNDED CONTEXT内部创建的独立命名空间实际上使人们很难发现意外产生的模型分裂。

示例　预订系统的上下文

一家运输公司的内部项目——为货物预订开发一个新的应用程序。这个应用由一个对象模型驱动。那么这个模型所应用的BOUNDED CONTEXT是什么呢？为了回答这个问题，我们必须看一下项目正在发生的事情。记住，这里是观察项目的现状，而不是它的理想状态。

预订应用程序的开发工作由一个项目团队负责。他们不能修改模型对象，但他们所构建的应用程序还必须要显示和操作这些对象。这个团队是模型的使用者。模型在应用程序（模型的主要使用者）中是有效的，因此预订应用程序在BOUNDED CONTEXT的边界之内。

已完成的预订必须传递给用于货物跟踪的遗留系统来处理。项目一开始就已决定新模型将与原有系统的模型不同，因此原来的货物跟踪系统位于BOUNDED CONTEXT的边界之外。新旧模型之间的必要转换由原有系统的维护团队来负责处理。转换机制不是由新模型驱动的。因此它不在BOUNDED CONTEXT中（转换其实是边界本身的一部分，这一点将在CONTEXT MAP中讨论）。将转换机制置于CONTEXT之外（不基于模型），这一点很好。要求遗留系统的团队使用这个模型是不切实际的，因为他们的主要工作都发生在CONTEXT之外。

每个对象的整个生命周期都由负责模型的团队来处理，包括对象的持久化。由于这个团队也控制着数据库模式，因此他们特意把对象-关系映射设计得简单直接。换言之，数据库模式是由新模型驱动的，因此在BOUNDED CONTEXT的边界之内。

另有一个团队正在开发安排货轮航次的模型和应用。从项目一开始，这个团队与负责货物预订的团队就在一起工作，他们都打算开发一个单独的、统一的系统。这两支团队偶尔互相协调，也偶尔共享对象，但没有系统性地去做。他们不在同一个BOUNDED CONTEXT中工作。这会带来风险，因为他们并没有意识到各自正在使用不同的模型。到了集成的时候，就会出现问题，除非他们采取特定的过程来管理这种情况（共享内核可能就是一个很好的选择，本章后面会介绍）。但是，第一步是认清现状。他们不在同一个CONTEXT中，因此应该停止共享代码，直到做出一些改变之后再去共享。

在这个系统中，由该具体模型驱动的所有方方面面构成了其对应的BOUNDED CONTEXT，这包括模型对象、用于模型对象持久化的数据库模式以及预订应用程序。在这个CONTEXT中主要有两支团队在工作，一个是建模团队，另一个是应用程序团队。这个系统需要与遗留的货物跟踪系统交换信息，遗留系统的维护团队主要负责在这个边界上的转换，并且与建模团队进行合作。预订模型和航次安排模型之间没有明确定义的关系，定义这种关系应该是这两个团队的首要任务之一。同时，他们应该在共享代码或数据方面格外谨慎。

因此，通过定义这个BOUNDED CONTEXT，最终得到了什么？对CONTEXT内的团队而言：清晰！。这两支团队知道他们必须与这个模型保持一致。他们根据这一点制定设计决策，并注意防范出现不一致的情况。而CONTEXT之外的团队获得了：自由。他们不必行走在灰色地带，不必使用同一个模型，虽然他们还是总觉得应该使用同一个模型。但在这个具体例子中，最实际的收获是认识到了在预订模型团队和航次安排团队之间进行信息共享存在着风险。为了避免问题产生，他们实际上需要在共享的代价和收益之间作出权衡，并制定流程来确保其发挥作用。只有每个人都理解模型上下文的边界在哪里，这一切才会发生。

＊　＊　＊

当然，边界只不过是一些特殊的位置。各个BOUNDED CONTEXT之间的关系需要我们仔细地处理。CONTEXT MAP画出了上下文的范围，并给出了CONTEXT以及它们之间联系的总体视图，而几种模式定义了CONTEXT之间的各种关系的性质。CONTINUOUS INTEGRATION的过程可以使模型在BOUNDED CONTEXT中保持统一。

但在讨论所有这些模式之前，想一想当模型的统一性被破坏时，模型会是什么样子呢？我们又该如何识别概念上的不一致呢？

识别BOUNDED CONTEXT中的不一致

很多征兆都可能表明模型中出现了差异。最明显的是已编码的接口不匹配。对于更微妙的情况，一些意外行为也可能是一种信号。采用了自动测试的CONTINUOUS INTEGRATION可以帮助捕捉到这类问题。但语言上的混乱往往是一种早期的警告信号。

将不同模型的元素组合到一起可能会引发两类问题：重复的概念和假同源。重复的概念是指两个模型元素（以及伴随的实现）实际上表示同一个概念。每当这个概念的信息发生变化时，都必须更新两个地方。每次由于新知识导致一个对象被修改时，必须重新分析和修改另一个对象。

如果不进行实际的重新分析，结果就会出现同一概念的两个版本，它们遵守不同的规则，甚至有不同的数据。更严重的是，团队成员必须学习做同一件事情的两种方法，以及保持这两种方法同步的各种方式。

假同源可能稍微少见一点，但它潜在的危害更大。它是指使用相同术语（或已实现的对象）的两个人认为他们是在谈论同一件事情，但实际上并不是这样。本章开头的示例就是一个典型的例子（两个不同的业务活动都叫做Charge）。但是，当两个定义都与同一个领域方面相关，而只是在概念上稍有区别时，这种冲突更难以发现。假同源会导致开发团队互相干扰对方的代码，也可能导致数据库中含有奇怪的矛盾，还会引起团队沟通的混淆。假同源这个术语在自然语言中也经常使用。例如，说英语的人在学习西班牙语时常常会误用embarazada这个词。这个词的意思并不是embarrassed（难堪的），而是pregnant（怀孕的）。很惊讶吧！

当发现这些问题时，团队必须要做出相应的决定。可能需要将模型重新整合为一体，并加强用来预防模型分裂的过程。分裂也有可能是由分组造成的，一些小组出于合理的原因，需要以一些不同的方式来开发模型，而且你可能也决定让他们独立开发。本章接下来要讨论的模式的主题就是如何解决这些问题。

14.2　模式：CONTINUOUS INTEGRATION

定义完一个BOUNDED CONTEXT后，必须让它保持合理。

✳　✳　✳

当很多人在同一个BOUNDED CONTEXT中工作时，模型很容易发生分裂。团队越大，问题就越大，但即使是3、4个人的团队也有可能会遇到严重的问题。然而，如果将系统分解为更小的CONTEXT，最终又难以保持集成度和一致性。

有时开发人员没有完全理解其他人所创建的对象或交互的意图，就对它进行了修改，使其失去了原来的作用。有时他们没有意识到他们正在开发的概念已经在模型的另一个部分中实现了，从而导致了这些概念和行为（不正确的）重复。有时他们意识到了这些概念有其他的表示，但却因为担心破坏现有功能而不敢去改动它们，于是他们继续重复开发这些概念和功能。

开发统一的系统（无论规模大小）需要维持很高的沟通水平，而这一点常常很难做到。我们需要运用各种方法来增进沟通并减小复杂性。还需要一些安全防护措施，以避免过于谨慎的行为（例如，开发人员由于担心破坏现有代码而重复开发一些功能）。

极限编程（XP）在这样的环境中真正显示出自己的强大威力。很多XP实践都是针对在很多人频繁更改设计的情况下如何维护设计的一致性这个特定问题而出现的。最纯粹的XP非常适合维护单一 BOUNDED CONTEXT 中的模型完整性。但是，无论是否使用XP，都很有必要采取 CONTINUOUS INTEGRATION 过程。

CONTINUOUS INTEGRATION 是指把一个上下文中的所有工作足够频繁地合并到一起，并使它们保持一致，以便当模型发生分裂时，可以迅速发现并纠正问题。像领域驱动设计中的其他方法一样，CONTINUOUS INTEGRATION 也有两个级别的操作：(1) 模型概念的集成；(2) 实现的集成。

团队成员之间通过经常沟通来保证概念的集成。团队必须对不断变化的模型形成一个共同的理解。有很多方法可以帮助做到这一点，但最基本的方法是对 UBIQUITOUS LANGUAGE 多加锤炼。同时，实际工件通过系统性的合并/构建/测试过程来集成，这样能够尽早暴露出模型的分裂问题。用来集成的过程有很多，大部分有效的过程都具备以下这些特征：

❑ 分步集成，采用可重现的合并/构建技术；

❑ 自动测试套件；

❑ 有一些规则，用来为那些尚未集成的改动设置一个相当小的生命期上限。

有效过程的另一面是概念集成，虽然它很少被正式地纳入进来。

❑ 在讨论模型和应用程序时要坚持使用 UBIQUITOUS LANGUAGE。

大多数敏捷项目至少每天会把每位开发人员所做的修改合并进来。这个频率可以根据更改的步伐来调整，只要确保该间隔不会导致大量不兼容的工作产生即可。

在 MODEL-DRIVEN DESIGN 中，概念集成为实现集成铺平了道路，而实现集成验证了模型的有效性和一致性，并暴露出模型的分裂问题。

因此：

建立一个把所有代码和其他实现工件频繁地合并到一起的过程，并通过自动化测试来快速查明模型的分裂问题。严格坚持使用 UBIQUITOUS LANGUAGE，以便在不同人的头脑中演变出不同的概念时，使所有人对模型都能达成一个共识。

最后，不要在持续集成中做一些不必要的工作。CONTINUOUS INTEGRATION 只有在 BOUNDED CONTEXT 中才是重要的。相邻 CONTEXT 中的设计问题（包括转换）不必以同一个步调来处理。

＊　＊　＊

CONTINUOUS INTEGRATION 可以在任何单独的 BOUNDED CONTEXT 中使用，只要它的工作规模大

到需要两个以上的人去完成就可以。它可以维护单一模型的完整性。当多个BOUNDED CONTEXT共存时，我们必须要确定它们的关系，并设计任何必需的接口。

343

14.3　模式：CONTEXT MAP

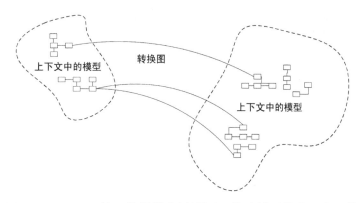

只有一个BOUNDED CONTEXT并不能提供全局视图。其他模型的上下文可能仍不清楚而且还在不断变化。

✳　✳　✳

其他团队中的人员并不是十分清楚CONTEXT的边界，他们会不知不觉地做出一些更改，从而使边界变得模糊或者使互连变得复杂。当不同的上下文必须互相连接时，它们可能会互相重叠。

BOUNDED CONTEXT之间的代码重用是很危险的，应该避免。功能和数据的集成必须要通过转换去实现。通过定义不同上下文之间的关系，并在项目中创建一个所有模型上下文的全局视图，可以减少混乱。

CONTEXT MAP位于项目管理和软件设计的重叠部分。按照常规，人们往往按团队组织的轮廓来划定边界。紧密协作的人会很自然地共享一个模型上下文。不同团队的人员（或者在同一个团队中但从不交流的人）将使用不同的上下文。办公室的物理位置也有影响，例如，分别位于大楼两端的团队成员（更不用说在不同城市工作的人了）如果没有为整合做额外的工作，很有可能会使用不同的上下文。大多数项目经理会本能地意识到这些因素，并围绕子系统大致把各个团队组织起来。但团队组织与软件模型及设计之间的相互关系仍然不够明显。对于软件模型与设计的持续概念细分，项目经理和团队成员需要一个清晰的视图。

因此：

识别在项目中起作用的每个模型，并定义其BOUNDED CONTEXT。这包括非面向对象子系统的隐含模型。为每个BOUNDED CONTEXT命名，并把名称添加到UBIQUITOUS LANGUAGE中。

描述模型之间的联系点，明确所有通信需要的转换，并突出任何共享的内容。

先将当前的情况描绘出来。以后再做改变。

14

344

在每个BOUNDED CONTEXT中，都将有一种一致的UBIQUITOUS LANGUAGE的"方言"。我们需要把BOUNDED CONTEXT的名称添加到该方言中，这样只要通过明确CONTEXT就可以清楚地讨论任意设计部分的模型。

CONTEXT MAP无需拘泥于任何特定的文档格式。我发现类似本章的简图在可视化和沟通上下文图方面很有帮助。有些人可能喜欢使用较多的文本描述或别的图形表示。在某些情况下，团队成员之间的讨论就足够了。需求不同，细节层次也不同。不管CONTEXT MAP采用什么形式，它必须在所有项目人员之间共享，并被他们理解。它必须为每个BOUNDED CONTEXT提供一个明确的名称，而且必须阐明联系点和它们的本质。

✳　✳　✳

根据设计问题和项目组织问题的不同，BOUNDED CONTEXT之间的关系有很多种形式。本章稍后将介绍CONTEXT之间的各种关系模式，这些模式分别适用于不同的情况，并且提供了一些术语，这些术语可以用来描述你在自己的上下文图中发现的关系。记住，CONTEXT MAP始终表示它当前所处的情况，你所发现的关系一开始可能并不适合这些模式。如果它们与某种模式非常接近，你可能想用这个模式名来描述它们，但不要生搬硬套。只需描述你所发现的关系即可。过后，你[345]可以向更加标准化的关系过渡。

那么，如果你发现模型产生了分裂——模型完全混乱且包含不一致时，你该怎么办呢？这时一定要十分注意，先把描述工作停下来。然后，从精确的全局角度来解决这些混乱点。小的分裂可以修复，并且可以通过实施一些过程来为修复提供支持。如果关系很模糊，可以选择一种最接近的模式，然后向此模式靠拢。最重要的任务是画出一个清晰的CONTEXT MAP，而这可能意味着修复实际发现的问题。但不要因为修复必要的问题而重组整个结构。我们只需修改那些明显的矛盾即可，直到得出一个明确的CONTEXT MAP，在这个图中，你的所有工作都被放到某个BOUNDED CONTEXT中，而且所有互连的模型都有明确的关系。

一旦获得了一致的CONTEXT MAP，就会看到需要修改的那些地方。在经过深思熟虑后，你可以调整团队的组织或设计。记住，在更改实际上完成以前，不要先修改CONTEXT MAP。

示例　**运输应用程序中的两个CONTEXT**

我们再次回到运输系统。应用程序的主要特性之一是在客户预订的时候自动为货物安排路[346]线。模型类似于图14-2。

Routing Service是一个SERVICE，它把服务的机制封装在一个INTENTION-REVEALING INTERFACE后面，这个接口是由一些SIDE-EFFECT-FREE FUNCTION构成的。这些函数的结果是用ASSERTION刻画的。

(1) 接口声明了当传入一个Route Specification时，将返回一个Itinerary。

(2) ASSERTION规定返回的Itinerary将满足所传入的Route Specification。

从上面这些并不能看出这项困难任务是如何执行的。现在，让我们来看一下幕后的机制。

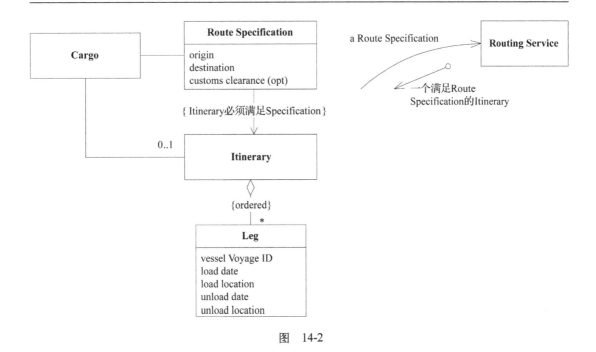

图　14-2

最初在这个示例所在的项目中，我在Routing Service的内部机制上太过教条了。我希望把领域模型扩展一下，以便把实际的路线安排操作包括进来，由模型来表示航名航次，并直接把这些航名航次与Itinerary中的Leg（航段）关联起来。但负责处理路线问题的团队指出，为了更好地执行路线安排，并充分利用那些成熟的算法，应该把这个解决方案实现为一个优化网络，并把航次的每个航段表示为矩阵中的一个元素。他们坚持要用一个完全不同的运输作业模型来实现此目的。

就当时的设计而言，他们在路线安排过程的计算要求上无疑是正确的，而且我也没有更好的思路，因此我只好同意了。实际上，我们创建了两个独立的BOUNDED CONTEXT，每个上下文都有各自运输作业的概念组织（参见图14-3）。

我们需要接受一个Routing Service请求，并将它转换为Network Traversal Service可以理解的术语，然后获取结果，并将其转换为Routing Service所期望得到的格式。

这意味着并不需要映射这两个模型中的所有事物，而只要能够进行这两个特定的转换即可：

Route Specification→地点代码的列表

Node标识的列表→Itinerary

为了进行这两个转换，我们必须研究元素在一个模型中的含义，并弄清楚如何在另一个模型中把它表示出来。

347

我们从第一个转换开始（Route Specification→地点代码的列表），我们必须考虑列表中的地点序列的含义。列表中的第一项是路线的开始，然后必须依次通过每个地点，直到到达列表中的最后一个地点。因此，起点和目的地分别是列表中的第一项和最后一项，中间（如果有的话）则是清关地点（参见图4-14）。

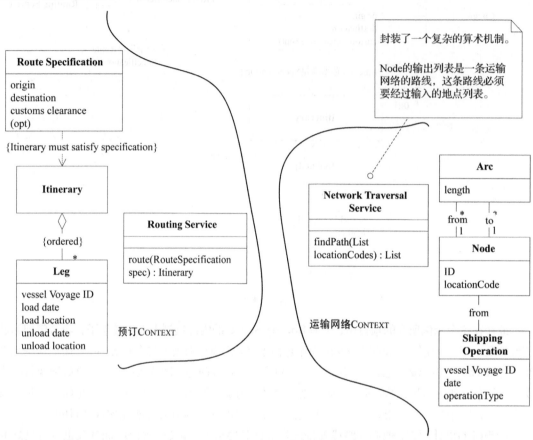

图14-3　同时使用两个BOUNDED CONTEXT，这样就可以应用有效的路线安排算法

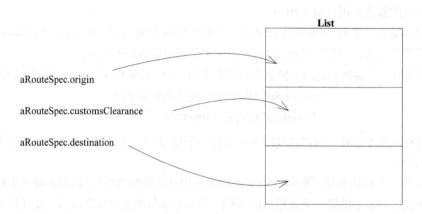

　图14-4　对Network Traversal Service的一次查询的转换

（幸运的是，两个团队使用相同的地点代码，因此我们不必处理地点代码之间的转换。）

注意，反向转换是不明确的，因为网络遍历的输入允许任意数目的中间点，而不是只有特别指定的清关点。幸运的是，由于我们并不需要反向转换，因此不会产生这个问题，但由此我们也了解到为什么有些转换是不可能的。

现在，我们开始对结果进行转换（Node标识的列表→Itinerary）。假设我们可以根据所得到的Node ID来使用Repository查询Node和Shipping Operation对象。那么，这些Node是如何映射到Leg上的呢？根据operationType-Code，我们可以把Node列表分解为"出发/到达"对。每一对组成一个Leg。

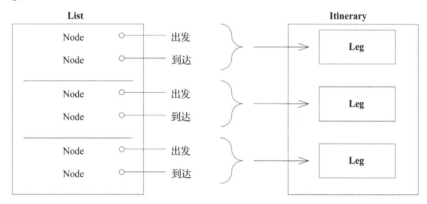

图14-5　对Network Traversal Service所发现的一个路线进行转换

每个Node对的属性按下面这样进行映射：

```
departureNode.shippingOperation.vesselVoyageId →
                                        leg.vesselVoyageId
departureNode.shippingOperation.date → leg.loadDate
departureNode.locationCode → leg.loadLocationCode
arrivalNode.shippingOperation.date → leg.unloadDate
arrivalNode.locationCode → leg.unloadLocationCode
```

这是两个模型之间的概念转换映射。现在，我们必须通过某种方法来实现这些转换。在像这样的简单例子中，我通常先创建一个用于转换的对象，然后找到或创建另一个对象来为子系统的其余部分提供服务。

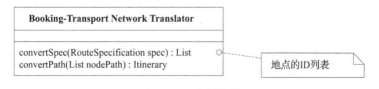

图14-6　双向转换器

这是两个团队必须一起维护的对象。设计应该使其易于单元测试，因此最好让两个团队协作开发一个测试套件。除此之外，他们可以采用不同的方式各自开发。

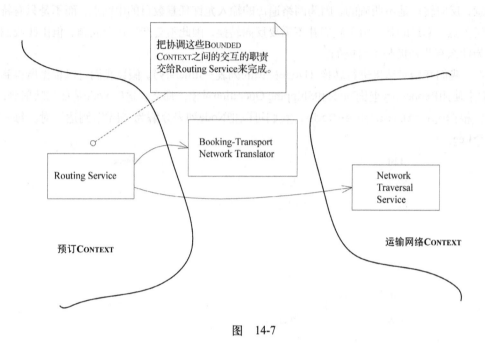

图   14-7

Routing Service的实现现在变成了把任务委托给Translator和Network Traversal Service。其唯一的操作可能如下面代码所示：

```
public Itinerary route(RouteSpecification spec) {
    Booking_TransportNetwork_Translator translator =
        new Booking_TransportNetwork_Translator();

    List constraintLocations =
        translator.convertConstraints(spec);

    // Get access to the NetworkTraversalService
    List pathNodes =
        traversalService.findPath(constraintLocations);

    Itinerary result = translator.convert(pathNodes);
    return result;
}
```

这种处理方法还不错。BOUNDED CONTEXT使每个模型都保持相对整洁，使团队很大程度上彼此独立工作，而且，如果最初的假设是正确的，它们可能会发挥很好的作用（本章后面还会回头讨论这个问题）。

两个上下文之间的接口非常小。Routing Service的接口把预订上下文中的其余部分与路线查找事件隔离开。这个接口完全由SIDE-EFFECT-FREE FUNCTION构成，因此很容易测试。与其他CONTEXT和谐共存的一个秘诀是拥有有效的接口测试集。正如里根总统在裁减核武器谈判时所说的名言"信任，但要确认"[①]。

我们很容易设计一组自动测试集来把Route Specification输入到Routing Service中并检查返回的Itinerary。

模型上下文总是存在的，但如果我们不注意的话，它们可能会发生重叠和变化。通过明确地定义BOUNDED CONTEXT和CONTEXT MAP，团队就可以掌控模型的统一过程，并把不同的模型连接起来。

14.3.1　测试CONTEXT的边界

对各个BOUNDED CONTEXT的联系点的测试特别重要。这些测试有助于解决转换时所存在的一些细微问题以及弥补边界沟通上存在的不足。测试充当了有用的早期报警系统，特别是在我们必须信赖那些模型细节却又无法控制它们时，它能让我们感到放心。

14.3.2　CONTEXT MAP的组织和文档化

这里只有以下两个重点。

(1) BOUNDED CONTEXT应该有名称，以便可以讨论它们。这些名称应该被添加到团队的UBIQUITOUS LANGUAGE中。

(2) 每个人都应该知道边界在哪里，而且应该能够分辨出任何代码段的CONTEXT，或任何情况的CONTEXT。

351

有很多种方式可以满足第二项需求，这取决于团队的文化。一旦定义了BOUNDED CONTEXT，那么把不同上下文的代码隔离到不同的MODULE中就再自然不过了，但这样就产生了一个问题——如何跟踪哪个MODULE属于哪个CONTEXT。我们可以用命名规范来表明这一点，或者使用其他简单且不会产生混淆的机制。

同样重要的是以一种适当的形式来传达概念边界，以使团队中的每个人都能以相同的方式来理解它们。就沟通而言，我喜欢用非正式的图，就像示例中所显示的那些图一样。也可以使用更严格的图或文本列表来显示每个CONTEXT中的所有包，同时显示出联系点以及负责连接和转换的机制。有些团队更愿意使用这种方法，而另一些团队通过口头协定和大量的讨论也能很好地实现这一目的。

无论是哪种情况，将CONTEXT MAP融入讨论中都是至关重要的，前提是CONTEXT的名称要

14

---

① 里根把一个俄罗斯谚语翻译成这句名言，这句话一语道破了双边事务的核心——这是连接上下文的又一个隐喻。

添加到 UBIQUITOUS LANGUAGE 中。不要说"George团队的内容改变了，因此我们也需要改变那些与其进行交互的内容"，而应该说："Transport Network模型发生了改变，因此我们也需要修改 Booking上下文的转换器。"

14.4　BOUNDED CONTEXT之间的关系

下面介绍的这些模式涵盖了将两个模型关联起来的众多策略。把模型连接到一起之后，就能够把整个企业笼括在内。这些模式有着双重目的，一是为成功地组织开发工作设定目标，二是为描述现有组织提供术语。

现有关系可能与这些模式中的某一种很接近——这可能是由于巧合，也可能是有意设计的——在这种情况下可以使用这个模式的术语来描述关系，但差异之处应该引起重视。然后，随着每次小的设计修改，关系会与所选定的模式越来越接近。

另一方面，你可能会发现现有关系很混乱或过于复杂。要想得到一个明确的CONTEXT MAP，需要重新组织一些关系。在这种情况或任何需要考虑重组的情况下，这些模式提供了应对各种不同情况的选择。这些模式的主要区别包括你对另一个模型的控制程度、两个团队之间合作水平和合作类型，以及特性和数据的集成程度。

下面这些模式涵盖了一些最常见和最重要的情况，它们提供了一些很好的思路，沿着这些思路，我们就可以知道如何处理其他情况。开发一个紧密集成产品的优秀团队可以部署一个大的、统一的模型。如果团队需要为不同的用户群提供服务，或者团队的协调能力有限，可能就需要采用SHARED KERNEL（共享内核）或CUSTOMER/SUPPLIER（客户/供应商）关系。有时仔细研究需求之后可能发现集成并不重要，而系统最好采用SEPARATE WAY（各行其道）模式。当然，大多数项目都需要与遗留系统或外部系统进行一定程度的集成，这就需要使用OPEN HOST SERVICE（开放主机服务）或ANTICORRUPTION LAYER（防护层）。

14.5　模式：SHARED KERNEL

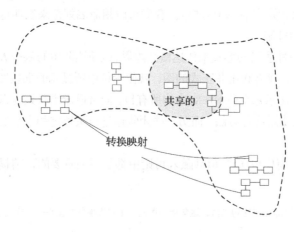

当功能集成受到局限，CONTINUOUS INTEGRATION的开销可能会变得非常高。尤其是当团队的技能水平或行政组织不能保持持续集成，或者只有一个庞大的、笨拙的团队时，更容易发生这种情况。在这种情况下就要定义单独的BOUNDED CONTEXT，并组织多个团队。

※　※　※

当不同团队开发一些紧密相关的应用程序时，如果团队之间不进行协调，即使短时间内能够取得快速进展，但他们开发出的产品可能无法结合到一起。最后可能不得不耗费大量精力在转换层上，并且频繁地进行改动，不如一开始就使用CONTINUOUS INTEGRATION那么省心省力，同时这也造成重复工作，并且无法实现公共的UBIQUITOUS LANGUAGE所带来的好处。

在很多项目中，我看到一些基本上独立工作的团队共享基础设施层。领域工作采用类似的方法也可以得到很好的效果。保持整个模型和代码完全同步的开销可能太高了，但从系统中仔细挑选出一部分并保持同步，就能以较小的代价获得较大的收益。

因此：

从领域模型中选出两个团队都同意共享的一个子集。当然，除了这个模型子集以外，还包括与该模型部分相关的代码子集，或数据库设计的子集。这部分明确共享的内容具有特殊的地位，一个团队在没与另一个团队商量的情况下不应擅自更改它。

功能系统要经常进行集成，但集成的频率应该比团队中CONTINUOUS INTEGRATION的频率低一些。在进行这些集成的时候，两个团队都要运行测试。

这是一个仔细的平衡。SHARED KERNEL（共享内核）不能像其他设计部分那样自由更改。在做决定时需要与另一个团队协商。共享内核中必须集成自动测试套件，因为修改共享内核时，必须要通过两个团队的所有测试。通常，团队先修改各自的共享内核副本，然后每隔一段时间与另一个团队的修改进行集成。例如，在每天（或更短的时间周期）进行CONTINUOUS INTEGRATION的团队中，可以每周进行一次内核的合并。不管代码集成是怎样安排的，两个团队越早讨论修改，效果就会越好。

※　※　※

SHARED KERNEL通常是CORE DOMAIN，或是一组GENERIC SUBDOMAIN（通用子领域），也可能二者兼有（参见第15章），它可以是两个团队都需要的任何一部分模型。使用SHARED KERNEL的目的是减少重复（并不是消除重复，因为只有在一个BOUNDED CONTEXT中才能消除重复），并使两个子系统之间的集成变得相对容易一些。

14.6   模式：CUSTOMER/SUPPLIER DEVELOPMENT TEAM

我们常常会碰到这样的情况：一个子系统主要服务于另一个子系统；"下游"组件执行分析或其他功能，这些功能向"上游"组件反馈的信息非常少，所有依赖都是单向的。两个子系统通常服务于完全不同的用户群，其执行的任务也不同，在这种情况下使用不同的模型会很有帮助。工具集可能也不相同，因此无法共享程序代码。

※   ※   ※

上游和下游子系统很自然地分隔到两个BOUNDED CONTEXT中。如果两个组件需要不同的技能或者不同的工具集来实现时，更需要把它们隔离到不同的上下文中。转换很容易，因为只需要进行单向转换。但两个团队的行政组织关系可能会引起问题。

如果下游团队对变更具有否决权，或请求变更的程序太复杂，那么上游团队的开发自由度就会受到限制。由于担心破坏下游系统，上游团队甚至会受到抑制。同时，由于上游团队掌握优先权，下游团队有时也会无能为力。

下游团队依赖于上游团队，但上游团队却不负责下游团队的产品交付。要琢磨拿什么来影响对方团队，是人性呢，还是时间压力，抑或其他诸如此类的，这需要耗费大量额外的精力。因此，正式规定团队之间的关系会使所有人工作起来更容易。这样，就可以对开发过程进行组织，均衡地处理两个用户群的需求，并根据下游所需的特性来安排工作。

在极限编程项目中，已经有了实现此目的的机制——迭代计划过程。我们只需根据计划过程来定义两个团队之间的关系。下游团队的代表类似于用户代表，参加上游团队的计划会议，上游团队直接与他们的"客户"同仁讨论和权衡其所需的任务。结果是供应商团队得到一个包含下游团队最需要的任务的迭代计划，或是通过双方商定推迟一些任务，这样下游团队也就知道这些被推迟的功能不会交付给他们。

如果使用的不是XP过程，那么无论使用什么类似的方法来平衡不同用户的关注点，都可以对这种方法加以扩充，使之把下游应用程序的需求包括进来。

因此：

在两个团队之间建立一种明确的客户/供应商关系。在计划会议中，下游团队相当于上游团队的客户。根据下游团队的需求来协商需要执行的任务并为这些任务做预算，以便每个人都知道双方的约定和进度。

两个团队共同开发自动化验收测试，用来验证预期的接口。把这些测试添加到上游团队的测试套件中，以便作为其持续集成的一部分来运行。这些测试使上游团队在做出修改时不必担心对下游团队产生副作用。

在迭代期间，下游团队成员应该像传统的客户一样随时回答上游团队的提问，并帮助解决问题。

自动化验收测试是这种客户关系的一个重要部分。即使在合作得非常好的项目中，虽然客户很明确他们所依赖的功能并告诉上游团队，而且供应商也能很认真地把所做的修改传递给下游团队，但如果没有测试，仍然会发生一些很意外的事情。这些事情将破坏下游团队的工作，并使上游团队不得不采取计划外的紧急修复措施。因此，客户团队在与供应商团队合作的过程中，应该开发自动验收测试来验证所期望的接口。上游团队将把这些测试作为标准测试套件的一部分来运行。任何一个团队在修改这些测试时都需要与另一个团队沟通，因为修改测试就意味着修改接口。

当某个客户对供应商的业务至关重要时，不同公司的项目之间也会出现客户/供应商关系。下游团队也能制约上游团队，一个有影响力的客户所提出的要求对上游项目的成功非常重要，但这些要求也能破坏上游项目的开发。建立正式的需求响应过程对双方都有利，因为与内部IT关系相比，在这种外部关系中更难做出"成本/效益"的权衡。

这种模式有两个关键要素。

(1) 关系必须是客户与供应商的关系，其中客户的需求是至关重要的。由于下游团队并不是唯一的客户，因此不同客户的要求必须通过协商来平衡，但这些要求都是非常重要的。这种关系与那种经常出现的"穷亲戚"关系相反，在后者的关系中，下游团队不得不乞求上游团队满足其需求。

(2) 必须有自动测试套件，使上游团队在修改代码时不必担心破坏下游团队的工作，并使下游团队能够专注于自己的工作，而不用总是密切关注上游团队的行动。

在接力赛中，前面的选手在接棒的时候不能一直回头看，这位选手必须相信队友能够把接力棒准确地交到他手中，否则整个团队的速度无疑会慢下来。

示例	**收益分析与预订**

我们再次回到运输示例中。公司组建了一支专门的团队，负责分析公司收到的所有预订，看看如何实现收益的最大化。团队成员可能发现货轮上还有空位置，并建议接受更多超订。他们可

358 能发现货轮过早地装满了散装货物,从而使公司不得不拒绝利润更大的特殊货物。在这种情况下,他们可能会建议为这类货物预留空间,或是提高散货的运输价格。

为了进行这种分析,他们使用自己的复杂模型。在实现过程中,他们使用了一个带有构建分析模型工具的数据仓库。而且他们需要从预订应用程序中获取大量信息。

从一开始就知道,这显然是两个BOUNDED CONTEXT,因为它们使用不同的实现工具,而且最重要的是,它们使用不同的领域模型。那么它们之间应该具有什么样的关系呢?

在这种情况下使用SHARED KERNEL看起来很合乎逻辑,因为收益分析只对预订模型的一个子集感兴趣,而且它们自己的模型也有一些诸如货物、价格等的重叠概念。但是,当使用了不同的实现技术时,SHARED KERNEL是很难做到的。此外,收益分析团队需要建立非常专门的模型,他们要不断修改模型,并且尝试其他的模型。他们最好从预订CONTEXT中找到所需的东西,并把它们转换到自己的上下文中。(另一方面,如果他们使用SHARED KERNEL,他们的翻译负担将会轻得多。他们仍然必须重新实现模型,并把数据转换到新的实现中,但如果模型相同的话,转换就简单多了。)

预订应用程序并不依赖收益分析,因为并没有打算做自动调整策略。调整决策将由专家来制定,并传递给相关的人员和系统。这样我们就有了一个上游/下游关系。下游的需求如下:

(1) 一些数据(任何预订操作都不需要这些数据);

(2) 数据库模式具有一定稳定性(或至少具有可靠的变更通知机制),或者一个用于导出的实用程序。

幸运的是,预订应用程序开发团队的项目经理非常积极主动地帮助收益分析团队。原本以为两个团队的合作会是个问题,因为实际负责处理日常预订业务的运营部门和实际执行收益分析的团359 队并非向同一个副总裁报告工作。但高管层非常关心收益管理,而且过去曾看到过两个部门之间的合作问题,因此调整了一下软件开发项目的结构,让两个团队的项目经理向同一个人汇报工作。

这样,应用CUSTOMER/SUPPLIER DEVELOPMENT TEAM(客户/供应商开发团队)的所有要求都满足了。

我曾经看到过这种场景出现在很多地方,其中分析软件开发人员和操作软件开发人员具有客户/供应商关系。当上游团队成员认为他们的角色是服务于客户时,工作会进展得相当顺利。这种关系几乎总是非正式地组织起来的,因此工作顺利与否有赖于两个项目经理的私人关系。

在一个XP项目中,我曾经看到过正式的客户/供应商关系,在每次迭代中,下游团队的代表以客户的身份参与到计划过程中,他们与更为传统的(应用程序功能的)客户代表聚到一起,共同协商哪些任务应该被添加到迭代计划中。这是一家小公司的项目,因此最近一级的共同主管不会处在关系链的很远位置。项目进展得非常顺利。

＊　＊　＊

CUSTOMER/SUPPLIER TEAM涉及的团队如果能在同一个部门中工作,最后会形成共同的目标,这样成功机会将更大一些，如果两个团队分属不同的公司，但实际上也具有这些角色，同样也容易成功。但是，当上游团队不愿意为下游团队提供服务时，情况就会完全不同…… 360

14.7   模式：CONFORMIST

  当两个具有上游/下游关系的团队不归同一个管理者指挥时，CUSTOMER/SUPPLIER TEAM这样的合作模式就不会奏效。勉强应用这种模式会给下游团队带来麻烦。大公司可能会发生这种情况，其中两个团队在管理层次中相隔很远，或者两个团队的共同主管不关心它们之间的关系。当两个团队属于不同公司时，如果客户的业务对供应商不是非常重要，那么也会出现这种情况。或许供应商有很多小客户，或者供应商正在改变市场方向，而不再重视老客户。也可能是供应商的运营状况较差，或者已经倒闭。不管是什么原因，现实情况是下游团队只能靠自己了。

  当两个开发团队具有上/下游关系时，如果上游团队没有动力来满足下游团队的需求，那么下游团队将无能为力。出于利他主义的考虑，上游开发人员可能会做出承诺，但他们可能不会履行承诺。下游团队出于良好的意愿会相信这些承诺，从而根据一些永远不会实现的特性来制定计划。下游项目只能被搁置，直到团队最终学会利用现有条件自力更生为止。下游团队不会得到根据他们的需求而量身定做的接口。 361

14

  在这种情况下，有3种可能的解决途径。一种是完全放弃对上游的使用。做出这种选择时，应进行切实地评估，绝不要假定上游会满足下游的需求。有时我们会高估这种依赖性的价值，或是低估它的成本。如果下游团队决定切断这条链，他们将走上SEPARATE WAY（各行其道）的道路（参见本章后面介绍的模式）。

  有时，使用上游软件具有非常大的价值，因此必须保持这种依赖性（或者是行政决策规定团队不能改变这种依赖性）。在这种情况下，还有两种途径可供选择，选择哪一种取决于上游设计的质量和风格。如果上游的设计很难使用（可能是由于缺乏封装、使用了不恰当的抽象或者建模时使用了下游团队无法使用的范式），那么下游团队仍然需要开发自己的模型。他们将担负起开发转换层的全部责任，这个层可能会非常复杂（参见本章后面要介绍的 ANTICORRUPTION LAYER）。

跟随并不总是坏事

当使用一个具有很大接口的现成组件时，一般应该遵循（CONFORM）该组件中隐含的模型。组件和你自己的应用程序显然是不同的 BOUNDED CONTEXT，因此根据团队组织和控制的不同，可能需要使用适配器来进行一点点格式转换，但模型一定要保持相同。否则，就应该质疑使用该组件的价值。如果它确实能够提供价值，那说明它的设计中已经消化吸收了一些知识。在该组件的应用范围内，它可能比你的理解要深入。你的模型大概会超出该组件的范围，而且这些超出部分将演化出你自己的概念。但在两者连接的地方，你的模型将是一个 CONFORMIT，遵从组件模型的领导。实际上，你将被带到一个更好的设计中。

当你与组件的接口很小时，那么共享一个统一模型就不那么重要了，而且转换也是个可行的选项。但是，当接口很大而且集成更加重要时，跟随通常是有意义的。

另一方面，如果上游设计的质量不是很差，而且风格也能兼容的话，那么最好不要再开发一个独立的模型。这种情况下可以使用 CONFORMIST（跟随者）模式。

因此：

通过严格遵从上游团队的模型，可以消除在 BOUNDED CONTEXT 之间进行转换的复杂性。尽管这会限制下游设计人员的风格，而且可能不会得到理想的应用程序模型，但选择 CONFORMITY 模式可以极大地简化集成。此外，这样还可以与供应商团队共享 UBIQUITOUS LANGUAGE。供应商处于统治地位，因此最好使沟通变容易。他们从利他主义的角度出发，会与你分享信息。

这个决策会加深你对上游团队的依赖，同时你的应用也受限于上游模型的功能，充其量也只能做一些简单的增强而已。人们在主观上不愿意这样做，因此有时本应该这样选择时，却没有这样选择。

如果这些折中不可接受，而上游的依赖又必不可少，那么还可以选择第二种方法。通过创建一个 ANTICORRUPTION LAYER 来尽可能把自己隔离开，这是一种实现转换映射的积极方法，后面将会讨论它。

* * *

CONFORMIST 模式类似于 SHARED KERNEL 模式。在这两种模式中，都有一个重叠的区域——在这个重叠区域内模型是相同的，此外还有你的模型所扩展的部分，以及另一个模型对你没有影响的部分。这两种模式之间的区别在于决策制定和开发过程不同。SHARED KERNEL 是两个高度协调的团队之间的合作模式，而 CONFORMIST 模式则是应对与一个对合作不感兴趣的团队进行集成。

前面介绍了在两个BOUNDED CONTEXT之间集成时可以进行的各种合作，从高度合作的SHARED KERNEL模式或CUSTOMER/SUPPLIER DEVELOPER TEAM到单方面的CONFORMIST模式。现在，我们最后来看一种更悲观的关系，假设另一个团队既不合作，而且其设计也无法使用时，该如何应对。 363

14.8　模式：ANTICORRUPTION LAYER

新系统几乎总是需要与遗留系统或其他系统进行集成，这些系统具有其自己的模型。当把参与集成的BOUNDED CONTEXT设计完善并且团队相互合作时，转换层可能很简单，甚至很优雅。但是，当边界那侧发生渗透时，转换层就要承担起更多的防护职责。

❊　❊　❊

当正在构建的新系统与另一个系统的接口很大时，为了克服连接两个模型而带来的困难，新模型所表达的意图可能会被完全改变，最终导致它被修改得像是另一个系统的模型了（以一种特定的风格）。遗留系统的模型通常很弱。即使对于那些模型开发得很好的例外情况，它们可能也不符合当前项目的需要。然而，集成遗留系统仍然具有很大的价值，而且有时还是绝对必要的。

正确答案是不要全盘封杀与其他系统的集成。在我经历过的一些项目中，人们非常热衷于替换所有遗留系统，但由于工作量太大，这不可能立即完成。此外，与现有系统集成是一种有价值的重用形式。在大型项目中，一个子系统通常必须与其他独立开发的子系统连接。这些子系统将从不同角度反映问题领域。当基于不同模型的系统被组合到一起时，为了使新系统符合另一个系统的语义，新系统自己的模型可能会被破坏。即使另一个系统被设计得很好，它也不会与客户基于同一个模型。而且其他系统往往并不是设计得很好。 364

当通过接口与外部系统连接时，存在很多障碍。例如，基础设施层必须提供与另一个系统进行通信的方法，那个系统可能处于不同的平台上，或是使用了不同的协议。你必须把那个系统的

数据类型转换为你自己系统的数据类型。但通常被忽视的一个事实是那个系统肯定不会使用相同的概念领域模型。

如果从一个系统中取出一些数据,然后在另一个系统中错误地解释了它,那么显然会发生错误,甚至会破坏数据库。尽管我们已经认识到这一点,这个问题仍然会"偷袭"我们,因为我们认为在系统之间转移的是原始数据,其含义是明确的,并且认为这些数据在两个系统中的含义肯定是相同的。这种假设常常是错误的。数据与每个系统的关联方式会使数据的含义出现细微但重要的差别。而且,即使原始数据元素确实具有完全相同的含义,但在原始数据这样低的层次上进行接口操作通常是错误的。这样的底层接口使另一个系统的模型丧失了解释数据以及约束其值和关系的能力,同时使新系统背负了解释原始数据的负担(而且并未使用这些数据自己的模型)。

我们需要在不同模型的关联部分之间建立转换机制,这样模型就不会被未经消化的外来模型元素所破坏。

因此:

创建一个隔离层,以便根据客户自己的领域模型来为客户提供相关功能。这个层通过另一个系统现有接口与其进行对话,而只需对那个系统作出很少的修改,甚至无需修改。在内部,这个层在两个模型之间进行必要的双向转换。

* * *

这种连接两个系统的机制可能会使我们想到把数据从一个程序传输到另一个程序,或者从一个服务器传输到另一个服务器。我们很快就会讨论技术通信机制的使用。但这些细节问题不应与ANTICORRUPTION LAYER混淆,因为ANTICORRUPTION LAYER并不是向另一个系统发送消息的机制。相反,它是在不同的模型和协议之间转换概念对象和操作的机制。

ANTICORRUPTION LAYER本身就可能是一个复杂的软件。接下来将概要描述在创建ANTICORRUPTION LAYER时需要考虑的一些事项。

14.8.1 设计ANTICORRUPTION LAYER的接口

ANTICORRUPTION LAYER的公共接口通常以一组SERVICE的形式出现,但偶尔也会采用ENTITY的形式。构建一个全新的层来负责两个系统之间的语义转换为我们提供了一个机会,它使我们能够重新对另一个系统的行为进行抽象,并按照与我们的模型一致的方式把服务和信息提供给我们的系统。在我们的模型中,把外部系统表示为一个单独的组件可能是没有意义的。最好是使用多个SERVICE(或偶尔使用ENTITY),其中每个SERVICE都使用我们的模型来履行一致的职责。

14.8.2 实现ANTICORRUPTION LAYER

对ANTICORRUPTION LAYER设计进行组织的一种方法是把它实现为FACADE、ADAPTER(这两种模式来自[Gamma et al. 1995])和转换器的组合,外加两个系统之间进行对话所需的通信和传输机制。

　　我们常常需要与那些具有大而复杂、混乱的接口的系统进行集成。这不是概念模型差别的问题（概念模型差别是我们使用ANTICORRUPTION LAYER的动机），而是一个实现问题。当我们尝试创建ANTICORRUPTION LAYER时，会遇到这个实现问题。当从一个模型转换到另一个模型的时候（特别是当一个模型很混乱时），如果不能同时处理那些难于沟通的子系统接口，那么将很难完成。好在FACADE可以解决这个问题。

　　FACADE是子系统的一个可供替换的接口，它简化了客户访问，并使子系统更易于使用。由于我们非常清楚要使用另一个系统的哪些功能，因此可以创建FACADE来促进和简化对这些特性的访问，并把其他特性隐藏起来。FACADE并不改变底层系统的模型。它应该严格按照另一个系统的模型来编写。否则会产生严重的后果：轻则导致转换职责蔓延到多个对象中，并加重FACADE的负担；重则创建出另一个模型，这个模型既不属于另一个系统，也不属于你自己的BOUNDED CONTEXT。FACADE应该属于另一个系统的BOUNDED CONTEXT，它只是为了满足你的专门需要而呈现出的一个更友好的外观。

　　ADAPTER是一个包装器，它允许客户使用另外一种协议，这种协议可以是行为实现者不理解的协议。当客户向适配器发送一条消息时，ADAPTER把消息转换为一条在语义上等同的消息，并将其发送给"被适配者"（adaptee）。之后ADAPTER对响应消息进行转换，并将其发回。我在这里使用适配器（adapter）这个术语略微有点儿不严谨，因为[Gamma et al. 1995]一书中强调的是使包装后的对象符合客户所期望的标准接口，而我们选择的是被适配的接口，而且被适配者甚至可能不是一个对象。我们强调的是两个模型之间的转换，但我认为这与ADAPTER的意图是一致的。

　　我们所定义的每种SERVICE都需要一个支持其接口的ADAPTER，这个适配器还需要知道怎样才能向其他系统及其FACADE发出相应的请求）。

　　剩下的要素就是转换器了。ADAPTER的工作是知道如何生成请求。概念对象或数据的实际转换是一种完全不同的复杂任务，我们可以让一个单独的对象来承担这项任务，这样可以使负责转换的对象和ADAPTER都更易于理解。转换器可以是一个轻量级的对象，它可以在需要的时候被实例化。由于它只属于它所服务的ADAPTER，因此不需要有状态，也不需要是分布式的。

　　这些都是我用来创建ANTICORRUPTION LAYER的基本元素。此外，还有其他一些需要考虑的因素。

　　❑ 如图14-8所示，一般是由正在设计的系统（你的子系统）来发起一个动作。但在有些情况下，其他子系统可能需要向你的子系统提交某种请求，或是把某个事件通知给你的子系统。ANTICORRUPTION LAYER可以是双向的，它可能使用具有对称转换的相同转换器来定义两个接口上的SERVICE（并使用各自的ADAPTER）。尽管实现ANTICORRUPTION LAYER通常不需要对另一个子系统做任何修改，但为了使它能够调用ANTICORRUPTION LAYER的SERVICE，有时还是有必要修改的。

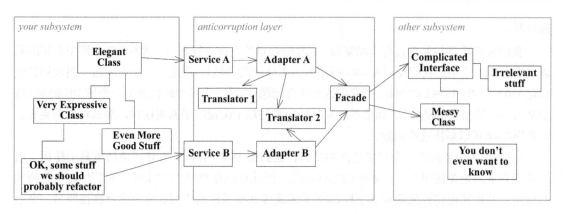

图14-8　ANTICORRUPTION LAYER的结构

- 我们通常需要一些通信机制来连接两个子系统，而且它们可能位于不同的服务器上。在这种情况下，必须决定在哪里放置通信链接。如果无法访问另一个子系统，那么可能必须在FACADE和另一个子系统之间设置通信链接。但是，如果FACADE可以直接与另一个子系统集成到一起，那么在适配器和FACADE之间设置通信链接也不失为一种好的选择，这是因为FACADE的协议比它所封装的内容要简单。在有些情况下，整个ANTICORRUPTION LAYER可以与另一个子系统放在一起，这时可以在你的系统和构成ANTICORRUPTION LAYER接口的SERVICE之间设置通信链接或分发机制。这些都是需要根据实际情况做出的实现和部署决策。它们与ANTICORRUPTION LAYER的概念角色无关。

- 如果有权访问另一个子系统，你可能会发现对它进行少许的重构会使你的工作变得更容易。特别是应该为那些需要使用的功能编写更显式的接口，如果可能的话，首先从编写自动测试开始。

- 当需要进行广泛的集成时，转换的成本会直线上升。这时需要对正在设计的系统的模型做出一些选择，使之尽量接近外部系统，以便使转换更加容易。做这些工作时要非常小心，不要破坏模型的完整性。这是只有当转换的难度无法掌控时才选择进行的事情。如果这种方法看起来是大部分重要问题的最自然的解决方案，那么可以考虑让你的子系统采用CONFORMIST模式，从而消除转换。

- 如果另一个子系统很简单或有一个很整洁的接口，可能就不需要FACADE了。

- 如果一个功能是两个系统的关系所需的，就可以把这个功能添加到ANTICORRUPTION LAYER中。此外我们还很容易想到两个特性，一是外部系统使用情况的审计跟踪，二是追踪逻辑，其用于调试对另一个接口的调用。

记住，ANTICORRUPTION LAYER是连接两个BOUNDED CONTEXT的一种方式。我们常常需要使用别人创建的系统，然而我们并未完全理解这些系统，并且也无法控制它们。但这并不是我们需要在两个子系统之间使用防护层的唯一情况。如果你自己开发的两个子系统基于不同的模型，那么使用ANTICORRUPTION LAYER把它们连接起来也是有意义的。在这种情况下，你应该可以完全控制这两个子系统，而且通常可以使用一个简单的转换层。但是，如果这两个BOUNDED CONTEXT采用了SEPARATE WAY模式，而仍然需要进行一定的功能集成，那么可以使用ANTICORRUPTION LAYER来减少它们之间的矛盾。

示例　**遗留预订应用程序**

　　为了有一个小的、可以快速开始的最初版本，我们将编写一个最小化的应用程序，它可以建立一次装运（shipment）并通过一个转换层传递给遗留系统进行预订和支持操作。由于我们是专门为了保护正在开发的模型不受遗留设计的影响才构建的转换层，因此这个转换就是一个ANTICORRUPTION LAYER。

　　最初，ANTICORRUPTION LAYER将接收表示装载的对象，对它们进行转换并传递给遗留系统，请求一个预订，然后捕获确认消息并将其转换成新设计的确认对象。这种隔离使我们基本上能够独立于遗留系统来开发新的应用程序，尽管这也必须投入相当多的转换工作。 369

　　在后续的每个版本中，根据后面的决策，新系统要么可以接管遗留系统的更多功能，要么可以在不替换现有功能的情况下增加一些新的功能。这种灵活性，以及能够持续地操作合并的系统并同时进行新老系统的逐步过渡，会使我们在构建ANTICORRUPTION LAYER上投入的工作变得有价值。

14.8.3　一个关于防御的故事

　　为了保护边境不受周边好战的游牧部落的侵犯，古代中国修建了长城。虽然它并不是一道不可逾越的屏障，但它却使得与邻近地区的通商变得规范有序，同时也可以抵御侵略和其他不良影响。两千多年来，它定义了一个边界，保护中国的农业文明较少受到外界混乱局面的干扰。

　　如果没有长城，中国可能不会形成如此独特的文明，但尽管如此，长城的修建耗资巨大，它至少使一个朝代"破产"，而且也可能导致了它最终灭亡。隔离策略的益处必须平衡它产生的代价。我们应该从实际出发，对模型做出适度的修改，使之能够更好地适应外部模型。

14

　　任何集成都是有开销的，无论这种集成是单一BOUNDED CONTEXT中的完全CONTINUOUS INTEGRATION，还是集成度较轻的SHARED KERNEL或CUSTOMER/SUPPLIER DEVELOPER TEAM，或是单方面的CONFORMIST模式和防御型的ANTICORRUPTION LAYER模式。集成可能非常有价值，但它的代价也总是十分高昂的。我们应该确保在真正需要的地方进行集成。 370

14.9 模式：SEPARATE WAY

我们必须严格划定需求的范围。如果两组功能之间的关系并非必不可少，那么二者完全可以彼此独立。

✳   ✳   ✳

集成总是代价高昂，而有时获益却很小。

除了在团队之间进行协调所需的常见开销以外，集成还迫使我们做出一些折中。可以满足某一特定需求的简单专用模型要为能够处理所有情况的更加抽象的模型让路。或许有些完全不同的技术能够轻而易举地提供某些特性，但它却难以集成。或许某个团队很难合作，使得其他团队在尝试与之合作时找不到行之有效的方法。

在很多情况下，集成不会提供明显的收益。如果两个功能部分并不需要互相调用对方的功能，或者这两个部分所使用的对象并不需要进行交互，或者在它们操作期间不共享数据，那么集成可能就是没有必要的（尽管可以通过一个转换层进行集成）。仅仅因为特性在用例中相关，并不一定意味着它们必须集成到一起。

因此：

声明一个与其他上下文毫无关联的BOUNDED CONTEXT，使开发人员能够在这个小范围内找到简单、专用的解决方案。

特性仍然可以被组织到中间件或UI层中，但它们将没有共享的逻辑，而且应该把通过转换层进行的数据传输减至最小，最好是没有数据传输。

> **示例**   **一个保险项目的简化**

一个项目团队着手开发一个新的保险理赔软件，他们打算把客户服务代理或理赔人所需的一切功能都集成到一个系统中。经过一年的工作后，团队成员陷入僵局。分析瘫痪①再加上巨大的基础设施前期投资使他们在渐渐失去耐心的管理层面前没有任何可以展示的成果。更严重的是，他们尝试完成的工作规模将他们彻底压垮了。

新任项目经理把所有人员集中到一个房间中，让他们一周内制定一个新的计划。他们首先整理出需求列表，然后尝试估计它们的难度和重要性。他们坚决地删减掉那些困难并且不重要的需求。然后，开始为剩下的需求列表排列顺序。这个星期他们在这个房间里制定了很多明智的决策，但最后只有一个被证明是真正重要的。某个时候他们终于认识到有些特性几乎没有从集成得到任何好处。例如，理赔人需要访问一些现有数据库，而且他们目前的访问非常不方便。但是，尽管用户需要得到这些数据，但软件系统的其他特性却没有一个用到它们。

团队成员提出了各种简单的访问方式。一个提议是，可以把关键报告导出为HTML并放到内部网（intranet）上。另一个提议是，可以为理赔人提供一种专用查询，这种查询是用一个标准软件包编写的。通过在内部网的页面上放置链接，或者在用户桌面上放置按钮，就可以把所有这些功能集成进来。

团队启动了一组小项目，这些项目除了从同一个菜单启动之外，不再尝试任何集成。几个很有价值的功能几乎在一夜之间就完成了。卸去了这些过多特性的包袱之后，只剩下了一组精炼的需求，这使得主应用程序的交付又有了希望。

团队本来可以这样进行下去，但遗憾的是，他们又回到了老路，再次陷入困境。最后，只有那些采用SEPARATE WAY模式开发的小应用程序被证明是有用的。

372

❋　❋　❋

采用SEPARATE WAY（各行其道）模式需要预先决定一些选项。尽管持续重构最后可以撤销任何决策，但完全隔离开发的模型是很难合并的。如果最终仍然需要集成，那么转换层将是必要的，而且可能很复杂。当然，不管怎样，这都是我们将要面对的问题。

现在，让我们回到更为合作的关系上，来看一下几种提高集成度的模式。

373

14.10　模式：OPEN HOST SERVICE

一般来说，在BOUNDED CONTEXT中工作时，我们会为CONTEXT外部的每个需要集成的组件定义一个转换层。当集成是一次性的，这种为每个外部系统插入转换层的方法可以以最小的代价避免破坏模型。但当子系统要与很多系统集成时，可能就需要更灵活的方法了。

❋　❋　❋

当一个子系统必须与大量其他系统进行集成时，为每个集成都定制一个转换层可能会减慢团

---

① 分析瘫痪，analysis paralysis，指一个项目在大量的分析工作面前陷入困境。——译者注

队的工作速度。需要维护的东西会越来越多，而且进行修改的时候担心的事情也会越来越多。

团队可能正在反复做着同样的事情。如果一个子系统有某种内聚性，那么或许可以把它描述为一组SERVICE，这组SERVICE满足了其他子系统的公共需求。

要想设计出一个足够干净的协议，使之能够被多个团队理解和使用，是一件十分困难的事情，因此只有当子系统的资源可以被描述为一组内聚的SERVICE并且必须进行很多集成的时候，才值得这样做。在这些情况下，它能够把维护模式和持续开发区别开。

因此：

定义一个协议，把你的子系统作为一组SERVICE供其他系统访问。开放这个协议，以便所有需要与你的子系统集成的人都可以使用它。当有新的集成需求时，就增强并扩展这个协议，但个别团队的特殊需求除外。满足这种特殊需求的方法是使用一次性的转换器来扩充协议，以便使共享协议简单且内聚。

＊　＊　＊

这种通信形式暗含一些共享的模型词汇，它们是SERVICE接口的基础。这样，其他子系统就变成了与OPEN HOST（开放主机）的模型相连接，而其他团队则必须学习HOST团队所使用的专用术语。在一些情况下，使用一个众所周知的PUBLISHED LANGUAGE（公开发布的语言）作为交换模型可以减少耦合并简化理解。

14.11　模式：PUBLISHED LANGUAGE

两个BOUNDED CONTEXT之间的模型转换需要一种公共的语言。

＊　＊　＊

当两个领域模型必须共存而且必须交换信息时，转换过程本身就可能很复杂，而且很难文档化和理解。如果正在构建一个新系统，我们一般会认为新模型是最好的，因此只考虑把其他模型转换成新模型就可以了。但有时我们的工作是增强一系列旧系统并尝试集成它们。这时要在众多模型中选择一个比较不烂的模型，也就是说"两害取其轻"。

另一种情况是，当不同业务之间需要互相交换信息时，应该如何做？想让一个业务采用另一个业务的领域模型不仅是不现实的，而且可能也不符合双方的需要。领域模型是为了解决其用户的需求而开发的，这样的模型所包含的一些特性可能使得与另一个系统的通信变得复杂，而实际上没有必要这么复杂。此外，如果把一个应用程序的模型用作通信媒介，那么它可能就无法为满足新需求而自由地修改了，它必须非常稳定，以便支持当前的通信职责。

与现有领域模型进行直接的转换可能不是一种好的解决方案。这些模型可能过于复杂或设计得较差。它们可能没有被很好地文档化。如果把其中一个模型作为数据交换语言，它实质上就被固定住了，而无法满足新的开发需求。

OPEN HOST SERVICE使用一个标准化的协议来支持多方集成。它使用一个领域模型来在各系统间进行交换，尽管这些系统的内部可能并不使用该模型。这里我们可以更进一步——发布这种语言，或找到一种已经公开发布的语言。我这里所说的发布仅仅是指该语言已经可以供那些对它感兴趣的群体使用，而且已经被充分文档化，兼容一些独立的解释。

最近，电子商务界出现了一种激动人心的新技术：XML（可扩展标记语言）。这种技术有望使数据交换变得更加容易。XML的一个非常有价值的特性是通过DTD（文档类型定义）或XML 模式来正式定义一个专用的领域语言，从而使得数据可以被转换为这种语言。一些行业组织已经成立，准备为各自的行业定义一种标准的DTD，这样，业内多方就可以交换信息了，如交换化学公式信息或遗传代码信息。实际上这些组织正在以语言定义的形式创建一种共享的领域模型。

因此：

把一个良好文档化的、能够表达出所需领域信息的共享语言作为公共的通信媒介，必要时在**其他信息与该语言之间进行转换。**

这种语言不必从头创建。很多年以前，我曾经受聘于一家公司，这家公司有一个用Smalltalk 编写的软件产品，它使用DB2存储数据。公司希望灵活地把软件分发给那些没有DB2许可的用户，于是请我为Btrieve创建一个接口，Btrieve是一个轻量级的数据库引擎，它有一个免费的运行时分发许可。Btrieve并不完全是关系型的，但我的客户只用到DB2的很小的一部分功能，而且两个数据库都能提供这种能力。公司的开发人员已经在DB2之上建立了某种存储对象的抽象，于是我决定把这些工作作为我的Btrieve组件的接口。

这种方法确实很有效。软件顺利地与我的客户系统集成到一起。但是，客户设计中缺少有关持久化对象的抽象的正式规格说明或文档，这意味着我必须做很多工作来确定新组件的需求。此外，不太可能重用该组件把其他应用程序从DB2迁移到Btrieve。而且新软件稳固了公司的持久化模型，使得持久化对象模型的重构变得更困难。

更好的方法可能是标识出公司所使用的那一小部分DB2接口，然后为其提供支持就可以了。DB2的接口由SQL和大量专有协议构成。尽管接口很复杂，但它已经被严格地规定并充分文档化。由于公司只使用接口的一个很小的子集，因此复杂性有所降低。如果已开发出一个模拟必要的DB2接口子集的组件，那么开发人员所需做的文档化工作只是标识出该子集即可。与之集成的应用程序已经知道如何与DB2对话，因此额外要做的工作很少。将来重新设计持久层的工作仅限于DB2子集的使用，就像前面做的改进一样。

DB2接口是PUBLISHED LANGUAGE的一个例子。在这个例子中，两个模型都不属于业务领域，但它们所应用的原则是一致的。由于协作中的一个模型已经是一种PUBLISHED LANGUAGE，因此就不需要引入第三方语言了。

示例　　**一种化学的**PUBLISHED Language

在工业界和学术界，有无数的程序用于分类、分析和处理化学公式。几乎每个程序都使用不同的领域模型来表示化学结构，因此数据的交换总是很难。当然，大部分程序都是用一些无法充分表达领域模型的语言编写的（如FORTRAN）。当有人想要共享数据时，他们不得不先了解其他系统的数据库的细节，然后再研究出某种转换方案。

CML（化学标记语言）正是在这种背景下诞生的，它是作为化学领域的公共交流语言被开发出来的专用XML，由一个代表学术界和工业界的组织负责开发和管理[Murray-Rust et al. 1995]。

化学信息非常复杂和多样化，而且会随着新发现而不断变化。因此，该组织开发了一种用于描述基础知识的语言，如有机和无机分子的化学公式、蛋白质序列、光谱或物理量。

既然这种语言已经公开发布，人们就可以开发相应的工具了（以前，要开发这样的工具是不值得的，因为它们只能用于一种数据库）。例如，人们开发一种名为JUMBO Browser的Java应用程序，它的功能是为那些以CML格式存储的化学结构创建图形视图。因此，如果你的数据采用了CML格式，就可以使用这样的可视化工具。

事实上，CML通过使用XML（一种已发布的元语言）获得了双重优势。一个优势是人们对XML很熟悉，因此很容易学习CML，另一个优势是由于有大量现成的工具（如解析器），因此CML的实现很容易，而且有大量书籍介绍了XML的各个方面，这对CML的文档化有很大帮助。

下面是一个CML的小例子。虽然像我这样的外行并不能清楚地理解它是什么意思，但它的原则还是很清晰的。

```
<CML.ARR ID="array3" EL.TYPE=FLOAT NAME="ATOMIC ORBITAL ELECTRON POPULATIONS"
     SIZE=30 GLO.ENT=CML.THE.AOEPOPS>
   1.17947    0.95091    0.97175    1.00000    1.17947    0.95090    0.97174    1.00000
   1.17946    0.98215    0.94049    1.00000    1.17946    0.95091    0.97174    1.00000
   1.17946    0.95091    0.97174    1.00000    1.17946    0.98215    0.94049    1.00000
   0.89789    0.89790    0.89789    0.89789    0.89790    0.89788
</CML.ARR>
```

＊　＊　＊

14.12　"大象"的统一

六个好学的古印度人，
一起去看大象，
　（他们都是盲人），
都通过触摸，
来满足了解事物的心愿。

第一个接近大象的盲人，
恰巧了撞上了大象宽阔结实的身躯，
马上叫到："原来大象就像一堵墙。"
……

第三个盲人，

碰巧把扭动着的象鼻抓在手中，　　　　　　就抓住了它摆动着的尾巴，

因此就大胆地说道：　　　　　　　　　　　他说，"我认为大象就像一根绳子！"

"依我看，大象就像一条蛇！"

　　　　　　　　　　　　　　　　　　　　这六个印度人，

第四个盲人急切地伸出双手，　　　　　　　大声地争论个不停，

摸到了大象的膝盖，　　　　　　　　　　　他们每个人的观点，

"这头奇异的怪兽最像什么已经很明显　　　都过于僵化和固执，

了"，他说，　　　　　　　　　　　　　　尽管他们每人都有正确的地方，

"很明显，大象就像一棵树"　　　　　　　但从整体上都是错误的！

……　　　　　　　　　　　　　　　　　　……

第六个盲人一开始摸这头大象，

——摘自John Godfrey Saxe（1816—1887）创作的《盲人与象》，

来源于印度自说经①Udana中的故事　378

　　即便他们对大象的本质不能达成完全的一致，这些盲人仍然可以根据他们所触摸到的大象身体的部位来扩展各自的认识。如果并不需要集成，那么模型统不统一就无关紧要。如果他们需要进行一些集成，那么实际上并不需要对大象是什么达成一致，而只要接受各种不同意见就会获得很多价值。这样，他们就不会在不知不觉中各执己见。

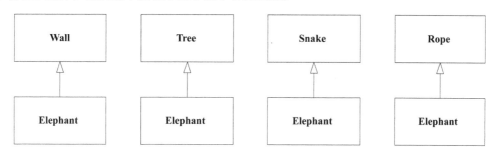

图14-9　4个没有集成的上下文

　　上图用UML图表示了6个盲人所认识到的大象模型。这张图建立了4个独立的BOUNDED CONTEXT，情况很明显，他们必须找到一种方式来交流他们共同关心的少数几个方面，或许他们共同关心的就是大象所在的位置。

　　当盲人想要分享更多有关大象的信息时，他们会从共享单个BOUNDED CONTEXT得到更大的价值。但统一不同的模型却很难做到。可能没有人愿意放弃自己的模型而采用别人的模型。毕竟，摸到尾巴的那个人知道大象并不像一棵树，而且那个模型对他来说没有意义，也没有用处。统一

_____

　　① 自说经是印度佛经的一种，为佛陀自己之体验，佛陀自身感兴语，故有"自说经"此名。——编者注

多个模型几乎总是意味着创建一个新模型。

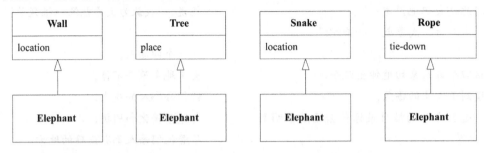

Translations: {Wall.location ↔ Tree.place ↔ Snake.location ↔ Rope.tie-down}

图14-10　4个只有最小集成的上下文

经过一些想象和讨论（也许是激烈的讨论）之后，盲人们最终可能会认识到他们正在对一个更大整体的不同部分进行描述和建模。从很多方面来讲，部分-整体的统一可能不需要花费很多工作。至少集成的第一步只需弄清楚各个部分是如何相连的就够了。可以把大象看成一堵墙，下面通过树干支撑着，一头儿是一根绳子，另一头儿是一条蛇，这样看就可以适当地满足一些需求了。

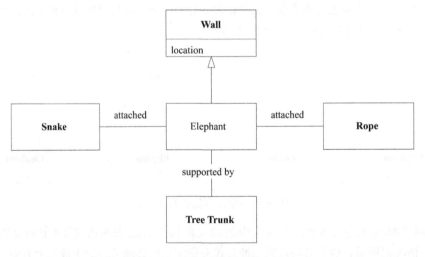

图14-11　一个粗略集成的上下文

大象模型的统一要比大多数这样的合并相对简单一些。遗憾的是，大象模型的统一只是一个特例——不同模型纯粹是在描述整体的不同部分，然而，这通常是模型之间差别的一个方面而已。当两个模型以不同方式描述同一部分时，问题会变得更加困难。如果两个盲人都摸到了象鼻子，一个人认为它像蛇，而另一个人认为它像消防水管，那么他们将更难集成。双方都无法接受对方的模型，因为那不符合自己的体验。事实上，他们需要一个新的抽象，这个抽象需要把蛇的"活着的特性"与消防水管的喷水功能合并到一起，而这个抽象还应该排除先前两个模型中的一些不确切的含义，如人们可能会想到的毒牙，或者可以从身体上拆下并卷起来放到救火车中的这种性质。

尽管我们已经把部分合并成一个整体，但得到的模型还是很简陋。它缺乏内聚性，也没有形成任何潜在领域的轮廓。在持续精化的过程中，新的理解可能会产生更深层的模型。新的应用程序需求也可能会促成更深层的模型。如果大象开始移动了，那么"树"理论就站不住脚了，而盲人建模者们也可能会有所突破，形成"腿"的概念。

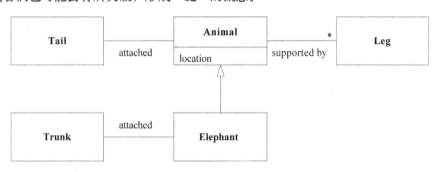

图14-12　一个更深入集成的上下文

模型集成的第二步是去掉各个模型中那些偶然或不正确的方面，并创建新的概念，在本例中，这个概念就是一种"动物"，它长着"鼻子"、"腿"、"身体"和"尾巴"，每个部分都有其自己的属性以及与其他部分的明确关系。在很大程度上，成功的模型应该尽可能做到精简。象鼻与蛇相比，其特性和功能可能比蛇多，也可能比蛇少，但宁"少"勿"多"。宁可缺少喷水功能，也不要包含不正确的毒牙特性。

如果目标只是找到大象，那么只要对每个模型中所表示的位置进行转换就可以了。当需要更多集成时，第一个版本的统一模型不一定达到完全的成熟。把大象看成一堵墙，下面用树干支撑着，一头儿是一根绳子，另一头儿是一条蛇，就可以适当地满足一些需求了。紧接着，通过新需求和进一步的理解及沟通的推动，模型可以得到加深和精化。

承认多个互相冲突的领域模型实际上正是面对现实的做法。通过明确定义每个模型都适用的上下文，可以维护每个模型的完整性，并清楚地看到要在两个模型之间创建的任何特殊接口的含义。盲人没办法看到整个大象，但只要他们承认各自的理解是不完整的，他们的问题就能得到解决。

14.13　选择你的模型上下文策略

在任何时候，绘制出CONTEXT MAP来反映当前状况都是很重要的。但是，一旦绘制好CONTEXT MAP之后，你很可能想要改变现状。现在，你可以开始有意识地选择CONTEXT的边界和关系。以下是一些指导原则。

14.13.1　团队决策或更高层决策

首先，团队必须决定在哪里定义Bounded Context，以及它们之间有什么样的关系。这些决策必须由团队做出，或者至少传达给整个团队，并且被团队里的每个人理解。事实上，这样的决策通常需要与外部团队达成一致。按照本身价值来说，在决定是否扩展或分割Bounded Context时，应该权衡团队独立工作的价值以及能产生直接且丰富集成的价值，以这两种价值的成本-效益作为决策的依据。在实践中，团队之间的行政关系往往决定了系统的集成方式。由于汇报结构，有技术优势的统一可能无法实现。管理层所要求的合并可能并不实用。你不会总能得到你想要的东西，但你至少可以评估出这些决策的代价，并反映给管理层，以便采取相应的措施来减小代价。从一个现实的Context Map开始，并根据实际情况来选择改变。

14.13.2　置身上下文中

开发软件项目时，我们首先是对自己团队正在开发的那些部分感兴趣（"设计中的系统"），其次是对那些与我们交互的系统感兴趣。典型情况下，设计中的系统将被划分为一到两个Bounded Context，开发团队的主力将在这些上下文中工作，或许还会有另外一到两个起支持作用的Context。除此之外，就是这些Context与外部系统之间的关系。这是一种简单、典型的情况，能让你对可能会遇到的情形有一些粗略的了解。

实际上，我们正是自己所处理的主要Context的一部分，这会在我们的Context Map中反映出来。只要我们知道自己存在偏好，并且在超出该Context Map的应用边界时能够意识到已越界，那么就不会有什么问题。

14.13.3　转换边界

在画出Bounded Context的边界时，有无数种情况，也有无数种选择。但权衡时所要考虑的通常是下面所列出的某些因素。

382

首选较大的Bounded Context

❑ 当用一个统一模型来处理更多任务时，用户任务之间的流动更顺畅。

❑ 一个内聚模型比两个不同模型再加它们之间的映射更容易理解。

❑ 两个模型之间的转换可能会很难（有时甚至是不可能的）。

❑ 共享语言可以使团队沟通起来更清楚。

首选较小的Bounded Context

❑ 开发人员之间的沟通开销减少了。

❑ 由于团队和代码规模较小，Continuous Integration更容易了。

❑ 较大的上下文要求更加通用的抽象模型，而掌握所需技巧的人员会出现短缺。

❑ 不同的模型可以满足一些特殊需求，或者是能够把一些特殊用户群的专门术语和Ubiquitous Language的专门术语包括进来。

在不同BOUNDED CONTEXT之间进行深度功能集成是不切实际的。在一个模型中，只有那些能够严格按照另一个模型来表述的部分才能够进行集成，而且，即便是这种级别的集成可能也需要付出相当大的工作量。当两个系统之间有一个很小的接口时，集成是有意义的。

14.13.4　接受那些我们无法更改的事物：描述外部系统

最好从一些最简单的决策开始。一些子系统显然不在开发中的系统的任何BOUNDED CONTEXT中。一些无法立即淘汰的大型遗留系统和那些提供所需服务的外部系统就是这样的例子。我们很容易就能识别出这些系统，并把它们与你的设计隔离开。

在做出假设时必须要保持谨慎。我们会很轻易地认为这些系统构成了其自己的BOUNDED CONTEXT，但大多数外部系统只是勉强满足定义。首先，定义BOUNDED CONTEXT的目的是把模型统一在特定边界之内。你可能负责遗留系统的维护，在这种情况下，可以明确地声明这一目的，或者也可以很好地协调遗留团队来执行非正式的CONTINUOUS INTEGRATION，但不要认为遗留团队的配合是理所当然的事情。仔细检查，如果开发工作集成得不好，一定要特别小心。在这样的系统中，不同部分之间出现语义矛盾是很平常的事情。

14.13.5　与外部系统的关系

这里可以应用3种模式。首先，可以考虑SEPARATE WAY模式。当然，如果你不需要集成，就不用把它们包括进来。但一定要真正确定不需要集成。只为用户提供对两个系统的简单访问确实够用吗？集成要花费很大代价而且还会分散精力，因此要尽可能为你的项目减轻负担。

如果集成确实非常重要，可以在两种极端的模式之中进行选择：CONFORMIST模式或ANTICORRUPTION LAYER模式。作为CONFORMIST并不那么有趣，你的创造力和你对新功能的选择都会受到限制。当构建一个大型的新系统时，遵循遗留系统或外部系统的模型可能是不现实的（毕竟，为什么要构建新系统呢？）。但是，当对一个大的系统进行外围扩展时，而且这个系统仍然是主要系统，在这种情况下，继续使用遗留模型可能就很合适。这种选择的例子包括轻量级的决策支持工具，这些工具通常是用Excel或其他简单工具编写的。如果你的应用程序确实是现有系统的一个扩展，而且与该系统的接口很大，那么CONTEXT之间转换所需的工作量可能比应用程序功能本身需要的工作量还大。尽管你已经处于另一个系统的BOUNDED CONTEXT中，但你自己的一些好的设计仍然有用武之地。如果另一个系统有着可以识别的领域模型，那么只要使这个模型比在原来的系统中更清晰，你就可以改进你的实现，唯一需要注意的是要严格地遵照那个老模型。如果你决定采用CONFORMIST设计，就必须全心全意地去做。你应该约束自己只可以去扩展现有模型，而不能去修改它。

当正在设计的系统功能并不仅仅是扩展现有系统时，而且你与另一个系统的接口很小，或者另一个系统的设计非常糟糕，那么实际上你会希望使用自己的BOUNDED CONTEXT，这意味着需要构建一个转换层，甚至是一个ANTICORRUPTION LAYER。

14.13.6　设计中的系统

你的项目团队正在构建的软件就是设计中的系统。你可以在这个区域内声明BOUNDED CONTEXT，并在每个BOUNDED CONTEXT中应用CONTINUOUS INTEGRATION，以便保持它们的统一。但应该有几个上下文呢？各个上下文之间又应该是什么关系呢？与外部系统的情况相比，这些问题的答案会变得更加不确定，因为我们拥有更多的主动权。

情况可能非常简单：设计中的整个系统使用一个BOUNDED CONTEXT。例如，当一个少于10人的团队正在开发高度相关的功能时，这可能就是一种很好的选择。

随着团队规模的增大，CONTINUOUS INTEGRATION可能会变得困难起来（尽管我也曾看到过一些较大的团队仍能保持持续集成）。你可能希望采用SHARED KERNEL模式，并把几组相对独立的功能划分到不同的BOUNDED CONTEXT中，使得在每个BOUNDED CONTEXT中工作的人员少于10人。在这些BOUNDED CONTEXT中，如果有两个上下文之间的所有依赖都是单向的，就可以建成CUSTOMER/SUPPLIER DEVELOPMENT TEAM。

你可能认识到两个团队的思想截然不同，以致他们的建模工作总是发生矛盾。可能他们需要从模型得到完全不同的东西，或者只是背景知识有某种不同，又或者是由于项目所采用的管理结构而引起的。如果这种矛盾的原因是你无法改变或不想改变的，那么可以让他们的模型采用SEPARATE WAY模式。在需要集成的地方，两个团队可以共同开发并维护一个转换层，把它作为唯一的CONTINUOUS INTEGRATION点。这与同外部系统的集成正好相反，在外部集成中，一般由ANTICORRUPTION LAYER来起调节作用，而且从另一端得不到太多的支持。

一般来说，每个BOUNDED CONTEXT对应一个团队。一个团队也可以维护多个BOUNDED CONTEXT，但多个团队在一个上下文中工作却是比较难的（虽然并非不可能）。

14.13.7　用不同模型满足特殊需要

同一业务的不同小组常常有各自的专用术语，而且可能各不相同。这些本地术语可能是非常精确的，并且是根据他们的需要定制的。要想改变它们（例如，施行标准化的企业级术语），需要大量的培训和分析，以便解决差异问题。即使如此，新术语仍然可能没有原来那个已经经过精心调整的术语好用。

你可能决定通过不同的BOUNDED CONTEXT来满足这些特殊需要，除了转换层的CONTINUOUS INTEGRATION以外，让模型采用SEPARATE WAY模式。UBIQUITOUS LANGUAGE的不同专用术语将围绕这些模型以及它们所基于的行话来发展。如果两种专用术语有很多重叠之处，那么SHARED KERNEL模式就可以满足特殊化要求，同时又能把转换成本减至最小。

当不需要集成或者集成相对有限时，就可以继续使用已经习惯的术语，以免破坏模型。但这也有其自己的代价和风险。如下所示。

385

- 没有共同的语言，交流将会减少。
- 集成开销更高。
- 随着相同业务活动和实体的不同模型的发展，工作会有一定的重复。

但是，最大的风险或许是，它会成为拒绝改变的理由，或为古怪、狭隘的模型辩护。为了满足特殊的需要，需要对系统的这一部分进行多大的定制？最重要的是，这个用户群的专门术语有多大的价值？你必须在团队独立操作的价值与转换的风险之间做出权衡，并且留心合理地处理一些没有价值的术语变化。

有时会出现一个深层次的模型，它把这些不同语言统一起来，并能够满足双方的要求。只有经过大量开发工作和知识消化之后，深层次模型才会在生命周期的后期出现。深层次模型不是计划出来的，我们只能在它出现的时候抓住机遇，修改自己的策略并进行重构。

记住，在需要大量集成的地方，转换成本会大大增加。在团队之间进行一些协调工作（从精确地修改一个具有复杂转换的对象到采用SHARED KERNEL模式）可以使转换变得更加容易，同时又不需要完全的统一。

14.13.8　部署

在复杂系统中，对打包和部署进行协调是一项繁琐的任务，这类任务总是要比看上去难得多。BOUNDED CONTEXT策略的选择将影响部署。例如，当CUSTOMER/SUPPLIER TEAM部署新版本时，他们必须相互协调来发布经过共同测试的版本。在这些版本中，必须要进行代码和数据迁移。在分布式系统中，一种好的做法是把CONTEXT之间的所有转换层放在同一个进程中，这样就不会出现多个版本共存的情况。

当数据迁移可能很花时间或者分布式系统无法同步更新时，即使是单一BOUNDED CONTEXT中的组件部署也是很困难的，这会导致代码和数据有两个版本共存。

由于部署环境和技术存在不同，有很多技术因素需要考虑。但BOUNDED CONTEXT关系可以为我们指出重点问题。转换接口已经被标出。

绘制CONTEXT边界时应该反映出部署计划的可行性。当两个CONTEXT通过一个转换层连接时，要想更新其中的一个CONTEXT，新的转换层需要为另一个CONTEXT提供相同的接口。SHARED KERNEL需要进行更多的协调工作，不仅在开发中如此，而且在部署中也同样应该如此。SEPARATE WAY模式可以使工作简单很多。

14.13.9　权衡

通过总结这些指导原则可知有很多统一或集成模型的策略。一般来说，我们需要在无缝功能集成的益处和额外的协调和沟通工作之间做出权衡。还要在更独立的操作与更顺畅的沟通之间做出权衡。更积极的统一需要对有关子系统的设计有更多控制。

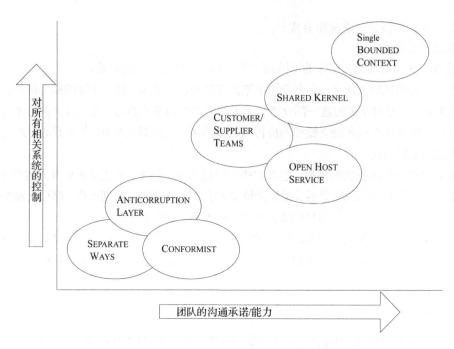

图14-13　CONTEXT关系模式的相对要求

14.13.10　当项目正在进行时

很多情况下，我们不是从头开发一个项目，而是会改进一个正在开发的项目。在这种情况下，第一步是根据当前的状况来定义BOUNDED CONTEXT。这很关键。为了有效地定义上下文，CONTEXT MAP必须反映出团队的实际工作，而不是反映那个通过遵守以上描述的指导原则而得出的理想组织。

描述了当前真实的BOUNDED CONTEXT以及它们的关系以后，下一步就是围绕当前组织结构来加强团队的工作。在CONTEXT中加强CONTINUOUS INTEGRATION。把所有分散的转换代码重构到ANTICORRUPTION LAYER中。命名现有的BOUNDED CONTEXT，并确保它们处于项目的UBIQUITOUS LANGUAGE中。

现在可以开始考虑修改边界和它们的关系了。这些修改很自然地由相同的原则来驱动——之前已经描述了在新项目上使用这些原则，但我们应该把这些修改分成较小的部分，以便根据实际情况做出选择，从而在只花费最少的工作和对模型产生最小破坏的前提下创造最大的价值。

下一节将讨论如何修改CONTEXT的边界。

14.14　转换

像建模和设计的其他方面一样，有关BOUNDED CONTEXT的决策并非不可改变的。在很多情况下，我们必须改变最初有关边界以及BOUNDED CONTEXT之间关系的决策，这是不可避免的。一般而言，分割CONTEXT是很容易的，但合并它们或改变它们之间的关系却很难。下面将介绍几种有代表性的修改，它们很难，但也很重要。这些转换往往很大，无法在一次重构中完成，甚至无法在一次项目迭代中完成。因为这个原因，我将把这些转换划分为一系列简单的步骤。当然，这些只是一些指导原则，你必须根据你的特殊情况和事件对它们进行调整。

14.14.1　合并CONTEXT：SEPARATE WAY →SHARED KERNEL

合并BOUNDED CONTEXT的动机很多：翻译开销过高、重复现象很明显。合并很难，但什么时候做都不晚，只是需要一些耐心。

即使你的最终目标是完全合并成一个采用CONTINUOUS INTEGRATION的CONTEXT，也应该先过渡到SHARED KERNEL。

(1) 评估初始状况。在开始统一两个CONTEXT之前，一定要确信它们确实需要统一。

(2) 建立合并过程。你需要决定代码的共享方式以及模块应该采用哪种命名约定。SHARED KERNEL的代码至少每周要集成一次，而且它必须有一个测试套件。在开发任何共享代码之前，先把它设置好。（测试套件将是空的，因此很容易通过！） [389]

(3) 选择某个小的子领域作为开始，它应该是两个CONTEXT中重复出现的子领域，但不是CORE DOMAIN的一部分。最初的合并主要是为了建立合并过程，因此最好选择一些简单且相对通用或不重要的部分。检查已存在的集成和转换。选择那些经过转换的部分，其优势在于一开始就有用于验证的转换机制，此外还可以简化转换层。

此时，我们有两个应对相同子领域的模型。基本上有3种合并方法。我们可以选择一个模型，并重构另一个CONTEXT，使之与第一个模型兼容。我们可以从整体上做出这个决策，把目标设置为系统性地替换一个CONTEXT的模型，并保持被开发模型的内聚性。也可以一次选择一部分，到最后两个模型可能会"两全其美"（但注意最后不要弄得一团糟）。

第三种选择是找到一个新模型，这个模型可能比最初的两个都深刻，能够承担二者的职责。

(4) 从两个团队中共选出2～4位开发人员组成一个小组，由他们来为子领域开发一个共享的模型。不管模型是如何得出的，它的内容必须详细。这包括一些困难的工作：识别同义词和映射那些尚未被翻译的术语。这个联合团队需要为模型开发一个基本的测试集。

(5) 来自两个团队的开发人员一起负责实现模型（或修改要共享的现有代码）、确定各种细节并使模型开始工作。如果这些开发人员在模型中遇到了问题，就从第(3)步开始重新组织团队，并进行必要的概念修订工作。

(6) 每个团队的开发人员都承担与新的SHARED KERNEL集成的任务。

(7) 清除那些不再需要的翻译。 [390]

这时你会得到一个非常小的SHARED KERNEL，并且有一个过程来维护它。在后续的项目迭代中，重复第(3)～(7)步来共享更多内容。随着过程的不断巩固和团队信心的树立，就可以选择更

14

复杂的子领域了，同时处理多个子领域，或者处理CORE DOMAIN中的子领域。

　　注意：当从模型中选取更多与领域有关的部分时，可能会遇到这样的情况，即两个模型各自采用了不同用户群的专用术语。聪明的做法是先不要把它们合并到SHARED KERNEL中，除非工作中出现了突破，得到了一个深层模型，这个模型为你提供了一种能够替代那两种专用术语的语言。SHARED KERNEL的优点是它具有CONTINUOUS INTEGRATION的部分优势，同时又保留了SEPARATE WAY模式的一些优点。

　　以上这些是把模型的一些部分合并到SHARED KERNEL中的指导原则。在继续讨论之前，我们来看一下另外一种方法，它能够部分解决上述转换所面对的问题。如果两个模型中有一个毫无疑问是符合首选条件的，那么就考虑向它过渡，而不用进行集成。不共享公共的子领域，而只是系统性地通过重构应用程序把这些子领域的所有职责从一个BOUNDED CONTEXT转移到另一个BOUNDED CONTEXT，从而使用那个更受青睐的CONTEXT的模型，并对该模型进行需要的增强。在没有集成开销的情况下，消除了冗余。很有可能（但也不是必然的）那个更受青睐的BOUNDED CONTEXT最终会完全取代另一个BOUNDED CONTEXT，这样就实现了与合并完全一样的效果。在转换过程中（这个过程可能相当长或无法确定），这种方法具有SEPARATE WAY模式常见的优点和缺点，而且我们必须拿这些优缺点与SHARED KERNEL的利弊进行权衡。

14.14.2　合并CONTEXT：SHARED KERNEL→CONTINUOUS INTEGRATION

　　如果你的SHARED KERNEL正在扩大，你可能会被完全统一两个BOUNDED CONTEXT的优点所吸引。但这并不只是一个解决模型差异的问题。你将改变团队的结构，而且最终会改变人们所使用的语言。

　　这个过程从人员和团队的准备开始。

　　(1) 确保每个团队都已经建立了CONTINUOUS INTEGRATION所需的所有过程（共享代码所有权、频繁集成等）。两个团队协商集成步骤，以便所有人都以同一步调工作。

　　(2) 团队成员在团队之间流动。这样可以形成一大批同时理解两个模型的人员，并且可以把两个团队的人员联系起来。

　　(3) 澄清每个模型的精髓（参见第15章）。

　　(4) 现在，团队应该有了足够的信心把核心领域合并到SHARED KERNEL中。这可能需要多次迭代，有时需要在新共享的部分与尚未共享的部分之间使用临时的转换层。一旦进入到合并CORE DOMAIN的过程中，最好能快速完成。这是一个开销高且易出错的阶段，因此应该尽可能缩短时间，要优先于新的开发任务。但注意量力而行，不要超过你的处理能力。

　　有几种方式用于合并CORE模型。可以保持一个模型，然后修改另一个，使之与第一个兼容，或者可以为子领域创建一个新模型，并通过修改两个上下文来使用这个模型。如果两个模型已经被修改以满足不同用户的需要，你就要注意了。你需要保留两个初始模型中的这些专业能力。这就要求开发一个能够替代两个原始模型的更深层的模型。开发这样一个更深入的统一模型是很难的，但如果你已经决定完全合并两个CONTEXT，就没有选择多种专门术语的空间了。这样做的好处是最终模型和代码的集成变得更清晰了。注意不要影响到你满足用户特殊需要的能力。

(5) 随着SHARED KERNEL的增长，把集成频率提高到每天一次，最后实现CONTINUOUS INTEGRATION。 392

(6) 当SHARED KERNEL逐渐把先前两个BOUNDED CONTEXT的所有内容都包括进来的时候，你会发现要么形成了一个大的团队，要么形成了两个较小的团队，这两个较小的团队共享一个CONTINUOUS INTEGRATION的代码库，而且团队成员可以经常在两个团队之间来回流动。

14.14.3　逐步淘汰遗留系统

好花美丽不常开，好景怡人不常在，就算遗留计算机软件也一样会走向终结。但这可不会自动自发地出现。这些老的系统可能与业务及其他系统紧密交织在一起，因此淘汰它们可能需要很多年。好在我们并不需要一次就把所有东西都淘汰掉。

这一话题的涉及面太广了，这里的讨论也只能浅尝辄止。我们将讨论一种常见的情况：用一系列更现代的系统来补充业务中每天都在使用的老系统，新系统通过一个ANTICORRUPTION LAYER与老系统进行通信。

首先要执行的步骤是确定测试策略。应该为新系统中的新功能编写自动的单元测试，但逐步淘汰遗留系统还有一些特殊的测试需求。一些组织在某段时间内会同时运行新旧两个系统。

在任何一次迭代中：

(1) 确定遗留系统的哪个功能可以在一个迭代中被添加到某个新系统中；

(2) 确定需要在ANTICORRUPTION LAYER中添加的功能；

(3) 实现；

(4) 部署；

有时，需要进行多次迭代才能编写一个与遗留系统的某个功能等价的功能单元，这时在计划新的替代功能时仍以小规模的迭代为单元，最后一次性部署多次迭代。

部署涉及的变数太多，以至于我不可能涵盖所有的基本情况。就开发而言，如果这些小规模、增量的改动能够推到生产环境，那真是再好不过了。但通常情况，还是需要将他们组织成更大的发布。在新软件的使用方面，用户培训是必不可少的。有时在成功部署的同时还必须进行开发工作。还有很多后勤问题需要解决。

一旦最终进入运行阶段后，应该遵循如下步骤。

(5) 找出ANTICORRUPTION LAYER中那些不必要的部分，并去掉它们；

(6) 考虑删除遗留系统中目前未被使用的模块，虽然这种做法未必实际。有趣的是，遗留系统设计得越好，它就越容易被淘汰。而设计得不好的软件却很难一点儿一点儿地去除。这时，我们可以暂时忽略那些未使用的部分，直到将来剩余部分已经被淘汰，这时整个遗留系统就可以停止使用了。

不断重复这几个步骤。遗留系统应该越来越少地参与业务，最终，替换工作会看到希望的曙光并完全停止遗留系统。同时，随着各种组合增加或减小系统之间的依赖，ANTICORRUPTION LAYER

将相应地收缩或扩张。当然，在其他条件都相同的情况下，应该首先迁移那些只产生较小ANTICORRUPTION LAYER的功能。但其他因素也可能会起主导作用，有时候在过渡期间可能必须经历一些麻烦的转换。

14.14.4 OPEN HOST SERVICE→PUBLISHED LANGUAGE

我们已经通过一系列特定的协议与其他系统进行了集成，但随着需要访问的系统逐渐增多，维护负担也不断增加，或者交互变得很难理解。我们需要通过PUBLISHED LANGUAGE来规范系统之间的关系。

(1) 如果有一种行业标准语言可用，则尽可能评估并使用它。

(2) 如果没有标准语言或预先公开发布的语言，则完善作为HOST的系统的CORE DOMAIN（参见第15章）。

(3) 使用CORE DOMAIN作为交换语言的基础，尽可能使用像XML这样的标准交互范式。

(4)（至少）向所有参与协作的各方发布新语言。

(5) 如果涉及新的系统架构，那么也要发布它。

(6) 为每个协作系统构建转换层。

(7) 切换。

现在，当加入更多协作系统时，对整个系统的破坏已经减至最小了。

记住，PUBLISHED LANGUAGE必须是稳定的，但是当继续进行重构时，仍然需要能够自由地更改HOST的模型。因此，不要把交换语言和HOST的模型等同起来。保持它们的密切关系可以减小转换开销，而你的HOST可以采用CONFORMIST模式。但是应该保留对转换层进行补充的权力，在成本-效益的折中需要时，可以把这个权利分离出去。

项目领导者应该根据功能集成需求和开发团队之间的关系来定义BOUNDED CONTEXT。一旦BOUNDED CONTEXT和CONTEXT MAP被明确地定义下来并获得认可，就应该保持它们的逻辑一致性。最起码要把相关的通信问题提出来，以便解决它们。

但是，有时模型上下文（无论是我们有意识地划定边界的还是自然出现的上下文）被错误地用来解决系统中的一些其他问题，而不是逻辑不一致问题。团队可能会发现一个很大的CONTEXT的模型由于过于复杂而无法作为一个整体来理解或透彻地分析。出于有意或无意的考虑，团队往往会把CONTEXT分割为更易管理的部分。这种分割会导致失去很多机会。现在，值得花费一些功夫仔细考查在一个大的CONTEXT中建立一个大模型的决策了。如果从组织结构或行政角度来看保持一个大模型并不现实，如果实际上模型就是分裂的，那么就重新绘制上下文图，并定义能够保持的边界。但是，如果保持一个大的BOUNDED CONTEXT能够解决迫切的集成需要，而且除了模型本身的复杂性以外，这看上去是行得通的，那么分割CONTEXT可能就不是最佳的选择了。

在做出这种牺牲之前，还应该考虑其他一些能够使大模型变得易于管理的方法。下两章将着重讨论通过应用两种更广泛的原则（精炼和大型结构）来管理大模型的复杂性。

第 15 章

精　　炼

$$\nabla \cdot \mathbf{D} = \rho$$
$$\nabla \cdot \mathbf{B} = 0$$
$$\nabla \times \mathbf{E} = -\frac{\partial \mathbf{B}}{\partial t}$$
$$\nabla \times \mathbf{H} = \mathbf{J} + \frac{\partial \mathbf{D}}{\partial t}$$

——James Clerk Maxwell, *A Treatise on Electricity and Magnetism*, 1873

上面这4个方程式，再加上其中的术语定义，以及它们所依赖的数学体系，表达了19世纪经典电磁学的全部内涵。

如何才能专注于核心问题而不被大量的次要问题淹没呢？LAYERED ARCHITECTURE可以把领域概念从技术逻辑中（技术逻辑确保了计算机系统能够运转）分离出来，但在大型系统中，即使领域被分离出来，它的复杂性也可能仍然难以管理。

精炼是把一堆混杂在一起的组件分开的过程，以便通过某种形式从中提取出最重要的内容，而这种形式将使它更有价值，也更有用。模型就是知识的精炼。通过每次重构所得到的更深层的理解，我们得以把关键的领域知识和优先级提取出来。现在，让我们回过头来从战略角度看一下精炼，本章将介绍对模型进行粗线条划分的各种方式，并把领域模型作为一个整体进行精炼。

像很多化学蒸馏过程一样，精炼过程所分离出来的副产品（如GENERIC SUBDOMAIN和COHERENT MECHANISM）本身也很有价值，但精炼的主要动机是把最有价值的那部分提取出来，正是这个部分使我们的软件区别于其他软件并让整个软件的构建物有所值，这个部分就是CORE DOMAIN。

领域模型的战略精炼包括以下部分：

(1) 帮助所有团队成员掌握系统的总体设计以及各部分如何协调工作；

(2) 找到一个具有适度规模的核心模型并把它添加到通用语言中，从而促进沟通；

(3) 指导重构；

(4) 专注于模型中最有价值的那部分；

(5) 指导外包、现成组件的使用以及任务委派。

　　本章将展示对CORE DOMAIN进行战略精炼的系统性方法，解释如何在团队中有效地统一认识，并提供一种用于讨论工作的语言。

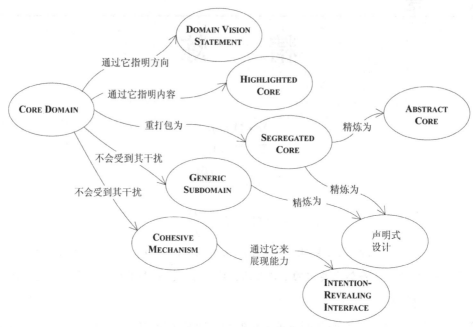

图15-1　战略精炼的导航图

　　像那些园丁为了让树干快速生长而修剪树苗一样，我们将使用一整套技术把模型中那些细枝末节砍掉，从而把注意力集中在最重要的部分上……

15.1　模式：CORE DOMAIN

在设计大型系统时，有非常多的组成部分——它们都很复杂而且对开发的成功也至关重要，

但这导致真正的业务资产——领域模型最为精华的部分——被掩盖和忽略了。

难以理解的系统修改起来会很困难，而且修改的结果也难以预料。开发人员如果脱离自己熟悉的领域，也会迷失方向（当团队中有新人加入时尤其如此，但老成员也面临同样的状况，除非代码表达得非常清楚并且组织有序）。这样一来就必须分门别类地为人们安排任务。当开发人员把他们的工作限定到具体的模块时，知识的传递就更少了。这种工作上的划分导致系统很难平滑地集成，也无法灵活地分配工作。如果开发人员没有了解到某项功能已经被实现了，那么就会出现重复，这样系统会变得更加复杂。

以上只是难以理解的设计所导致的一部分后果。当失去了领域的整体视图时，还存在另一个同样严重的风险。

一个严峻的现实是我们不可能对所有设计部分进行同等的精化，而是必须分出优先级。为了使领域模型成为有价值的资产，必须整齐地梳理出模型的真正核心，并完全根据这个核心来创建应用程序的功能。但本来就稀缺的高水平开发人员往往会把工作重点放在技术基础设施上，或者只是去解决那些不需要专门领域知识就能理解的领域问题（这些问题都已经有了很好的定义）。 〔400〕

计算机科学家对系统的这些部分更感兴趣，他们认为通过这些工作可以让自己具备一些在其他地方也能派上用场的专业技能，同时也丰富了个人简历。而真正体现应用程序价值并且使之成为业务资产的领域核心却通常是由那些技术水平稍差的开发人员完成的，他们与DBA一起创建数据模式，然后逐个特性编写代码，而根本没有对模型的概念能力加以任何利用。

如果软件的这个部分实现得很差，那么无论技术基础设施有多好，无论支持功能有多完善，应用程序永远都不会为用户提供真正有吸引力的功能。这个严重问题的根源在于项目没有一个明确的整体设计视图，而且也没有认清各个部分的相对重要性。

我曾经参与过的最成功的项目中，有一个开始时就受到了这种问题的困扰。这个项目的目标是开发一个非常复杂的联合贷款系统。技术能力最强的开发人员在数据库映射层和消息传递接口这些工作上忙得不亦乐乎，而业务模型则交到了那些不熟悉对象技术的新人手中。

唯一的例外是有一个领域问题是由一位经验丰富的对象开发人员处理的，他为那些长期存在的领域对象设计了一种添加注释的功能。通过把这些注释组织到一起，交易商能够看到他们或其他人过去所做的一些决策的基本思想。这位开发人员还构建了一个优秀的用户界面，它为用户提供了直观的访问，用户可以利用这个界面来灵活地使用注释模型的各种功能。

这些特性很有用处，而且设计得很好。它们被合并到最终产品中。

遗憾的是，它们只是一些次要特性。这位能力超群的开发人员把一种有趣的、通用的注释方法建模出来，并干净利落地实现了它，最后交付到用户手中。同时，另一位能力上不太胜任的开发人员却把关键的"贷款"模块弄得一团糟，项目差一点就因此失败。

在制定项目规划的时候，必须把资源分配给模型和设计中最关键的部分。要想达到这个目的，在规划和开发期间每个人都必须识别和理解这些关键部分。

这些部分是应用程序的标志性部分，也是目标应用程序的核心诉求，它们构成了 CORE

[401]　DOMAIN。CORE DOMAIN是系统中最有价值的部分。

因此：

对模型进行提炼。找到CORE DOMAIN并提供一种易于区分的方法把它与那些起辅助作用的模型和代码分开。最有价值和最专业的概念要轮廓分明。尽量压缩CORE DOMAIN。

让最有才能的人来开发CORE DOMAIN，并据此要求进行相应的招聘。在CORE DOMAIN中努力开发能够确保实现系统蓝图的深层模型和柔性设计。仔细判断任何其他部分的投入，看它是否能够支持这个提炼出来的CORE。

提炼CORE DOMAIN并不容易，但它确实会让一些决策变得容易。你需要投入大量的工作使你的CORE鲜明突出，而其他设计部分则只需依照常规做得实用即可。如果某个设计部分需要保密以便保持竞争优势，那么它就是你的CORE DOMAIN。其他的部分则没有必要隐藏起来。当必须在两个看起来都很有用的重构之间进行抉择时（由于时限的缘故），应该首选对CORE DOMAIN影响最大的那个重构。

＊　＊　＊

本章中的模式能够使我们更容易发现、使用和修改CORE DOMAIN。

15.1.1　选择核心

我们需要关注的是那些能够表示业务领域并解决业务问题的模型部分。

对CORE DOMAIN的选择取决于看问题的角度。例如，很多应用程序需要一个通用的货币模型，用来表示各种货币以及它们的汇率和兑换。另一方面，一个用来支持货币交易的应用程序可能需要更精细的货币模型，这个模型有可能就是CORE的一部分。即使在这种情况下，货币模型中可能有一部分仍是非常通用的。随着对领域理解的不断加深，精炼过程可以持续进行，这会把通用的货币概念分离出来，而只把模型中那些专有的部分保留在CORE DOMAIN中。

在运输应用程序中，CORE可能是以下几方面的模型：货物是如何装船运输的，当集装箱转
[402]　交时责任是如何转接的，或者特定的集装箱是如何经由不同的运输路线最后到达目的地的。在投资银行中，CORE可能包括委托人和参与者之间的合资模型。

一个应用程序的CORE DOMAIN在另一个应用程序中可能只是通用的支持组件。尽管如此，仍然可以在一个项目中（而且通常在一个公司中）定义一个一致的CORE。像其他设计部分一样，人们对CORE DOMAIN的认识也会随着迭代而发展。开始时，一些特定关系可能显得不重要。而最初被认为是核心的对象可能逐渐被证明只是起支持作用。

下面几节（特别是GENERIC SUBDOMAIN这节）将给出制定这些决策的指导。

15.1.2　工作的分配

在项目团队中，技术能力最强的人员往往缺乏丰富的领域知识。这限制了他们的作用，并且

更倾向于分派他们来开发一些支持组件，从而形成了一个恶性循环——知识的缺乏使他们远离了那些能够学到领域知识的工作。

打破这种恶性循环是很重要的，方法是建立一支由开发人员和一位或多位领域专家组成的联合团队，其中开发人员必须能力很强、能够长期稳定地工作并且对学习领域知识非常感兴趣，而领域专家则要掌握深厚的业务知识。如果你认真对待领域设计，那么它就是一项有趣且充满技术挑战的工作。你肯定也会找到持这种观点的开发人员。

从外界聘请一些短期的专业人员来设计CORE DOMAIN的关键环节通常是行不通的，因为团队需要积累领域知识，而且短期人员会造成知识流失。相反，充当培训和指导角色的专家可能非常有价值，因为他们帮助团队建立领域设计技巧，并促进团队成员使用尚未掌握的高级设计原则。

出于类似的原因，购买CORE DOMAIN也是行不通的。人们已经在建立特定于行业的模型框架方面付出了一些工作，著名的例子就是半导体行业协会SEMATECH创立的用于半导体制造自动化的CIM框架，以及IBM为很多业务开发的San Francisco框架。虽然这是一个有吸引力的想法，但除了能够促进数据交换的PUBLISHED LANGUAGE（参见第14章）以外，其他结果并不理想。*Domain-Specific Application Frameworks*[Fayad and Johnson 2000]一书介绍了这项工作的总体状况。随着这个领域的进步，可能会出现一些更有用的框架。

除了上述原因之外，还有一个更重要的原因需要引起我们的注意。自主开发的软件的最大价值来自于对CORE DOMAIN的完全控制。一个设计良好的框架可能会提供满足你的专门使用需求的高水平抽象，它可以节省开发那些更通用部分的时间，并使你能够专注于CORE。但是，如果它对你的约束超出了这个限度，可能有以下3种原因。

(1) 你正在失去一项重要的软件资产。此时应该让这些限制性的框架退出你的CORE DOMAIN。

(2) 框架所处理的部分并不是你所认为的核心。此时应该重新划定CORE DOMAIN的边界，把你的模型中真正的标志性部分识别出来。

(3) 你的CORE DOMAIN并没有特殊的需求。此时应该考虑采用一种风险更低的解决方案，如购买软件并与你的应用程序进行集成。

不管是哪种情况，创建与众不同的软件还是会回到原来的轨道上——需要一支稳定工作的团队，他们不断积累和消化专业知识，并将这些知识转化为一个丰富的模型。没有捷径，也没有魔法。

15.2　精炼的逐步提升

本章接下来将要介绍各种精炼技术，它们在使用顺序上基本没什么要求，但对设计的改动却大不相同。

一份简单的DOMAIN VISION STATEMENT（领域愿景说明）只需很少的投入，它传达了基本概念以及它们的价值。HIGHLIGHTED CORE（突出核心）可以增进沟通，并指导决策制定，这也只需对设计进行很少的改动甚至无需改动。

更积极的精炼方法是通过重构和重新打包显式地分离出GENERIC SUBDOMAIN，然后单独进行
处理。在使用COHESIVE MECHANISM的同时，也要保持设计的通用性、易懂性和柔性，这两个方面可以结合起来。只有除去了这些细枝末节，才能把CORE剥离出来。

重新打包出一个SEGREGATED CORE（分离的核心），可以使这个CORE清晰可见（即使在代码中也是如此），并且促进将来在CORE模型上的工作。

最富雄心的精炼是ABSTRACT CORE（抽象内核），它用纯粹的形式表示了最基本的概念和关系（因此，需要对模型进行全面的重新组织和重构）。

每种技术都需要我们连续不断地投入越来越多的工作，但刀磨得越薄，就会越锋利。领域模型的连续精炼将为我们创造一项资产，使项目进行得更快、更敏捷、更精确。

首先，我们可以把模型中最普通的那些部分分离出去，它们就是GENERIC SUBDOMAIN（通用子领域）。GENERIC SUBDOMAIN与CORE DOMAIN形成鲜明的对比，使我们可以更清楚地理解它们各自的含义。

15.3　模式：GENERIC SUBDOMAIN

模型中有些部分除了增加复杂性以外并没有捕捉或传递任何专门的知识。任何外来因素都会使CORE DOMAIN愈发的难以分辨和理解。模型中充斥着大量众所周知的一般原则，或者是专门的细节，这些细节并不是我们的主要关注点，而只是起到支持作用。然而，无论它们是多么通用的元素，它们对实现系统功能和充分表达模型都是极为重要的。

模型中有你想当然的部分。不可否认，它们确实是领域模型的一部分，但它们抽象出来的概念是很多业务都需要的。比如，各个行业（如运输业、银行业或制造业）都需要某种形式的企业组织图。再比如，很多应用程序都需要跟踪应收账款、开支分类账和其他财务事项，而这些都可以用一个通用的会计模型来处理。

通常，人们投注了大量精力去处理领域的周边问题。我亲眼见过两个不同项目都分派了最好的开发人员来重新设计带有时区的日期和时间功能，这些工作耗费了他们数周的时间。虽然这样的组件必须正常工作，但它们并不是系统的概念核心。

即使这样的通用模型元素确实非常重要，整个领域模型仍然需要把系统中最有价值和最特别的方面突出出来，而且整个模型的组织应该尽可能把重点放在这个部分上。当核心与所有相关的因素混杂在一起时，这一点会更难做到。

因此：

识别出那些与项目意图无关的内聚子领域。把这些子领域的通用模型提取出来，并放到单独的MODULE中。任何专有的东西都不应放在这些模块中。

把它们分离出来以后，在继续开发的过程中，它们的优先级应低于CORE DOMAIN的优先级，并且不要分派核心开发人员来完成这些任务（因为他们很少能够从这些任务中获得领域知识）。此外，还可以考虑为这些GENERIC SUBDOMAIN使用现成的解决方案或"公开发布的模型"（PUBLISHED MODEL）。

※ ※ ※

当开发这样的软件包时，有以下几种选择。

选择1：现成的解决方案

有时可以购买一个已实现好的解决方案，或使用开源代码。

优点

❑ 可以减少代码的开发。

❑ 维护负担转移到了外部。

❑ 代码已经在很多地方使用过，可能较为成熟，因此比自己开发的代码更可靠和完备。

缺点

❑ 在使用之前，仍需要花时间来评估和理解它。

❑ 就业内目前的质量控制水平而言，无法保证它的正确性和稳定性。

❑ 它可能设计得过于细致了（远远超出了你的目的），集成的工作量可能比开发一个最小化的内部实现更大。

❑ 外部元素的集成常常不顺利。它可能有一个与你的项目完全不同的 BOUNDED CONTEXT。即使不是这样，它也很难顺利地引用你的其他软件包中的 ENTITY。

❑ 它可能会引入对平台、编译器版本的依赖等。

现成的子领域解决方案是值得我们去考虑的，但如果它们常常会带来麻烦，那么往往就得不偿失了。我曾经看到过一些成功案例——一些应用程序需要非常精细的工作流，它们通过API挂钩（API hook）成功地使用了商用的外部工作流系统。我曾经还见过错误日志被深入地集成到应用程序中。有时，GENERIC SUBDOMAIN 被打包为框架的形式，它实现了非常抽象的模型，从而可以与你的应用程序集成来满足你的特殊需求。子组件越通用，其自己的模型的精炼程度越高，它的用处可能就越大。

407

选择2：公开发布的设计或模型

优点

❑ 比自己开发的模型更为成熟，并且反映了很多人的深层知识。

❑ 提供了随时可用的高质量文档。

缺点

❑ 可能不是很符合你的需要，或者设计得过于细致了（远远超出了你的需要）。

Tom Lehrer（20世纪50和60年代的喜剧作曲家）曾经讲过数学上的成功秘诀是："抄袭！抄袭。不要让任何人的工作逃过你的眼睛……但一定要把这叫做研究。"在领域建模中，特别是在攻克 GENERIC SUBDOMAIN 时，这是金玉良言。

当有一个被广泛使用的模型时，如《分析模式》[Fowler 1996]一书中所列举的那些模型（参见第11章），这种方法最为有效。

15

如果领域中已经有了一种非常正式且严格的模型，那么就使用它。会计和物理学是我们立即能想到的两个例子。这些模型不仅精简和健壮，而且被人们广泛理解，因此可以减轻目前和将来的培训负担（参见10.9.2节）。

如果在一个公开发布的模式中能够发现一个简化的子集，它本身是一致的而且能够满足你的要求，那么就不要强迫自己完全实现一个这样的模型。如果一个模型已经有人很好地研究过了，并且提供了完备的文档，甚至已经得到正规化，那么重新去设计它就没有意义了。

选择3：把实现外包出去

优点

❏ 使核心团队可以脱身去处理CORE DOMAIN，那才是最需要知识和经验积累的部分。

❏ 开发工作的增加不会使团队规模无限扩大下去，同时又不会导致CORE DOMAIN知识的分散。

❏ 强制团队采用面向接口的设计，并且有助于保持子领域的通用性，因为规格已经被传递到外部。

缺点

❏ 仍需要核心团队花费一些时间，因为他们需要与外包人员商量接口、编码标准和其他重要方面。

❏ 当把代码移交回团队时，团队需要耗费大量精力来理解这些代码。（但是这个开销比理解专用子领域要小一些，因为通用子领域不需要理解专门的背景知识。）

❏ 代码质量或高或低，这取决于两个团队能力的高低。

自动测试在外包中可能起到重要作用。应该要求外包人员为他们交付的代码提供单元测试。真正有用的方法是为外包的组件详细说明甚至是编写自动验收测试，这有助于确保质量、明确规格并且使这些组件的再集成变得顺利。此外，"把实现外包出去"能够与"公开发布的设计或模型"完美地组合到一起。

选择4：内部实现

优点

❏ 易于集成。

❏ 只开发自己需要的，不做多余的工作。

❏ 可以临时把工作分包出去。

缺点

❏ 需要承受后续的维护和培训负担。

❏ 很容易低估开发这些软件包所需的时间和成本。

当然，这也可以与"公开发布的设计或模型"结合起来使用。

GENERIC SUBDOMAIN是你充分利用外部设计专家的地方，因为这些专家不需要深入理解你特有的CORE DOMAIN，而且他们也没有太大的机会学习这个领域。机密性问题可以不用过多关注，因为这些模块几乎不涉及专有信息或业务实践。GENERIC SUBDOMAIN可以减轻对那些不了解领域知识的人员进行培训而带来的负担。

我相信，随着时间的推移，CORE模型的范围将会不断变窄，而越来越多的通用模型将作为框架被实现出来，或者至少被实现为公开发布的模型或分析模式。但是现在，大部分模型仍然需要我们自己开发，但把它们与CORE DOMAIN模型区分开是很有价值的。

示例　**两个与时区有关的故事**

我曾经两次亲历项目中最好的开发人员花费好几周的时间来解决各个时区的时间存储和转换问题。虽然我对这样的工作安排总是持怀疑态度，但有时它是必要的，而且下面这两个项目几乎形成了鲜明的对比。

第一个项目是为货物运输系统设计日程安排软件。为了安排国际运输，准确的时间计算是非常必要的，而由于所有这些日程安排都是按照当地时间计算的，因此运输过程的安排必然需要进行时间转换。

既然这项功能需求已经确定了，团队就开始了CORE DOMAIN的开发并利用现有的时间类和一些哑数据进行了一些早期的应用程序迭代。随着应用程序不断成熟，现有的时间类已无法满足项目的要求，而且由于很多国家的时间是不同的，再加上国际日期变更线的复杂性，这个问题变得异常复杂。此时，他们的需求更加明确了，他们开始寻找现成的解决方案，但却没有找到。这样，除了自己构建之外已经别无选择了。

这项任务需要做一番研究并进行精确的设计，因此团队领导打算分派一位最好的程序员来完成它。但这项任务并不需要任何运输方面的专业知识，而且做这项任务也不会获得这样的知识，因此他们选择了一位临时在项目上工作的程序员。 ⎴410

这位程序员并没有从头开始工作。他研究了几个现有的时区实现，但大部分并不能满足需要，于是他决定把BSD Unix的一个公共的解决方案改造一下，它已经有了一个完善的数据库和C语言实现。他通过逆向工程找出了其中的逻辑，并编写了一个数据库导入例程。

事实证明问题比他预计的要难得多（如涉及特殊情况的数据库导入），尽管如此他仍然完成了代码的编写并与CORE进行了集成，最终完成了产品的交付。

在另一个项目上发生的事情就完全不同了。一家保险公司开发一个新的理赔处理系统，他们打算把各种事件发生的时间记录下来（发生车祸的时间、下冰雹的时间等）。这些数据是按照当地时间记录的，因此需要用到时区功能。

当我参加这个项目时，他们已经安排了一位初级（但很聪明的）开发人员来从事这项任务，尽管应用程序的准确需求仍在变化中，而且项目甚至还没有开始尝试第一次迭代。他已经开始尽职尽责地基于假设来构建一个时区模型。

由于不知道需要什么样的功能，这位开发人员假设时区组件应该足够灵活，以便处理任何可

15

能的情况。这个问题对他来说太难了，因此项目又分派了一位高级开发人员来帮助他。他们编写了复杂的代码，但由于还没有具体的应用程序使用这些代码，因此他们根本不知道代码是否能正确工作。

项目由于种种原因而搁浅，时区代码从未派上用场。但如果项目不中断，那么简单地存储标明时区的当地时间可能就足够了，甚至不需要转换，因为这些时间数据主要用作参考，而不是用于计算。即使需要转换，由于所有数据都来自北美洲，时区转换也相对很简单。

过分关注时区带来的主要代价是忽略了CORE DOMAIN模型。如果他们能够把同样的精力放在核心模型上，可能早就为自己的应用程序开发出了一个有效的原型和一个初步的、可以工作的领域模型。此外，那些长期稳定地在项目上工作的开发人员此时本来应该对保险领域有所了解了，以便为团队积累关键知识。

411

有一件事情这两个团队都做得很正确，那就是把通用的时区模型明确地从CORE DOMAIN中分离出来。如果在运输模型或保险模型中使用各自专用的时区MODULE，那么这会导致核心模型与这个通用的支持模型耦合在一起，使得CORE模型更难以理解（因为它将包含无关的时区细节）。而且时区模块可能更难维护（因为维护人员必须理解核心以及它与时区的相互关系）。

运输项目的策略	保险项目的策略
优　点	优　点
❑ GENERIC模型与CORE分离	❑ GENERIC模型与CORE分离
❑ CORE模型较成熟。因此资源的转移不会妨碍它	缺　点
❑ 明确知道需要什么功能	❑ CORE模型未被开发出来，因此关注其他问题导致核心模型继续被忽略
❑ 为跨国的日程安排提供了关键支持功能	❑ 由于需求不明确，所以试图开发一个能满足所有需求的模块，而实际上只需简单地提供北美地区的时区转换功能就足够了
❑ GENERIC模块的任务使用了短期程序员	
缺　点	❑ 安排长期工作的程序员来执行这项任务，他们本来应该成为领域知识的储备库
❑ 最好的程序员没有从事核心工作	

技术人员喜欢处理那些可定义的问题（如时区转换），而且很容易就能证明他们花时间做这些工作是值得的。但严格地从优先级角度来看，他们应该先去完成CORE DOMAIN的工作。

15.3.1　通用不等于可重用

注意，虽然我一直在强调这些子领域的通用性，但我并没有提代码的可重用性。现成的解决方案可能适用于某种特殊情况，也可能不适用，但假设你要自己实现代码(内部实现或外包出去)，那么不要特别关注代码的可重用性。因为那样做会违反精炼的基本动机——我们应该尽可能把大部分精力投入到CORE DOMAIN工作中，而只在必要的时候才在支持性的GENERIC SUBDOMAIN中投入工作。

412

重用确实会发生，但不一定总是代码重用。模型重用通常是更高级的重用，例如，当使用公开发布的设计或模型的时候就是如此。如果你必须创建自己的模型，那么它在以后的相关项目中可能很有价值。但是，虽然这样的模型概念可能适用于很多情况，我们也不必把它开发成"万能的"模型。我们只要把业务所需的那部分建模出来并实现即可。

尽管我们很少需要考虑设计的可重用性，但通用子领域的设计必须严格地限定在通用概念的范围之内。如果把行业专用的模型元素引入到通用子领域中，会产生两个后果。第一，它会妨碍将来的开发。虽然现在我们只需要子领域模型的一小部分，但我们的需求会不断增加。如果把任何不属于子领域概念的部分引入到设计中，那么再想灵活地扩展系统就很难了，除非完全重建原来的部分并重新设计使用该部分的其他模块。

第二，也是更重要的，这些行业专用的概念要么属于 CORE DOMAIN，要么属于它们自己的更专业的子领域，而且这些专业的模型比通用子领域更有价值。

15.3.2 项目风险管理

敏捷过程通常要求通过尽早解决最具风险的任务来管理风险。特别是 XP 过程，它要求迅速建立并运行一个端到端的系统。这种初步的系统通常用来检验某种技术架构，而且人们会试图建立一个外围系统，用来处理一些支持性的 GENERIC SUBDOMAIN，因为这些子领域通常更易于分析。但是要注意，这可能会不利于风险管理。

项目面临着两方面的风险，有些项目的技术风险更大，有些项目则是领域建模的风险更大一些。端到端的系统是实际系统中最困难部分的"雏形"——它控制风险的能力也仅限于此。当使用这种雏形时，我们很容易低估领域建模的风险。这种风险包括未预料到存在复杂性、与业务专家的交流不够充分，或者开发人员的关键技能存在欠缺等。

413

因此，除非团队拥有精湛的技术并且对领域非常熟悉，否则第一个雏形系统应该以 CORE DOMAIN 的某个部分作为基础，不管它有多么简单。

相同的原则也适用于任何试图把高风险的任务放到前面处理的过程。CORE DOMAIN 就是高风险的，因为它的难度往往会超出我们的预料，而且如果没有它，项目就不可能获得成功。

本章介绍的大多数精炼模式都展示了如何修改模型和代码，以便提炼出 CORE DOMAIN。但是，接下来的两个模式 DOMAIN VISION STATEMENT 和 HIGHLIGHTED CORE 将展示如何用最少的投入通过补充文档来增进沟通、提高人们对核心的认识并使之把开发工作集中到 CORE 上来……

414

15.4 模式：DOMAIN VISION STATEMENT

在项目开始时，模型通常并不存在，但是模型开发的需求是早就确定下来的重点。在后面的开发阶段，我们需要解释清楚系统的价值，但这并不需要深入地分析模型。此外，领域模型的关键方面可能跨越多个 BOUNDED CONTEXT，而且从定义上看，无法将这些彼此不同的模型组织起来表明其共同的关注点。

很多项目团队都会编写"愿景说明"以便管理。最好的愿景说明会展示出应用程序为组织带来的具体价值。一些愿景说明会把创建领域模型当作一项战略资产。通常，愿景说明文档在项目启动以后就被弃之不用了，而在实际开发过程中从来不会使用它，甚至根本不会有技术人员去阅读它。

DOMAIN VISION STATEMENT就是模仿这类文档创建的，但它关注的重点是领域模型的本质，以及如何为企业带来价值。在项目开发的所有阶段，管理层和技术人员都可以直接用领域愿景说明来指导资源分配、建模选择和团队成员的培训。如果领域模型为多个群体提供服务，那么此文档还能够显示出他们的利益是如何均衡的。

因此：

写一份CORE DOMAIN的简短描述（大约一页纸）以及它将会创造的价值，也就是"价值主张"。那些不能将你的领域模型与其他领域模型区分开的方面就不要写了。展示出领域模型是如何实现和均衡各方利益的。这份描述要尽量精简。尽早把它写出来，随着新的理解随时修改它。

DOMAIN VISION STATEMENT可以用作一个指南，它帮助开发团队在精炼模型和代码的过程中保持统一的方向。团队中的非技术成员、管理层甚至是客户也都可以共享领域愿景说明（当然，包含专有信息的情况除外）。

415

以下两个表格分别包含了航班预定系统和半导体工厂自动化系统的DOMAIN VISION STATEMENT。

以下内容是DOMAIN VISION STATEMENT的一部分	以下内容虽然很重要，但它不是DOMAIN VISION STATEMENT的一部分
航班预订系统	航班预订系统
模型可以表示出乘客的优先级和航班预订策略，并根据灵活的政策来平衡这些方面。乘客模型应该反映出航空公司努力发展与回头客的关系这一点。因此，它应该用简明的形式表示出乘客的历史记录、参与过的特殊活动以及与战略企业客户的关系等。 表示出不同用户的不同角色（如乘客、代理商、经理），以便丰富关系模型并为安全框架提供所需的信息。 模型应该支持高效的航线/座位搜索，并与其他已有的航空预订系统集成。	用户界面应该兼顾新老用户，让老用户能够快速流畅地操作，让新用户也能易于使用。 系统将提供Web访问，可以把数据传输到其他系统，或通过其他的UI提供访问，因此接口应该用XML来设计，并使用转换层来服务Web页面或把数据转换到其他系统中。 彩色的动画logo将缓存到客户机器上，以便将来访问时能够快速显示。 当客户提交预订时，在5秒钟内提供可以看到的确认信息。 安全框架将验证用户的身份，然后根据分配给特定用户角色的权限来限制他能够访问的具体特性。
以下内容是DOMAIN VISION STATEMENT的一部分	以下内容虽然很重要，但它不是DOMAIN VISION STATEMENT的一部分
半导体工厂自动化	半导体工厂自动化
领域模型将表示出材料和设备在芯片厂中的状态，以便提供必要的审计跟踪，并支持自动化的工艺流程。 模型不包括工艺流程中所需的人力资源，但必须通过下载工艺配方来实现有选择性的流程自动化。 工厂状况的描述应该使管理人员能够理解，以便使他们有更深层的认识并制定更好的决策。	软件应该能够通过一个servlet提供Web访问，但它的结构应该允许使用不同的接口。 尽可能使用行业标准的技术，以避免内部开发，减少维护成本，并最大限度地利用外部的专业资源。应该把开源解决方案作为首选（如Apache Web服务器）。 Web服务器将在专用服务器上运行。应用程序将在另一台单独的专用服务器上运行。

✳ ✳ ✳

DOMAIN VISION STATEMENT为团队提供了统一的方向。但在高层次的说明和代码或模型的完
整细节之间通常还需要做一些衔接……

416

15.5 模式：HIGHLIGHTED CORE

DOMAIN VISION STATEMENT从宽泛的角度对CORE DOMAIN进行了说明，但它把什么是具体核
心模型元素留给人们自己去解释和猜测。除非团队的沟通极其充分，否则单靠VISION STATEMENT
是很难产生什么效果的。

✳ ✳ ✳

尽管团队成员可能大体上知道核心领域是由什么构成的，但CORE DOMAIN中到底包含哪些元
素，不同的人会有不同的理解，甚至同一个人在不同的时间也会有不同的理解。如果我们总是要
不断过滤模型以便识别出关键部分，那么就会分散本应该投入到设计上的精力，而且这还需要广
泛的模型知识。因此，CORE DOMAIN必须要很容易被分辨出来。

对代码所做的重大结构性改动是识别CORE DOMAIN的理想方式，但这些改动往往无法在短期
内完成。事实上，如果团队的认识还不够全面，这样的重大代码修改是很难进行的。

通过修改模型的组织结构（如划分GENERIC SUBDOMAIN和本章后面要介绍的一些改动），可
以用MODULE表达出核心领域。但如果把它作为表达CORE DOMAIN的唯一方法，那么对模型的改
动会很大，因此很难马上看到结果。

我们可能需要用一种轻量级的解决方案来补充这些激进的技术手段。可能有一些约束使你无
法从物理上分离出CORE，或者你可能是从已有代码开始工作的，而这些代码并没有很好地区分
出CORE，但你确实很需要知道什么是CORE并建立起共识，以便有效地通过重构进行更好的精炼。
即使到了高级阶段，通过仔细挑选几个图或文档，也能够为团队提供思考的定位点和切入点。

无论是使用了详尽的UML模型的项目，还是那些只使用很少的外部文档并且把代码用作主
要的模型存储库的项目（如XP项目），都会面临这些问题。极限编程团队可能采用更简洁的做法，
他们更少地使用这些补充解决方案，而且只是临时使用（例如，在墙上挂一张手绘的图，让所有
人都能看到），但这些技术可以很好地结合到开发过程中。

417

把模型的一个特别部分连同它的实现一起区分出来，这只是对模型的一种反映，而不必是模
型自身的一部分。任何使人们易于了解CORE DOMAIN的技术都可以采用。这类解决方案有两种典
型的代表性技术。

15.5.1 精炼文档

我经常会创建一个单独的文档来描述和解释CORE DOMAIN。这个文档可能很简单，只是最核

心的概念对象的清单。它可能是一组描述这些对象的图，显示了它们最重要的关系。它可能在抽象层次上或通过示例来描述基本的交互过程。它可能会使用UML类图或序列图、专用于领域的非标准的图、措辞严谨的文字解释或上述这些元素的组合。精炼文档并不是完备的设计文档。它只是一个最简单的切入点，描述并解释了核心，并给出了更进一步研究这些核心部分的理由。精炼文档为读者提供了一个总体视图，指出了各个部分是如何组合到一起的，并且指导读者到相应的代码部分寻找更多细节。

因此（作为HIGHLIGHTED CORE（突出核心）的一种形式）：

编写一个非常简短的文档（3~7页，每页内容不必太多），用于描述CORE DOMAIN以及CORE元素之间的主要交互过程。

独立文档带来的所有常见风险也会在这里出现：

(1) 文档可能得不到维护；

(2) 文档可能没人阅读；

(3) 由于有多个信息来源，文档可能达不到简化复杂性的目的。

控制这些风险的最好方法是保持绝对的精简。剔除那些不重要的细节，只关注核心抽象以及它们的交互，这样文档的老化速度就会减慢，因为这个层次的模型通常更稳定。

精炼文档应该能够被团队中的非技术人员理解。把它当作一个共享的视图，描述每个人都应该知道的东西，而且可以把它作为团队所有成员研究模型和代码的一个起点。

15.5.2   标明CORE

我以前参加过一家大型保险公司的项目，在上班的第一天，有人给了我一份200页的"领域模型"文档的复印件，这个文档是花高价从一家行业协会购买的。我花了几天时间仔细研究了一大堆类图，它们涵盖了所有细节，从详细的保险政策组合到人们之间极为抽象的关系模型。这些模型的质量也参差不齐，有的只有高中生的水平，有的却相当好（有几个甚至描述了业务规则，至少在附带的文本中做了描述）。但我要从哪里开始工作呢？要知道它有200页啊。

这个项目的人员热衷于构建抽象框架，我的前任们非常关注人与人之间、人与事物之间以及人与活动或协议之间的抽象关系模型。他们确实对关系进行了很好的分析，而且模型实验也达到了专业研究项目的水准，但却并没有使我们找到开发这个保险应用程序的任何思路。

我对它的第一反应就是大幅删减，找到一个小的CORE DOMAIN并重构它，然后再逐步添加其他细节。但我的这个观点使管理层感到担心。这份文档具有极大的权威性。它是由整个行业的专家们编写的，而且无论如何他们付给协会的费用远远超过付给我的费用，因此他们不太可能慎重考虑我所提出的要进行彻底修改的建议。但我知道必须有一个共享的CORE DOMAIN视图，并让每个人的工作都以它为中心。

我没有进行重构，而是走查了文档，并且还得到了一位既懂得大量保险业一般知识又了解我们这个特殊应用程序的具体需求的业务分析师的帮助，把那些体现出基本的、区别于其他系统概念的部分标识出来，这些是我们真正需要处理的部分。我提供了一个模型的导航图，它清晰地显示了核心，以及它与支持特性的关系。

　　我们从这个角度开始了建立原型的新工作，很快就开发出了一个简化的应用程序，它展示了一些必需的功能。

　　这沓两磅重的再生纸变成了一项有用的业务资产，而我做的只是加了少量的页标和一些黄色标记。

　　这种技术并不仅限于纸面上的对象图。使用大量UML图的团队可以使用一个"原型"（Stereotype）来识别核心元素。把代码用作唯一模型存储库的团队可以使用注释（可以采用Java Doc这样的结构），或使用开发环境中的一些工具。使用哪种特定技术都没关系，只要使开发人员容易分辨出什么在核心领域内，什么在核心领域外就可以了。

　　因此（作为另一种形式的HIGHLIGHTED CORE）：

　　把模型的主要存储库中的CORE DOMAIN标记出来，不用特意去阐明其角色。使开发人员很容易就知道什么在核心内，什么在核心外。

　　现在，我们只做了很少的处理和维护工作，负责处理模型的人员就已经清晰地看到CORE DOMAIN了，至少模型已经被整理得很好，使人们很容易分清各个部分的组成。

15.5.3　把精炼文档作为过程工具

　　理论上，在XP项目上工作的任何结对成员（两位一起工作的程序员）都可以修改系统中的任何代码。但在实际中，一些修改会产生很大影响，因此需要更多的商量和协调。按照项目通常的组织形式，当在基础设施层中工作时，变更的影响可能很清楚；但在领域层中，影响就不那么明显了。

　　从CORE DOMAIN的概念来看，这种影响会变得清楚。更改CORE DOMAIN模型会产生较大的影响。对广泛使用的通用元素进行修改可能要求更新大量的代码，但不会像CORE DOMAIN修改那样产生概念上的变化。

　　把精炼文档作为一个指南。如果开发人员发现精炼文档本身需要修改以便与他们的代码或模型修改保持同步，那么这样的修改需要大家一起协商。这种修改要么是从根本上修改CORE DOMAIN元素或关系；要么是修改CORE DOMAIN的边界，把一些元素包含进来，或是把一些元素排除出去。不管使用什么沟通渠道（包括新版本的精炼文档的分发），模型的修改都必须传达到整个团队。

　　如果精炼文档概括了CORE DOMAIN的核心元素，那么它就可以作为一个指示器——用以指示模型改变的重要程度。当模型或代码的修改影响到精炼文档时，需要与团队其他成员一起协商。当对精炼文档做出修改时，需要立即通知所有团队成员，而且要把新版本的文档分发给他们。CORE外部的修改或精炼文档外部的细节修改则无需协商或通知，可以直接把它们集成到系统中，其他成员在后续工作过程中自然会看到这些修改。这样开发人员就拥有了XP所建议的完

419

420

15

全的自治性。

＊　＊　＊

尽管VISION STATEMENT和HIGHLIGHTED CORE可以起到通知和指导的作用，但它们本身并没有修改模型或代码。具体地划分GENERIC SUBDOMAIN可以除去一些非核心元素。接下来的几个模式着眼于从结构上修改模型和设计本身，目的是使CORE DOMAIN更明显，更易于管理。

15.6　模式：COHESIVE MECHANISM

封装机制是面向对象设计的一个基本原则。把复杂算法隐藏到方法中，再为方法起一个一看就知道其用途的名字，这样就把"做什么"和"如何做"分开了。这种技术使设计更易于理解和使用。然而它也有一些先天的局限性。

计算有时会非常复杂，使设计开始变得膨胀。机械性的"如何做"大量增加，把概念性的"做什么"完全掩盖了。为解决问题提供算法的大量方法掩盖了那些用于表达问题的方法。

这种方法的扩散是模型出问题的一种症状。这时应该通过重构得到更深层的理解，从而找到更适合解决问题的模型和设计元素。首先要寻找的解决方案是找到一个能使计算机制变得简单的模型。但有时我们会发现，有些计算机制本身在概念上就是内聚的。这种内聚的计算概念可能并不包括我们所需的全部计算。我们讨论的也不是一种万能的计算器。把内聚部分提取出来会使剩下的部分更易于理解。

因此：

把概念上的COHESIVE MECHANISM（内聚机制）分离到一个单独的轻量级框架中。要特别注意公式或那些有完备文档的算法。用一个INTENTION-REVEALING INTERFACE来暴露这个框架的功能。现在，领域中的其他元素就可以只专注于如何表达问题（做什么）了，而把解决方案的复杂细节（如何做）转移给了框架。

然后，这些被分离出来的机制承担起支持的任务，从而留下一个更小的、表达得更清楚的CORE DOMAIN，这个核心以更加声明式的方式通过接口来使用这些机制。

把标准的算法或公式识别出来以后，可以把一部分设计的复杂性转移到一系列已经过深入研究的概念中。在这种方法的引导下，我们可以放心地实现一个解决方案，而且只需进行很少的尝试和改错。我们可以依靠其他一些了解这种算法或至少能够查到相关资料的开发人员。这个好处类似于从公开发布的GENERIC SUBDOMAIN模型获得的好处，但找到完备的算法或公式计算的机会比利用通用子领域模型的机会更大一些，因为这种水平的计算机科学已经有了较深入的研究。但是，我们仍常常需要创建新的算法。创建的算法应该主要用于计算，避免在算法中混杂用于表达问题的领域模型。二者的职责应该分离。CORE DOMAIN或GENERIC SUBDOMAIN的模型描述的是事实、规则或问题。而COHESIVE MECHANISM则用来满足规则或者用来完成模型指定的计算。

从组织结构图中分离出一个COHESIVE MECHANISM

我曾经在一个项目上经历过这种分离过程,这个项目需要一种非常详细的组织结构图模型。这个模型可以表示出一个人正在为谁工作以及他属于哪个分支部门,模型还提供了一个接口,通过这个接口可以提出和回答相关的问题。由于大部分问题都类似于"在这个指挥链中谁有权批准这件事"或"在这个部门中谁能够处理这样的问题",因此团队意识到大部分复杂性都来自于遍历组织树中的特定分支,从中搜索特定的人员或关系。这恰好是成熟的图系统所能够解决的问题,图是一个由弧连接的节点集合(弧叫做边)以及遍历图所需的规则和算法组成。

负责这项工作的开发人员开发出了一个图的遍历框架,并把它实现为一种COHESIVE MECHANISM。这个框架使用了标准的图术语和算法,大多数计算机专业人员都很熟悉这些术语和算法,而且它们在教科书中也大量出现。这位开发人员并没有实现一个完整的概念框架,而只是实现了它的一个子集,该子集涵盖了组织模型所需的功能。而且由于采用了INTENTION-REVEALING INTERFACE,因此获取答案的方式并不是我们主要关心的问题。

现在,组织模型可以用标准的图术语简单地把每个人表示为一个节点,把人们之间的关系表示为连接这些节点的边(弧)。这样,使用这个图框架机制就可以找到任意两个人之间的关系了。 423

如果这个机制被混杂到领域模型中,那么将会产生两个后果。一是模型会与一个用于解决问题的特殊方法耦合在一起,这将限制将来的选择。更重要的是,组织的模型将变得异常复杂和混乱。把该机制与模型分开的好处是可以用声明式的风格来描述组织,使组织结构变得更清晰。而且用于图操作的复杂代码被分离到一个单纯的、基于成熟算法的机制框架中,从而可以进行单独的维护和单元测试。

COHESIVE MECHANISM的另一个例子是用一个框架来构造SPECIFICATION对象,并为这些对象所需的基本的比较和组合操作提供支持。利用这个框架,CORE DOMAIN和GENERIC SUBDOMAIN可以用SPECIFICATION模式中所描述的清晰的、易于理解的语言来声明它们的规格(参见第10章)。这样,比较和组合等复杂操作可以留给框架去完成。

＊　＊　＊

15.6.1　GENERIC SUBDOMAIN与COHESIVE MECHANISM的比较

GENERIC SUBDOMAIN与COHESIVE MECHANISM的动机是相同的——都是为CORE DOMAIN减负。区别在于二者所承担的职责的性质不同。GENERIC SUBDOMAIN是以描述性的模型作为基础的,它用这个模型表示出团队会如何看待领域的某个方面。在这一点上它与CORE DOMAIN没什么区别,只是重要性和专门程度较低而已。COHESIVE MECHANISM并不表示领域,它的目的是解决描述性模型所提出来的一些复杂的计算问题。

15

模型提出问题，COHESIVE MECHANISM解决问题。

在实践中，除非你识别出一种正式的、公开发布的算法，否则这种区别通常并不十分清楚，至少开始时是这样。在后续的重构中，如果发现一些先前未识别的模型概念会使这种机制变得更为简单，那么就可以把这种算法精炼成一种更纯粹的机制，或者转换为一个GENERIC SUBDOMAIN。

15.6.2　MECHANISM是CORE DOMAIN一部分

我们几乎总是想要把MECHANISM从CORE DOMAIN中分离出去。例外的情况是MECHANISM本身就是专有的并且是软件的一项核心价值。有时，非常专用的算法就是这种情况。例如，如果一个非常高效的算法（用于计算日程安排）是运输物流应用程序中的标志性特性之一，那么该机制就可以被认为是概念核心的一部分。我以前参加过一个投资银行的项目，在这个项目中有一个非常专业的风险评估算法，它无疑是CORE DOMAIN的一部分（事实上，这个算法是高度机密的，甚至大部分核心开发人员都看不到它们）。当然，这些算法可能是一个用于预测风险的规则集的特殊实现。通过更深入的分析可能会得到一个更深层的模型，从而用一种封装的解决机制把这些规则显式地表达出来。

但那只是将来要做的进一步改进。是否做这个决定取决于成本-效益分析。实现新设计的难度有多大？当前设计有多难理解和修改？采用更高级的设计后，对从事这些工作的人来说，设计会得到多大程度的简化？当然，有人对新模型的组成有什么想法吗？

示例　绕了一圈，MECHANISM又重新回到组织结构图中

实际上，在我们完成了前面示例中的组织模型一年之后，其他开发人员又重新设计了它，取消了分离的图框架。他们认为对象数量在增加，而且把这种MECHANISM分离到单独的包中也会变得很复杂，于是觉得这二者没必要如此。相反，他们把节点行为添加到组织ENTITY的父类中。但他们保留了组织模型的声明式公共接口。他们甚至在组织ENTITY中保持了MECHANISM的封装。

绕弯路之后又返回到原来的老路上是很常见的事情，但并不会退回到起点。最终结果通常是得到了一个更深层的模型，这个模型能够更清楚地区分出事实、目标和MECHANISM。实用的重构在保留中间阶段的重要价值的同时还能够去除不必要的复杂性。

15.7　通过精炼得到声明式风格

声明式设计和"声明式风格"是第10章的一个主题，但在本章的战略精炼这个话题上，有必要特别提一下这种设计风格。精炼的价值在于使你能够看到自己正在做什么，不让无关细节分散

你的注意力，并通过不断削减得到核心。如果领域中那些起到支持作用的部分提供了一种简练的语言，可用于表示CORE的概念和规则，同时又能够把计算或实施这些概念和规则的方式封装起来，那么CORE DOMAIN的重要部分就可以采用声明式设计。

COHESIVE MECHANISM用途最大的地方是它通过一个INTENTION-REVEALING INTERFACE来提供访问，并且具有概念上一致的ASSERTION和SIDE-EFFECT-FREE FUNCTION。利用这些MECHANISM和柔性设计，CORE DOMAIN可以使用有意义的声明，而不必调用难懂的函数。但最不同寻常的回报来自于使CORE DOMAIN的一部分产生突破，得到一个深层模型，而且这部分核心领域本身成了一种语言，可以灵活且精确地表达出最重要的应用场景。

深层模型往往与相对应的柔性设计一起产生。柔性设计变得成熟的时候，就可以提供一组易于理解的元素，我们可以明确地把它们组合到一起来完成复杂的任务，或表达复杂的信息，就像单词组成句子一样。此时，客户代码就可以采用声明式风格，而且更为精炼。 426

把GENERIC SUBDOMAIN提取出来可以减少混乱，而COHESIVE MECHANISM可以把复杂操作封装起来。这样可以得到一个更专注的模型，从而减少了那些对用户活动没什么价值的、分散注意力的方面。但我们不太可能为领域模型中所有非CORE元素安排一个适当的去处。SEGREGATED CORE（分离的核心）采用直接的方法从结构上把CORE DOMAIN划分出来。 427

15.8　模式：SEGREGATED CORE

模型中的元素可能有一部分属于CORE DOMAIN，而另一部分起支持作用。核心元素可能与一般元素紧密耦合在一起。CORE的概念内聚性可能不是很强，看上去也不明显。这种混乱性和耦合关系抑制了CORE。设计人员如果无法清晰地看到最重要的关系，就会开发出脆弱的设计。

通过把GENERIC SUBDOMAIN提取出来，可以从领域中清除一些干扰性的细节，使CORE变得更清楚。但识别和澄清所有这些子领域是很困难的工作，而且有些工作看起来并不值得去做。同时，最重要的CORE DOMAIN仍然与剩下的那些元素纠缠在一起。

因此：

对模型进行重构，把核心概念从支持性元素（包括定义得不清楚的那些元素）中分离出来，并增强CORE的内聚性，同时减少它与其他代码的耦合。把所有通用元素或支持性元素提取到其他对象中，并把这些对象放到其他的包中——即使这会把一些紧密耦合的元素分开。

这里基本上采用了与GENERIC SUBDOMAIN一样的原则，只是从另一个方向来考虑而已。那些在应用程序中非常关键的内聚子领域可以被识别出来，并分离到它们自己的内聚包中。如何处理剩下那些未加区分的元素虽然也很重要，但其重要性略低。这些元素或多或少地可以保留在原先的位置，也可以放到包含了重要类的包中。最后，越来越多的剩余元素可以被提取到GENERIC SUBDOMAIN中。但就目前来看，使用哪种简单解决方案都可以，只需把注意力集中在SEGREGATED CORE（分离的核心）上即可。

15

✳ ✳ ✳

通过重构得到SEGREGATED CORE的一般步骤如下所示。

(1) 识别出一个CORE子领域（可能是从精炼文档中得到的）。

(2) 把相关的类移到新的MODULE中，并根据与这些类有关的概念为模块命名。

(3) 对代码进行重构，把那些不直接表示概念的数据和功能分离出来。把分离出来的元素放到其他包的类（可以是新的类）中。尽量把它们与概念上相关的任务放在一起，但不要为了追求完美而浪费太长时间。把注意力放在提炼CORE子领域上，并且使CORE子领域对其他包的引用变得更明显且易于理解。

(4) 对新的SEGREGATED CORE MODULE进行重构，使其中的关系和交互变得更简单、表达得更清楚，并且最大限度地减少并澄清它与其他MODULE的关系（这将是一个持续进行的重构目标）。

(5) 对另一个CORE子领域重复这个过程，直到完成SEGREGATED CORE的工作。

15.8.1 创建SEGREGATED CORE的代价

有时候，把CORE分离出来会使得它与那些紧密耦合的非CORE类的关系变得更晦涩，甚至更复杂，但CORE DOMAIN更清晰了，而且更易于处理，因此获得的好处还是足以抵偿这种代价。

SEGREGATED CORE使我们能够提高CORE DOMAIN的内聚性。我们可以使用很多有意义的方式来分解模型，有时在创建SEGREGATED CORE时，可以把一个内聚性很好的MODULE拆分开，通过牺牲这种内聚性来换取CORE DOMAIN的内聚性。这样做是值得的，因为企业软件的最大价值来自于模型中企业的那些特有方面。

当然，另一个代价是分离CORE需要付出很大的工作量。我们必须认识到，在做出SEGREGATED CORE的决定时，有可能需要开发人员对整个系统做出修改。

当系统有一个很大的、非常重要的BOUNDED CONTEXT时，但模型的关键部分被大量支持性功能掩盖了，那么就需要创建SEGREGATED CORE了。

15.8.2 不断发展演变的团队决策

就像很多战略设计决策所要求的一样，创建SEGREGATED CORE需要整个团队一致行动。这一行动需要团队的一致决策，而且团队必须足够自律和协调才能执行这样的决策。困难之处在于既要约束每个人使其都使用相同的CORE定义，又不能一成不变地去执行这个决策。由于CORE DOMAIN也是不断演变的（像任何其他设计方面一样），在处理SEGREGATED CORE的过程中我们会不断积累经验，这将使我们对什么是核心什么是支持元素这些问题产生新的理解。我们应该把这些理解反馈到设计中，从而得到更完善的CORE DOMAIN和SEGREGATED CORE MODULE的定义。

这意味着新的理解必须持续不断地在整个团队中共享，但个人（或编程对）不能单方面根据这些理解擅自采取行动。无论团队采用了什么样的决策过程，团队一致通过也好，由领导者下命令决定也好，决策过程都必须具有足够的敏捷性，可以反复纠正。团队必须进行有效的沟通，以便使每个人都共享同一个CORE视图。

示例 **把货物运输模型的CORE分离出来**

我们从图15-2所示的模型开始，把它作为货物运输调度软件的基础。

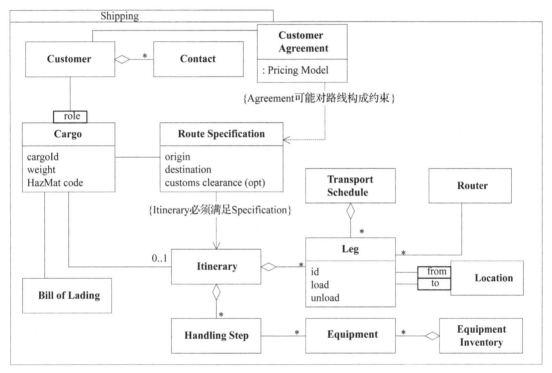

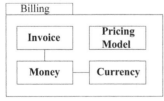

图　15-2

15

注意，与实际应用程序所需的模型相比，这个模型是高度简化的。真实的模型过于复杂，不适合作为例子。因此，尽管这个示例的复杂程度可能不足以驱使我们创建SEGREGATED CORE，但可以把这个模型想象得十分复杂，很难解释，而且无法作为一个整体来处理。

现在，运输模型的实质是什么？通常"梗概"是一个很好的起点。据此，我们可能会注意到Pricing（定价）和Invoice（发票）上[①]。但实际上我们需要看一下DOMAIN VISION STATEMENT。以下就是从愿景说明中摘录的：

> ……提高操作的可见性，并提供更快速可靠地满足客户需求的工具……

这个应用程序并不是为销售部门设计的，而是供公司一线操作人员使用。因此，我们把所有与金钱有关的问题（当然很重要）归结为支持性作用。已经有人把一些这样的项放到一个单独的包（Billing）中。我们可以保留这个包，并进一步确认它起到支持作用。

我们需要把重点放在货物处理上：根据客户需求来运输货物。我们把与这些活动直接相关的类提取出来放到一个新的包Delivery中，这样就产生了一个SEGREGATED CORE，如图15-3所示。

大部分操作都只是把类移动到新的包中，但模型本身也有几处改动。

首先，Customer Agreement对Handling Step进行了约束。这是团队在分离CORE过程中获得的典型理解。由于团队把注意力放在有效、正确的运输上，显然Customer Agreement中的运输约束是非常重要的，而且应该在模型中显式地表达出来。

另一项更改更有实效。在重构之后的模型中，Customer Agreement直接连接到Cargo，而不再需要通过Customer进行导航（在预订Cargo时，Customer Agreement必须像Customer一样连接到Cargo）。在实际运输时，Customer与运输作业的关系不如Agreement与作业的关系紧密。而在原来的模型中，必须根据Customer在运输中的角色找到正确的Customer，然后再查询其Customer Agreement。这种交互使得模型的表述不易理解。新的关联使那些最重要的场景变得尽可能简单和直接。现在就很容易把Customer完全从CORE中分离出去了。

那么到底是否应该把Customer提取出来呢？我们的关注点是要满足Customer的需求，因此最初看上去Customer应该属于CORE。然而，由于运输期间的交互现在可以直接访问Customer Agreement了，因此就不再需要Customer类。这样Customer的基本模型就非常通用了。

Leg是否应该保留在CORE中这个问题可能会引起很大的争议。我的意见是CORE应保持最小化，而且Leg与Transport Schedule、Routing Service和Location具有更紧密的联系，而这三者都不需要在CORE中。但是，如果这个模型描述的很多场景都涉及Leg，那么我就会把它移到Delivery包中，即使把它与上面那些类分开显得有些不协调。

在这个例子中，所有类定义都与先前相同，但精炼通常都需要对类进行重构，以便分离出通用职责和领域专有职责，然后就可以把核心分离出来了。

既然我们已经有了一个SEGREGATED CORE，重构就完成了。但剩下的Shipping包正是"把CORE提取出来后剩下的所有东西"。我们可以再进行其他的重构过程，以便得到更清晰的打包方式，

如图15-4所示。

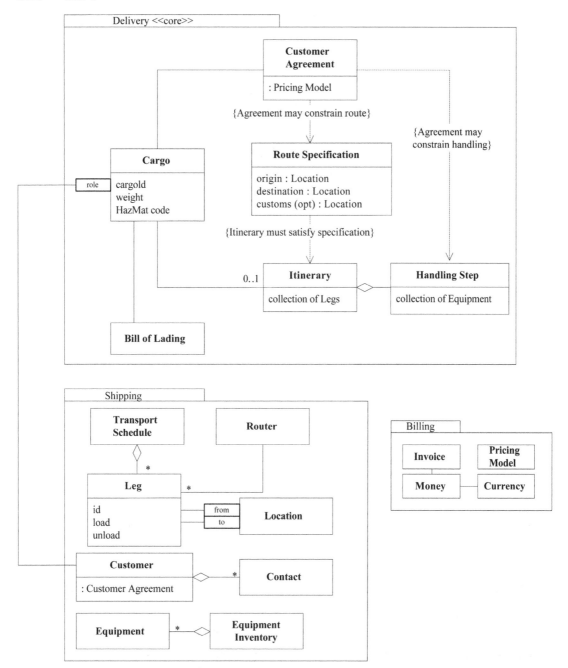

图15-3 按照客户需求可靠地运输货物是这个项目的核心目标

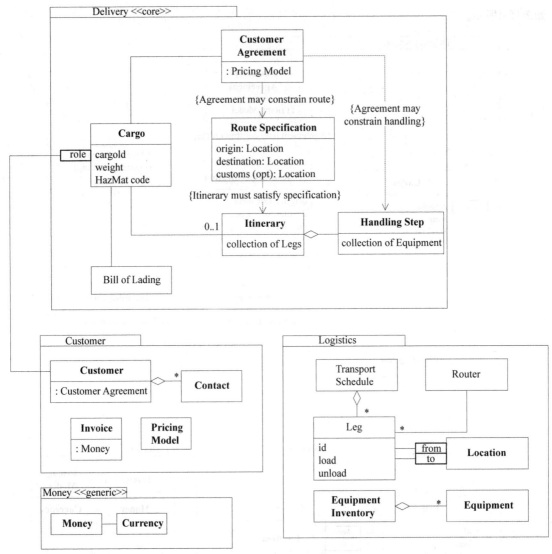

图15-4   完成SEGREGATED CORE之后留下的有意义的非CORE子领域MODULE

这种效果不是一次就能实现的，可能需要经过多次重构。于是，我们最后得到了一个SEGREGATED CORE包、一个GENERIC SUBDOMAIN和两个起支持作用的领域专用包。在有了更深层的理解后，可能会为Customer创建一个GENERIC SUBDOMAIN，或者将Customer专用于运输。

识别有用的、有意义的MODULE是一项建模活动（正如第5章中所讨论的那样）。开发人员和领域专家在战略精炼中进行协作，这种协作是知识消化过程的一部分。

15.9　模式：ABSTRACT CORE

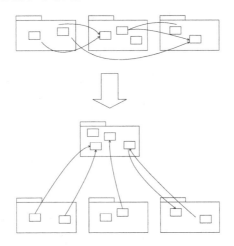

通常，即便是CORE DOMAIN模型也会包含太多的细节，以至于它很难表达出整体视图。

＊　＊　＊

我们处理大模型的方法通常是把它分解为足够小的子领域，以便能够掌握它们并把它们放到一些独立的MODULE中。这种简化式的打包风格通常是行之有效的，能够使一个复杂的模型变得易于管理。但有时创建独立的MODULE反而会使子领域之间的交互变得晦涩难懂，甚至变得更复杂。

当不同MODULE的子领域之间有大量交互时，要么需要在MODULE之间创建很多引用，这在很大程度上抵消了划分模块的价值；要么就必须间接地实现这些交互，而后者会使模型变得晦涩难懂。

我们不妨考虑采用横向切割而不是纵向切割的方式。多态性（polymorphism）允许我们忽略抽象类型实例的很多细节变化。如果MODULE之间的大部分交互都可以在多态接口这个层次上表达出来，那么就可以把这些类型重构到一个特定的CORE MODULE中。

这里并不是寻找技术上的技巧。只有当领域中的基本概念能够用多态接口来表达时，这才是一种有价值的技术。在这种情况下，把这些分散注意力的细节分离出来可以使MODULE解耦，同时可以精炼出一个更小、更内聚的CORE DOMAIN。

因此：

把模型中最基本的概念识别出来，并分离到不同的类、抽象类或接口中。设计这个抽象模型，使之能够表达出重要组件之间的大部分交互。把这个完整的抽象模型放到它自己的MODULE中，而专用的、详细的实现类则留在由子领域定义的MODULE中。

现在，大部分专用的类都将引用ABSTRACT CORE MODULE，而不是其他专用的MODULE。ABSTRACT CORE（抽象核心）提供了主要概念及其交互的简化视图。

435

15

提取ABSTRACT CORE并不是一个机械的过程。例如，如果把MODULE之间频繁引用的所有类都自动移动到一个单独的MODULE中，那么结果可能是一团糟，而且毫无意义。对ABSTRACT CORE进行建模需要深入理解关键概念以及它们在系统的主要交互中扮演的角色。换言之，它是通过重构得到更深层理解的。而且它通常需要大量的重新设计。

如果项目中同时使用了ABSTRACT CORE和精炼文档，而且精炼文档随着应用程序理解的加深而不断演变，那么抽象核心的最后结果看起来应该与精炼文档非常类似。当然，ABSTRACT CORE是用代码编写的，因此更为严格和完整。

※   ※   ※

15.10　深层模型精炼

精炼并不仅限于从整体上把领域中的一些部分从CORE中分离出来。它也意味着对子领域（特别是CORE DOMAIN）进行精炼，通过持续重构得到更深层的理解，从而向深层模型和柔性设计推进。精炼的目标是把模型设计得更明显，使我们可以用模型简单地把领域表示出来。深层模型把领域中最本质的方面精炼成一些简单的元素，使我们可以把这些元素组合起来解决应用程序中的重要问题。

尽管任何带来深层模型的突破都有价值，但只有CORE DOMAIN中的突破才能改变整个项目的轨道。

15.11　选择重构目标

当你遇到一个杂乱无章的大型系统时，应该从哪里入手呢？在XP社区中，答案往往是以下之一：

(1) 可以从任何地方开始，因为所有的东西都要进行重构；

(2) 从影响你工作的那部分开始——也就是完成具体任务所需的那个部分。

这两种做法我都不赞成。第一种做法并不十分可行，只有少数完全由顶尖的程序员组成的团队才是例外。第二种做法往往只是对外围问题进行了处理，只治其标而不治其本，回避了最严重的问题。最终这会使代码变得越来越难以重构。

因此，如果你既不能全面解决问题，又不能"哪儿痛治哪儿"，那么该怎么办呢？

(1) 如果采用"哪儿痛治哪儿"这种重构策略，要观察一下根源问题是否涉及CORE DOMAIN或CORE与支持元素的关系。如果确实涉及，那么就要接受挑战，首先修复核心。

(2) 当可以自由选择重构的部分时，应首先集中精力把CORE DOMAIN更好地提取出来，完善对CORE的分离，并且把支持性的子领域提炼成通用子领域。

以上就是如何从重构中获取最大利益的方法。

第16章

大型结构

数千人分工合作来制作"艾滋病纪念拼被"(AIDS Quilt)

硅谷一家小设计公司签了一份为卫星通信系统创建模拟器的合同。工作进展得很顺利，他们正在开发一个MODEL-DRIVEN DESIGN，这个设计能够表示和模拟各种网络条件和故障。

但开发团队的领导者却有点不安。问题本身太复杂了。为了澄清模型中的复杂关系，他们已经把设计分解为一些在规模上便于管理的内聚MODULE，于是现在便有了的很多MODULE。在这种情况下，开发人员要想查找某个功能，应该到哪个MODULE中去查呢？如果有了一个新类，应该把它放在哪里？这些小软件包的实际意义是什么？它们又是如何协同工作的呢？而且以后还要创建更多的MODULE。

开发人员互相之间仍然能够进行很好的沟通，而且也知道每天都要做什么工作，但项目领导者却不满足这种一知半解的状态。他们需要某种组织设计的方式，以便在项目进入到更复杂的阶段时能够理解和掌控它。

　　他们进行了头脑风暴活动,发现了很多潜在的办法。开发人员提出了不同的打包方案。有一些文档给出了系统的全貌,还有一些使用建模工具绘制的类图——新视图可以用来指引开发人员找到正确的模块。但项目领导者对这些小花招并不满意。

　　他们可以用模型把模拟器的工作流程简单地描述出来,也可以说清楚基础设施是如何序列化数据的,以及电信技术层怎样保证数据的完整性和路由选择。模型中包含了所有细节,却没有一条清楚的主线。

　　领域的一些重要概念丢失了。但这次丢失的不是对象模型中的一两个类,而是整个模型的结构。

　　经过一两周的仔细思考之后,开发人员有了思路。他们打算把设计放到一个结构中。整个模拟器将被看作由一系列层组成,这些层分别对应于通信系统的各个方面。最下面的层用来表示物理基础设施,它具有将数据位从一个节点传送到另一个节点的基本能力。它的上面是封包路由层,与数据流定向有关的问题都被集中到这一层中。其他的层则表示其他概念层次的问题。这些层共同描述了系统的大致情况。

　　他们开始按照新的结构来重构代码。为了不让MODULE跨越多个层,必须对它们重新定义。在一些情况下,还需要重构对象职责,以便明确地让每个对象只属于一个层。另一方面,藉由应用这些新思路的实际经验,概念层本身的定义也得到了精化。层、MODULE和对象一起演变,最后,整个设计都符合了这种分层结构的大体轮廓。

　　这些层并不是MODULE,也不是任何其他的代码工件。它们是一种全局性的规则集,用于约束整个设计中的任何MODULE或对象(甚至包括与其他系统的接口)的边界和关系。

　　实施了这种分层级别之后,设计重新变得易于理解了。人们基本上知道到哪里去寻找某个特定功能。分工不同的开发人员所做的设计决策可以大体上互相保持一致。这样就可以处理更加复杂的设计了。

　　即使将MODULE分解,一个大模型的复杂性也可能会使它变得很难掌握。MODULE确实把设计分解为更易管理的小部分,但MODULE的数量可能会很多。此外,模块化并不一定能够保证设计的一致性。对象与对象之间,包与包之间,可能应用了一堆的设计决策,每个决策看起来都合情合理,但总的来看却非常怪异。

　　严格划分BOUNDED CONTEXT可能会防止出现破坏和混淆,但其本身对于从整体上审视系统并无任何助益。

　　精炼可以帮助我们把注意力集中于CORE DOMAIN,并将子领域分离出来,让它们承担支持性的职责。但我们仍然需要理解这些支持性元素,以及它们与CORE DOMAIN的关系,还有它们互相之间的关系。理想的情况是,整个CORE DOMAIN非常清楚和易于理解,因此不再需要额外的指导,但我们并不总能处于这样好的境况中。

　　无论项目的规模如何，人们总需要有各自的分工，来负责系统的不同部分。如果没有任何协调机制或规则，那么相同问题的各种不同风格和截然不同的解决方案就会混杂在一起，使人们很难理解各个部分是如何组织在一起的，也不可能看到整个系统的统一视图。从设计的一个部分学到的东西并不适用于这个设计的其他部分，因此项目最后的结果是开发人员成为各自 MODULE 的专家，一旦脱离了他们自己的小圈子就无法互相帮助。在这种情况下，CONTINUOUS INTEGRATION 根本无法实现，而 BOUNDED CONTEXT 也使项目变得支离破碎。

　　在一个大的系统中，如果因为缺少一种全局性的原则而使人们无法根据元素在模式（这些模式被应用于整个设计）中的角色来解释这些元素，那么开发人员就会陷入"只见树木，不见森林"的境地。

　　我们需要理解各个部分在整体中的角色，而不必去深究细节。

　　"大型结构"是一种语言，人们可以用它来从大局上讨论和理解系统。它用一组高级概念或规则（或两者兼有）来为整个系统的设计建立一种模式。这种组织原则既能指导设计，又能帮助理解设计。另外，它还能够协调不同人员的工作，因为它提供了共享的整体视图，让人们知道各个部分在整体中的角色。

　　设计一种应用于整个系统的规则（或角色和关系）模式，使人们可以通过它在一定程度上了解各个部分在整体中所处的位置（即使是在不知道各个部分的详细职责的情况下）。

　　这种结构可以被限制在一个 BOUNDED CONTEXT 中，但通常情况下它会跨越多个 BOUNDED CONTEXT，并通过提供一种概念组织把项目涉及的所有团队和子系统紧密结合到一起。好的结构可以帮助人们深入地理解模型，还能够对精炼起到补充作用。

442

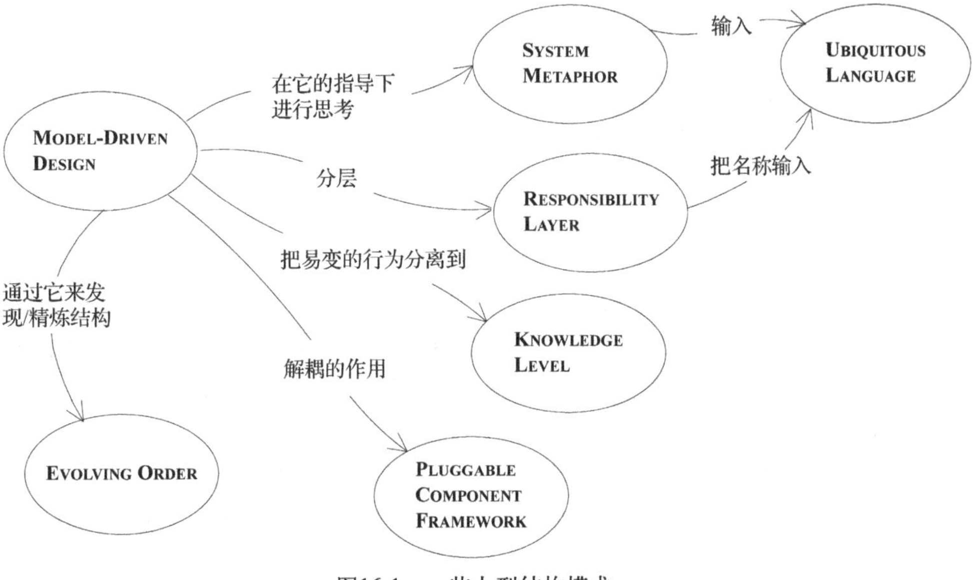

图16-1　一些大型结构模式

16

大部分大型结构都无法用UML来表示，而且也不需要这样做。这些大型结构是用来勾画和解释模型及设计的，但在设计中并不出现，它们只是用来表达设计的另外一种方式。在本章的示例中，你将看到许多添加了大型结构信息的非正式的UML图。

当团队规模较小而且模型也不太复杂时，只需将模型分解为合理命名的Module，再进行一定程度的精炼，然后在开发人员之间进行非正式的协调，以上这些就足以使模型保持良好的组织结构了。

大型结构可以节省项目的开发费用，但不适当的结构会严重妨碍开发的进展。本章将探讨一些能成功构建这种设计结构的模式。

16.1　模式：Evolving Order

很多开发人员都亲身经历过由于设计结构混乱而产生的代价。为了避免混乱，项目通过架构从各个方面对开发进行约束。一些技术架构确实能够解决技术问题，如网络或数据持久化问题，但当我们在应用层和领域模型中使用架构时，它们可能会产生自己的问题。它们往往会妨碍开发人员创建适合于解决特定问题的设计和模型。一些要求过高的架构甚至会妨碍编程语言本身的使用，导致应用程序开发人员根本无法使用他们在编程语言中最熟悉的和技术能力很强的一些功能。而且，无论架构是面向技术的，还是面向领域的，如果其限定了很多前期设计决策，那么随着需求的变更和理解的深入，这些架构会变得束手束脚。

近年来，一些技术架构（如J2EE）已经成为主流技术，而人们对领域层中的大型结构却没有做多少研究，这是因为应用程序不同，其各自的需求也大为不同。

在项目前期使用大型结构可能需要很大的成本。随着开发的进行，我们肯定会发现更适当的结构，甚至会发现先前使用的结构妨碍了我们采取一种使应用程序更清晰和简化的路线。这种结构的一部分是有用的，但却使你失去了其他很多机会。你的工作会慢下来，因为你要寻找解决的办法或试着与架构师们进行协商。但经理会认为架构已经定下来了，当初选这个架构就是因为它能够使应用程序变得简单一些，那为什么不去开发应用程序，却在这些架构问题上纠缠不清呢？即使经理和架构团队能够接受这些问题，但如果每次修改都像是一场攻坚战，那么人们很快就会疲乏不堪。

一个没有任何规则的随意设计会产生一些无法理解整体含义且很难维护的系统。但架构中早期的设计假设又会使项目变得束手束脚，而且会极大地限制应用程序中某些特定部分的开发人员/设计人员的能力。很快，开发人员就会为适应结构而不得不在应用程序的开发上委曲求全，要么就是完全推翻架构而又回到没有协调的开发老路上来。

问题并不在于指导规则本身应不应该存在，而在于这些规则的严格性和来源。如果这些用于控制设计的规则确实符合开发环境，那么它们不但不会阻碍开发，而且还会推动开发在健康的方向上前进，并且保持开发的一致性。

因此：

让这种概念上的大型结构随着应用程序一起演变，甚至可以变成一种完全不同的结构风格。不要依此过分限制详细的设计和模型决策，这些决策和模型决策必须在掌握了详细知识之后才能确定。

有时个别部分具有一些很自然且有用的组织和表示方式，但这些方式并不适用于整体，因此施加全局规则会使这些部分的设计不够理想。在选择大型结构时，应该侧重于整体模型的管理，而不是优化个别部分的结构。因此，在"结构统一"和"用最自然的方式表示个别组件"之间需要做出一些折中选择。根据实际经验和领域知识来选择结构，并避免采用限制过多的结构，如此可以降低折中的难度。真正适合领域和需求的结构能够使细节的建模和设计变得更容易，因为它快速排除了很多选项。

大型结构还能够为我们做设计决策提供捷径，虽然原则上也可以通过研究各个对象来做出这些决策，但实际上这会耗费太长时间，而且产生的结果可能不一致。当然，持续重构仍然是必要的，但这种结构可以帮助重构变得更易于管理，并使不同的人能够得到一致的解决方案。

大型结构通常需要跨越BOUNDED CONTEXT来使用。在经历了实际项目上的迭代之后，结构将失去与特定模型紧密联系的特性，也会得到符合领域的CONCEPTUAL CONTOUR的特性。这并不意味着它不能对模型做出任何假设，而是说它不会把专门针对局部情况而做的假设强加于整个项目。它应该为那些在不同CONTEXT中工作的开发团队保留一定的自由，允许他们为了满足局部需要而修改模型。

此外，大型结构必须适应开发工作中的实际约束。例如，设计人员可能无法控制系统的某些部分的模型，特别是外部子系统或遗留子系统。这个问题有多种解决方式，如修改结构使之更适应特定外部元素，或者指定应用程序与外部元素的关联方式，或者使结构变得足够松散，以灵活应对难以处理的现实情况。

与CONTEXT MAP不同的是，大型结构是可选的。当使用某种结构可以节省成本并带来益处时，并且发现了一种适当的结构，就应该使用它。实际上，如果一个系统简单到把它分解为MODULE就足以理解它，那么就不必使用这种结构了。**当发现一种大型结构可以明显使系统变得更清晰，而又没有对模型开发施加一些不自然的约束时，就应该采用这种结构。使用不合适的结构还不如不使用它，因此最好不要为了追求设计的完整性而勉强去使用一种结构，而应该找到尽可能精简的方式解决所出现问题。要记住宁缺毋滥的原则。**

大型结构可能非常有帮助，但也有少数不适用的情况，这些例外情况应该以某种方式被标记出来，以便让开发人员知道在没有特殊注明时可以遵循这种结构。如果不适用的情况开始大量出现，就要修改这种结构了，或者干脆不用它。

※　※　※

如前所述，要想创建一种既为开发人员保留必要自由度同时又能保证开发工作不会陷入混乱的结构绝非易事。尽管人们已经在软件系统的技术架构上投入了大量工作，但有关领域层的结构化研究还很少见。一些方法会破坏面向对象的范式，如那些按应用任务或按用例对领域进行分解的方法。整个领域的研究还很贫瘠。我曾经在一些项目上看到过几个通用的大型结构模式。本章将讨论4种模式，其中可能会有一种符合你的需要，或者能够为你提供一些思路，从而找到一种适合你的项目的结构。

16.2 模式：SYSTEM METAPHOR

隐喻思维在软件开发（特别是模型）中是很普遍的。但极限编程中的"隐喻"却具有另外一种含义，它用一种特殊的隐喻方式来使整个系统的开发井然有序。

※ ※ ※

一栋大楼的防火墙能够在周围发生火灾时防止火势从其他建筑蔓延到它自身，同样，软件"防火墙"可以保护局部网络免受来自更大的外部网的破坏。这个"防火墙"的隐喻对网络架构产生了很大影响，并且由此而产生了一整套产品类别。有多种互相竞争的防火墙可供消费者选择，它们都是独立开发的，而且人们知道它们在一定程度上可以互换。即使网络的初学者也很容易掌握这个概念。这种在整个行业和客户中的共同理解很大一部分上得益于隐喻。

然而这个类比却并不准确，而且防火墙从功能上来看也是把双刃剑。防火墙的隐喻引导人们开发出了软件屏障，但有时它并不能起到充分的防护作用，而且会阻止正当的数据交换，同时也无法防护来自网络内部的威胁。例如，无线LAN就存在漏洞。防火墙这个形象的隐喻确实很有用，但所有隐喻也都是有弊端的[①]

软件设计往往非常抽象且难于掌握。开发人员和用户都需要一些切实可行的方式来理解系统，并共享系统的一个整体视图。

从某种程度上讲，隐喻对人们的思考方式有着深刻地影响，它已经渗透到每个设计中。系统有很多"层"，层与层之间依次叠放起来。系统还有"内核"，位于这些层的"中心"。但有时隐喻可以传达整个设计的中心主题，并能够在团队所有成员中形成共同理解。

在这种情况下，系统实际上就是由这个隐喻塑造的。开发人员所做的设计决策也将与系统隐喻保持一致。这种一致性使其他开发人员能够根据同一个隐喻来解释复杂系统中的多个部分。开发人员和专家在讨论时有一个比模型本身更具体的参考点。

SYSTEM METAPHOR（系统隐喻）是一种松散的、易于理解的大型结构，它与对象范式是协调的。由于系统隐喻只是对领域的一种类比，因此不同模型可以用近似的方式来与它关联，这使得人们能够在多个BOUNDED CONTEXT中使用系统隐喻，从而有助于协调各个BOUNDED CONTEXT之间的工作。

SYSTEM METAPHOR是极限编程的核心实践之一，因此它已经成为一种非常流行的方法(Beck 2000)。遗憾的是，很少有项目能够找到真正有用的METAPHOR，而且人们有时还会把一些起反作

[①] 当我在一次座谈会中听到Ward Cunningham举防火墙这个示例后，终于明白了SYSTEM METAPHOR的意思。

用的隐喻思想灌输到领域中。有时使用太强的隐喻反而会有风险，因为它使设计中掺杂了一些与当前问题无关的类比，或者是类比虽然很有吸引力，但它本身并不恰当。

尽管如此，SYSTEM METAPHOR仍然是众所周知的大型结构，它对一些项目非常有用，而且很好地说明了结构的总体概念。

因此：

当系统的一个具体类比正好符合团队成员对系统的想象，并且能够引导他们向着一个有用的方向进行思考时，就应该把这个类比用作一种大型结构。围绕这个隐喻来组织设计，并把它吸收到UBIQUITOUS LANGUAGE中。SYSTEM METAPHOR应该既能促进系统的交流，又能指导系统的开发。它可以增加系统不同部分之间的一致性，甚至可以跨越不同的BOUNDED CONTEXT。但所有隐喻都不是完全精确的，因此应不断检查隐喻是否过度或不恰当，当发现它起到妨碍作用时，要随时准备放弃它。

❋　❋　❋

"幼稚隐喻" 以及我们为什么不需要它

由于在大多数项目并不会自动出现有用的隐喻，因此XP社区中的一些人开始谈论"幼稚隐喻"（Naive Metaphor），他们所说的幼稚隐喻就是领域模型本身。

这个术语的一个问题在于，一个成熟的领域模型绝对不会是"幼稚的"。实际上，"工资处理就像一条装配线"这个隐喻与模型的实际情况相比要幼稚得多，因为模型是软件开发人员与领域专家进行了多次知识消化的迭代过程才得到的，它已经紧密结合到应用程序的实现中，并经过了实践的检验。

448

"幼稚隐喻"这个术语应该停止使用了。

SYSTEM METAPHOR并不适用于所有项目。从总体上讲，大型结构并不是必须要用的。在极限编程的12个实践中，SYSTEM METAPHOR的角色可以由UBIQUITOUS LANGUAGE来承担。当项目中发现一种非常合适的SYSTEM METAPHOR或其他大型结构时，应该用它来补充UBIQUITOUS LANGUAGE。

449

16.3　模式：RESPONSIBILITY LAYER

在本书从头至尾的讨论中，单独的对象被分配了一组相关的、范围较窄的职责。职责驱动的设计在更大的规模上也适用。

❋　❋　❋

如果每个对象的职责都是人为分配的，将没有统一的指导原则和一致性，也无法把领域作为一个整体来处理。为了保持大模型的一致，有必要在职责分配上实施一定的结构化控制。

16

当对领域有了深入的理解后，大的模式会变得清晰起来。一些领域具有自然的层次结构。某些概念和活动处在其他元素形成的一个大背景下，而那些元素会因不同原因且以不同频率独立发生变化。如何才能充分利用这种自然结构，使它变得更清晰和有用呢？这种自然的层次结构使我们很容易想到把领域分层，这是最成功的架构设计模式之一——([Buschmann et al. 1996]等)。

所谓的层，就是对系统进行划分，每个层的元素都知道或能够使用在它"下面"的那些层的服务，但却不知道它"上面"的层，而且与它上面的层保持独立。当我们把MODULE的依赖性画出来时，图的布局通常是具有依赖性的MODULE出现在它所依赖的模块上面。按照这种方式，可以将各层的顺序梳理出来，最终，低层中的对象在概念上不依赖于高层中的对象。

这种自发的分层方式虽然使跟踪依赖性变得更容易，而且有时具有一定的直观意义，但它对模型的理解并没有多大的帮助，也不能指导建模决策。我们需要一种具有更明确目的的分层方式。

450

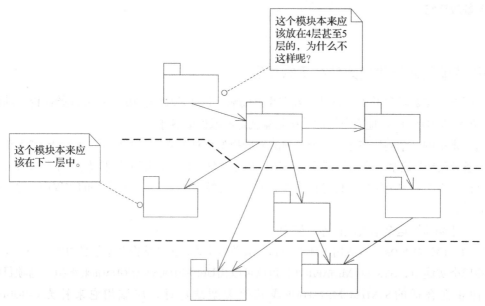

图16-2 自发的分层，这些包描述了什么事情

在一个具有自然层次结构的模型中，可以围绕主要职责进行概念上的分层，这样可以把分层和职责驱动的设计这两个强有力的原则结合起来使用。

这些职责必须比分配给单个对象的职责广泛得多才行，我们稍后就会举例说明这一点。当设计单独的MODULE和AGGREGATE时，要将其限定在其中一个主要职责上。这种明确的职责分组可以提高模块化系统的可理解性，因为MODULE的职责会变得更易于解释。而高层次的职责与分层的结合为我们提供了一种系统的组织原则。

分层模式有一种变体最适合按职责来分层，我们把这种变体称为RELAXED LAYERED

SYSTEM（松散分层系统）[Buschmann et al. 1996, p. 45]，如果采用这种分层模式，某一层中的组件可以访问任何比它低的层，而不限于只能访问直接与它相邻的下一层。

因此：

注意观察模型中的概念依赖性，以及领域中不同部分的变化频率和变化的原因。如果在领域中发现了自然的层次结构，就把它们转换为宽泛的抽象职责。这些职责应该描述系统的高层目的和设计。对模型进行重构，使得每个领域对象、AGGREGATE 和 MODULE 的职责都清晰地位于一个职责层当中。

这是一段很抽象的描述，但通过几个示例就可以把它说清楚了。本章开头的卫星通信模拟器就对职责进行了分层。我曾经在各种领域（如生产控制和财务管理）中看到过使用 RESPONSIBILITY LAYER（职责层）所产生的良好效果。

❊   ❊   ❊

下面的示例详细研究了 RESPONSIBILITY LAYER，我们可以通过这个例子来体会一下如何去发现任何一种大型结构，以及它是如何指导和约束建模与设计的。、

示例　**深入研究运输系统的分层**

让我们看一下把 RESPONSIBILITY LAYER 应用于前面几章所讨论的货运应用程序会有什么效果。

当我们现在又回到这个应用程序时，开发团队已经有了很大的进展，他们已经创建了一个 MODEL-DRIVEN DESIGN，并且提炼出了一个 CORE DOMAIN。但随着设计变得充实，他们在如何把所有部分协调为一个整体上遇到了麻烦。他们正在寻找一种能够显示出整个系统主题并且让每个人都达成一致看法的大型结构。

我们来看一下这个模型中有代表性的一个部分，如图16-3和图16-4所示。

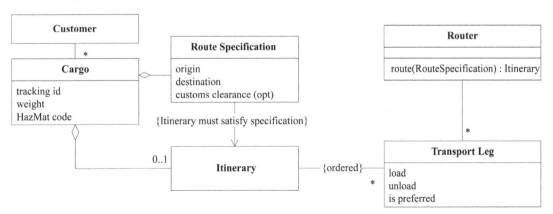

图16-3　货运路线的一个基本的运输领域模型

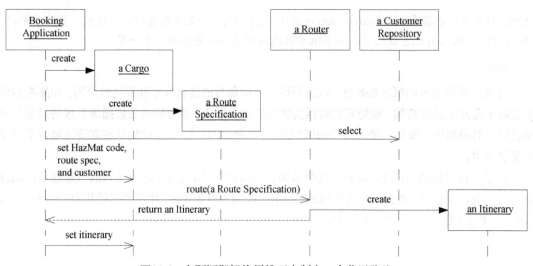

图16-4   在预订期间使用模型来制定一个货运路线

团队成员研究运输领域已经有好几个月了，并且已经观察到了一些自然的概念层次结构。他们发现在讨论运输时间表（安排好的货轮航次或火车班次）时不需要涉及所运输的货物。而当讨论对一个货物的跟踪时，如果不知道它的运输信息，那么就很难进行跟踪。概念依赖性是非常清楚的。团队很容易就区分出两个层："作业"层和这些作业的基础层（他们把这个层叫做"能力"层）。

▍"作业"职责 ▍

公司的活动，无论是过去、现在还是计划的活动，都被组织到"作业"层中。最明显的作业对象是Cargo，它是公司大部分日常活动的焦点。Route Specification是Cargo的一个不可缺少的部分，它规定了运输需求。Itinerary是运输计划。这些对象都是Cargo聚合的一部分，它们的生命周期与一次进行中的运输活动紧密地联系在一起。

▍"能力"职责 ▍

453   这个层反映了公司在执行作业时所能利用的资源。Transit Leg就是一个典型的例子。人们为货轮制定航程时间表，货轮具有一定的货运能力，这个能力有可能被完全利用，也有可能未被完全利用。

当然，如果公司的主要业务是经营一个运输船队的话，那么Transit Leg将是作业层中的一员。但这个系统的用户并不需要关心这个问题（如果公司同时从事经营船队和经营货运这两种业务，并且希望协调它们，那么开发团队可能需要考虑不同的分层方案，或许要把作业层分成两个不同的层，如"运输作业"和"货物作业"。）

　　一个稍微复杂一点儿的决策是把Customer放在哪里。在一些企业中,客户只是一些临时对象。例如,在邮递公司中,只有在投递包裹的时候,才需要知道客户对象,投递完成之后,大部分客户就被忘记了,直到出现下一次投递。这种性质决定了在针对个人客户的包裹投递服务中,客户仅仅与作业相关。但在我们假想的这家运输公司中,需要与客户保持长期关系,而且大部分业务都来自回头客。考虑到企业用户的这些意图,Customer应该属于"能力"层。正如我们看到的,这并非一个技术决策,而是试图掌握并交流领域知识。

　　由于Cargo与Customer之间的关联可以限定在一个遍历方向,因此Cargo REPOSITORY需要通过一个查询来查找某个特定Customer的所有Cargo。不管怎样,按照这种方式来设计都有很好的理由,但在使用了大型结构以后,现在它变成一项必须要满足的需求了。

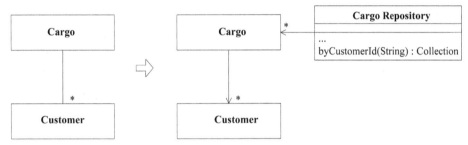

图16-5　由于双向关联会破坏分层,因此用查询来代替它

454

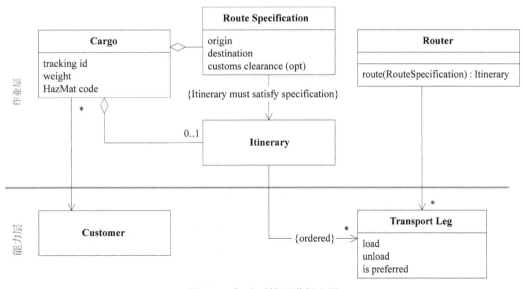

图16-6　初次对模型进行分层

16

　　虽然作业层与能力层的区别使这张图看上去很清楚了,但次序仍需要进一步细化。经过几个

星期的实验之后，团队将注意力集中在另一个特性上。在很大程度上，最初的两个层主要考虑的是当前的情况或计划。但Router（以及其他很多未在图中画出的元素）并不是当前的作业或计划的一部分。它是用来帮助修改这些计划的。因此团队定义了一个新的层，让它来负责决策支持（Decision Support）。

"决策支持"职责层

软件的这个层为用户提供了用于制定计划和决策的工具，它具有自动制定一些决策的潜能（例如，当运输时间表发生变动时，自动重新制定运送Cargo的路线）。

Router是一个SERVICE，能帮助预订代理（booking agent）选择运送货物的最佳路线。因此Router明显属于决策支持层。

现在模型中的元素基本上都按照这3个层来组织了，唯一例外的是Transport Leg的"is preferred"属性。这个属性存在的原因是公司希望在可能的情况下优先使用自己的货轮，或者是那些签订了优惠合同的公司的货轮。is preferred属性用于使Router优先选择这些首选的运输工具。这个属性与"能力层"毫无关系。它是一个用于指导决策制定的策略。为了使用新的RESPONSIBILITY LAYER，需要对模型进行重构。

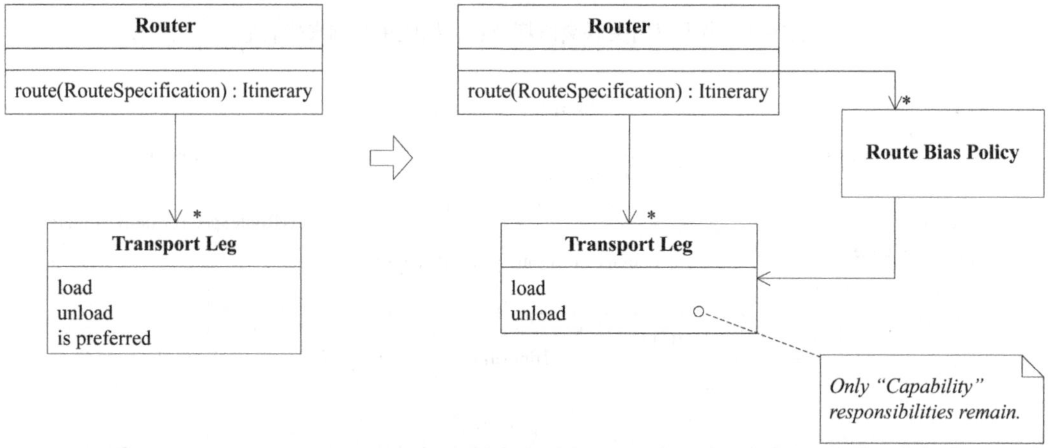

455

图16-7　对模型进行重构，使之符合新的分层结构

这次重构使Route Bias Policy变得更清楚，同时使得Transport Leg更专注于运输能力的基本概念。基于对领域的深刻理解而发现的大比例结构总是能够使模型更清楚地表达其含义。

456

现在，这个新模型更加符合大比例结构了。如图16-8所示。

开发人员在熟悉了选定的分层结构后，很容易区分出各个部分的角色和依赖关系。大比例结构的价值随着复杂度的增加而增加。

注意，虽然我使用了一个修改后的UML图来演示这个例子，但这只是为了表示分层而使用的一种方式。UML中并没有这种表示法，因此这些是作为额外的信息加上去的，目的是让读者看得更清楚。如果在你的项目中，代码就是最终的设计文档，那么最好可以使用一种可以按层查看类（或至少按照层来报告与这些类有关的信息）的工具。

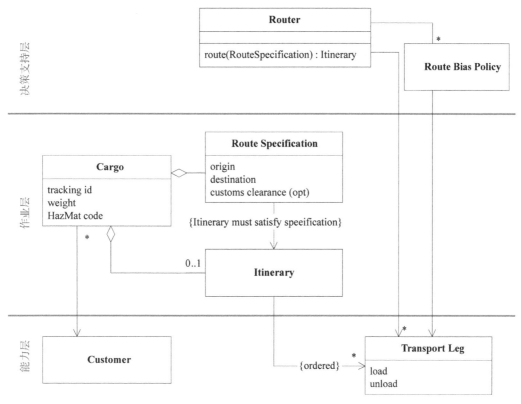

图16-8　重构后的模型

大比例结构如何影响后续设计

一旦采用了一种大比例结构，后续的建模和设计决策就必须要把它考虑在内。为了说明这一点，假设我们必须在这个已分层的设计中增加一个新特性。领域专家们刚刚告诉我们一些针对特定类别危险品的航线约束。有些危险品在某些货轮或港口上是禁止装载的。我们必须使Router遵守这些规则。

有很多可行的方法。在未使用大比例结构时，一种吸引人的设计方法是让拥有Route Specification和Hazardous Material（HazMat）代码的对象负责把这些航线规则加进来，这个对象就是Cargo。

16

457

图16-9   用于制定危险货物运送路线的一种可能的设计

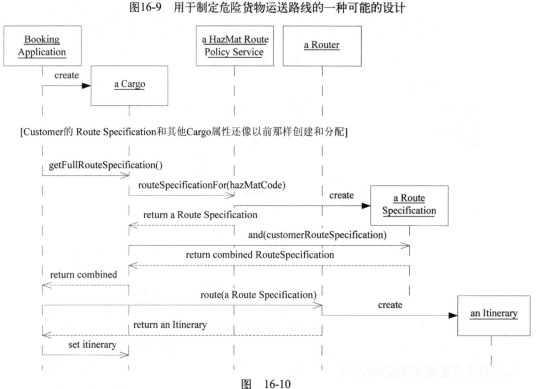

图   16-10

  问题是这种设计并不适合大比例结构。HazMat Route Policy Service并没有问题，它非常适合承担决策支持层的职责。问题在于Cargo（一个作业层对象）对HazMat Route Policy Service（一个决策支持层对象）的依赖上。只要项目还采用目前的分层，就不能使用这个模型，因为开发人员会认为设计将遵循分层结构，而这种依赖会使开发人员感到糊涂。

  可能的设计选择总会有很多，这里我们只选择另外一种设计，这种设计符合大比例结构的规则。HazMat Route Policy服务本身是完全没有问题的，但我们需要把使用它的职责转移到别处。让我们尝试让Router来承担在搜索航线之前收集相关规则的职责。这意味着要修改Router接口，把规则可能依赖的那些对象包括进来。下面就是一种可能的设计，如图16-11所示。

458

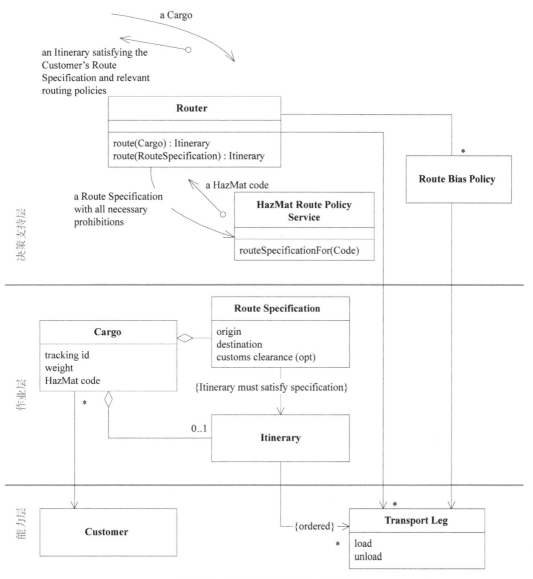

图16-11　符合分层结构的一种设计

459

一种典型的交互如图16-12所示。

　　现在的这个设计并不一定就比前面那个设计更好。二者都是各有利弊。但如果项目的所有人员都采用一致的方式来制定决策，那么整体的设计就更容易理解，因此这也值得在细小的设计选择上做出一些适度的折中。

16

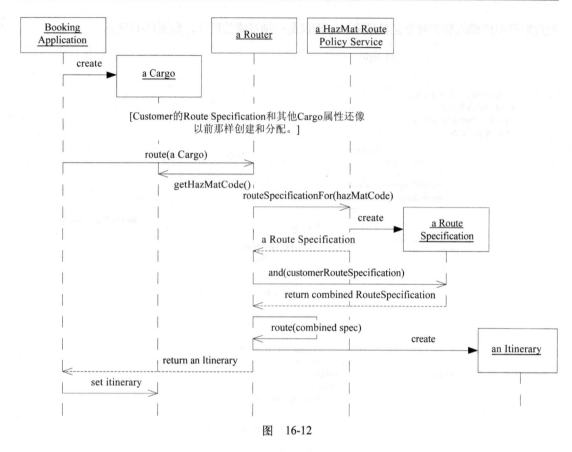

图 16-12

如果所采用的结构强制性地要求我们做出很多别扭的设计选择，那么就要遵循EVOLVING
ORDER（演变的顺序），在项目进行过程中评估这种结构，并修改甚至放弃它。

选择适当的层

要想找到一种适当的RESPONSIBILITY LAYER或大比例结构，需要理解问题领域并反复进行实
验。如果遵循EVOLVING ORDER，那么最初的起点并不是十分重要，尽管差劲的选择确实会加大
工作量。结构可能最后演变得面目全非。因此，下面将给出一些指导方针，无论是刚开始选择一
种结构，还是对已有结构进行转换，这些指导方针都适用。

当对层进行删除、合并、拆分和重新定义等操作时，应寻找并保留以下一些有用的特征。

❑ 场景描述。层应该能够表达出领域的基本现实或优先级。选择一种大比例结构与其说是
一种技术决策，不如说是一种业务建模决策。层应该显示出业务的优先级。

❑ 概念依赖性。"较高"层概念的意义应该依赖"较低"层，而低层概念的意义应该独立于
较高的层。

❑ CONCEPTUAL CONTOUR。如果不同层的对象必须具有不同的变化频率或原因，那么层应该能够容许它们之间的变化。

在为每个新模型定义层时不一定总要从头开始。在一系列相关领域中，有些层是固定的。

例如，在那些利用大型固定资产进行运作的企业（如工厂或货运）中，物流软件通常可以被组织为“潜能”层（上面例子中的“能力”层的另外一个名称）和“作业”层。

❑ 潜能层。我们能够做什么？潜能层不关心我们打算做什么，而关心能够做什么。企业的资源（包括人力资源）以及这些资源的组织方式是潜能层的核心。与供应商签订的合同也明确界定了企业的潜能。这个层几乎存在于任何业务领域中，但在那些相对来说依靠大型固定资产来支持业务运作的企业中（如运输和制造业）尤其突出。潜能也包括临时性的资产，但主要依赖临时资产来运作的企业可能会强调临时资产的层（这个层在例子中被称为“Capability”），这一点稍后会讨论。

❑ 作业层。我们正在做什么？我们利用这些潜能做了什么事情？像潜能层一样，这个层也应该反映出现实状况，而不是我们设想的状况。我们希望在这个层中看到自己的工作和活动：我们正在销售什么，而不是能够销售什么。通常来说，作业层对象可以引用潜能层对象，它甚至可以由潜能层对象组成，但潜能层对象不应该引用作业层对象。 461

在这类领域很多（也许是大部分）现有的系统中，这两个层可以涵盖一切对象（尽管可能会有某种完全不同的和更清晰的分解结构）。它们可以跟踪当前状况和正在执行的作业计划，以及问题报告或相关文档。但跟踪往往是不够的。当项目要为用户提供指导或帮助或者要自动制定一些决策时，就需要有另外一组职责，这些职责可以被组织到作业层之上的决策支持层中。

❑ 决策支持层。应该采取什么行动或制定什么策略？这个层是用来作出分析和制定决策的。它根据来自较低层（如潜能层或作业层）的信息进行分析。决策支持软件可以利用历史信息来主动寻找适用于当前和未来作业的机会。

决策支持系统对其他层（如作业层或潜能层）有概念上的依赖性，因为决策并不是凭空制定的。很多项目都利用数据仓库技术来实现决策支持。在这样的项目中，决策支持层实际上变成了一个独特的 BOUNDED CONTEXT，并且与作业软件具有一种 CUSTOMER/SUPPLIER 关系。在其他项目中，决策支持层被更深地集成到系统中，就像前面的扩展示例讲到的那样。分层结构的一个内在的优点是较低的层可以独立于较高的层存在。这样有利于在较老的作业系统上分阶段引入新功能或开发高层次的增强功能。

另一种情形是软件实施了详细的业务规则或法律需求，这些规则或需求可以形成一个 RESPONSIBILITY LAYER。

❑ 策略层。规则和目标是什么？规则和目标主要是被动的，但它们约束着其他层的行为。这些交互的设计是一个微妙的问题。有时策略会作为一个参数传给较低层的方法。有时会使用 STRATEGY 模式。策略层与决策支持层能够进行很好的协作，决策支持层提供了用于搜索策略层所设定的目标的方式，这些目标又受到策略层所设定的规则的约束。

16

462

　　策略层可以和其他层使用同一种语言来编写，但它们有时是使用规则引擎来实现的。这并不是说一定要把它们放到一个单独的BOUNDED CONTEXT中。实际上，通过在两种不同的实现技术中严格使用同一个模型，可以减小在这两种实现技术之间进行协调的难度。当规则与它们所应用的对象是基于不同模型编写的时候，要么复杂度会大大增加，要么对象会变得十分笨拙而难以管理。如图16-13所示。

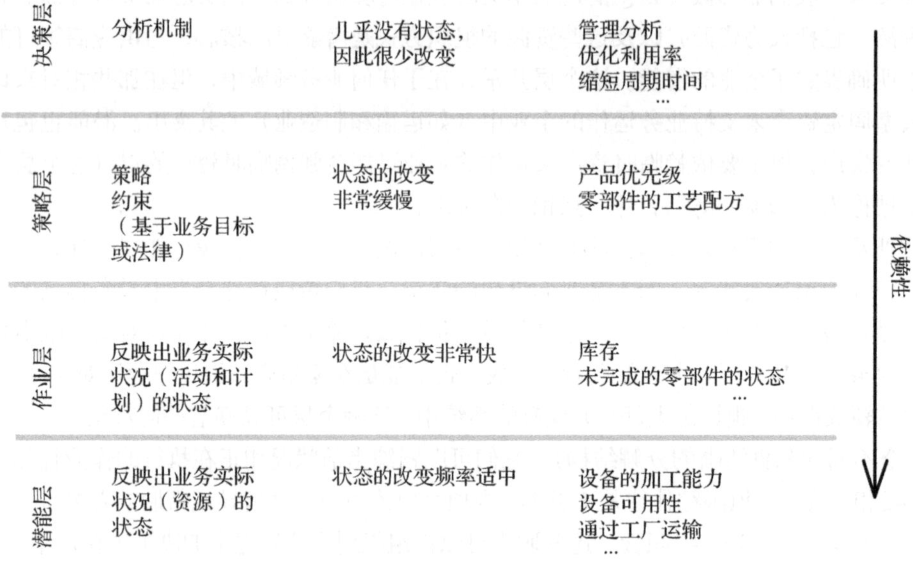

决策层	分析机制	几乎没有状态，因此很少改变	管理分析 优化利用率 缩短周期时间 …
策略层	策略 约束 （基于业务目标 或法律）	状态的改变 非常缓慢	产品优先级 零部件的工艺配方
作业层	反映出业务实际 状况（活动和计 划）的状态	状态的改变非常快	库存 未完成的零部件的状态 …
潜能层	反映出业务实际 状况（资源）的 状态	状态的改变频率适中	设备的加工能力 设备可用性 通过工厂运输 …

（右侧竖向箭头标注：依赖性）

图16-13　工厂自动化系统中的概念依赖性和切合点

　　很多企业并不是依靠工厂和设备能力来运营的。举两个例子，在金融服务或保险业中，潜能在很大程度上是由当前的运营状况决定的。一家保险公司在考虑签保单承担理赔责任时，要根据当前业务的多样性来判断是否有能力承担它所带来的风险。潜能层有可能会被合并到作业层中，这样就会演变出一种不同的分层结构。

463　　这些情况下经常出现的一个层是对客户所做出的承诺（见图16-14）。

　　❑ 承诺层。我们承诺了什么？这个层具有策略层的性质，因为它表述了一些指导未来运营的目标；但它也有作业层的性质，因为承诺是作为后续业务活动的一部分而出现和变化的。

　　潜能层和承诺层并不是互相排斥的。在有的领域中（如一家提供很多定制运输服务的运输公司），这两个层都很重要，因此可以同时使用它们。与这些领域密切相关的其他层也会用到。我们需要对分层结构进行调整和实验，但一定要使分层系统保持简单，如果层数超过4或5，就比较难处理了。层数过多将无法有效地描述领域，而且本来要使用大比例结构解决的复杂性问题又会以一种新的方式出现。我们必须对大比例结构进行严格的精简。

决策层	分析机制	几乎没有状态，因此很少改变	风险分析 投资组合分析 谈判工具 …
策略层	策略 约束 （基于业务目标或法律）	状态的改变非常缓慢	准备金限制 资产配置目标 …
承诺层	反映出业务处理和客户合同的状态	状态的改变频率适中	客户协议 联营协议 …
作业层	反映出业务实际状况（活动和计划）的状态	状态的改变非常快	未偿贷款的状态 应计款项 支付和分配 …

图16-14　投资银行系统中的概念依赖性和切合点

　　虽然这5个层对很多企业系统都适用，但并不是所有领域的主要概念都涵盖在这5个层中。有些情况下，在设计中生硬地套用这种形式反而会起反作用，而使用一组更自然的 RESPONSIBILITY LAYER 会更有效。如果一个领域与上述讨论毫无关系，所有的分层可能都必须从头开始。最后，我们必须根据直觉选择一个起点，然后通过 EVOLVING ORDER 来改进它。

16.4　模式：KNOWLEDGE LEVEL

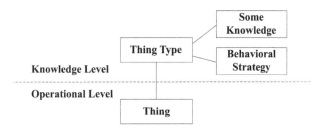

　　"KNOWLEDGE LEVEL 是"一组描述了另一组对象应该有哪些行为的对象。

[Martin Fowler，"Accountability"]

　　当我们需要让用户对模型的一部分有所控制，而模型又必须满足更大的一组规则时，可以利用 KNOWLEDGE LEVEL（知识级别）来处理这种情况。它可以使软件具有可配置的行为，其中实体中的角色和关系必须在安装时（甚至在运行时）进行修改。

　　在《分析模式》[Fowler 1996, pp. 24–27]一书中，知识级别这种模式是讨论在组织内部对责任进行建模的时候提到的，后来在会计系统的过账规则中也用到了这种模式。虽然有几章内容涉及此模式，但并没有为它单独开一章，因为它与书中所讨论的大部分模式都不相同。KNOWLEDGE

LEVEL并不像其他分析模式那样对领域进行建模，而是用来构造模型的。

为了使问题更具体，我们来考虑一下"责任"（accountability）模型。组织是由人和一些更小的组织构成的，并且定义了他们所承担的角色和互相之间的关系。不同的组织用于控制这些角色和关系的规则大不相同。有的公司分为各个"部门"，每个部门可能由一位"主管"来领导，他要向"副总裁"汇报。而有的公司则分为各个"模块"（module），每个模块由一位"经理"来领导，他要向"高级经理"汇报。还有一些组织采用的是"矩阵"形式，其中每个人都出于不同的目的而向不同的经理汇报。

一般的应用程序都会做一些假设。当这些假设并不恰当时，用户就会在数据录入字段中输入与预期不符的数据。由于语义被用户改变，因此应用程序的任何行为都可能会失败。用户将会想出一些迂回的办法来执行这些行为，或者关闭一些高级特性。他们不得不费力地找出他们的操作与软件行为之间的复杂对应关系。这样他们永远也得不到良好的服务。

当必须要对系统进行修改或替换时，开发人员（或迟或早）会发现，有一些功能的真实含义并不像它们看上去的那样。它们在不同的用户社区或不同情况下具有完全不同的含义。在不破坏这些互相叠加的含义的前提下修改任何东西都是非常困难的。要想把数据迁移到一个"更合适"的系统中，必须要理解这些奇怪的部分，并对其进行编码。

示例　**员工工资和养老金系统，第1部分**

一家中等规模公司的人力资源部门有一个用于计算工资和养老金代扣的简单程序。如图16-15和图16-16所示。

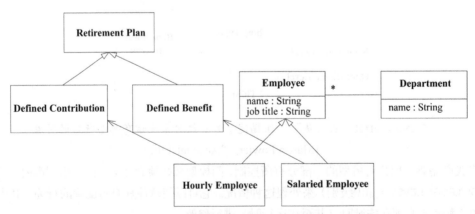

图16-15　原来的模型，在新的需求下被过多地约束

但现在，管理层决定办公室行政人员应该进入"固定受益"（Defined Benefit）退休计划。问题在于办公室行政人员是按小时付薪酬的，而这个模型不支持混合计算。因此必须修改模型。

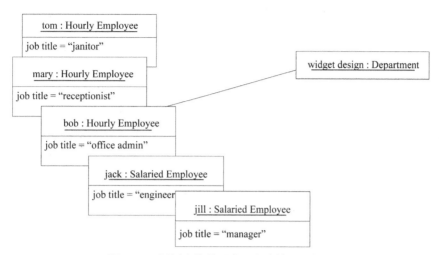

图16-16　用原来的模型表示出来的一些员工

　　下面的模型提议非常简单，只是把约束去掉了，如图16-17所示。但也会出现一些错误，如图16-18所示。

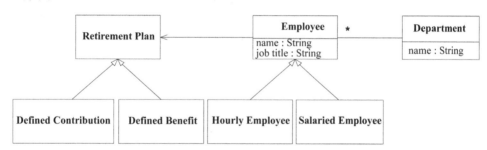

图16-17　提议的模型，现在的情况是约束过少了

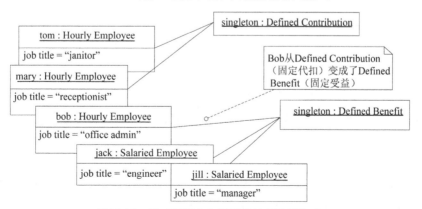

图16-18　员工可能会与错误的计划关联起来

在这个模型中，每个员工随便加入哪一种退休计划都可以，因此每位办公室行政人员都可以改变退休计划。管理层最后放弃了这个模型，因为它没有反映出公司的策略。一些行政人员可以选择"固定受益"计划，而另外一些则不能。要是使用这个模型，连门卫也可以改变退休计划。管理层需要一个能够实施以下策略的模型：

> 办公室行政人员按小时付薪酬，且采用固定受益退休计划。

这个策略暗示出job title（工作头衔）字段现在表示了一个重要的领域概念。开发人员可以重构模型，用Employee Type（员工类型）把这个概念明确显示出来，如图16-19和图16-20所示。

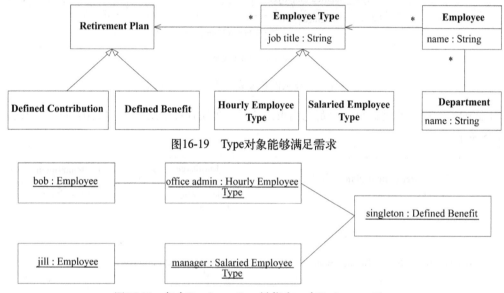

图16-19　Type对象能够满足需求

图16-20　每个Employee Type被指定一个Retirement Plan

需求可以像下面这样用UBIQUITOUS LANGUAGE来表述出来：

> 一个EMPLOYEE TYPE可以被指定两种RETIREMENT PLAN中的任何一种，也可以被指定两种工资中的任何一种。
>
> EMPLOYEE受EMPLOYEE TYPE约束。

只有superuser（超级用户）才能编辑Employee Type对象，而且只有当公司策略变更时，他才能修改此对象。人事部门的普通用户只能修改Employee对象，或只能将这些对象指定为另一种Employee Type。

这种模型可以满足需求。开发人员认识到了一两个隐含的概念，但这只是灵机一动才想到的。他们并没有具体的思路可供追查下去，因此他们暂时结束了这一天的工作。

静态模型可能引起问题。但在一个过于灵活的系统中，如果任何可能的关系都允许存在，问题一样糟糕。这样的系统使用起来会很不方便，而且会导致组织无法实施自己的规则。

让每个组织完全定制自己的软件也是不现实的，即使组织能够担负得起定制软件的费用，组织结构也可能会频繁变化。

因此，这样的软件必须为用户提供配置选项，以便反映出组织的当前结构。问题是，在模型对象中添加这些选项会使这些对象变得难于处理。要求的灵活性越高，模型就会变得越复杂。

如果在一个应用程序中，ENTITY 的角色和它们之间的关系在不同的情况下有很大变化，那么复杂性会显著增加。在这种情况下，无论是一般的模型还是高度定制的模型，都无法满足用户的需求。为了兼顾各种不同的情形，对象需要引用其他的类型，或者需要具备一些在不同情况下包括不同使用方式的属性。具有相同数据和行为的类可能会大量增加，而这些类的唯一作用只是为了满足不同的组装规则。

在我们的模型中嵌入了另一个模型，而它的作用只是描述我们的模型。KNOWLEDGE LEVEL 分离了模型的这个自我定义的方面，并清楚地显示了它的限制。

KNOWLEDGE LEVEL 是 REFLECTION（反射）模式在领域层中的一种应用，很多软件架构和技术基础设施中都使用了它，[Buschmann et al. 1996]）中给出了详尽介绍。REFLECTION 模式能够使软件具有"自我感知"的特性，并使所选中的结构和行为可以接受调整和修改，从而满足变化需要。这是通过将软件分为两个层来实现的，一个层是"基础级别"（base level），它承担应用程序的操作职责；另一个是"元级别"（meta level），它表示有关软件结构和行为方面的知识。

值得注意的是，我们并没有把这种模式叫做知识"层"（layer）。虽然 REFLECTION 与分层很类似，但反射却包含双向依赖关系。

Java 有一些最基本的内置 REFLECTION 机制，它们采用的是协议的形式，用于查询一个类的方法等。这样的机制允许用户查询有关它自己的一些设计信息。CORBA 也有一些扩展（但类似）的 REFLECTION 协议。一些持久化技术增加了更丰富的自描述特性，在数据表与对象之间提供了部分自动化的映射。还有其他一些技术例子。这种模式也可以在领域层中使用。

KNOWLEDGE LEVEL 与 REFLECTION 所使用的术语比较

Fowler 的术语	POSA[①] 的术语
知识级别	元级别
操作级别	基础级别

要明确的一点是，编程语言的反射工具并不是用于实现领域模型的 KNOWLEDGE LEVEL 的。这些元对象描述的是语言构造本身的结构和行为。相反，KNOWLEDGE LEVEL 必须使用普通对象来构造。

---

① POSA 是 *Pattern-Oriented Software Architecture*[Buschmann et al. 1996]一书的缩写。

KNOWLEDGE LEVEL具有两个很有用的特性。首先，它关注的是应用领域，这一点与人们所熟悉的REFLECTION模式的应用正好相反。其次，它并不追求完全的通用性。正如一个SPECIFICATION可能比通用的断言更有用一样，专门为一组对象和它们的关系定制的一个约束集可能比一个通用的框架更有用。KNOWLEDGE LEVEL显得更简单，而且可以传达设计者的特别意图。

470

因此：

创建一组不同的对象，用它们来描述和约束基本模型的结构和行为。把这些对象分为两个"级别"，一个是非常具体的级别，另一个级别则提供了一些可供用户或超级用户定制的规则和知识。

像所有有用的思想一样，REFLECTION和KNOWLEDGE LEVEL可能令人们感到振奋，但不应滥用这种模式。它确实能够使对象不必为了满足各种不同情形下的需求而变得过于复杂，但它所引入的间接性也会使系统变得更模糊。如果KNOWLEDGE LEVEL太复杂，开发人员和用户就很难理解系统的行为。负责配置它的用户（或超级用户）最终将需要具备程序员的技能，甚至需要掌握处理元数据的技能。如果他们出现了错误，应用程序也将会产生错误行为。

而且，数据迁移的基本问题并没有完全得到解决。当KNOWLEDGE LEVEL中的某个结构发生变化时，必须对现有的操作级别中的对象进行相应的处理。新旧对象确实可以共存，但无论如何都需要进行仔细的分析。

所有这些问题为KNOWLEDGE LEVEL的设计人员增加了一个沉重的负担。设计必须足够健壮，因为不仅要解决开发中可能出现的各种问题，而且还要考虑到将来用户在配置软件时可能会出现的各种问题。如果得到合理的运用，KNOWLEDGE LEVEL能够解决一些其他方式很难解决的问题。如果系统中某些部分的定制非常关键，而要是不提供定制能力就会破坏掉整个设计，这时就可以利用知识级别来解决这一问题。

示例   **员工工资和养老金系统，第2部分：KNOWLEDGE LEVEL**

471

我们的团队成员又回来了，经过了一夜的休息，他们恢复了精神，团队中的一个人对系统中一个难处理的问题有了点思路。为什么有些对象要被限制起来，而其他对象则可以自由编辑呢？那些受限制的对象让他想到了KNOWLEDGE LEVEL模式，他决定尝试着从这个角度来观察一下模型，才发现本来就可以用这种方式来观察模型的。

从图16-21可以看出，受限制的对象都在KNOWLEDGE LEVEL中，而可以自由编辑的对象都在操作级别中，区分得非常清楚。虚线上面的所有对象描述了类型或长期策略。Employee Type有效地把行为加在Employee上。

这位开发人员把他的想法告诉了大家，这使另一个人又产生了另一个想法。按照KNOWLEDGE LEVEL对模型进行组织后，模型变得更清晰了，这使她一下子发现了昨天困扰她的那个问题——两个完全不同的概念被合并到同一个模型中。昨天她在团队讨论所使用的语言中就听到了这个问题，只是没有注意到而已：

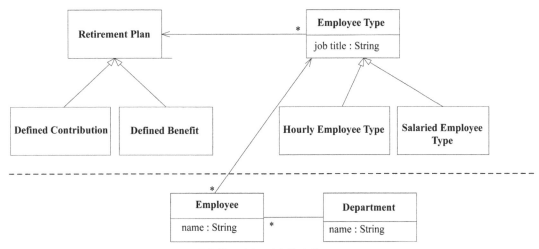

图16-21　从现有模型中识别出隐含的 KNOWLEDGE LEVEL

> 一个Employee Type可以被指定两种Retirement Plan中的任何一种，也
> 可以被指定两种工资中的任何一种。

但这实际上并不是用 UBIQUITOUS LANGUAGE 中来表达的声明。模型中并没有"payroll"（工资）。他们只是根据自己的需要来讲话，而没有使用实际就有的通用语言。payroll的概念在模型中是隐含的，与Employee Type混在一起。在分离出 KNOWLEDGE LEVEL 以前，它并不明显，而且这个声明中的所有元素都出现在同一个级别上，只有一个元素例外。 472

根据这种理解，她重构了一个真正支持该声明的模型。

为了让用户控制那些制约对象之间关联的规则，开发团队开发了一个包含隐含 KNOWLEDGE LEVEL 的模型。

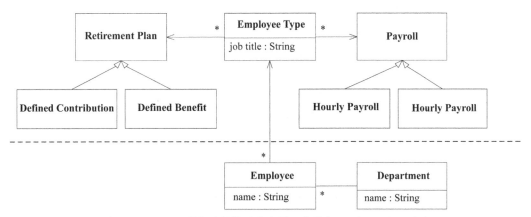

图16-22　Payroll现在已经显示出来了，它已与Employee Type分离

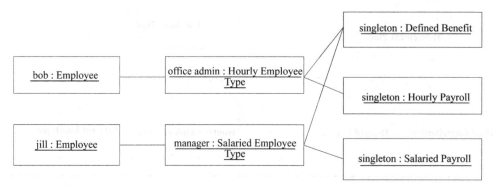

图16-23　每个Employee Type现在都有一个Retirement Plan和一个Payroll

特有的访问约束和一种"事物-事物"型的关系对开发团队起到了提示的作用，使他们看出了隐含的KNOWLEDGE LEVEL。一旦KNOWLEDGE LEVEL被分离出来，它就能够使模型变得非常清晰，从而可以通过提取出Payroll将两个重要的领域概念分开。

像其他大比例结构一样，KNOWLEDGE LEVEL也不是必须要使用的。没有它，对象照样能工作，而且团队可能仍能够认识到他们需要将Employee Type与Payroll分离。当项目进行到某个时刻，这种结构看起来已经没什么作用了，那么就可以放弃它。但现在它对于描述系统很有用，并且能够帮助开发人员理解模型。

＊　＊　＊

乍看上去，KNOWLEDGE LEVEL像是RESPONSIBILITY LAYER（特别是策略层）的一个特例，但它并不是。首先，两个级别之间的依赖性是双向的，而在层次结构中，较低的层不依赖于较高的层。

实际上，RESPONSIBILITY LAYER可以与其他大部分的大比例结构共存，它提供了另一种用来组织模型的维度。

16.5　模式：PLUGGABLE COMPONENT FRAMEWORK

在深入理解和反复精炼基础上得到的成熟模型中，会出现很多机会。通常只有在同一个领域中实现了多个应用程序之后，才有机会使用PLUGGABLE COMPONENT FRAMEWORK（可插入式组件框架）。

＊　＊　＊

当很多应用程序需要进行互操作时，如果所有应用程序都基于相同的一些抽象，但它们是独立设计的，那么在多个BOUNDED CONTEXT之间的转换会限制它们的集成。各个团队之间如果不能紧密地协作，就无法形成一个SHARED KERNEL。重复和分裂将会增加开发和安装的成本，而且

互操作会变得很难实现。

一些成功的项目将它们的设计分解为组件，每个组件负责提供某些类别的功能。通常所有组件都插入到一个中央hub上，这个hub支持组件所需的所有协议，并且知道如何与它们所提供的接口进行对话。还有其他一些将组件连在一起的可行模式。对这些接口以及用于连接它们的hub的设计必须要协调，而组件内部的设计则可以更独立一些。

有几个广泛使用的技术框架支持这种模式，但这只是次要问题。一种技术框架只有在能够解决某类重要技术问题的时候才有必要使用，如在设计分布式系统或在不同应用程序中共享一个组件时。可插入式组件框架的基本模式是职责的概念组织，它很容易在单个的Java程序中使用。

因此：

从接口和交互中提炼出一个ABSTRACT CORE，并创建一个框架，这个框架要允许这些接口的各种不同实现被自由替换。同样，无论是什么应用程序，只要它严格地通过ABSTRACT CORE的接口进行操作，那么就可以允许它使用这些组件。

高层抽象被识别出来，并在整个系统范围内共享，而特化（specialization）发生在MODULE中。应用程序的中央hub是SHARED KERNEL内部的ABSTRACT CORE。但封装的组件接口可以把多个BOUNDED CONTEXT封装到其中，这样，当很多组件来自多个不同地方时，或者当组件中封装了用于集成的已有软件时，可以很方便地使用这种结构。

这并不是说不同组件一定要使用不同的模型。只要团队采用了CONTINUOUS INTEGRATE，或者为一组密切相关的组件定义了另一个SHARED KERNEL，那么就可以在同一个CONTEXT中开发多个组件。在PLUGGABLE COMPONENT FRAMEWORK这种大比例结构中，所有这些策略很容易共存。在某些情况下，还有一种选择是使用一种PUBLISHED LANGUAGE来编写hub的插入接口。

PLUGGABLE COMPONENT FRAMEWORK也有几个缺点。一个缺点是它是一种非常难以使用的模式。它需要高精度的接口设计和一个非常深入的模型，以便把一些必要的行为捕获到ABSTRACT CORE中。另一个很大的缺点是它只为应用程序提供了有限的选择。如果一个应用程序需要对CORE DOMAIN使用一种非常不同的方 法，那么可插入式组件框架将起到妨碍作用。开发人员可以对模型进行特殊修改，但如果不更改所有不同组件的协议，就无法修改ABSTRACT CORE。这样一来，CORE的持续精化过程（也是通过重构得到更深层理解的过程）在某种程度上会陷入僵局。

[Fayad and Johnson 2000]中详细介绍了在几个领域中使用 PLUGGABLE COMPONENT FRAMEWORK的大胆尝试，其中包括对SEMATECH CIM框架的讨论。要想成功地使用这些框架，需要综合考虑很多事情。最大的障碍可能就是人们的理解不那么成熟，要想设计一个有用的框架，必须要有成熟的理解。PLUGGABLE COMPONENT FRAMEWORK不适合作为项目的第一个大比例结构，也不适合作为第二个。最成功的例子都是在完全开发出了多个专门应用之后才采用这种结构的。

示例　**SEMATECH CIM 框架**

在一家生产计算机芯片的工厂中，一组一组的硅片（称为lot）从一台机器传送到另一台机器，通过上百道加工工序，直到印刷上微电路并完成蚀刻。工厂需要一个软件来跟踪每个lot，记录下来它上面已经完成的加工，然后指挥工人或自动设备把它送到下一台正确的机器上，并进行下一次正确的加工。这样的软件称为制造执行系统（Manufacturing Execution System，MES）。

工厂使用了数十家供应商生产的数百台不同的机器，每道工序都仔细设计了定制的配方。为这个复杂的混合加工过程开发MES软件是一项异常艰巨的任务，而且费用也十分高昂。为了解决这些问题，SEMATECH（一家行业协会）开发了CIM框架。

CIM框架庞大而复杂，它有很多方面，但只有两个方面与我们这里的讨论相关。首先，这个框架为半导体MES领域的基本概念定义了抽象接口，换言之，以ABSTRACT CORE的形式定义了CORE DOMAIN。这些接口定义既包括行为上的，也包括语义上的。

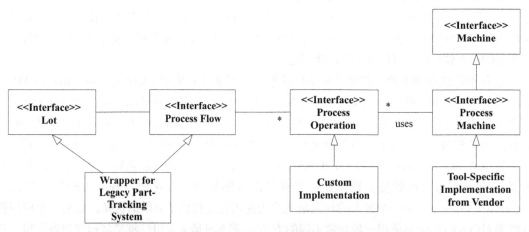

图16-24　高度简化的CIM接口子集，提供了一些实现样例

如果某家供应商生产了一种新的机器，他们必须开发Process Machine接口的一个专用实现。只要他们遵守该接口，他们的机器控制组件就可以插入到任何基于CIM框架的应用程序中。

在定义了这些接口之后，SEMATECH又定义了组件在应用程序中进行交互时需要遵守的规则。任何基于CIM框架的应用程序都必须实现一个协议，通过这个协议来为那些已经实现部分接口的对象提供服务。如果这个协议已经实现，而且应用程序严格遵守抽象接口，那么这个应用程序就可以使用这些接口所提供的服务，而不用管它们是如何实现的。这些接口以及为了使用接口而实现的协议组合在一起，构成了具有严格限制的大比例结构。

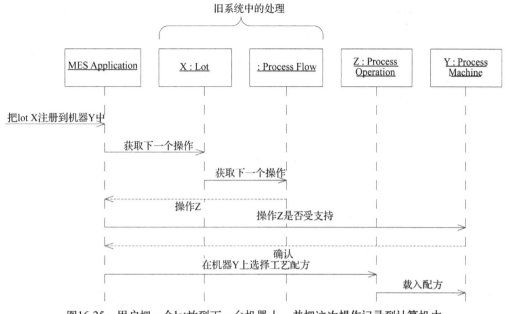

图16-25　用户把一个lot放到下一台机器上，并把这次操作记录到计算机中

　　这个框架需要使用专门的基础设施。它主要使用CORBA来提供持久化、事务、事件和其他技术服务。但它的PLUGGABLE COMPONENT FRAMEWORK的定义很有趣，它允许人们独立开发软件，并把开发出来的软件平滑地集成到庞大的系统中。没有人会知道这个系统中的所有细节，但每个人都理解整体视图。

✳　✳　✳

　　数千人是如何分工来制作一个由40 000多个拼块组成的"艾滋病纪念拼被"的？
　　几条简单的规则为"艾滋病拼被"提供了一种大比例结构，而细节则由各个志愿者来完成。注意规则重点关注的3个方面，一是整体任务（纪念那些因艾滋病而死去的人们），二是各个拼块所具有的那些使其容易拼到整体中的特性，三是处理更大的拼块的能力（如把它折叠起来）。

以下就是艾滋病纪念拼被的一个拼块的制作方法
[摘自艾滋病纪念拼被网站]

设计拼块
把要纪念的人的名字写到拼块上。可以自由加入其他一些信息，如出生、死亡日期和出生地等，每个拼块仅限一人……

选择你的材料
记住，被单要被折叠和打开许多次，因此材料的耐久性很重要。由于胶会随着时间失效，因此最好把东西缝到拼块上。最好使用重量适中、不具有拉伸性的布料，如棉帆布或毛葛。

设计可以采用横向或纵向，但最终镶好边的拼块必须是3英尺×6英尺（约90 cm×180 cm）——不能多也不能少！裁剪布料时，每个边留出2~3英寸的镶边。如果你自己不能镶边，我们会为你代劳。无须为拼块缝制夹层，但建议在背面缝一个衬垫，这样当把拼块放到地上时，可以保持干净，也有助于保持布料不变形。

制作拼块

制作拼块时可能会用到以下技术。

- 缝饰：在背景布料上缝上其他的织物、信件或小的纪念品。不要使用胶水，因为它很容易失效。
- 用颜料涂色：刷上纺织颜料或快速上色染料，也可以使用不褪色的墨水笔。不要使用"棉花彩"[①]，因为它的黏性太大了。
- 模绘：用铅笔把你的设计画到布料上，然后把得到的模板垫高，再用刷子涂上纺织颜料或不褪色的标记。
- 拼贴：在拼块上使用的材料一定不要把布料划破（因此不要使用玻璃和金属片），还要注意不要使用体积很大的物品。
- 照片：加照片或信件的最好方法是把它们影印到烫印转印纸（iron-on transfer）上，再由烫印转印纸印到100%的纯棉布料上，再把这块布料缝到拼块上。也可以用乙烯材料把照片塑封起来，再缝到拼块上（不要放在中央，以避免折叠）。

16.6　结构应该有一种什么样的约束

本章所讨论的大比例结构很广泛，从非常宽松的 SYSTEM METAPHOR 到严格的 PLUGGABLE COMPONENT FRAMEWORK。当然，还有很多其他结构，而且，甚至在一个通用的结构模式中，在制定规则上也可以选择多种不同的严格程度。

例如，RESPONSIBILITY LAYER 规定了一种用于划分模型概念以及它们的依赖性的方式，但我们也可以添加一些规则，来指定各个层之间的通信模式。

假设有一家制造厂，每个零件在哪台机器上加工（根据工艺配方）完全由软件来指挥。正确的加工命令是从策略层发出的，并在作业层执行。但工厂的实际生产不可避免地会有错误。实际情况将与软件的规则不符。现在，作业层必须要反映出工厂的实际情况，这意味着当一个零件偶然被放到一台错误的机器上时，机器必须无条件地接受它。这种异常情况需要以某种方式传递到更高的层。然后，决策制定层可以利用其他策略来纠正这种情况，可以把该零件重新送到修理流程或直接丢弃它。但作业层不知道较高层的任何信息。通信必须是单向的，不能让较低层产生对

---

① 棉花彩（puffy paint）一种绘画颜料，可以画在纸、石头、木头、金属等上，干后用电吹风加热即可产生浮凸效果。

——译者注

较高层的依赖性。

通常，这种信号传递是通过某种事件机制实现的。每当作业层对象的状态发生变化时，它们就将生成事件。策略层对象将监听来自较低层的相关事件。如果一个事件违反了某个规则，该规则将执行一个动作 (规则定义的一部分) 来给出适当的响应，或者生成一个事件反馈给更高的层，以便帮助更高的层做出决策。

例如，在银行中，当投资组合中的某些部分发生变动时，资产的价值会发生改变 (作业层)。当这些值超过投资组合的配置限制时 (策略层)，交易商可能就会接到通知，然后他可以通过买入或卖出资产来恢复平衡。

我们可以为每种不同的情况设计不同的事件机制，也可以让特殊层中的对象在交互时遵守一种一致的模式。结构越严格，一致性就越高，设计也越容易理解。如果结构适当的话，规则将推动开发人员得出好的设计。不同的部分之间会更协调。

另一方面，约束也会限制开发人员所需的灵活性。在异构系统中，特别是当系统使用了不同的实现技术时，可能无法跨越不同的 BOUNDED CONTEXT 来使用非常特殊的通信路径。

因此一定要克制，不要滥用框架和死板地实现大比例结构。大比例结构的最重要的贡献在于它具有概念上的一致性，并帮助我们更深入地理解领域。每条结构规则都应该使开发变得更容易实现。

16.7　通过重构得到更适当的结构

在当今这个时代，软件开发行业正在努力摆脱过多的预先设计，因此一些人会把大比例结构看作是倒退回了过去那段使用瀑布架构的令人痛苦的年代。但实际上，只有深入地理解领域和问题才能发现一种非常有用的结构，而获得这种深刻的理解的有效方式就是迭代开发过程。

团队要想坚持 EVOLVING ORDER 原则，必须在项目的整个生命周期中大胆地反复思考大比例结构。团队不应该一成不变地使用早期构思出来的那个结构，因为那时所有人对领域或需求的理解都不够完善。

遗憾的是，这种演变意味着最终的结构不会在项目一开始就被发现，而且我们必须在开发过程中进行重构，以便得到最终的结构。这可能很难实现，而且需要高昂的代价，但这样做是非常必要的。有一些通用的方法可以帮助控制成本并最大化收益。

16.7.1　最小化

控制成本的一个关键是保持一种简单、轻量级的结构。不要试图使结构面面俱到。只需解决最主要的问题即可，其他问题可以留到后面一个一个地解决。

开始最好选择一种松散的结构，如 SYSTEM METAPHOR 或几个 RESPONSIBILITY LAYER。不管怎样，一种最小化的松散结构可以起到轻量级的指导作用，它有助于避免混乱。

16.7.2　沟通和自律

整个团队在新的开发和重构中必须遵守结构。要做到这一点，整个团队必须理解这种结构。必须把术语和关系纳入到UBIQUITOUS LANGUAGE中。

大比例结构为项目提供了一个术语表，它概要地描述了整个系统，并且使不同人员能够做出一致的决策。但由于大多数大比例结构只是松散的概念指导，因此团队必须要自觉地遵守它。

如果很多人不遵守结构，它慢慢就会失去作用。这时，结构与模型和实现的各个部分之间的关系无法总是在代码中明确地反映出来，而且功能测试也不再依赖结构了。此外，结构往往是抽象的，因此很难保证在一个大的团队（或多个团队）中一致地应用它。

在大多数团队中，仅仅通过沟通是不足以保证在系统中采用一致的大比例结构的。至关重要的一点是要把它合并到项目的通用语言中，并让每个人都严格地使用UBIQUITOUS LANGUAGE。

16.7.3　通过重构得到柔性设计

其次，对结构的任何修改都可能导致大量的重构工作出现。随着系统复杂度的增加和人们理解的加深，结构会不断演变。每次修改结构时，必须修改整个系统，以便遵守新的秩序。显然这需要付出大量工作。

但这并不像听上去那么糟糕。根据我的观察，采用了大比例结构的设计往往比那些未采用的设计更容易转换。即使是从一种结构更改为另一种结构（例如，从METAPHOR改为LAYER）也是如此。我无法完全解释清楚这是什么原因。部分原因是当完全理解了某个系统的当前布局之后，再重新安排它就会更容易，而且先前的结构使得重新布局变得更容易。还有部分原因是用于维护先前结构的那种自律性已经渗透到了系统的各个方面。但我觉得还有更多的原因，因为当一个系统先前已经使用了两种结构时，它的更改甚至更加容易。

一件新皮夹克穿起来又硬又不舒服，但穿了一天之后，肘部经过若干次弯曲后就会变得更容易弯曲。再穿几天之后，肩部也会变得宽松，夹克也更容易穿上了。几个月后，皮质开始变得柔软，穿着会更舒适，也更容易穿上。同样，对模型反复进行合理的转换也有相同效果。不断增加的知识被合并到模型中，更改的要点已经被识别出来，并且更改也变得更灵活，同时模型中一些稳定的部分也得到了简化。这样，底层领域的更显著的CONCEPTUAL CONTOUR就会在模型结构中浮现出来。

16.7.4　通过精炼可以减轻负担

对模型施加的另一项关键工作是持续精炼。这可以从各个方面减小修改结构的难度。首先，从CORE DOMAIN中去掉一些机制、GENERIC SUBDOMAIN和其他支持结构，需要重构的内容就少多了。

如果可能的话，应该把这些支持元素简单地定义成符合大比例结构的形式。例如，在一个

RESPONSIBILITY LAYER系统中，可以把GENERIC SUBDOMAIN定义成只适合放到某个特定层中。当使用了PLUGGABLE COMPONENT FRAMEWORK的时候，可以把GENERIC SUBDOMAIN定义成完全由某个组件拥有，也可以定义成一个SHARED KERNEL，供一组相关组件使用。这些支持元素可能需要进行重构，以便找到它们在结构中的适当位置，但它们的移动与CORE DOMAIN是独立的，而且移动也限制在很小的范围内，因此更容易实现。最后，它们都是次要元素，因此它们的精化不会影响大局。

　　通过精炼和重构得到更深层理解的原理甚至也适用于大比例结构本身。例如，最初可以根据对领域的初步理解来选择分层结构，然后逐步用更深层次的抽象（这些抽象表达了系统的基本职责）来代替它们。这种极高的清晰度使人们能够透彻地理解领域，这也是我们的目标。它也是一种使系统的整体控制变得更容易、更安全的手段。

483

16

第 **17** 章

领域驱动设计的综合运用

前面3章给出了战略层面上应用领域驱动设计的很多原则和技术。在一个大的、复杂的系统中，可能需要在一个设计中综合运用几种策略。那么，大型结构如何与 CONTEXT MAP共存？应该把构造块放到哪里？第一步先做什么？第二步和第三步呢？如何设计你的战略？

17.1 把大型结构与BOUNDED CONTEXT结合起来使用

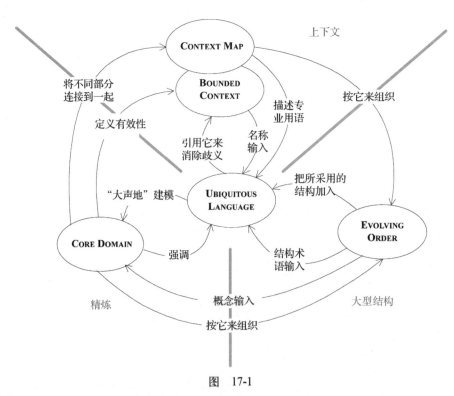

图 17-1

战略设计的3个基本原则（上下文、精炼和大型结构）并不是可以互相代替的，而是互为补充，并且以多种方式进行互动。例如，一种大型结构可以存在于一个BOUNDED CONTEXT中，也可以跨越多个BOUNDED CONTEXT存在，并用于组织CONTEXT MAP。

前面的RESPONSIBILITY LAYER的例子被限定在一个BOUNDED CONTEXT中。这是解释这一思想的最简单的方法，也是该模式的一般用法。在这样的简单场景中，层名称的含义仅用于该CONTEXT，该CONTEXT中的模型元素或子系统接口的名称也是如此。

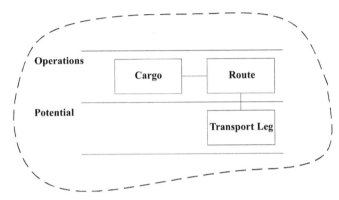

图17-2　在单一的BOUNDED CONTEXT内部构造一个模型

这样的局部结构在一个非常复杂但统一的模型中是很有用的，它使系统所能承受的复杂度上限提高了，进而使得在一个BOUNDED CONTEXT中可以维护更多的对象。

但是在很多项目中，更大的挑战是理解怎样使各个不同的部分构成一个整体，如图17-3所示。这些部分可能被划分到不同的BOUNDED CONTEXT中，但是各个部分在整个集成系统中的作用是什么，它们之间又是如何互相关联的？理解了这些问题之后就可以用大型结构来组织CONTEXT MAP。在这种情况下，结构的术语适用于整个项目（或至少是项目中某个明确限定的部分）。

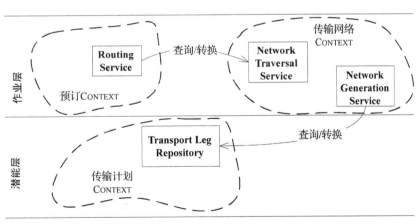

图17-3　在不同BOUNDED CONTEXT的组件关系上所使用的结构

假设你打算采用RESPONSIBILITY LAYER模式，但你有一个遗留系统，它的组织结构与你想要采用的大型结构不一致。那么是否必须放弃LAYERS模式？不必，但是你必须确定遗留系统在新结构中的位置，如图17-4所示。实际上，RESPONSIBILITY LAYER可能有助于刻画遗留系统的特征。遗留系统所提供的SERVICE可以被限定到几个层中。如果我们能够说出遗留系统与哪几个特定的RESPONSIBILITY LAYER相符，那么这就非常精确地描述了遗留系统的范围和角色的关键方面。

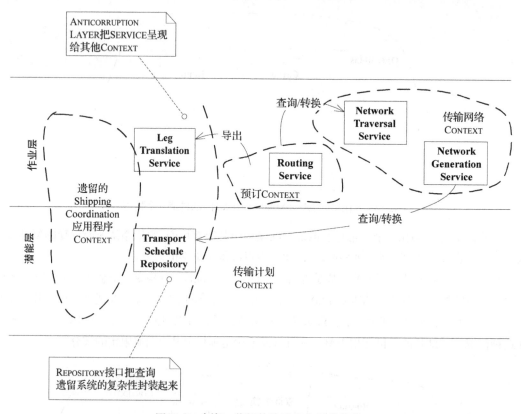

图17-4　允许一些组件跨越多个层的结构

如果遗留子系统的功能是通过一个FACADE来访问的，那么设计时，该FACADE所提供的每个SERVICE应该只在一个层中，不跨越多个层。

在这个示例中，Shipping Coordination应用程序是一个遗留系统，它的内部机制是作为一个无差别的整体呈现出来的。但如果项目团队已经很好地建立了一种跨CONTEXT MAP的大型结构，那么团队可以选择在他们的CONTEXT中按照已经熟悉的层来组织模型，如图17-5所示。

当然，由于每个BOUNDED CONTEXT都是其自己的命名空间，因此在一个CONTEXT中可以使用一种结构来组织模型，而在相邻的CONTEXT中则可以使用另一种结构，然后再使用一种别的结构来组织CONTEXT MAP。但是，使用过多的结构会损害大型结构作为项目统一概念集的价值。

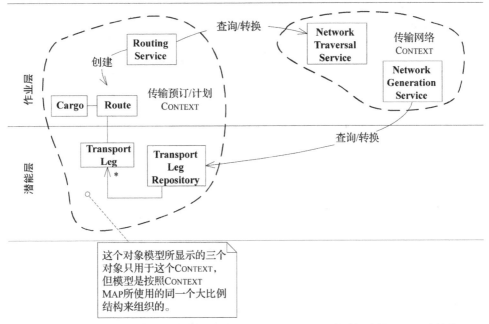

图17-5　在一个CONTEXT中和整个CONTEXT MAP（作为一个整体）中使用同一种结构

17.2　将大型结构与精炼结合起来使用

大型结构和精炼的概念也是互为补充的。大型结构可以帮助解释CORE DOMAIN内部的关系以及GENERIC SUBDOMAIN之间的关系，如图17-6所示。

同时，大型结构本身可能也是CORE DOMAIN的一个重要部分。例如，把潜能层、作业层、策略层和决策支持层区分开，能够提炼出对软件所要解决的业务问题的基本理解。当项目被划分为多个BOUNDED CONTEXT时，这种理解尤其有用，这样CORE DOMAIN的模型对象就不会具有过多的含义。

17.3　首先评估

当对一个项目进行战略设计时，首先需要清晰地评估现状。

(1) 画出CONTEXT MAP。你能画出一个一致的图吗？有没有一些模棱两可的情况？

(2) 注意项目上的语言使用。有没有UBIQUITOUS LANGUAGE？这种语言是否足够丰富，以便帮助开发？

(3) 理解重点所在。CORE DOMAIN被识别出来了吗？有没有DOMAIN VISION STATEMENT？你能写一个吗？

(4) 项目所采用的技术是遵循MODEL-DRIVEN DESIGN，还是与之相悖？

488

17

(5) 团队开发人员是否具备必要的技能?

(6) 开发人员是否了解领域知识? 他们对领域是否感兴趣?

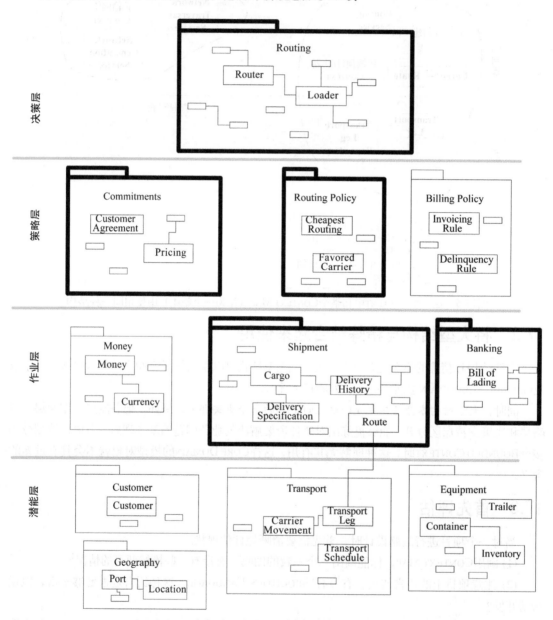

图17-6 通过分层把CORE DOMAIN的MODULE (用粗框显示) 和GENERIC SUBDOMAIN分
得更清楚

当然，我们不会发现完美的答案。我们现在对项目的了解永远不如将来的了解深入。但这些问题为我们提供了一个可靠的起点。当知道了这些问题的初步答案后，我们就会明白什么是最迫切需要解决的。随着时间的推进，我们可以得出更精炼的答案，特别是 CONTEXT MAP、DOMAIN VISION STATEMENT，以及其他创建出来的工件，这些答案都反映出了变化的情况和新的理解。

17.4　由谁制定策略

传统上，架构是在应用程序开发开始之前建立的，并且在这种组织中，负责建立架构的团队比应用开发团队拥有更大的权力。但我们并不一定得遵循这种传统的方式，因为它并不总是十分有效。

战略设计必须明确地应用于整个项目。项目有很多组织方式，这一点我并不想做过多的说明。但是，要想使决策制定过程更有效，需要注意一些基本问题。

首先，我们简单介绍一下我曾见过的两种在实践中具有一定价值的风格（摒弃了传统的"由高层制定决策"的做法）。

17.4.1　从应用程序开发自动得出的结构

一个非常善于沟通、懂得自律的团队在没有核心领导的情况下照样能够很好地工作，他们能够遵循 EVOLVING ORDER 来达成一组共同遵守的原则，这样就能够有机地形成一种秩序，而不用靠命令来约束。

这是极限编程团队的典型模式。从理论上讲，任何一对儿编程人员都可以根据自己的理解来完全自发地创建一种结构。通常，让团队中的一个人（或几个人）来承担大型结构的一些监管职责有利于保持结构统一。如果这位承担监管职责的非正式的领导人也是一位负责具体工作的开发人员（仲裁者和协调员），而不是决策的唯一制定者，那么这种方法将特别有效。在我见过的极限编程团队中，这样的策略设计领导者可能会自动出现，而且通常在教练中产生。不管这个自动出现的领导人是谁，他仍然是开发团队的成员之一。由此可见，开发团队必须至少有几位具有这样才干的人，由他们来制定一些运用到整个项目中的设计决策。

当多个团队使用同一种大型结构时，密切相关的团队可以开始非正式的协作。在这种情况下，对这种大型结构，每个应用程序团队仍会产生各自的想法，而其中一些具体选择会由一个非正式的委员会来讨论，这个委员会由各个团队的代表组成。在评估了这些选择对设计的影响之后，委员会决定是采用它、修改它，还是放弃它。团队在这种松散的合作关系下一起前进。这种安排要想发挥作用，需要保证：团队数目相对较少，各个团队之间能够一致地保持彼此协调，他们的设计能力大致相同，而且他们的结构需求基本一致，可以通过同一种大型结构来满足。

17.4.2　以客户为中心的架构团队

当几个团队共用同一种策略时，确实需要集中制定一些决策。架构师如果脱离实际开发工作，就可能会设计出失败的模型,但这是完全可以避免的。架构团队可以把自己放在与应用开发团队平等的位置上,帮助他们协调大型结构、BOUNDED CONTEXT边界和其他一些跨团队的技术问题。为了在这个过程中发挥作用,架构团队必须把思考的重点放在应用程序的开发上。

在组织结构图中,这样的团队看起来与传统的架构团队没什么分别,但实际上二者在每一项活动中都存在不同。架构团队的成员是真正的开发协作者,他们与开发人员一起发现模式,与各个团队一起通过反复实验进行精炼,并亲自动手参与开发工作。

这种场景我曾经见到过几次,项目最终会由一位架构师来领导,下面列出的大部分工作都会由他来完成。

17.5 制定战略设计决策的6个要点

决策必须传达到整个团队

显然,如果不能确保团队中的所有人都知道策略并去遵守它,那么策略也就失去了作用。这个要求引导人们以架构团队(具有正式的"权威")为中心组织到一起,以便在整个项目中应用一致的规则。然而具有讽刺意味的是,那些脱离实际开发工作的架构师往往会被人们忽略或躲开。如果架构师没有实践经验,又试图把他们自己的规则强加于实际的应用程序,那么他们所设计出来的模式就会不切实际,这时开发人员除了忽略他们之外别无选择。

在一个沟通良好的项目中,应用开发团队所产生的策略设计实际上会更有效地传播到每个人。这样策略将会实际发挥作用,而且具有权威性,因为它是通过集体智慧制定的决策。

无论开发什么系统,都不要用管理层所授予的权力来强制地推行战略决策,而应该更多地关注开发人员与策略之间的实际关系。

决策过程必须收集反馈意见

无论是建立组织原则、大型结构还是那些微妙的精炼,都需要真正理解项目的需求和领域概念。那些唯一具有这方面深层次知识的人就是应用程序开发团队的成员。这解释了为什么架构团队所创建的应用架构很少对项目产生帮助,尽管我们必须承认很多架构师都非常有才能。

与技术基础设施和架构不同,战略设计虽然影响到所有的开发工作,但是它本身并不需要编写很多代码。战略设计真正需要的是应用开发团队的参与。经验丰富的架构师可以听取来自各个团队的想法,并促进总体解决方案的开发。

我曾经与一个技术架构团队合作过,这个团队把成员轮流派到使用其架构的各个应用开发团队中。这种流动性使架构团队亲身体验到了开发人员所面临的挑战,同时也把如何应用框架的知识传播给了开发人员。战略设计同样需要这种紧密的反馈循环。

计划必须允许演变

有效的软件开发是一个高度动态的过程。如果最高层的决策已经固定下来,那么当团队需要对变更做出响应时,选择就会更少。遵循EVOLVING ORDER这一原则,可以避免出现这个问题,因为它强调的是根据理解的不断加深来调整大型结构。

当很多设计决策过早地固定下来时，开发团队可能会束手束脚，失去解决问题的灵活性。因此，虽然那些为了协调项目而制定的原则可能很有价值，但原则必须能够随着项目开发生命周期的进行而完善和变化，而且不能过分限制应用程序开发人员的能力，因为开发工作本来就已经很难了。

有了积极的反馈之后，当构建应用程序的过程中遇到障碍或是出现了意想不到的机会时，创新就自然而然地涌现出来了。

架构团队不必把所有最好、最聪明的人员都吸收进来

架构层次的设计确实需要技术精湛的人员，而这样的人员总是供不应求。项目经理往往会把那些最有技术天分的开发人员调到架构团队和基础设施团队中，因为他们想要充分利用这些高级设计人员的技能。在项目经理看来，开发人员都希望提高自己的影响力，或是攻克那些"更有趣"的问题。而且，加入精英团队本身也会赢得威望。

这样往往会把那些技术能力较差的人留下来构建应用程序。但要想开发出优秀的应用程序，是需要设计技巧的，因此这样安排注定会造成项目失败。即使战略团队建立了一个很好的战略设计，应用程序开发团队也没有能力把它实现出来。

相反，架构团队几乎从来不会把那些缺乏设计技巧但精通领域知识的开发人员吸纳进来。战略设计并不是一项纯粹的技术任务，把那些精通深层次领域知识的开发人员排除在外只会使架构师的工作更难进行。而且同样也需要领域专家的参与。

所有应用程序团队都应该有一些技术能力很强的设计人员，而且任何从事战略设计的团队也都必须具有领域知识，这两者都是非常重要的。聘用更多高级设计人员是很有必要的，而且使架构团队偶尔从事一下开发工作也会很有帮助。我相信有很多有用的方法，但任何有效的战略团队必须要与一个有效的应用程序团队通力合作。

战略设计需要遵守简约和谦逊的原则

任何设计工作都必须精炼而简约，而战略设计尤为需要简约。即使是一个非常小的设计失误也有可能会变成可怕的隐患。把架构团队单分出来时要格外慎重，因为他们将更少感知他们为应用程序开发团队所设置的障碍。同时，架构师对其主要职责的过度关注会使他们迷失方向。我就曾多次看到过这种情况，甚至我自己也犯过这种错误。有了一个好的想法后，又会引出另一个想法，想法太多最后就会得到一个过度设计的架构，这种体系结构反而起到了负面作用。

相反，我们必须严格地约束自己，从而使设计出来的组织原则和核心模型精简到只包含那些能够显著提高设计清晰度的内容。事实上，几乎任何事物都会对其他某个事物构成障碍，因此每个元素都必须是确实值得存在的。我们需要有一个谦逊的态度，才能认识到我们自己认为的最佳思路可能会妨碍其他人。

对象的职责要专一，而开发人员应该是多面手

良好的对象设计的关键是为每个对象分配一个明确且专一的职责，并且把对象之间的互相依赖减至最小。人们有时会试图让团队中的交流像软件中的交互那样整齐。其实在一个优秀的项目中，会有很多人参与其他人的事情。开发人员有时也处理框架，而架构师有时也会编写应用程序代码。所有人员都可以互相交流。这看似混乱但却行之有效。因此，应该让对象职责专一，而让开发人员成为多面手。

把战略设计与其他设计区分开，是为了帮助澄清所涉及的工作，但必须指出：这两种设计活动并不意味着有两种人员。虽然基于深层模型创建柔性设计是一种高级设计活动，但细节问题也至关重要，因此战略设计工作必须由接触编码工作的人来完成。战略设计源自应用设计，然而战略设计需要一个总体的开发活动视图，这个视图可能跨越多个团队。人们总喜欢想出各种办法把工作分得很细，以使得设计专家不必了解业务，而领域专家也不用知道技术。确实，一个人能学的知识是有限的，但过于专业化也会削弱领域驱动设计的力量。

17.5.1　技术框架同样如此

技术框架提供了基础设施层，从而使应用程序不必自己去实现基础服务，而且技术框架还能帮助把领域与其他关注点隔离开，因此它能够极大地加速应用程序（包括领域层）的开发。但技术框架也是有风险的，那就是它会影响领域模型实现的表达能力，并妨碍领域模型的自由改变。甚至当框架设计人员并没有特意去干涉领域层或应用层的时候，情况同样如此。

用于克服战略设计缺点的原则同样适用于技术架构。遵守演变、简约等原则并且让应用程序开发团队参与进来，就能够得到一组持续精化的服务和规则，这些服务和规则能够真正有助于应用程序的开发，而不会妨碍开发。如果架构不按照这种方式来做，那么它们要么会抑制应用程序开发的创造力，要么会被人们绕过去，从而导致应用程序为了能够把开发进行下去而根本不使用架构。

有一种态度肯定会使框架流于失败。

不要编写"傻瓜式"的框架

在划分团队时，如果认为一些开发人员不够聪明，无法胜任设计工作，而让他们去做开发工作，那么这种态度可能会导致失败，因为他们低估了应用程序开发的难度。如果这些人在设计方面不够聪明，就不应该让他们来开发软件。如果他们足够聪明，那么这种隔离只会造成障碍，使他们得不到所需的工具。

这种态度还会损害团队之间的关系。我就曾经在这样傲慢自大的团队中感到疲惫不堪，于是我每次谈话都得向开发人员道歉，我自己也因为有这样自大的同事而感到难堪（我恐怕永远也无法改变这样的团队）。

注意，把无关的技术细节封装起来与我所反对的这种"傻瓜式"的预打包完全不同。框架可以为开发人员提供有力的抽象和工具，使他们不用去做那么多苦差事。有用的封装和"傻瓜式"的预打包之间的区别很难用一种通用的方式描述出来，但只要问问框架设计人员他们对将要使用工具/框架/组件的那些人有什么期望，就可以看出区别。如果设计人员对框架的用户非常尊重，那么他们的工作方向可能就是正确的。

17.5.2 注意总体规划

由Christopher Alexander领导的一群建筑师（设计大楼的建筑师）在建筑和城市规划领域中提倡"聚少成多地成长"（piecemeal growth）。他们非常好地解释了总体规划失败的原因。

> 如果没有某种规划过程，那么俄勒冈州大学的校园永远不会像剑桥大学校园那样庞大、和谐而井井有条。
>
> 总体规划是解决这种难题的传统方法。它试图建立足够多的指导方针，来保持整体环境的一致性，同时仍然为每幢建筑保留自由度，并为适应局部需要预留下广阔的空间。
>
> ……将来这所大学的所有部分将构成一致的整体，因为它们只是被"插入"到总体设计的各个位置中。
>
> ……实际上总体规划会失败，因为它只是建立了一种极权主义的秩序，而不是一种有机的秩序。它们过于生硬，因此不容易根据自然变化和不可预料的社会生活变化来做出调整。当这些变化发生时……总体规划就过时了，而且不再被人们遵守。即使人们遵守总体规划……它们也没有足够详细地指定建筑物之间的联系，人口规模、功能均衡等这些用来帮助每幢建筑的局部行为和设计很好地符合整体环境的方面。
>
> ……试图驾驭这种总体规划过程非常类似于在小孩的填色本上填充颜色……这个过程最多也不过是得到一种极为平常的秩序。
>
> ……因此，通过总体规划是无法得到一种有机的秩序的，因为这个规划既过于精确，又不够细致。它在整体上过于精确了，而在细节上又不够细致。
>
> ……总体规划的存在疏远了用户[因为，从根本上讲]大部分重要决策已经确定下来了，因此社区成员对社区未来的建设几乎没有什么影响了。
>
> ——摘自 *Oregon Experiment*，pp. 16-28 [Alexander et al. 1975]

Alexander和他的同事倡议由社区成员共同制定一组原则，并在"聚少成多地成长"的每次行动中都应用这些原则，这样就会形成一种"有机秩序"，并且能够根据环境变化作出调整。

结束语

后记

虽然开发最前沿的项目并体验有趣的思想和工具会带来巨大的成就感，但我认为如果软件得不到有效的应用，那么一切都将成为空谈。事实上，检验软件成功与否的最有效的方法是让它运行一段时间。近年来，我从自己经历过的项目中总结出了一些经验。

这里我们来谈一下其中5个项目，每个项目都认真尝试了领域驱动设计，但它们并没有系统地采用这种方法，当然也没有在这个名头下进行开发。这5个项目都完成了软件交付工作，其中4个项目坚持采用模型驱动的设计方法，并得到了相应的设计结果，而有一个项目却偏离了轨道。一些应用程序多年来一直在发展和改变，但有一个程序一直没有进步，还有一个很早就结束了。

第1章中描述的PCB设计软件的beta 版本在业内引起了一次很大的轰动，但遗憾的是，发起该项目的公司在它的营销方面做得非常失败，最终公司草草收场。少数一些保留了beta版副本的PCB工程师现在仍在使用该软件。像所有缺乏支持的软件一样，它会被继续使用下去，直到其中集成的某个程序发生重大改变为止。

第9章中介绍的贷款软件在我提到的突破之后，经历了3年波澜不惊的发展。在此之后，该项目脱离出来，成为一家独立的公司。在重组的过程中，从一开始就领导这个项目的经理被解聘了，一些核心开发人员也随他一起离开。新的团队有一套稍微不同的设计思想，他们不是完全遵循对象建模。但保留了具有复杂行为的独特的领域层，而且在他们的开发团队中依旧非常重视领域知识。在新公司独立运转7年后，该软件仍在不断增加新的功能。它在业内是该领域领先的应用程序，正在为越来越多的客户机构服务，也是公司最大的收入来源。

一片新种植的橄榄林

在领域驱动方法广为流行之前，很多项目的软件将创建得更快、更高效。但项目最终仍不免按传统的套路发展，导致先前精炼的深层模型无法被充分利用，更谈不上去增强它的能力了。可能我的期望过高了，但如果做不到这一点，项目就无法在长达数年的时间内为用户提供稳定的价值。

我曾经与另一位开发人员结对做过一个项目，我们为客户编写一个实用工具，客户用这个工具来开发他们的核心产品。所需的功能及功能组合相当复杂。我很喜欢这个项目的工作，我们也开发出了一个具有 ABSTRACT CORE 的柔性设计。这个软件交付以后，每个人涉及的工作也就结束了。由于项目交接之后就与我们无关了，交接过程显得有些突兀，因此我估计那些用来支持元素组合的特性可能很难被客户理解，而且有可能被替换为更典型的条件选择逻辑。但这种情况并没有马上发生。当我们交付软件的时候，程序包含一个完整的测试套件和一个精炼文档。新的团队成员用这个文档来指导他们的工作。他们对这个软件做了一番研究之后，很高兴地发现我们的设计提供了各种可能性。当我在一年之后听到他们的评论时，我知道我们的 UBIQUITOUS LANGUAGE 已经传递到了新团队，而且这种语言仍然充满活力并继续发展。

7年之后

又一年过去了，我听到一个完全不同的故事。团队遇到了新的需求，开发人员发现用原来的设计已经无法满足这些新需求。他们不得不修改设计，这一改几乎使原来的设计面目全非。在了解了一些细节之后，我发现我们原来的模型用来解决这些问题时显然十分蹩脚。往往就是在这个时候有可能产生一次突破，形成一个更深层的模型，特别是在这个例子中，开发人员已经积累了大量的深层领域知识和经验。事实上，他们确实形成了新的理解，并最终根据这些理解对模型和设计进行了转换。

他们小心翼翼地、委婉地告诉了我这件事情，我猜他们可能是担心我在听到如此多的先前工作被丢弃后会感到不满。但是我对自己的设计并没有这种守旧情结。一个成功的设计并不一定要永远保持不变。如果把人们赖以工作的一个系统封闭起来，那么它将会变为一项永久的、谁也不敢碰的遗留资产。深层模型可以使人们清楚地看懂它，并据此产生新的理解，而柔性设计可以促进后续的修改。他们提出了一个更深层的模型，这个模型更符合用户关心的需求。他们的设计解决了实际问题。变更是软件的固有性质，这个程序在拥有它的团队的手中得到了继续发展。

本书很多章节中都提到过运输的例子，这个例子大体上是基于一家大型国际集装箱运输公司的项目。在早期，项目的领导者们采用了领域驱动的方法，但他们一直没有建立一种支持该方法的开发文化。几支具有不同设计技术水平和对象经验的团队分头开始创建模块，但他们之间的工作只是由团队领导者之间的非正式合作和一个主要负责客户事务的架构团队来粗略地协调。我们确实开发出了一个合理的、深层的 CORE DOMAIN 模型，也有一个可使用的 UBIQUITOUS LANGUAGE。

但公司的文化非常不利于迭代开发，因此我们过了很长时间才形成了一个可用的内部版本。因此，问题到了后期才暴露出来，而此时修复的话就要冒很大的风险并且要付出高昂的代价。我们发现模型的某些方面会引起数据库性能问题。反馈（无论是实现问题，还是模型修改）是 MODEL-DRIVEN DESIGN 的一个自然的部分，但那时我们感觉到自己已经在开发这条路上走得太远了，以至于很难再修改模型的基本部分了。相反，我们对代码做了修改，使它更有效，但代码与模型的联系却被削弱了。最初的版本也暴露出在技术基础设施扩展方面的局限性，这使管理层感到担忧。项目组聘请了专家来修复基础设施问题，项目恢复了开发。但实现与领域建模之间却始终没有形成一个闭环。

有几个团队交付了不错的软件——实现了复杂的功能，模型也表达得很清楚。而有些团队交付的软件却很生硬，模型退化为数据结构（尽管他们保留了 UBIQUITOUS LANGUAGE 的痕迹）。可能使用 CONTEXT MAP 会有所帮助，因为各个团队的开发结果之间没有什么必然联系。然而，用 UBIQUITOUS LANGUAGE 开发出来的 CORE 模型确实帮助团队把各自的工作整合为一个系统。

虽然范围缩小了，项目还是替换了几个遗留系统。尽管大部分设计都不够灵活，但整体设计还是通过一个共享的概念集凝聚到了一起。经过几年之后，系统本身已经退化为一项遗留资产，但它仍在为全球业务提供全天候的服务。虽然成功团队的影响渐渐扩大，但整个项目最后还是走到了尽头，即便公司有着雄厚的财力。项目文化从来没有真正采纳过 MODEL-DRIVEN DESIGN。现在的新开发是在不同平台上进行的，我们的工作只是间接影响他们，因为新开发人员需要遵从（CONFORM）他们的遗留系统。

503

在一些领域中，像运输公司最初设定的那样宏伟的目标是不可信的。更好的做法是开发小的、确保能够交付的应用程序，并坚持用最简单的设计来实现简单的功能。这种保守的方法有它自己的用武之地，可以使项目范围保持精简，并且使项目具有快速响应的能力。但集成的、模型驱动的系统所提供的价值是那些拼凑起来的系统无法提供的。但我们还有一种方法，那就是使用领域驱动设计构建深层模型和柔性设计，这样，具有丰富功能的大型系统就能够逐步增长。

最后我们来说一下 Evant，这是一家开发库存管理系统的公司，我曾在这家公司做过辅助支持的工作，也为公司已经很健壮的设计文化作出了一点贡献。有些人把这个项目看作是极限编程的典型代表，但很少有人注意到它也广泛应用了领域驱动设计。在这个项目中，模型被不断精炼，并且用更柔性的设计表达出来。这个项目在 2001 年的 "dot com" 泡沫破裂以前一直在快速发展。不过随后由于投资断流，公司一度萎缩，软件开发也基本上陷入休眠状态，看起来离倒闭的日子不远了。但在 2002 年夏季，Evant 被一个世界排名前十的零售商看中。这家潜在的客户喜欢 Evant 的产品，但产品需要改变设计，以便扩展系统来支持大量库存规划操作。这是 Evant 的最后机会。

虽然项目人员已萎缩至 4 人，但团队仍然有实力。他们都具有精湛的技术，并且掌握了大量领域知识，而且其中一位成员还精通系统的扩展问题。他们有着非常高效的开发文化，代码库也实现了柔性设计，因此便于修改。在那个夏天，这 4 位开发人员经过艰巨的努力终于使系统能够处理数以十亿计的规划元素以及数百个用户。借助于这些强大功能，Evant 赢得了这家大客户。不久之后，它被另一家公司收购，这家公司希望利用他们的软件以及他们所展示出的能力来应对新的需求。

领域驱动的设计文化（以及极限编程文化）在公司过渡期间幸存下来并获得了新生。现在，模型和设计仍在不断发展，比两年前我工作的时候要丰富和灵活得多。而且Evant团队并没有被收购它的公司同化，相反，在Evant团队成员的带动下，公司现有项目团队正在向Evant团队的开发文化转变。这个故事还远未结束。

没有哪个项目会用到本书中介绍的所有技术。尽管如此，我们很容易通过几个方面辨认出一个项目是否采用了领域驱动设计。标志性的特征是把"理解目标领域并将学到的知识融合到软件中"当作首要任务。其他工作都以它为前提。团队成员在项目中有意识地使用通用语言，并且不断对语言进行精化。由于他们不断地学习越来越多的领域知识，因此他们永远不会满足于现有领域模型的质量。他们把持续精化视作机会，把不适当的模型视作风险。他们知道，开发出高质量的、能够清晰反映出领域模型的软件并非易事，因此他们一丝不苟地运用设计技巧。他们也因为遇到障碍而跌倒过，但却始终坚持自己的原则，百折不挠，继续前进。

未来展望

气候、生态系统和生物学以前被认为是杂乱无章的，是与物理或化学恰好相反的"软"领域。然而，近来人们认识到这种"混乱"的表象实际上提出了一个具有深远意义的技术挑战，这意味着要去发现和理解这些非常复杂的现象之中蕴含的规律。当下，"复杂性"领域是众多科学的前沿。虽然有才能的软件工程师通常都认为纯粹的技术任务是最有趣、最有挑战性的，但领域驱动设计展现了一个同样富有挑战性（甚至具有更大挑战性）的新领域。业务软件大可不必是拼凑而成的杂乱系统。与复杂的领域"搏斗"，把它转化为可理解的软件设计，这对于优秀的技术人员来说是一项激动人心的挑战。

由外行创建复杂软件的时代还远未到来。虽然掌握了一些初级技术的众多编程人员可以开发出特定种类的软件，但他们绝对无法开发出能在危急关头拯救公司的软件。真正需要做的是：工具构建人员必须确保他们开发出的工具能够提高那些优秀软件开发人员的能力和工作效率。真正需要做的是：更加透彻地研究领域模型，并在可运行的软件中把它们表示出来。我非常希望能够尝试出于这个目的而设计的新工具和技术。

然而，尽管好的工具很有价值，但我们不能把注意力都放在工具上而忽视掉一个基本事实——创建好的软件是一项需要学习和思考的活动。建模需要想象力和自律。好的工具能够帮助我们思考或避免分心。企图自动实现一些只有通过思考才能完成的任务是不切实际的，如果这样做的话，产生的效果只会适得其反。

利用已有的工具和技术，我们可以开发出比当今大多数项目更有价值的系统。我们可以编写优秀的软件，这样的软件使用起来是一种乐趣，它在扩展的时候不会对我们构成限制，反而会为我们创造新的机会，并且会不断为其使用者提供价值。

附　　录

我的第一部"靓车"是一部已经使用了8年的标致（Peugeot），这是我大学毕业后不久别人送给我的。有人把这款车称为"法国的梅赛德斯"，这辆车制造精良，驾驶起来非常舒适，而且一直也没出过什么毛病。但到我手里时，它已经有一些年头了，因此到了该出毛病的时候，而且需要更多保养。

标致是一家老牌公司，数十年来一直沿着自己的发展路线前进。它有自己的机械术语、设计和特殊风格，甚至零部件的拆卸有时也不是标准的。这导致标致车只有标致公司的专家才能修理，维修费用对于一个刚毕业的、没多少收入的学生来说是一个潜在的问题。

在一次平常的养护中，我把车开到当地一家机修工那里检查漏油问题。他检查了底盘，告诉我油是"从距离车尾大概2/3位置处的一个小箱子里漏出来的，这个小箱子看起来与前后轮之间的制动力分配有关"。随后他拒绝了为我修车，建议我去找50公里之外的经销商。任何机修工都可以修理福特或本田汽车，这就是为什么这些车开起来更方便而且维修费用也较低的缘故，尽管它们在机械制造上与标致汽车同样复杂。

虽然我确实喜欢这部车，但我再也不想拥有一部古怪的车了。有一天车被检出了一个问题，而对它的维修费用相当昂贵。我实在是受不了这辆标致了，于是就把车送给了当地一家接受汽车捐赠的慈善机构。然后我买了一辆旧的本田思域，买这辆车的钱跟修那辆标致的费用差不多。

领域开发缺乏标准的设计元素，因此每个领域模型和对应的实现都很奇怪且难以理解。此外，每个团队都不得不重新发明轮子（或齿轮，或雨刷）。在面向对象设计中，所有的一切都是对象、引用或消息，这些都是有用的抽象。但这并不足以约束领域设计的选择范围，也无法支持对领域模型进行简练的讨论。

"一切都是对象"这个观点就好像木匠或建筑师把房屋归纳为"一切都是房间"一样。房间有大有小，有电源插座和水池的大房间可以做饭，也有楼上用来睡觉用的小房间。描述一栋普通的房子可能需要许多页纸的篇幅。建造和使用房屋的人意识到房屋遵循着一些模式，这些模式有具体的名称，如"厨房"。这种语言使人们能够对房屋设计进行简练的讨论。

此外，并非所有的功能组合都是实用的。为什么不建一个既能供我们洗澡又能供我们睡觉的房间呢？这样不是很方便吗？但长期的经验已经形成了习惯，我们把"浴室"和"卧室"分开。毕竟，洗浴设施往往可以与更多的人共用，而卧室则不然。浴室需要最大限度地保证个人隐私，甚至那些共处一个卧室的人也不能未经允许而同时使用这个浴室。而且，浴室需要装备特殊的、昂贵的设施。浴缸和卫生间通常设在一个房间里，因为它们需要相同的基础设施（水和排水管道），而且二者都需要保护隐私。

另一类需要安装特殊设施的房间是我们用来做饭的房间，也称为"厨房"。与浴室相比，厨房没有隐私需求。由于厨房的设计同样很昂贵，因此通常一所房屋（即使是很大的房屋）只有一个厨房。这种单一性也促使我们形成了准备全家共用的食物和共同用餐的习惯。

当我说我需要一所有三间卧室、两间浴室和一个开放式厨房的房屋时，我把大量的信息打包到一句很短的话里，并且避免了很多愚蠢的错误，如把抽水马桶放在冰箱旁边。

508　在每个设计领域（如汽车、皮划艇或软件）中，我们都会把设计建立在已有模式上，在已有主题范围内即兴发挥。有时我们必须发明一些全新的东西。但是，以标准的模式元素为基础，可以避免把精力浪费在那些已经存在了解决方案的问题上，从而集中精力关注我们的特殊问题。此外，根据传统的模式来建立自己的设计可以避免产生过于特殊的、很难交流的设计。

虽然软件设计领域不像其他设计领域那么成熟，各种情况变化多端，无法像汽车零部件或房屋那样具体地应用模式，但不管怎样都不能仅仅停留在"一切都是对象"这种层次上，至少要分清"螺栓"和"弹簧"。

20世纪70年代，一群由Christopher Alexander[Alexander et al. 1977]领导的建筑师提出了一种共享和标准化设计思想的理念。他们的"模式语言"把一些经过事实检验的解决方案组合在一起，用来解决一些公共的问题（这些问题比"厨房"要复杂多了，可能会使Alexander的一些读者望而却步）。他们的目的是让房屋的建造者和使用者用这种语言进行交流，并且在这些模式的指导下建造出优美的建筑物，为房屋的使用者提供实用的功能，并让他们产生良好的体验。

无论建筑师们是怎样想的，这种模式语言已经对软件设计产生了重大的影响。在20世纪90年代，软件模式被应用在很多方面，并且获得了一些成功，特别是在详细设计[Gamma et al]和技术架构[Buschmann et al. 1996]方面获得了显著成功。近来，模式被用于描述基本的面向对象设计技巧[Larman 1998]以及企业架构[Fowler 2002, Alur et al. 2001]。模式语言现在已成为组织软件设计思想的主流技术。

模式名称应该作为团队语言中的术语来使用，我在本书中就是这样使用它们的。当在讨论中出现模式名时，一律采用了用英文小体大写格式，以便于区分。

509　以下是本书讨论模式时所采用的格式。有的模式与这个基本格式略有不同，因为我喜欢具体问题具体对待，而且我认为可读性比严格的结构更为重要……

模式：模式名称

　　　　　　[概念的说明。有时用一种形象的比喻或引起读者兴趣的文字。]

　　[上下文。对概念与其他模式相关性的简单解释。有些情况下是一段简单的模式概述。

但是，本书中的大部分上下文讨论都是在每章的引言以及其他叙述段落中给出的，而不是在模式中给出的。

❋　❋　❋]

[问题讨论]

问题小结

通过解决问题的讨论形成一个解决方案。

因此：

解决方案小结。

结果。实现考虑。示例。

❋　❋　❋

结论。简单解释这种模式如何引出后续模式。

[实现问题的讨论。在Alexander最初的格式中，这个讨论应该放在一个段落内，描述问题的解决，本书一般是按照Alexander的方法来组织的。但有些模式需要较长的实现讨论。为了保证核心模式讨论的紧凑，我把这些较长篇幅的实现讨论移到了模式讨论的后面。

此外，较长的示例，特别是涉及多个模式组合的示例，也放在模式之外进行讨论。]

510

术 语 表

以下是本书中所选用的术语、模式名和其他概念的简要定义。

AGGREGATE（聚合）——聚合就是一组相关对象的集合，我们把聚合作为数据修改的单元。外部对象只能引用聚合中的一个成员，我们把它称为根。在聚合的边界之内应用一组一致的规则。

分析模式（analysis pattern）——分析模式是用来表示业务建模中的常见构造的概念集合。它可能只与一个领域有关，也可能跨多个领域[Fowler 1997, p. 8]。

ASSERTION（断言）——断言是对程序在某个时刻的正确状态的声明，它与如何达到这个状态无关。通常，断言指定了一个操作的结果或者一个设计元素的固定规则。

BOUNDED CONTEXT（限界上下文）——特定模型的限界应用。限界上下文使团队所有成员能够明确地知道什么必须保持一致，什么必须独立开发。

客户（client）——一个程序元素，它调用正在设计的元素，使用其功能。

内聚（cohesion）——逻辑上的协定和依赖。

命令，也称为修改器命令（command/modifier）——使系统发生改变的操作（例如，设置变量）。它是一种有意产生副作用的操作。

CONCEPTUAL CONTOUR（概念轮廓）——领域本身的基本一致性，如果它能够在模型中反映出来的话，则有助于使设计更自然地适应变化。

上下文(context)——一个单词或句子出现的环境，它决定了其含义。参见 BOUNDED CONTEXT。

CONTEXT MAP（上下文图）——项目所涉及的限界上下文以及它们与模型之间的关系的一种表示。

CORE DOMAIN（核心领域）——模型的独特部分，是用户的核心目标，它使得应用程序与众不同并且有价值。

声明式设计（declarative design）——一种编程形式，由精确的属性描述对软件进行实际的控制。它是一种可执行的规格。

深层模型（deep model）——领域专家们最关心的问题以及与这些问题最相关的知识的清晰表示。深层模型不停留在领域的表层和粗浅的理解上。

设计模式（design pattern）——设计模式是对一些互相交互的对象和类的描述，我们通过定制这些对象和类来解决特定上下文中的一般设计问题[Gamma et al. 1995, p. 3]。

精炼（distillation）——精炼是把一堆混杂在一起的组件分开的过程，从中提取出最重要的内容，使得它更有价值，也更有用。在软件设计中，精炼就是对模型中的关键方面进行抽象，或者是对大系统进行划分，从而把核心领域提取出来。

领域（domain）——知识、影响或活动的范围。

领域专家（domain expert）——软件项目的成员之一，精通的是软件的应用领域而不是软件开发。并非软件的任何使用者都是领域专家，领域专家需要具备深厚的专业知识。

领域层（domain layer）——在分层架构中负责领域逻辑的那部分设计和实现。领域层是在软件中用来表示领域模型的地方。

ENTITY（实体）——一种对象，它不是由属性来定义的，而是通过一连串的连续事件和标识定义的。

FACTORY（工厂）——一种封装机制，把复杂的创建逻辑封装起来，并为客户抽象出所创建的对象的类型。

函数（function）——一种只计算和返回结果而没有副作用的操作。

不可变的（immutable）——在创建后永远不发生状态改变的一种特性。

隐式概念（implicit concept）——一种为了理解模型和设计的意义而必不可少的概念，但它从未被提及。

INTENTION-REVEALING INTERFACE（释意接口）——类、方法和其他元素的名称既表达了初始开发人员创建它们的目的，也反映出了它们将会为客户开发人员带来的价值。

固定规则（invariant）——一种为某些设计元素做出的断言，除了一些特殊的临时情况（例如，方法执行的中间，或者尚未提交的数据库事务的中间）以外，它必须一直保持为真。

迭代（iteration）——程序反复进行小幅改进的过程。也表示这个过程中的一个步骤。

大型结构（large-scale structure）——一组高层的概念和/或规则，它为整个系统建立了一种设计模式。它使人们能够从大的角度来讨论和理解系统。

LAYERED ARCHITECTURE（分层架构）——一种用于分离软件系统关注点的技术，它把领域层与其他层分开。

生命周期（life cycle）——一个对象从创建到删除中间所经历的一个状态序列，通常具有一些约束，以确保从一种状态变为另一种状态时的完整性。它可能包括ENTITY在不同的系统和BOUNDED CONTEXT之间的迁移。

模型（model）——一个抽象的系统，描述了领域的所选方面，可用于解决与该领域有关的问题。

MODEL-DRIVEN DESIGN（模型驱动的设计）——软件元素的某个子集严格对应于模型的元素。也代表一种合作开发模型和实现以便互相保持一致的过程。

建模范式（modeling paradigm）——一种从领域中提取概念的特殊方式，与工具结合起来使用，为这些概念创建软件类比。（例如，面向对象编程和逻辑编程。）

REPOSITORY（存储库）——一种把存储、检索和搜索行为封装起来的机制，它类似于一个对象集合。

职责（responsibility）——执行任务或掌握信息的责任[Wirfs-Brock et al. 2003, p. 3]。

SERVICE（服务）——一种作为接口提供的操作，它在模型中是独立的，没有封装的状态。

副作用（side effect）——由一个操作产生的任何可观测到的状态改变，不管这个操作是有意的还是无意的（即使是一个有意的更新操作）。

SIDE-EFFECT-FREE FUNCTION（无副作用的函数）——参见[FUNCTION]。

STANDALONE CLASS（孤立的类）——无需引用任何其他对象（系统的基本类型和基础库除外）就能够理解和测试的类。

无状态（stateless）——设计元素的一种属性，客户在使用任何无状态的操作时，都不需要关心它的历史。无状态的元素可以使用甚至修改全局信息（即它可以产生副作用），但它不保存影响其行为的私有状态。

战略设计（strategic design）——一种针对系统整体的建模和设计决策。这样的决策影响整个项目，而且必须由团队来制定。

柔性设计（supple design）——柔性设计使客户开发人员能够掌握并运用深层模型所蕴含的潜力来开发出清晰、灵活且健壮的实现，并得到预期结果。同样重要的是，利用这个深层模型，开发人员可以轻松地实现并调整设计，从而很容易地把他们的新知识加入到设计中。

UBIQUITOUS LANGUAGE（通用语言）——围绕领域模型建立的一种语言，团队所有成员都使用这种语言把团队的所有活动与软件联系起来。

统一（unification）——模型的内部一致性，使得每个术语都没有歧义且没有规则冲突。

VALUE OBJECT（值对象）——一种描述了某种特征或属性但没有概念标识的对象。

WHOLE VALUE（完整值）——对单一、完整的概念进行建模的对象。

参 考 文 献

Alexander, C., M. Silverstein, S. Angel, S. Ishikawa, and D. Abrams. 1975. *The Oregon Experiment.* Oxford University Press.

Alexander, C., S. Ishikawa, and M. Silverstein. 1977. *A Pattern Language: Towns, Buildings, Construction.* Oxford University Press.

Alur, D., J. Crupi, and D. Malks. 2001. *Core J2EE Patterns.* Sun Microsystems Press.

Beck, K. 1997. *Smalltalk Best Practice Patterns.* Prentice Hall PTR.

———. 2000. *Extreme Programming Explained: Embrace Change.* Addison-Wesley.

———. 2003. *Test-Driven Development: By Example.* Addison-Wesley.

Buschmann, F., R. Meunier, H. Rohnert, P. Sommerlad, and M. Stal. 1996. *Pattern-Oriented Software Architecture: A System of Patterns.*Wiley.

Cockburn, A. 1998. *Surviving Object-Oriented Projects: A Manager's Guide.* Addison-Wesley.

Evans, E., and M. Fowler. 1997. "Specifications." Proceedings of PLoP 97 Conference.

Fayad, M., and R. Johnson. 2000. *Domain-Specific Application Frameworks.* Wiley.

Fowler, M. 1997. *Analysis Patterns: Reusable Object Models.* Addison-Wesley.

———. 1999. *Refactoring: Improving the Design of Existing Code.* Addison-Wesley.

———. 2003. *Patterns of Enterprise Application Architecture.* Addison-Wesley.

Gamma, E., R. Helm, R. Johnson, and J. Vlissides. 1995. *Design Patterns.* Addison-Wesley.

Kerievsky, J. 2003. "Continuous Learning," in *Extreme Programming Perspectives,*
Michele Marchesi et al. Addison-Wesley.

Larman, C. 1998. *Applying UML and Patterns: An Introduction to Object-Oriented Analysis and Design.* Prentice Hall PTR.

Merriam-Webster. 1993. *Merriam-Webster's Collegiate Dictionary.* Tenth edition. Merriam-Webster.

Meyer, B. 1988. *Object-oriented Software Construction.* Prentice Hall PTR.

Murray-Rust, P., H. Rzepa, and C. Leach. 1995. *Abstract 40.* Presented as a poster at the 210th ACS Meeting in Chicago on August 21, 1995.

Pinker, S. 1994. *The Language Instinct: How the Mind Creates Language.* HarperCollins.

Succi, G. J., D. Wells, M. Marchesi, and L. Williams. 2002. *Extreme Programming Perspectives.* Pearson Education.

Warmer, J., and A. Kleppe. 1999. *The Object Constraint Language: Precise Modeling with UML.* Addison-Wesley.

Wirfs-Brock, R., B. Wilkerson, and L. Wiener. 1990. *Designing Object-Oriented Software.* Prentice Hall PTR.

Wirfs-Brock, R., and A. McKean. 2003. *Object Design: Roles, Responsibilities, and Collaborations.* Addison-Wesley.

图 片 说 明

本书中的所有图片均已得到使用许可。

Richard A. Paselk, Humboldt State University
星盘图（第3章，P30）

© Royalty-Free/Corbis
指印（第5章，P56），加油站（第5章，P67），Auto
工厂（第6章，P89），图书管理员（第6章，P97）

Martine Jousset
葡萄（第6章，P81），新种植的和长大后的橄榄林（结束语，P346和P347）

Biophoto Associates/Photo Researchers, Inc.
电子显微镜下的颤藻细胞（第14章，P235）

Ross J. Venables
划手（一群和单个）（第14章，P239和P260）

Photodisc Green/Getty Images
赛跑者（第14章，P250），儿童（第14章，P253）

U.S. National Oceanic and Atmospheric Administration
中国长城（第14章，P255）

© 2003 NAMES Project Foundation, Atlanta, Georgia.
Photographer Paul Margolies.
艾滋拼被（第16章，P303）

索　引

索引中的页码为英文原书页码，与本书边栏页码一致。